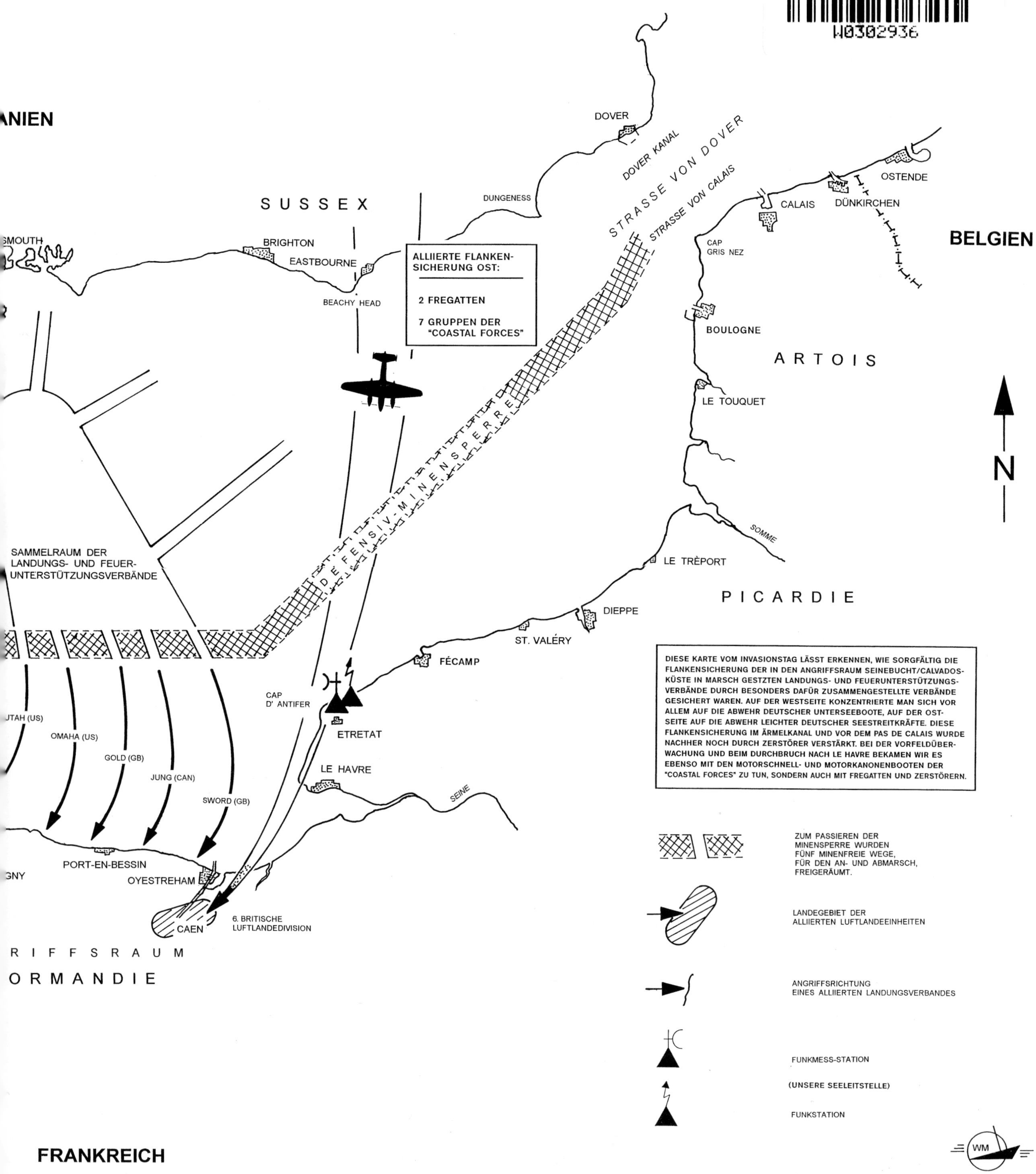

DIESE KARTE VOM INVASIONSTAG LÄSST ERKENNEN, WIE SORGFÄLTIG DIE FLANKENSICHERUNG DER IN DEN ANGRIFFSRAUM SEINEBUCHT/CALVADOS-KÜSTE IN MARSCH GESTZTEN LANDUNGS- UND FEUERUNTERSTÜTZUNGSVERBÄNDE DURCH BESONDERS DAFÜR ZUSAMMENGESTELLTE VERBÄNDE GESICHERT WAREN. AUF DER WESTSEITE KONZENTRIERTE MAN SICH VOR ALLEM AUF DIE ABWEHR DEUTSCHER UNTERSEEBOOTE, AUF DER OSTSEITE AUF DIE ABWEHR LEICHTER DEUTSCHER SEESTREITKRÄFTE. DIESE FLANKENSICHERUNG IM ÄRMELKANAL UND VOR DEM PAS DE CALAIS WURDE NACHHER NOCH DURCH ZERSTÖRER VERSTÄRKT. BEI DER VORFELDÜBERWACHUNG UND BEIM DURCHBRUCH NACH LE HAVRE BEKAMEN WIR ES EBENSO MIT DEN MOTORSCHNELL- UND MOTORKANONENBOOTEN DER "COASTAL FORCES" ZU TUN, SONDERN AUCH MIT FREGATTEN UND ZERSTÖRERN.

Gerd-Dietrich Schneider

»Plattbugkreuzer«

Artillerieträger der Marine im Einsatz

Gerd-Dietrich Schneider

»Plattbug-Kreuzer«

Artillerieträger der Marine im Einsatz

Seit EMS 1789

Verlag E.S. Mittler & Sohn GmbH
Hamburg · Berlin · Bonn

Bildnachweis

Fotos:
Archiv R. Kugler/Wissenschaftliches Archiv für Schiffahrts- und Marinegeschichte Peter Tamm, Hamburg (71 Fotos).
Die Namen der jeweiligen Bildautoren sind in den Bildtexten angegeben.

Weitere Aufnahmen:
Verfasser Gerd-Dietrich Schneider (23);
Archiv Wolfgang Müller (3);
Deutsches Museum München;
PK Marine (2);
Sammlung Karl Palmgren (1);
Archiv Hans Gröper, Hamburg (1);
Imperial War Museum, London (1);
Margarethe Reisinger (1);
Luftbild Micheal Welder (1).
Die Fotos britischer Bildautoren auf den Seiten 52 und 73–75 (7) siehe dortige Einzelnachweise.

Schutzumschlag:
Artillerieträger vom modernsten Typ D 3 der 8. Artillerieträger-Flottillle auf dem Marsch nach Swinemünde im Greifswalder Bodden.
Foto: Gerd-Dietrich Schneider.

Vorsätze:
Vorderes Vorsatzpapier – Gesamtübersicht Invasions- und Kanalfront;
Hinteres Vorsatzpapier – Gesamtübersicht Kampfraum der Artillerieträger in Vorpommern;
Beide Karten: Wolfgang Müller, Stralsund.

Kartografie:
Seite 41 Globus-Kartendienst, Hamburg;
S.90, 120/121, 128, 132, 164/165, 170 Wolfgang Müller, Stralsund.

Zeichnungen:
Typskizzen Seiten 33 und Seite 37 sowie Raumaufteilung Seite 34 Theo Sixt;
Übersichtstafel Seite 34 Bernard & Graefe Verlag, Bonn, mit Einzelnachweisen unter jeder Skizze;
Seite 112 Gerd-Dietrich Schneider.

Die Deutsche Bibliothek – CIP-Einheitsaufnahme
Schneider , Gerd-Dietrich :
»Plattbugkreuzer« / von Gerd-Dietrich Schneider.
Artillerieträger der Marine im Einsatz.
Hamburg ; Berlin ; Bonn : Mittler 1998
ISBN 3-8132-0555-X

Inhaltsverzeichnis

Zum Geleit

Die Marinefährprähme (MFP) haben großes geleistet:
Im Kanal, in der Nord- und Ostsee, im Finnischen Meerbusen,
an der Polarküste, im Mittelmeer oder im Schwarzen Meer.
Sie waren »Mädchen für alles« und »Feuerwehr«.
Sie haben Truppen transportiert, Geleitzüge gesichert,
als Spedition zur See gedient, Verwundete in Sicherheit gebracht,
Minen gelegt und sogar U-Boote gejagt oder als Sperrbrecher fungiert.
Sie waren immer dort, wo es brannte.

Und sie haben dafür einen hohen Preis bezahlt:
337 Marinefährprähme und 74 MFP-Artillerieträger gingen verloren.
Es war schon eine unglaubliche Flotte:
Vor allem die besonders langsamen, schwerfälligen und
schwierig zu manövrierenden MFP-Artillerieträger
mußten Aufgaben wahrnehmen, die bei anderen Marinen Zerstörer
und Fregatten erfüllten. Davon zeugt der liebevolle,
treffende Spitznamen »Plattbugkreuzer«. Tatsächlich waren die
bis an die Grenze ihrer Schwimmfähigkeit bewaffneten
schlichten Konstruktionen keine Großtat deutscher Schiffbaukunst,
sondern Ausgeburten der Improvisation.

Seekriegsliteratur über die Sicherungsstreitkräfte der deutschen Marine
ist bedauerlicherweise Mangelware. Dieses Buch ist deshalb
den A-Träger- und MFP-Besatzungen gewidmet,
die als »Kanalarbeiter« und als »Frontschweine« anderer
Seekriegsschauplätze ihre riskanten Einsätze zu bestehen hatten,
nicht zuletzt beim »Unternehmen Rettung« in den letzten
125 Tagen des Krieges in der Ostsee.

Die großartige Leistung dieser Art von Schiffen und ihrer Besatzungen
habe ich stets bewundert. Sie ist bis heute unterschätzt worden.
Deshalb freue ich mich darüber, daß mein alter Freund
Gerd-Dietrich Schneider die Geschichte »seiner« Flottille niedergeschrieben hat.
Er kennt sie in- und auswendig. Mit 19 Jahren schon Kommandant,
wurde er mit gerade 23 Jahren der jüngste Flottillenchef
der Kriegsmarine und war einer der fünf Ritterkreuzträger der
Landungs- und der Artillerieträger-Flottillen.
So habe ich dieses Buch gern verlegt. Als Dank an einen guten Freund,
in Respekt vor Männern und Schiffen und mit dem Wunsch,
diesen »blinden Fleck« der Marine-Geschichtsschreibung zu tilgen.

Peter Tamm

Den Besatzungen nicht
nur der 8. Artillerieträger-Flottille, sondern
aller A-Träger und Marinefährprähme,
aber auch aller Landungsboote,
Transport- und Kampffähren der Luftwaffe
und der Landungspioniere
des Heeres gewidmet – besonders
in ehrender Erinnerung
an ihre Gefallenen und Verstorbenen!

Ein sonderbares Fernschreiben

Eigentlich kann es sich nur um einen Irrtum handeln – beim Inhalt des Fernschreibens vom Befehlshaber der Sicherung West (BSW) –, das mich im Frühjahr 1944 in der rumänischen Hafenstadt Konstanza erreicht: »Seeoberleutnant Schneider, Gerd-Dietrich, am 1.4.1944 Chef 8. A-Flottille.«
Für einen Aprilscherz ist es noch ein wenig zu früh. Aber die genannte Flottille besteht aus Artillerieträgern, mit denen ich nie zuvor etwas zu tun hatte.
Vier Jahre lang habe ich als Räumbootkommandant an der Front gestanden, die beiden letzten Jahre im Schwarzen Meer, in der Straße von Kertsch und im Asowschen Meer. Dort an den Brennpunkten des Geschehens habe ich erstmals von Artillerieträgern gehört, die im Marinejargon bald »Plattbugkreuzer« genannt wurden, weil sie ihre improvisierte Herkunft aus Bauserien von flachbodigen Marinefährprähmen (Landungsbooten) – mit einem für die Landung von Gerät oder Fahrzeugen platten Bug mitsamt Klappe und Rampe – nicht verleugnen können. Markant an diesen schachtelartig viereckigen Artillerieträgern, ist die für Feuerleitzwecke anfangs achtern angeordnete hohe Kommandobrücke, der man den Spitznamen »Pagode« verpaßte.
Der Feuerzauber, den diese stark bewaffneten »Plattbugkreuzer« entfalten können, ist beachtlich. Wenn wir freilich sehen, wie sich diese »fahrbaren Untersätze« mit allenfalls zehn Knoten Fahrt vorwärtsquälen und wie schwerfällig sie mit ihrem Antrieb von drei Lastwagendieseln manövrieren, dann bleiben wir doch lieber bei unseren »schnellen Hirschen«, den längst zu Mehrzweck-Kriegsschiffen gewordenen Räumbooten. Nein, als Schiffe im eigentlichen Sinne spricht bei uns niemand diese ab 1943 an der Front aufgetauchten Artillerieträger an, obwohl die Einsätze dieser »Schlickrutscher« aber höchsten Respekt verdienen, wie wir bald im Schwarzen und Asowschen Meer erkennen sollten.
Was aber habe ich als aktiver Seeoffizier, der immer nur auf »richtigen Schiffen« zur See gefahren ist, plötzlich mit »Plattbugkreuzern« zu tun? Bevor das mysteriöse Fernschreiben eintraf, war ich in Feodosia/Krim als Kommandant meines Räumbootes R 35 und Führer der aus vier Booten bestehenden Krim-Kampfgruppe informiert worden, daß nach zweijährigem Schwarzmeer-Fronteinsatz meine Abkommandierung zum 1. April 1944 bevorstünde. Ich hätte deshalb mein Boot und die Gruppe zu übergeben, deren Hauptaufgabe die Sicherung der Straße von Kertsch, vor allem bei Nacht, gegen erneute sowjetische Landungen ist. Ich wurde über Sewastopol nach Konstanza in Marsch gesetzt und habe hier zunächst noch den März über meinen Chef der 3. R-Flottille, den Ritterkreuzträger Helmut Klassmann, zu vertreten.
Und in diesem Schwarzmeerhafen liegt nun dieses unerklärliche Fernschreiben vor mir auf dem Tisch. Abkommandierungen und Übernahme neuer Aufgaben gehören zwar zum Alltag eines aktiven Marineoffiziers. Aber für mich war eigentlich klar, daß ich nach dem üblichen Ablauf auf der »Karriere-Leiter« zunächst an der französischen Atlantikküste ein großes Minensuchboot als Kommandant übernehmen sollte. Mein vorheriger Flottillenchef, Korvettenkapitän Arnulf Hölzerkopf, hat mir im Jahr zuvor bei seiner Verabschiedung so etwas zugesagt. Und einen ersten Anlauf im Herbst 1943 hatte Klassmann mit dem Argument abgeblockt, daß ich wegen der Lage am Kuban-Brückenkopf unabkömmlich sei.
Nun aber falle ich aus allen Wolken. Ich habe nie zuvor einen Artillerieträger kommandiert oder auch nur als Wachoffizier eines solchen »Plattbugkreuzers« ein einziges Anlegemanöver gefahren, ja noch nicht einmal einen solchen »fahrbaren

Spitzname »Plattbugkreuzer«: Die Bugform verrät die Herkunft aus den Bauserien der Marinefährprähme mit Landeklappe. Foto: Max Giehle

Untersatz« von innen gesehen. Ich bin ein völlig »Branchenfremder« und »Seiten-Einsteiger« und soll dort gleich zum Flottillenchef avancieren? Also gebe ich fernschriftlich zurück: »Besteht Kommandierung Schneider zur 8. A-Fl. zu Recht?«, da ich an einen Tippfehler denke, denn Hölzerkopf »HöKo« war inzwischen Chef der 8. Minensuch-Flottille.
Die Antwort ist klar und unmißverständlich: »Kommandierung besteht zu Recht. Dienstantritt in Paris zur Einweisung melden!«
Das ist ja ein dicker Hund.
Ich soll also Dirigent eines Orchesters werden, dessen Instrumente ich nicht kenne. Ich sehe dieser Entscheidung mit gemischten Gefühlen entgegen, aber beim Befehlshaber der Sicherung West (BSW) werde ich sicherlich alles Nähere erfahren.
Die Person des vormaligen BSW-Befehlshabers, Vizeadmiral Friedrich Ruge, der diese Befehlsstelle aufgebaut hat, bevor er nach einem Kommando in Italien im November 1943 zum Admiral bei der Heeresgruppe B ernannt und in die Vorbereitungen zur Abwehr der bevorstehenden alliierten Invasion eingeschaltet wurde, erweckt Vertrauen, das auch seinem jetzt im Amt befindlichen Nachfolger, Konteradmiral Erich Alfred Breuning, entgegengebracht werden kann. Dem BSW unterstehen wir Offiziere sogar im weit entfernten Schwarzen Meer weiterhin personal-wirtschaftlich. Wir wissen, daß man in Paris stets vorbildlich praxis- und frontnah sowie ausgesprochen fürsorglich zu führen pflegt. Später erfahre ich durch Zufall, daß »Höko« an dieser meiner Kommandierung doch auch beteiligt war, hatte er – gerade mal in Paris beim BSW – bei der Diskussion um die Besetzung dieser Stelle mich dafür vorgeschlagen.
Übrigens ist mir der Abschied von meiner 3. Räumboot-Flottille beim Aussteigen in Feodosia verdammt schwer gefallen. Diese Flottille wurde noch im Frieden aufgestellt – im Sommer 1939.
Und da Pillau ihr ostpreußischer Heimathafen ist, führen alle Boote dieser Flottille das Ostpreußen-Symbol einer Elchschaufel im Wappen. Dank ihres vorzüglich ausgebildeten Stammpersonals besteht in dieser verschworenen Gemeinschaft langjährig aufeinander eingespielter Kameraden ein vorzügliches »Inneres Gefüge«, (das man nach dem Kriege in der Bundeswehr »Innere Führung« zu nennen pflegt). Das Betriebsklima ist herzlich-familiär. Und ich genoß das seltene Glück, der »Dritten Err« vier volle Jahre angehört und sie wie kaum ein anderer kennengelernt zu haben und sie mit der Zeit als Gruppenführer und schließlich »ÄK« (»Ärger Karl«, dienstältester Kommandant) sowie einige Male als Vertreter des Flottillenchefs auch weiterentwickelt zu haben.

Bahnfahrt zum Nachdenken

Am 27. März 1944 trete ich befehlsgemäß die »große Reise quer durch Europa«, vom rumänischen Schwarzmeerhafen Konstanza über Bukarest, Budapest und Wien nach Paris an. Ich benutze dabei noch recht gut funktionierende Schnellzüge. Natürlich ahne ich nicht, was mir gerade durch diese Reise erspart bleibt: Wenige Monate später, im August 1944, bricht Rumänien aus dem Bündnis mit Deutschland aus. Auch Bulgarien beendet seine Neutralität. Die 3. Räumboot-Flottille sitzt am Schwarzen Meer in der Falle. Nach Selbstversenkung der letzten einsatzklaren Boote vor dem bulgarischen Schwarzmeerhafen Varna treten die Kameraden meiner Flottille einen abenteuerlichen Land-Rückmarsch durch den gesamten, weitgehend von Partisanen beherrschten Balkan an, ehe sie sich in Wien als noch vorhanden zurückmelden und zur Neuaufstellung der Flottille weiterleiten lassen.
Meine Bahnreise ist ungleich komfortabler, aber sie nimmt immerhin vier Tage und vier Nächte in Anspruch. Es gibt also genug Zeit zur Rückerinnerung und zum Grübeln.
Nach den ersten 60 Kilometern Bahnfahrt hält es mich nicht mehr auf meinem Sitzplatz, ich muß nach beiden Seiten aus den Türfenstern hinausblicken können: Bei Cernavoda, am Rand der Dobrudscha, überquert die Bahnstrecke Konstanza–Bukarest die 4 000 Meter lange und 40 Meter hohe Eisenbahnbrücke, deren lichte Durchfahrthöhe auch noch größeren Donau-See-Schiffen das Passieren gestattet. Die Hochbrücke von Cernavoda ist die letzte feste Verbindung beider Donau-Ufer vor dem Mündungsdelta und dem Schwarzen Meer.
Jetzt wird das plötzlich wieder Gegenwart, obwohl es mittlerweile ein ganzes Jahrzehnt entfernt zu liegen scheint: Vor knapp zwei Jahren hatten wir, von der Nordsee kommend, nach 3 500 Kilometer »Marsch« durch den ganzen Kontinent, mit unseren Räumbooten diese Brücke unterfahren.
Das Schicksal der 3. Räumboot-Flottille war in der Tat außergewöhnlich: Gleich nach Ausbruch des Krieges erste Einsätze in der Danziger Bucht. Dann beim »Unternehmen Weserübung«, der deutschen Besetzung Dänemarks und Norwegens von der ersten April-Dekade des Jahres 1940 an, fuhren wir unausgesetzt Geleitschutz für die Nachschubtransporte von Jütland zur Südküste von Norwegen. Wir fuhren so intensiv hin und her U-Boot-Sicherung für die Transporter, daß wir uns bald den Spitznamen »Taxi-Flottille« erwarben. Und es dauerte dann auch nicht lange, bis wir uns tatsächlich jenes schwarz-weiß-gewürfelte Band an die

Kommandobrücken malten, das damals amtliche Kennung aller Berliner Autotaxen war.
Uns wurde nichts geschenkt, wir kriegten Tag und Nacht »kein Bein an Deck«, denn im Skagerrak und Kattegat tummelten sich permanent britische U-Boote.
Nach dem Räumen großer britischer Minensperren vor Holland im Sommer 1940 kam im Herbst der zunächst als Erlösung empfundene Verlegungsbefehl nach Nordfrankreich. Natürlich war uns gar nicht klar, daß wir als künftige »Kanalarbeiter« vom Regen in die Traufe kommen würden und an die härteste Seekriegsfront überhaupt.
Wir traten mit völlig unzulänglichen Mitteln, mit einer Handvoll leichter Seestreitkräfte, die nach dem verlustreichen Großeinsatz der Flotte zur Besetzung Norwegens übriggeblieben war, gegen die größte Seemacht der Welt an. Wir wurden zur unausgesetzten Improvisation gezwungen und mußten eine immer größere Flotte von Hilfskriegsschiffen aufbieten. So wurden Frachter zu Sperrbrechern, Fischdampfer zu Vorpostenbooten und Geleitfahrzeugen, andere wurden Hilfsminensuchboote, zusammen mit langsamen Fischloggern. Fischkutter und selbst Yachten mußten als Hafenschutzboote herhalten. Aber in welchem Abschnitt der schließlich 18 000 Kilometer lang gewordenen Seefronten des Zweiten Weltkrieges lebte die deutsche Marine nicht von der Hand in den Mund – frei nach dem Shakespeare-Wort: »Kann ich Armeen aus dem Boden stampfen, wächst mir ein Kornfeld auf der flachen Hand?«
Aktive Kriegsschiffe wie unsere Räumboote waren längst zu einer Art Ausnahme-Erscheinung geworden. Und es ist doch recht verwunderlich, daß diese Dauer-Improvisation letztlich doch zu respektablen Erfolgen führte. In meinem Buch »Vom Kanal zum Kaukasus« habe ich die beiden dramatischen und verlustreichen Einsatzjahre im Kampfraum zwischen St. Malo und Dünkirchen–Rotterdam bzw. Hoek van Holland geschildert, auch das, was uns danach widerfuhr: Wir fielen aus allen Wolken, als man uns nach der Teilnahme am Kanal-Durchbruch der Schlachtschiffe SCHARNHORST und GNEISENAU sowie des Schweren Kreuzers PRINZ EUGEN im Frühjahr 1942 unversehens aus diesem Kanalfront-Kampfgetümmel abzog und nach Cuxhaven in Marsch setzte. Dort hob man alle Aufbauten unserer Räumboote ab und verlud sie samt den Motoren, Waffen sowie Inventar auf Bahnwaggons. Die Bootsrümpfe jedoch degradierte man mit völlig »glattrasierten« Oberdecks zu besseren »Schuten, die von Schleppdampfern elbaufwärts nach Dresden-Übigau gezottelt« wurden. Dort zog man die Boote, eins nach dem anderen, an Land und hängte sie in große, an Brückenträger erinnernde Transporttröge, die von vielachsigen Coulemeyer-Tiefladern über die Reichsautobahn Dresden-Ingolstadt verbracht und, sozusagen in bayerischen Hoheitsgewässern, wieder zu Wasser gelassen wurden, diesmal in die »schöne blaue Donau«. In erneuter Schleppfahrt über Kelheim-Passau gelangte die Flottille nach einem Sprung von 70 Zentimeter Höhe über einen Stau unter der »Steinernen Brücke« in Regensburg nach Linz, um in der dortigen Marinewerft bootsweise wieder komplettiert zu werden. Auf eigenem Kiel, aber in Schleppzügen zur Schonung ihrer Dieselmotoren, reisten die R-Boote dann, donau-abwärts, ihrem neuen Einsatzraum Schwarzmeer entgegen. Das geschah gerade noch recht-zeitig, bevor die deutsche Sommeroffensive 1942 an der Ostfront begann, die zur Eroberung der Krim, zur Einnahme Sewastopols und zum Vorstoß in Richtung Kaukasus– Kaspisches Meer führte.
Es kommt mir vor, als hätten wir ein ganzes Jahrzehnt in diesem neuen Einsatzraum zugebracht, so dichtgedrängt lief das Geschehen bei sich ständig veränderten Frontstellungen ab. Selbst nächtliche Nahkämpfe – jetzt als »rechte Flügelmänner der Ostfront« mit weit überlegenen sowjetischen Kanonenbooten in der Straße von Kertsch – und ein ständiges Herumschlagen mit zahlenmäßig ungleich stärkeren gegnerischen Verbänden blieben uns nicht erspart. Wir fühlten uns bald »wie zu Hause« an der Kanalfront.*

---

*Als Beispiel dafür, wie es dort zugegangen war, zitiere ich den Vizeadmiral und späteren Professor Friedrich Ruge: »Die Tagesangriffe englischer Jäger und Jagdbomber führten am Kanal zu schweren Verlusten. So fiel im Oktober 1941 vor Dieppe der ausgezeichnete Chef der 2. Sicherungsdivision, Kapitän zur See Weniger, beim Angriff von SPITFIRES auf die 3. R-Flottille, mit ihm der Flottillenchef, mehrere Kommandanten und zahlreiche Männer. In knapp einer Minute verlor die Flottille 40 Prozent der Besatzungen durch Tod und Verwundung.
Im Gebiet von der Schelde bis Cherbourg wurde nun der Hauptteil des Minensuchens und Geleitdienstes in die Dunkelheit verlegt. Ganz liess sich das jedoch nicht durchführen.
Die Sicherungsfahrzeuge erhielten daher eine starke Flak-Bewaffnung, recht buntscheckig, da vielfach Beutewaffen ... Dazu kamen für die Geschütze und Brückenpanzerung Schutzschilde. Die Boote wurden auf diese Weise in den Stand gesetzt, sich nachdrücklich zu wehren, mit dem Erfolg, dass 1941/42 auf zwei eigene Tote ein abgeschossenes Flugzeug kam.«

Nun sitze ich also im Schnellzug, um genau wieder in jenes Frontgebiet und damit erneut in die leidgeprüfte Zunft der »Kanalarbeiter« zurückzukehren.

Über uns das Damoklesschwert

Schon während der Bahnfahrt nach Paris ist mir klar, was mir in Frankreich bevorstehen dürfte: Man erwartet dort irgendwann in diesem Jahr 1944 die Invasion der Alliierten. Und die haben die Invasion mit Sicherheit ungleich besser vorbereitet als es uns Deutschen damals möglich war. Sie stehen nicht unter Zeitdruck und Materialmangel.

Das monotone Klopfen der Schienenstöße bringt die Erinnerungen an damals beinahe zwangsläufig wieder zurück: Als wir mit der 3. Räumboot-Flottille im August 1940 zum Kanal verlegt wurden, trauten wir zunächst unseren Augen nicht: Ein solches Aufgebot von Schiffen – mit und ohne Anführungszeichen geschrieben – hatten wir noch nirgendwo gesehen. Für das »Unternehmen Seelöwe«, die beabsichtigte deutsche Landung in England, waren in den Aufmarschhäfen von Antwerpen bis nach Le Havre zusammengezogen worden:

155 Transporter mit 700 000 BRT Schiffsraum
1 277 Prähme und Leichter, großenteils ohne Eigenantrieb
471 Schlepper
1 161 Motorboote.

Das Gros dieser kaum seetüchtigen, fast durchweg antriebslosen Rheinkähne, Penichen und Kempenaare, die man in Deutschland, Holland, Belgien und Frankreich requiriert hatte, besaß eine rasch eingebaute Bugklappe, um mit deren Hilfe einen Panzer oder ein Geschütz an Land setzen zu können.

Wir Kommandanten waren Praktiker genug. Wir gingen zunächst davon aus, daß ein derartiges Wagnis ausschließlich unter dem Schirm einer errungenen absoluten Luftherrschaft Chancen haben könne. Der damalige Befehlshaber der Sicherung West, Vizeadmiral Friedrich Ruge, nach dem Krieg Professor für Zeitgeschichte an der Universität Tübingen, brachte es in seinem Standardwerk »Der Seekrieg 1939–1945« auf den Punkt: »Es wäre etwas anderes gewesen, wenn die Staatsführung, überzeugt vom durchschlagenden Erfolg der geplanten Operation in Frankreich, bereits nach dem Polen-Feldzug einen Schwerpunkt auf den Bau von Landungsfahrzeugen nach Art der späteren Marinefährprähme gelegt hätte. Diese trugen etwa 100 Tonnen, hatten Platz für drei Lastkraftwagen oder kleinere Panzer oder die entsprechende Anzahl Menschen, liefen zehn Knoten, konnten mit ihrem flachen Boden auf den Strand auflaufen und mittels einer Bugklappe ihre Ladung sofort löschen. Mit etlichen Hundert dieser Fahrzeuge, dazu allerdings auch mehreren Fallschirm- und Luftlandedivisionen, sofort im Anschluß an Dünkirchen, hätte sich eher ein Erfolg erzielen lassen als wenn man jetzt gegen eine starke Verteidigung übers offene Wasser *mit einer Geschwindigkeit vorrücken wollte, die noch etwas geringer war als die, mit der Cäsar vor 2 000 Jahren nach England hinübersegelte.*«

Friedrich Ruge analysierte seine Aussage recht deutlich: »Unter den deutschen Transportfahrzeugen befanden sich nur wenige, die mit eigener Kraft hinübergehen, dann auf den Strand auflaufen und durch Bugklappen Truppen und Material sofort landen konnten. Die (Transport-) Dampfer mußten draußen ankern. Man schätzte, ihr Ausladen würde 36 Stunden dauern – ein hoffnungsloser Fall im Bereich einer noch schlagkräftigen feindlichen Luftwaffe. Die Schleppzüge – je 33 Schlepper, jeder mit zwei Prähmen im Schlepp – würden mit einer Geschwindigkeit von zwei bis drei Seemeilen pro Stunde (= 4–5 km/Std.) hinüberfahren. Der Strom lief quer zur Kanalenge mit Geschwindigkeiten bis zu fünf Seemeilen (also 9 km/Std.). Die zurückzulegenden Strecken betrugen mindestens 40 bis 50 Seemeilen, die Überfahrt dauerte also mindestens 15 Stunden. Dabei waren die Flanken des Unternehmens nur sehr mäßig geschützt. Minensperren konnten bei den beträchtlichen Strömungen und dem starken Tidenhub lediglich zeitweise einen gewissen Schutz bieten. Kampfkräftige (eigene) Seestreitkräfte waren nur in Gestalt von einigen wenigen Zerstörern, Torpedobooten und einer Anzahl von Minensuchbooten vorhanden. Auf die Luftwaffe war wenig Verlaß, daß sie Freund und Feind auseinanderhielt, sobald einmal feindliche leichte Streitkräfte in die Schleppzüge eingebrochen waren. Ganz abgesehen davon, daß sie voraussichtlich stark durch die britische Luftwaffe beschäftigt werden würde.«

Ruge fügte auch noch hinzu: »Der Gegner hatte hier alle Vorteile auf seiner Seite, ein ausgebautes Befehlsnetz, lückenlose Radarüberwachung, massierte Jagd; er konnte nicht überrascht werden.«

Analysiert man diese Aussagen des Fachmanns Ruge und zieht daraus ein Fazit, dann kommt man zu der Schlußfolgerung, daß die Deutschen ein gebrochenes Verhältnis zur sogenannten »Amphibischen Kriegsführung« an den Tag legten.

Obwohl die Kaiserliche Marine 1917 ein großes Landungsunternehmen auf den Baltischen Inseln und 1917/18 weitere amphibische Aktionen im Zusammenhang mit den Kämpfen um die Unabhängigkeit Finnlands improvisieren mußte und sicherlich im Falle eines bewaffneten Konflikts immer wieder in ähnliche Situationen geraten könnte, besaß Deutschlands Marine bei Kriegsausbruch am 1. September 1939 kein einziges Landungsboot!

Als dann in einer kaum von einem militärischen Experten für möglich gehaltenen kurzen Zeit von nur 38 Tagen die Großmacht Frankreich

militärisch niedergeworfen und das britische Expeditionskorps vom Festland verjagt worden war, stand man »mit leeren Händen« am Ufer des Ärmelkanals. Das geplante »Unternehmen Seelöwe« mußte sich mangels anderweitiger Vorsorge abermals auf Improvisationen beschränken, die sich technisch kaum von jenen der Jahre 1917/18 unterschieden. Wir jungen Offiziere ertappten uns natürlich beim Anblick der zusammengewürfelten »Seelöwe«-Armada bei der Frage, ob es niemanden gegeben habe, der die bedenklichen Schwächen einer Landung mit antriebslosen, von kohlegefeuerten Schleppdampfern allzu langsam über größere Seedistanzen vorwärtsbewegten Flußkähnen moniert und durch bessere technische Ideen ersetzt habe. Es gab in der Tat durchaus Mahner und ideenreiche Verbesserer. Der profilierteste von ihnen hatte das Manko, sozusagen die falsche Uniform zu tragen. Er war »nur« Reserve-Offizier der *Luftwaffe* und galt damit bei der Seekriegsleitung (SKl.) des Oberkommandos der Kriegsmarine (OKM) als wohl kaum kompetenter Berater.
Was fiel diesem Flieger überhaupt ein, sich ungefragt in die Belange der Seekriegsleitung einzumischen – diesem Manne fehlte doch jeder seemännische und marinetaktische Sachverstand! Was also bewog ihn, gleich nach Erlaß der »Weisung 16« zur Vorbereitung einer Landung in England seine Ideen vorzutragen? (Der Hauptmann der Reserve Friedrich Wilhelm Siebel, im Ersten

Oben: Die Besetzung von Ösel und Dagö im Oktober 1917 mußte als amphibisches Großunternehmen kümmerlich improvisiert werden.

Mitte: 23.000 Mann waren von den Transportdampfern an Land zu bringen – mangels Landungsbooten in geschleppten Beibooten. Fotos: Archiv Peter Tamm

Unten: Auch 1940 gab es noch immer keine Landungsboote. Die ersten Experimente zur Panzeranlandung durch Penichen waren abenteuerlich.
Foto: Rehse

Oben links: Generalfeldmarschall Kesselring im Gespräch mit Friedrich Wilhelm Siebel (rechts).

Oben rechts: Die Luftwaffe stellte abgeflogene Triebwerke samt Propeller und Fachpersonal. Fotos: Hietschold

Links: Aus Schwimmkörpern des Kriegsbrückengeräts B entstanden die ersten luftschraubengetriebenen »Herbert-Fähren« als Flakträger. Siebels Ideenreichtum fand sofort Unterstützung bei weitblickenden Pionieroffizieren des Heeres. An erster Stelle ist der damalige Major Oswald Gantke zu nennen, dem die auf See eingesetzten Landungspioniere bis Kriegsende immer neue Impulse zu eigenen technischen Entwicklungen und vorbildhafte persönliche Führung verdankten. Foto: Karl Werner

Weltkrieg Frontflieger und hochdekorierter Führer eines Kampfgeschwaders, war von Hause aus Betriebsingenieur bei der Norddeutschen Motoren AG in Bremen, die ihn auch zum Kaufmann ausbildete und geschäftlich nach Südamerika, Australien und Großbritannien schickte. Siebel blieb auch in den zwanziger und dreißiger Jahren leidenschaftlicher Flieger. Er wurde Direktor und Betriebsleiter der Klemm-Flugzeugwerke und gründete schließlich in Halle an der Saale die Siebel Flugzeugwerke GmbH.)
Dieser Luftwaffen-Reservist Siebel monierte nicht nur die Achillesferse der vorgesehenen Landungsfahrzeuge in Gestalt ihrer viel zu geringen Geschwindigkeit. Er verprellte auch noch mit dem Hinweis, daß in den Depots der Luftwaffe rund 2 000 Flugmotoren ungenutzt herumlägen, die nach Erreichen der streng vorgeschriebenen Höchstbetriebsstundenzahl in Flugzeugen nicht mehr verwendet werden durften. Warum sollten sie nicht für einen beschränkten Zeitraum dazu herhalten, die antriebslosen Schleppkähne mittels

Flugzeugpropellern zu wesentlich schnelleren Selbstfahrern zu machen? Was im Flotten-Denken groß gewordenen Seeoffizieren allzu kühn und sogar phantastisch erschien, fand bei flexibler eingestellten Kreisen der Luftwaffe und der Heerespioniere durchaus Gehör. Man schritt ohne viel Federlesens zur Tat:
Als Generalluftzeugmeister Ernst Udet im Juli 1940 in Rotterdam ein »Sonderkommando Fähren« gründete und dessen Leitung besagtem Flieger und Reserveoffizier Siebel übertrug, wurde das von der Marine als Kompetenzüberschreitung empfunden. Die erste Abfuhr der »Blauen Zunft« ließ folglich nicht lange auf sich warten. Als nämlich der tief über bestimmte Fehlentwicklungen besorgte, zugleich aber auch umtriebige Siebel aus serienmäßig vorhandenen Pontons des »Kriegsbrückengerätes B« der Heerespioniere »Leichte Fähren« schuf, die durch verstärkten Überbau Flugzeugmotoren und Luftschrauben als Antrieb erhielten und diese Fähren gleich in einer Stückzahl von 150 fertigen Exemplaren nach St. Omer in Nordfrankreich in Marsch gesetzt hatte, wies man ihn in seine Schranken. Die Marine verweigerte ihre Zustimmung »wegen anderweitigen Bedarfs der Pioniere«. Aber der inzwischen

Oben: *Verstärkte Trägerroste verbinden zwei Pionier-Brückenschiffe zur »Siebelfähre« mit stark belastbarem Deck.*
Foto: Heinrich Bloeker

Mitte: *Schwere Siebel-Flakkampffähre, Hauptbewaffnung drei 8,8-cm-Flak. Diese Version der Kampffähre gab es sogar mit vier schweren Geschützen 8,8-cm.*
Foto: Hietschold

Unten: *Zwei Flugzeugmotoren treiben über aufgebockte Luftschrauben einen »Siebelkahn« an.*
Foto: Zühlsdorff

zum Major der Reserve beförderte Siebel ließ sich nicht so leicht aus dem Feld schlagen. Es stand allzu viel auf dem Spiel – jedenfalls mehr als dümmliches Kompetenzgerangel. Siebel erfuhr, daß auf der Halbinsel Cotentin von Heerespionieren mit Doppelrumpf-Behelfsfähren experimentiert wurde, deren Schiffskörper aus sog. »Herbert-Geräten« bestanden, die aus der österreichischen und tschechischen Armee in die Wehrmacht übernommen worden waren. Siebel fand auch bald heraus, daß im Auftrag der Pionier-Inspektion im Oberkommando des Heeres ein noch leistungsfähigeres schweres Schiffsbrückengerät von einem Sonderkommando in Antwerpen zu Behelfsfähren umgerüstet und mit Lkw-Motoren und Wasserschrauben für den Eigenantrieb versehen wurden. Siebel bot nun an, diese mit ihren vier Opel-»Blitz«-Motoren relativ langsamen Fähren durch BMW-Sechszylinder-Flugmotoren mit je einer Luftschraube schneller zu machen.
Die Geschwindigkeit der mittlerweile vorhandenen 14 »Herbert«-Fähren wurde tatsächlich durch Aufbocken von je zwei Flugmotoren wesentlich erhöht. Außerdem hat das Sonderkommando Siebel bis Anfang November 1940 auch 200 Flußschleppkähne mit je zwei Flugmotoren und Luftschrauben zu »Selbstfahrern« umgerüstet. Aus dem Sachzwang zur Improvisation heraus entstanden schwimmende Geräte, die zugegebenermaßen jeden etablierten Kriegsschiffbauer die Hände über den Kopf zusammenschlagen ließen. Es waren Ausgeburten der Not, für die es aber keine sichtbare Alternative gab.
Ein Sonderkommando von Praktikern der Marine war allerdings von der am 4. September 1940 in Emden erstmals vorgeführten Doppelrumpf-»Siebel-Fähre« doch so beeindruckt, daß ihre Einführung empfohlen wurde. Diese Fähren konnten immerhin schwere Flak vom Kaliber 8,8-cm tragen, was endlich einen wirksamen Flakschutz der »Seelöwe«-Transportgruppen versprach. Die Kriegsmarine übertrug die Gesamt-Materialverantwortung für vorerst 27 Baunummern dem Amt Generalluftzeugmeister, der wiederum das »Sonderkommando Siebel« mit dem Bau der Serie beauftragte. Damit war ein Flieger unversehens zum Schiffbauer und Schrittmacher der Amphibien-Technik geworden.

»Kampffähren« als Schrittmacher

Nachher eskalierten die Dinge auf besondere Weise. Zwar wurde das »Unternehmen Seelöwe« am 10. Oktober 1940 abgeblasen, wenn auch angeblich nur vertagt. Dafür rückten sehr bald neue Ereignisse in den Vordergrund, die abermals den Bedarf an Landungsfahrzeugen und Flakträgern laut werden ließen. Schon im Januar 1941 mußte Deutschlands Wehrmacht den bedrängten Italienern in Nordafrika zu Hilfe eilen. Sie befanden sich ohne deutsches Eingreifen in einer ausweglosen Lage. Der Hals über Kopf nach Tripolis in Marsch gesetzte Korvettenkapitän Dr. Paul Meixner hatte seinerzeit in Emden den positiv aufgenommenen Vorführungen der Siebel-Fähren beigewohnt. Als nunmehriger »Leiter der Seetransportstelle Afrika« schlug er seinem Befehlshaber des Afrikakorps, dem späteren Generalfeldmarschall Erwin Rommel, vor, zwölf Siebel-Fähren als »Flakträger« zu beschaffen. Rommel reagierte sofort. Mit Rücksicht auf die erhöhte Brandgefahr bei der Verwendung von Benzin verzichtete man bei den Siebel-Fähren neuerdings auf die Verwendung von Flugzeugpropellern.
Man war auf Schiffsschrauben »umgestiegen«, die von Lkw-Dieseln vom Typ Ford-40 angetrieben wurden.
Dank der vom Konstrukteur Siebel von vornherein eingeplanten Transport-Zerlegbarkeit trafen die ersten vier Siebel-Fähren bereits am 13. April 1941 auf Nachschubfrachtern in Nordafrika ein, und Ende April waren schon alle zwölf »Kampffähren« vor Ort, wie man diese für alle nur denkbaren Zwecke der »Rommel-Spediteure« verwendbaren Doppelrumpf-Fahrzeuge zu nennen begann.
Der durchschlagende Achtungserfolg der Siebel-Vorführung in Emden

Bei Wiemann in Brandenburg baut man den Prototyp F 100. Dieser erste Marinefährprahm hat Flugmotoren für die Seitenwellen, einen LKW-Diesel für die Mittelwelle – und noch einen Schornstein! *Foto: Archiv R. Kugler*

hatte in der Seekriegsleitung und im Kontruktionsamt (K-Amt) des OKM zu dem Bestreben geführt, sich in Zukunft »die Butter nicht länger durch die Luftwaffe vom Brot nehmen zu lassen«. Noch in der Endphase der »Seelöwe«-Vorbereitungen wurde der Beschluß gefaßt, serienmäßig schnell zu bauende Landungsfahrzeuge eigener Konstruktion zu entwickeln. Sie erhielten als Einrumpf-Landungsfahrzeuge die Bezeichnung »Marine-Fährprähme« (MFP) und wurden bald an allen Seekriegsfronten Europas unentbehrlich. Es bestand der Zwang, nach und nach 21 Landungsflottillen aufzubauen, die bald ebenso »Mädchen für alles« wurden, wie die in großer Stückzahl weitergebauten Siebel-Fähren. Die unentwegt zur Improvisation gezwungene Kriegsmarine mußte den Marine-Fährprahm sogar als Minenleger und zum Geleitschutz einsetzen, ebenso wie die Siebel-Fähren auch. Aus den MFP gingen dann auch die Artillerieträger hervor, die in der Hauptsache auf acht Flottillen verteilt wurden. Auch ihnen wurden Aufgaben abverlangt, die bei wirklichen Seemächten von Zerstörern erledigt wurden*.

Oben: Schwerer Artillerieträger (SAT) OST vom Kümo-Typ. Hauptbewaffnung ein 15 cm-Geschütz im gepanzerten Halbturm. Foto: Archiv Peter Tamm

Unten: Das gesamte Deck voller Munitionskisten: Siebelfähre der Luftwaffen-Fährenflottille I in der Straße von Kertsch. Foto: Hermann Mathes

*Einiges Durcheinander herrschte bei der Bezeichnung des Typs unserer Boote selbst in allen Kommando-Ebenen und in Veröffentlichungen. So ist der von einer Nummer gebildete »Name« der einzelnen Boote mit dem Kürzel »AF« verbunden, was für »Artillerie-Fähre« steht. Vielleicht ist das eine Ähnlichkeit mit dem »MFP« für die Marinefährprähme, doch hatten unsere Boote ja nichts mehr von einer Fähre an sich. Auch taucht manchmal das Kürzel »AFP« = Artillerie-Fährprahm« auf wie auch von »Kampffähren« die Rede ist, was sich eigentlich aber nur auf die mit 8,8-cm-Flak bewaffneten Siebel-Fähren bezog, die ursprünglich für Transporte bestimmt waren.

Nicht um den »Typen-Salat« noch zu vergrössern, sondern um Verwechslungen und Missdeutungen zu vermeiden, muss darauf hingewiesen werden, dass es damals auch noch 18 »Leichte« und 19 »Schwere Artillerieträger« (LAT bzw. SAT) gab. Sie gehörten aber nicht zur »Familie« der MFP bzw. AF, sondern waren eingezogene »zivile« deutsche und holländische Küstenmotorschiffe (Kümos). Die Kleineren mit 200/320 BRT waren mit einer oder zwei Kanonen 7,5-cm bzw. 8,8-cm und Flak bewaffnet; die Grösseren mit 500/600 BRT mit 10,5-cm oder 15-cm und Flak. Ursprünglich waren sie zur Unterstützung der Landung in England 1940 – Unternehmen »Seelöwe« – gedacht, später u.a. L-Flottillen zugeteilt und vorwiegend in der Ostsee eingesetzt. Zum Kürzel führten sie ihren Schiffsnamen wie z.B. SAT SOEMBA.

Doch blenden wir noch einmal chronologisch zurück:
Gleich nach dem ersten Engagement in Nordafrika rückte Mitte 1941 das »Unternehmen Barbarossa« heran, der Angriff auf die UdSSR. Siebel nervte die Marine erneut mit dem allzu progressiven Vorschlag, seine zerlegbaren und per Bahn transportablen Siebel-Fähren gleich in mehreren Versionen zu bauen, sogar als Torpedoträger! Man lehnte kopfschüttelnd ab, aber die in 25 Güterzügen nach Rumänien verbrachten Siebel-Fähren des »Baubataillons 86« waren dennoch die ersten Einheiten, die auf dem Schwarzen Meer schon im Juni 1941 die deutsche Kriegsflagge zeigten! Sogar als Minenleger wurden sie mit Erfolg eingesetzt, diesmal unter williger Teilnahme der Marine.
Auch auf dem Ladoga-, dem Ilmen- und dem Peipus-See kamen deutsche Landungsboote und »Kampffähren« zum Einsatz, desgleichen in den Kampfräumen Schwarzes Meer–Untere Donau, schließlich auch die aus den Marinefährprahm-Bauserie heraus entwickelten Artillerieträger. Außerdem kamen ab Frühjahr 1942 von Krupp – aus neun straßenverlastbaren Pontons entwickelte – Marine-Artillerieleichter (MAL) an die Front. Diese von uns als »MALchen« bezeichneten Fahrzeuge hatten Eigenantrieb. Sie standen seitdem ebenfalls im Schwarzen

Oben: *Auch als Minenleger bewährt: Siebelfähren der 27. Landungsflottille in Reval, kurz vor Verlegung zum Ilmensee. Foto: Gerhard Jänisch*

Mitte: *Fürs Kaspische Meer konzipiert: Die erstmals im Asowschen Meer eingesetzten Marine-Artillerie-Leichter (MAL). Foto: Kruppwerke*

Unten: *Die als »MALchen« belächelten Marine-Artillerie-Leichter versenken im Asowschen Meer sechs Kanonenboote und fünf Bewacher, sie vernichteten einen Panzerzug und beschießen zehn Häfen! Foto: Karlheinz Münch*

Meer, Mittelmeer und in der Ostsee im Einsatz.
Die immer weiter überdehnten Seefronten von schließlich 18 000 Kilometer Länge erforderten immer weitere Improvisationen. In dichter Folge vermehrten sich die Kampffähren vom Typ Siebel, die Marinefährprähme und die Artillerieträger sowie ihre Verwandten vom Typ MAL. Auch der Bezeichnungswirrwarr legte sich allmählich. Aus den Artillerie-Fährprähmen vom MFP-Typ, abgekürzt AFP, sind endgültig die Artillerieträger (AT) geworden. Und die Siebel-Fähren behielten ihre nun unverwechselbar gewordene Bezeichnung »Kampffähren« bis Kriegsende bei.
Man hatte schon im März 1941 die Dienststelle »Admiral der Seebefehlsstellen« (A.d.S.) geschaffen, die für die Aufstellung und Ausrüstung dieser Flottillen zuständig war. Und so kam es angesichts der drohenden Invasion im Kanal schließlich am 16. März 1944 bei der Seekriegsleitung des Oberkommandos der Kriegsmarine Qu A II Org. B 3026/44 G zur Aufstellungsverfügung meiner 8. Artillerieträger-Flottille.
Die drohende Invasion der Alliierten erzwang schon vorher die Aufstellung der 6. Artillerieträger-Flottille unter Kapitänleutnant Friedrich Schad in Rotterdam. Das geschah Anfang 1944, die Stationierung ihrer zwölf Neubauten war in der Seine-Bucht vorgesehen, nachdem die 2. Sicherungsdivision (2.SiDi) schon seit Anfang 1943 in Boulogne unter Kapitänleutnant Josef Bauer und nach seinem Tod am 5. April 1943 »Kaleu« Elmershaus von Haxthausen die 2. Artillerieträger-Flottille mit zunächst acht, später 15 AT-Trägern aufgestellt hatte.

Links: *Werfterprobung auf dem Niederrhein von MAL 5 (Typ I) im April 1943 vor dessen Überführung in die Ägäis.* *Foto: Kruppwerke*

Unten: *Das Foto läßt erkennen, daß der MAL-Rumpf in neun bahntransportfähige Sektionen zerlegt werden kann.* *Foto: Kruppwerke*

Rasante Entwicklung

Wenn man sich mit der nur kurzen Geschichte der Artillerieträger der Kriegsmarine befaßt, muß man zwangsläufig auf ihre Vorfahren, die Marinefährprähme (MFP) zurückgreifen. Daß diese umfangreichen wie vielfältigen Entwicklungen – wie auch ähnliche bei den Heeres-Pionieren und der Luftwaffe – nach dem Kriege vor dem Vergessen bewahrt und der Nachwelt erhalten werden können, ist in erster Linie dem Pionier-Oberstleutnant a.D. der Bundeswehr, Randolf Kugler, im Zweiten Weltkrieg bei der Marine-Bordflak als Leutnant (MA), zu verdanken. Mit seinen unermüdlichen, umfangreichen und sorgfältigen Recherchen, Kontakten und Ausarbeitungen bis hin zur Dokumentation »Das Landungswesen in Deutschland seit 1900« ist er regelrecht zum »Papst« unseres Landungswesens geworden und hat damit allen daran Beteiligten, die sonst in der Literatur sehr stiefmütterlich behandelt worden sind aber ihre soldatische Pflicht genau so wie zum Beispiel in vielen Büchern oder im Wehrmachts-Bericht erwähnte andere Soldaten getan haben, die ihnen gebührende Beachtung und Anerkennung verschafft.

Auch ich hatte ja 1944/45 als »Seiteneinsteiger« bei den A-Trägern vorher auf Minenräumbooten kaum etwas von den »Plattbugfahrern« – bis auf einige Kontakte im Schwarzen Meer auch bei gemeinsamen Einsätzen – mitbekommen, die mir aber schon damals meine Hochachtung abverlangt hatten. Und selbst bei der 8. A-Flottille hörte ich auch nur das Nächstliegende und Aktuelle, so daß Kugler durch unsere späteren Kontakte in den letzten zwanzig Jahren für mich zu einem echten und unersetzlichen Mentor in Sachen Landungswesen geworden ist und ich mich daher seitdem auch weitgehend auf seine Arbeiten stützen konnte.

Die improvisierten Vorbereitungen auf das Unternehmen »Seelöwe« hatten also gezeigt und bewiesen, daß die Kriegsmarine auf eine solche Operation völlig unvorbereitet war. Darüber hat dieses Buch bereits berichtet.

Um diese Mängel abzustellen, begann das Hauptamt für Kriegsschiffbau im OKM im September 1940 mit der Konstruktion eines »Fährprahms« (MFP), und wenig später gab es auch die Mittel für den Bau der ersten 200 Einheiten. Bei 46 Metern Länge und 6,5 Metern Breite und nur 0,63 Metern Tiefgang vorn bot dieser Typ Platz für drei 20-Tonnen-Panzer. Drei BMW-Flugzeugmotoren mit je 600 PS machten ihn 13,5 Knoten schnell. Eine Klapprampe im Bug paßte genau in den vier Meter breiten Laderaum, der mit Persennings abgedeckt werden konnte.

Wichtig für den Bau war die Montage aus drei Quersektionen, so daß Überland-Transporte möglich waren.

Der Prototyp F 100 (s. S. 16) wurde bereits im Dezember 1940 bei der Werft Gebr. Wiemann in Brandenburg zusammen mit der Berliner Stahlbau GmbH erstellt, bei der Fertigung aber etwas abgewandelt. So wurde die Zerlegbarkeit aufgegeben und durch zusätzliche Schotten sowie einen Doppelboden die wasserdichte Unterteilung verbessert. War F 100 noch vollgeschweißt, wurde bei der folgenden Zwanziger-Serie im Hinblick auf Reparaturen am Einsatzort doch die Nietung gewählt.

Dieser nun Typ A genannte MFP wies bei 43,04 Metern Länge, 6,53 Metern Breite und 0,97 Metern Tiefgang vorn bzw. 1,45 Metern achtern eine Verdrängung von 220 Tonnen auf und war für eine Besatzung von 17 Mann ausgelegt. Seine Bewaffnung bestand aus einer 7,5-cm-Kanone und einer 2-cm-Flak. Der Antrieb erfolgte durch einen 130-PS-Lkw-Diesel als Mittelmotor und zunächst zwei 600-PS-Flugzeugmotoren an den Seiten für gut zwölf Knoten Geschwindigkeit. Letztere wurden später auch durch 130-PS-Lkw-Diesel ersetzt.

Bis Ende April 1941 waren 21 MFP ausgeliefert, von denen zwölf

Die Bugklappe der Marinefährprähme wird mittels Kettentalje und Kontergewichten wieder geschlossen.
Foto: Helmut Kollier

Links: *Denkbar einfach sind die engen Unterkunftsräume der MFP-Besatzungen ausgezimmert. Der Laderaum hat Vorrang!*
Foto: Karlheinz Blas

Unten: *Primitive Anfänge: Im Sommer 1941 nehmen Marinefährprähme erstmals am Öselunternehmen teil. Als Bordgeschütz dient eine 1908 für ein Seebataillon gebaute Feldkanone 7,5 cm!*
Foto: Hans Keller

Oben: *Kaum größer als eine U-Boot-Kombüse ist die »Bordküche« eines Marinefährprahms.*
Foto: Album Günther Masberg

Rechts: *Endlich werden 7,5-cm-Feldkanonen S.K.97 (Schneider-Creuzot) zur MFP-Regelbewaffnung. Beim Polenfeldzug 1939 wurden 739 Rohre dieses Kalibers erbeutet.*
Foto: Karlheinz Blas

Oben links: *Bald werden LKW-Diesel für alle drei Propellerwellen der Marinefährprähme und Artillerieträger zum Standard.*
Foto: Propagandakompanie

Mitte links : *An allen Fronten dringend benötigt: Die fürs Mittelmeer bestimmten MFP verlegen möglichst über Frankreichs Kanäle und Flüsse dorthin.*
Foto: Propagandakompanie

Oben rechts : *MFP der 4. Landungsflottille beim Beladen. Man erkennt die Auffahrtrampe zur Bugklappe.*
Foto: Hermann Gerhold

Unten: *Der MFP-Ruderstand ist noch völlig ungeschützt. Die Heckwinden und Galgendavits eignen sich zur Verwendung von Heckankern oder Minensuchgeräten.*
Foto: Propagandakompanie

erstmalig beim Ösel-Unternehmen – neben 27 Siebel-Fähren – eingesetzt wurden.
Trotz wenig positiver erster Erfahrungsberichte wurde der Bau dieses Typs auf zahlreichen Werften und in den später folgenden Grundtypen A1, B und C mit vor allem vergrößerter Laderaumhöhe fortgesetzt, da nunmehr – nach endgültigem Verzicht auf »Seelöwe« – verstärkt Transport- und Nachschubaufgaben auf diese »Spediteure der Flotte« zukamen. Dabei weitete sich ihr Betätigungsfeld bis nach Nordnorwegen ebenso wie ins Mittelmeer, bis nach Nordafrika, nach Westen in den Kanal und im Osten bis Finnland, im Schwarzen Meer bis zum Kaukasus aus.
Welchen Tribut die »Schlickrutscher« dabei zu zahlen hatten, zeigen eindringlich zwei Zahlen auf: Von rund 900 fertiggestellten MFP gingen bis Kriegsende mindestens 525 verloren! Über den Bestand an »Schlickrutschern« – wie die MFP auch gerne genannt wurden – gibt auch eine

Oben links: Wo nicht anders möglich werden MFP-Transporte über Land durchgeführt: Unterfahren eines 32rädrigen Coulemeyer-Tieflader-Fahrgestells. Foto: Hermann Lenzen

Mitte links: Marinefährprahm F 424 hat auf Kleinstadtstraßen wenig Platz. Mit ausgehängter Bugklappe transportiert man ihn von Auxarre/Yonne nach Lyon/Saone. Foto: Walter Krämer

Oben rechts: Überlandtransport auf zwei Coulemeyer-Radsätzen von einer Wasserstraße zur anderen. Foto: Archiv R. Kugler

Mitte rechts: Vier schwere Zugmaschinen steuern und bremsen als »Heckschlepper« nach Mikrofonkommandos des Transportführers. Foto: Walter Krämer

Unten: Möglichst baut man die MFP aus vorgefertigten Teilen gleich im Ausland: Stapellauf von MFP 432 in Sestri Ponente/Italien. Foto: A. Rastelli

andere Notiz der Seekriegsleitung vom 21. April 1943 Auskunft. Sie diente dem ObdM als Unterlage für ein Gespräch mit Hitler über seine Vorstellungen zum Bauprogramm, in dessen Rahmen »vor allem auch mehr MFP gebaut werden sollten«. Danach waren am 1. April 1943 von bis dahin 381 fertiggestellten MFP 153 frontklar, 180 noch in der Werft bzw. bei Ausbildungs-Einheiten und 48 verlorengegangen. Zur Auslieferung in 1943 vorgesehen waren weitere 370 und in 1944 noch einmal 102, tatsächlich erforderlich pro Jahr aber 900 MFP. Dazu heißt es: »Wegen des großen Bedarfs an diesen Fahrzeugen in allen Bereichen ist schnellste Steigerung ihres Neubaus in dem erreichbaren Höchstmaß erforderlich« (1. Skl. Ib 1197/43 gKdos.Chefs).
Im Freiburger Militärarchiv fand ich bei meinen Recherchen in den OKM-Unterlagen eine Bestandsmeldung vom 1. Januar 1944 von 355 MFP. Die Verluste betrugen bis zu diesem Zeitpunkt 200 Einheiten. In Bau befanden sich 145 MFP, und von weiteren 263 war damals der Bau geplant. Und für den 1. November 1944 ist in dieser Quelle ein Bestand von noch 300 MFP angegeben.
Und aus einer Nachkriegsdokumentation geht hervor, daß vom 15. September 1941 bis zum 15. Juli 1943 insgesamt 391 MFP in Dienst gestellt wurden und weitere 298 vom 15. Juli 1943 bis zum 31. März 1945.
Durch den Vormarsch der Alliierten gingen 119 verloren. Annulliert bzw. sistiert wurden 148 MFP und nicht mehr fertiggestellt werden konnten 56. Demnach sind insgesamt 1 012 Marinefährprähme in Auftrag gegeben worden.
Diese nach jahrelanger Forschungsarbeit Randolf Kuglers sorgfältig erstellte MFP-Bilanz ist aufschlußreich und dient als wertvolle Grundlage auch für weitergehende Kenntnisse der Weiterentwicklung der Marinefährprähme zu Artillerieträgern.
Zur truppendienstlichen und organisatorischen Betreuung bis hin zum

Oben: Vizeadmiral Robert Vidal Emden, Admiral der Seebefehlsstellen (AdS) (s. S. 26) von März 1941 bis Dezember 1944.
Foto: Anton Heinke

Mitte: Ab Oktober 1941 bewähren sich 13 MFP der 2. L-Flottille, Palermo, im Mittelmeer. Das Andreaskreuz am offenen Ruderstand ist Fliegersichtzeichen für Schiffe der »Achsenmächte«.
Foto: Schmidt

Unten: Die 4. Landungsflottille (Toulon) stellt in ihrem Wappen den Einsatzraum dar, die 2. Landungsflottille (links) die »Exotik« Nordafrikas.
Foto: Egon Völlmeke

Oben links: Bald werden Marinefährprähme bei Rückzugs-Ablandungen unentbehrlich – wie hier bei St. Giovanni an der Straße von Messina.
Foto: Egon Völlmeke

Oben rechts: Der MFP F 2724, im September 1943 von der 2. L-Flottille in La Spezia übernommen, war ursprünglich einer von den in Lizenz gebauten italienischen »Motozattere« (F 0769).
Foto: Bernhard Hüning

Mitte: Im Herbst 1943 transportieren Marinefährprähme Verwundete aus dem Kubanbrückenkopf ab. Bald entwickelt man besondere Verwundeten-MFP mit eingehängten Transporthängematten.
Foto: PK Steinmetz

Unten links: MFP vom Typ B nach Umbau zum CAM-Sperrbrecher mit Kreuzpolgerät, später als Kreuzstabgerät bezeichnet.
Foto: Sammlung Peter Arndt

Unten rechts: »Canona Antimagnetica« (CAM), eine italienische Erfindung: Zwei Eisenspulen werden kreuzartig an Deck montiert. Sie bringen durch ein magnetisches Feld Grundminen vorzeitig zur Detonation. Foto:PK Fritz Boltz

Personal und seiner Ausbildung aller im Sommer 1940 für das »Unternehmen Seelöwe« aufgestellten Einheiten war im März 1941 das Kommando »Admiral der Seebefehlsstellen« (AdS) unter Vizeadmiral Robin Schall-Emden geschaffen und ihm die damit auch verbundenen bisherigen Aufgaben übertragen worden. Das betraf in erster Linie die Aufstellung und Ausrüstung der nun – auch nach endgültiger Absage von »Seelöwe« – rasch zunehmende Zahl der Landungsflottillen, immerhin 21 bis Kriegsende. Einsatzmäßig waren diese aber anderen örtlichen Kommandostellen unterstellt.
Ihre erste eigentliche Transport-Bewährung lieferten die MFP in der als erste im Oktober 1941 mit 15 Booten in Palermo aufgestellten 2. Landungsflottille als »Rommel-Spediteure«. Als nächste folgte Ende Februar 1942 in Varna die 1. L-Flottille, der sich dann noch die 3., 5. und 7. L-Flottille im Schwarzen und Asowschen Meer anschlossen. In Swinemünde war Mitte 1941 mit Blick auf das »Unternehmen Barbarossa«, den Rußland-Feldzug, der »Erprobungsverband Ostsee« geschaffen worden, aus dem später die 13. und die 17. L-Flottille

Ganz oben: *Marinefährprahm F 935 vom modernsten Typ D sollte in Port Blanc zusammengebaut werden, wird dann aber in Monfalcone fertiggestellt.* *Foto: Archiv R. Kugler*

Obere Mitte: *Im Finnenbusen müssen Marinefährprähme schon bald auch Minen legen – anfangs in Rückwärtsfahrt mit ausgehängter Bugklappe!* *Foto: Album Günther Masberg*

Untere Mitte: *Die Version AM des neuen Typs D ermöglicht dank der Minenschienen auf beiderseits angesetzten Wülsten das Minenlegen übers Heck.* *Foto: Archiv R. Kugler*

Unten: *Die Version AM vom MFP-Typ D hat linealgerades Decks und seitlich angesetzte Wülste für Minenschienen.* *Foto: Horst Schmidt*

Oben links: Fortan wird Minenlegen zur Routinesache. Beim AM-Typ D klappt der Abwurf von Minen samt Minenstuhl übers Heck vorzüglich. Foto: Günther Masberg

Mitte links: Unglaubliches Gedränge geretteter Krim-Kämpfer an Deck des MFP F 335, der mit dieser »Ladung« Konstanza erreicht. Foto: Fritz Döttger

Unten links: Die »Plattbugkreuzer« aller Art sind keine guten Seeschiffe. Hier hat ein Minenleger-MFP im Finnenbusen hart mit den Seen zu kämpfen. Foto: Herbert Gross

Mitte rechts: Dank der Minenschienen eignen sich AM-MFP auch zum Transport von zehn Sturmbooten. Foto: Herbert Semler

Unten rechts: »Ablassen« eines Sturmbootes über die angekoppelte Slipvorrichtung eines MFP vom Typ D-AM. Foto: Herbert Semler

auch als Lehrflottillen hervorgingen. Bis Dezember 1942 waren immerhin 431 MFP der Typen A bis C von deutschen, niederländischen, belgischen, italienischen und bulgarischen Werften gebaut worden, darunter 65 »Motozatterre« für die italienische Marine auf Werften an der Riviera und Adria. Bei den Typen B und C gab es inzwischen auch Sonder-Ausführungen für spezielle Aufgaben wie den Minenleger-MFP (Typ AM und C2M). Dazu kam die Variante »VT« zum Transport von 48 Verwundeten in Hängematten. Und der MFP-Tanker verfügte über vier Kraftstoffbehälter im Laderaum mit einer Kapazität von insgesamt 4 000 Kubikmeter Flüssigladung. 18 MFP wurden zu Sperrbrechern mit einer Kreuzpol-Anlage (CAM-Gerät) zum Räumen von Minen mit Magnetzünder umgebaut. Nur ein Versuchsfahrzeug gab es von der Variante »Q-Schiff« zur U-Boot-Bekämpfung, bewaffnet u. a. mit zwei versenkbaren 7,5-cm-Geschützen und einem Ortungsgerät. Aber der Wert dieser U-Boot-Falle wurde stark angezweifelt.

Aus den inzwischen gewonnenen Erfahrungen kam es im Mai 1942 zu einer völligen Neukonstruktion, dem Typ D, unverkennbar – und daher nicht mehr zu verwechseln – durch sein vom Bug bis zum Heck durchlaufendes gerades Oberdeck. Bei 49,8 Metern Länge, 6,6 Metern Breite, 2,75 Metern Seitenhöhe sowie 1,2 Metern Tiefgang vorn bzw. 1,35 Metern achtern verdrängen die nun wieder vollgeschweißten, im Sektionsbau gefertigten »DORA« 240 Tonnen und werden durch drei Sechs-Zylinder-Viertakt-Lkw-Diesel mit je 125 PS auf drei Wellen für zehn Knoten angetrieben. Ihre Ruderanlage bilden zwei Ruder, und ihre Besatzung umfaßt rund 20 Mann. Die Bewaffnung besteht unterschiedlich aus je einer 8,8-cm- oder 7,5-cm-Kanone sowie bis zu sechs 2-cm-Fla-Maschinenwaffen, vereinzelt auch noch bis zu zwei 3,7-cm-Schnellfeuerkanonen und zwei Raketenabschußgestellen RAG.

Mit einer Tragfähigkeit von 140 Tonnen können die DORA-Typen im entsprechend ausgelegten und genügend hohen Laderaum zwei der neuen TIGER-Panzer oder drei vom Typ Panzer-IV bzw. zwei russische T-34 oder aber bis zu 200 Mann aufnehmen und befördern. Steuerstand und Motorenraum sind wie bisher gepanzert. Als Variante folgt hier die Ausführung als Minenfährprahm Typ AM mit für die seitlichen Minenbahnen auf 8,6 Meter vergrößerter Breite und dadurch bedingten 256 Tonnen Verdrängung. An Minen konnten bis zu 54 EMC oder UMA geladen werden oder aber auch zehn kleine Sturmboote.

Als nach Beginn des Ostfeldzuges infolge der dadurch bedingten Schwächung vor allem der deutschen Luftwaffe im Westen die Royal Navy unter dem Schutz der wieder erstarkten und bald überlegenen Royal Air Force (RAF) mit Schnell- und Kanonenbooten, später auch Korvetten und Zerstörern in unserem Küstenvorfeld immer aktiver wurde, lag die Forderung nach einem besseren artilleristischen Schutz der Geleite und ihrer schwach bewaffneten Sicherungsstreitkräfte auf der Hand, was letztlich zur »Geburt« der Artillerieträger führte. Um schnell über sie verfügen zu können, wurden anfangs in Bau oder Reparatur befindliche MFP entsprechend umgebaut, was zum Typ A führte. Mit dem gleichen MFP-Rumpf erhielten sie eine starke Bewaffnung: Zwei 8,8-cm-Kanonen, eine 3,7-cm-U-Boots-Kanone sowie zwei 2-cm-Vierlinge und später auch noch zwei bis vier RAG. Zur Bedienung dieser Waffen wuchs ihre Besatzung auf 55 bis 60 Mann.

Schwachpunkt waren aber die vom MFP-Grundtyp beibehaltene Antriebs-

Das Foto macht die starke Bewaffnung der durch Umbau aus den MFP-Typen A bis C entstandenen Artillerieträger deutlich. Im Hintergrund die »Pagode«.
Foto: Baumann

Oben links: Die »Pagode« genannte hohe Kommandobrücke muß mit Steigleitern erklommen werden.
Am Heck sind Wasserbomben zur U-Boot-Bekämpfung zu sehen.
Foto: Sammlung Paul Momberg

Oben rechts: Die anfangs ungeschützten Glasfenster der »Pagoden« (links) werden bald mit Sehschlitz-Panzerblenden versehen (1. A-Flottille Rotterdam).
Foto: Friedrich Döll

Mitte: Bei der Räumung Sewastopols im April 1944 geben die Artillerieträger Feuerschutz – noch ohne Schutzschilde vor den 8,8 cm-Kanonen.
Foto: PK Steinmetz

Unten links: Artillerieträger der dritten Ausführung des MFP-Typs C in den dramatischen Apriltagen 1944 vor der Krim. Foto: PK Steinmetz

Unten rechts: Am starken Decksprung dieses Schwarzmeer-Artillerieträgers des 3. A-Flottille erkennt man die Umbau-Herkunft aus einem MFP.
Foto: PK Steinmetz

Oben rechts: Mindestens zehn Artillerieträger wie AF 60 tanzen als Spitzbug-Einheiten aus der Reihe, mit besseren Fahreigenschaften.
Foto: Alfons Hermann

Unten rechts: Blick von der Brücke eines Spitzbug-Artillerieträgers auf das Zwillings-MG 1,5 cm, die 8,8, cm-Kanone und die beiden 2 cm-Vierlinge.
Foto: Alfons Hermann

Unten: Drei Artillerieträger der 3. A-Flottille nach ihren erfolgreichen Rettungseinsätzen im Hafen von Konstanza.
Foto: Ernst Fröhling

anlage, da infolge der Gewichtszunahme durch die Kanonen, vor allem aber die rund 75 Tonnen schwere Panzerung die Geschwindigkeit auf gerade nur noch acht Knoten sank. Mit Stahl bis zu 40 Millimeter Dicke gepanzert waren große Teile der Wasserlinie bis zum Motorenraum sowie weniger stark das Ruderhaus und die Schutzschilde der Geschütze und die Munitionskammer. Und bald zehn Zentimeter starker Beton schützte die Außenwand der Brücke sowie den Stand der 3,7-cm-Kanone.
In der Folge entstanden dann auch A-Träger auf der Basis der MFP-Typen B und C, bei denen immer neue Erfahrungen verwertet wurden, wie zum Beispiel mit der anfangs ungenügenden Ruderanlage. Ein besonders auffälliges Merkmal der ersten noch aus MFP umgebauten A-Träger war ihre hohe Brücke achtern auf dem Platz des früheren MFP-Steuerstandes. Diese Ausführung war wegen der davor jetzt aufgestellten Geschütze zur besseren Übersicht für die Schiffsführung notwendig und erhielt die treffende Bezeichnung »Pagode«. Aber schon bei späteren Neubauten vom Typ A an wurde eine »richtige« Brücke mittschiffs zwischen den Waffen angeordnet.
Wegen der nicht gerade berauschenden See-Eigenschaften und mehr als Seegang 3 hinaus nur beschränkter Einsatzfähigkeit – ab Seegang 4 bzw. 5 war sie kaum noch gegeben – wurden einige A-Träger vom Typ C mit einem neuen spitzen Vorschiff versehen, was ihre Seefähigkeit bis Seegang 5 bis 6 sowie die Manövrier-Eigenschaften verbesserte und auch die Geschwindigkeit etwas erhöhte. Wieviele Boote so umgebaut worden sind, läßt sich genau nicht mehr ermitteln. Die Zahlen schwanken. Es gab mindestens zehn solcher A-Träger, überwiegend bei der 2. A-Flottille im Kanal.

Verständlicherweise wurde dann auch der völlig neu konstruierte und in vieler Hinsicht verbesserte MFP-Typ D für die Variante als Artillerieträger genutzt, wobei es einige kleine Unterschiede je nach Bauwerft zum Beispiel bei der Aufstellung des Mastes gab. Wegen des beibehaltenen Plattbugs war die Seefähigkeit aber wieder bis Seegang 4 beschränkt. Umbauten zum Spitzbug kamen wegen der 1944 angespannten Materiallage nicht mehr in Frage. Unter den weiteren Neubau-Planungen gab es diese Ausführung, die aber nur ein Projekt blieb. Die erste, noch realisierte Variante war 1944 die Ausführung D 3 mit auf zwei 10,5-cm-Kanonen L/32 verstärkter Hauptbewaffnung, von der – soweit festzustellen – noch sechs Einheiten auf der Donau mit den Bezeichnungen AT 912 bis AT 917 zum Einsatz kamen. Zwei

Oben links: Gutes Tarnen ist Überlebenskunst. In den finnischen Schären wird Artillerieträger AFP 31 zum Vexierbild. Foto: Hugo Mehlhase

Oben rechts: Dank amerikanischer Materialhilfe wird die sowjetische Luftüberlegenheit im Finnenbusen drückend. Bombenteppiche sind »täglich Brot«. Foto: Sammlung Erich Brauneis

Mitte links: Vereiste Artillerieträger nach Ankunft im estnischen Hafen Asserie bei Narwa lassen die Härte der Wintereinsätze erkennen. Foto: Alwin Baumann

Mitte rechts: Auch die Feuerkraft der 2-cm-Vierlingsflak enthebt diesen Marinefährprahm im Ligurischen Meer nicht der Notwendigkeit zur Tarnung des seines Liegeplatzes. Foto: Hermann Gerhold

Unten: Nicht Norwegen, sondern zuerst die 2. Artillerieträger-Flottille an der Kanalfront erhält ab Oktober 1942 die ersten A-Träger, durch Umbauten von MFP-Typen A bis C entstanden. Foto: Alfons Hermann

Rechts: Artillerieträger AF 27 der Hafenschutzflottille Sandnessjön/Norwegen bei Rückkehr vom Einsatz.
Foto. Sammlung Knobloch

Unten: AF 33 auf Routinefahrt durch Fjorde und Sunde. Hinauf bis zur Polarküste sind A-Träger bis zuletzt in Norwegen an der Front.
Foto: Hans Prem

weitere – AF 120 und AF 128, die im März 1945 auf Werften am Main fertiggestellt und der 8. A-Flottille als Ersatz für ihre Verluste bei der Invasion zugeteilt wurden, mußten wegen des Vordringens der Amerikaner Ende März auf dem Main gesprengt werden. (Davon wird noch die Rede sein.)
Aber auch in Italien sind einige A-Träger vom Typ D noch Ende 1944 auf der Monfalcone-Werft für die 10. L-Flottille gebaut und im März 1945 den Italienern übergeben worden: AF 1003 bis AF 1005 sowie AF 1046 und AF 1047. Außerdem waren im Mittelmeer elf A-Träger der Typen A und C bei der 2. und 4. L-Flottille im Einsatz, die dort das inkorrekte Kürzel »KF« (Kampffähre) vor der Nummer führten, darunter möglicherweise drei mit Spitzbug: KF 597 und KF 613 und KF 620 der 4. L-Flottille.
In einer Liste werden an Umbauten zu A-Trägern 30 Einheiten der Typen A bis C1 und 39 der Typen A bis C2 zum Typ C3 aufgeführt. Und an Neubauten vom Typ D insgesamt 32, ohne die in Italien und auf der Donau. Weitere neun waren in einem Notprogramm vorgesehen, aber nicht mehr gebaut worden. Geplant waren auch noch DORA-Varianten zum Einsatz im Schwarzen Meer und Balkanraum als Kanonenboote sowie eine mit verstärkter Fla-Bewaffnung.
Als im Oktober 1942 der Umbau der ersten MFP zu AF angelaufen war, befaßte sich sogar Hitler mit diesem neuen deutschen Kriegsschiffstyp. Während nach den Plänen der Marine von den ersten 50 AF jeweils 25 in den Westen zur 2. A-Flottille bzw. zu einer anderen Flottille nach Norwegen kommen sollten, wünschte Hitler, daß die Norwegen-Flottille die ersten AF erhalten sollte, »um in Nordnorwegen zur Abwehr alliierter Landungen bereitzustehen, da die Polarnacht dort im Winter den Einsatz der Luftwaffe weitgehend verhindert«.
Bei der nächsten Besprechung im Führer-Hauptquartier meldete Großadmiral Raeder als Oberbefehlshaber der Kriegsmarine (ObdM) Ende Dezember, daß wegen der Feindlage im Kanalgebiet die ersten acht umgebauten Artillerie-MFP, die eigentlich in diesem Monat nach Norwegen verlegt werden sollten, in den Westraum gehen mußten.
Dadurch erhielt das MOK Norwegen die ersten der 25 vorgesehenen Artillerieträger erst im Januar 1943 und den Rest bis September. Zu dieser Zeit wurde auch die Aufstellung einer eigenen Norwegen-Flottille zurückgestellt, und die für sie bestimmten AF-Boote sollten auf Vorposten- und Hafenschutzflottillen zwischen Stavanger und Kirkenes aufgeteilt werden.

Marinefährprahm Typ A

als italienisches Motozattere der 1. Serie
(Alle Zeichnungen Theo Sixt)

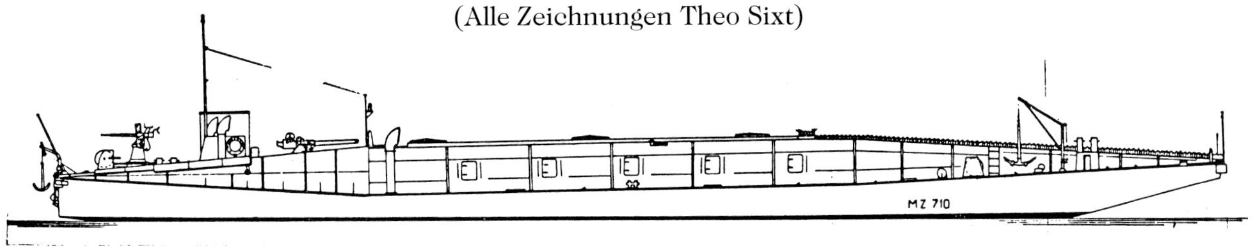

Erstbewaffnung eine 7,5-cm-Kanone und eine 2-cm-Flak auf Einzellafette.

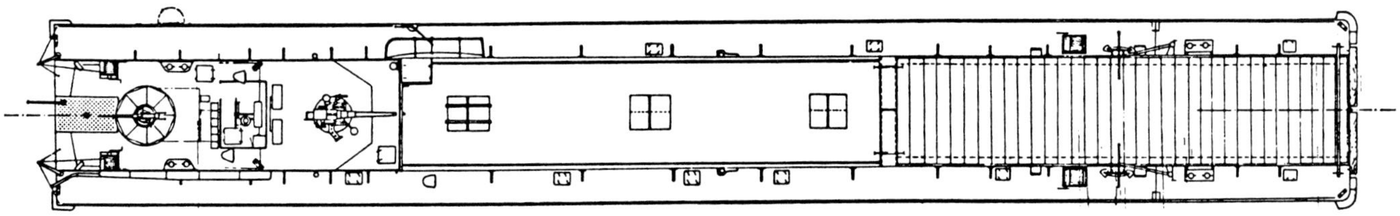

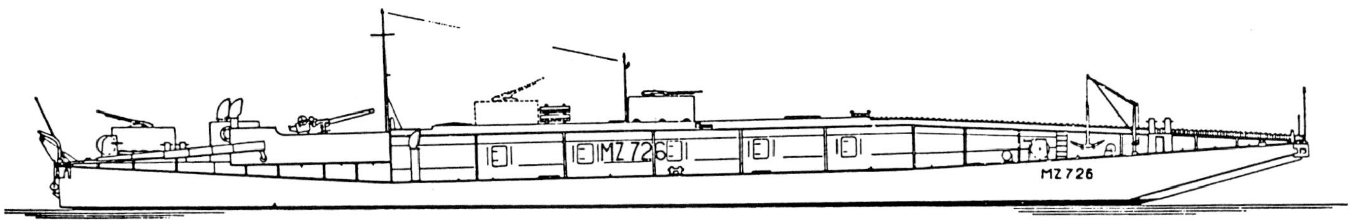

Modifizierte MZ-1-Serie mit zwei zusätzlichen 2-cm-Zwillingslafetten in Betonständen.

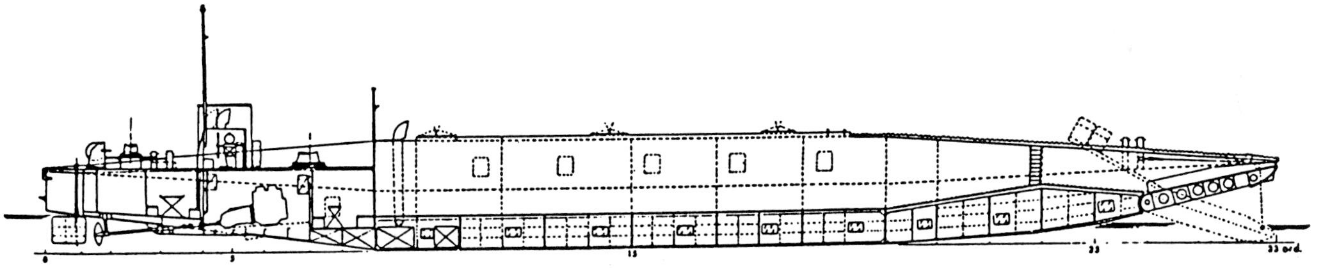

Version mit erhöhtem Laderaum für den Transport von TIGER-Panzern.

Marinefährprahm Typ B

als italienisches Motozattere der 2. Serie

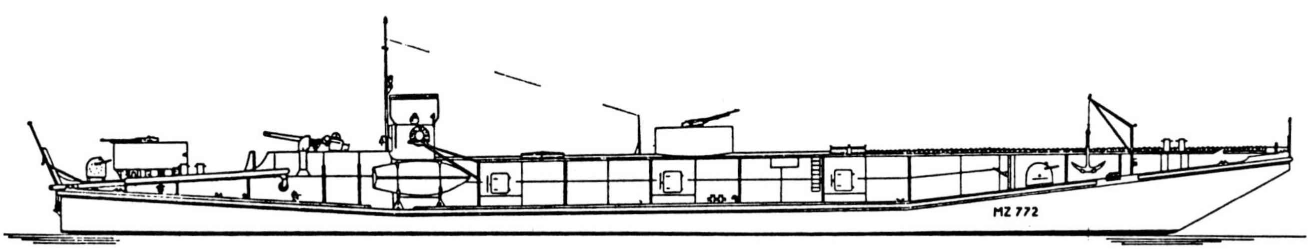

Endgültig hat sich die höhere, immer besser geschützte Kommandobrücke durchgesetzt. Um Geblendetwerden durch Mündungsfeuer zu vermeiden, hat man die 7,5-cm-Kanone hinter die Brücke umgesetzt.

Die Entwicklung vom MFP zum AT

(nach Erich Gröner »Die deutschen Kriegsschiffe 1815–1945«, Band 7)

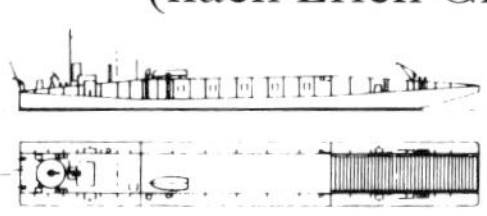

MFP Typ A:
F 100, 103, 106, 108, 113 (Mrva)

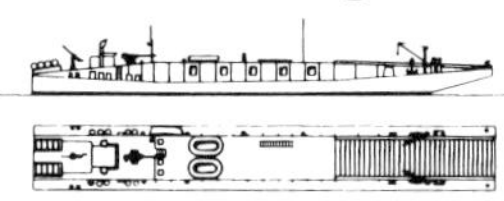

MFP Typ A:
Normalausführung (Mickel)

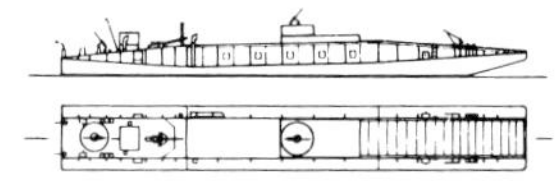

MFP Typ B
(mit erhöhtem Laderaum) (Mrva)

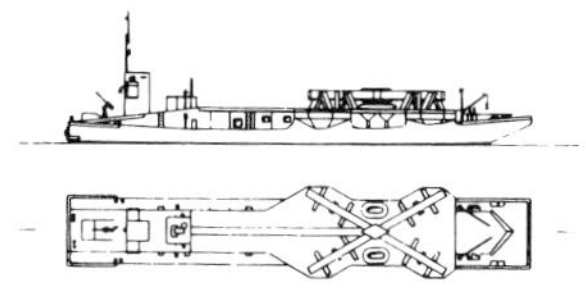

MFP Typ A-C:
Sperrbrecher-Ausführung (Mickel)

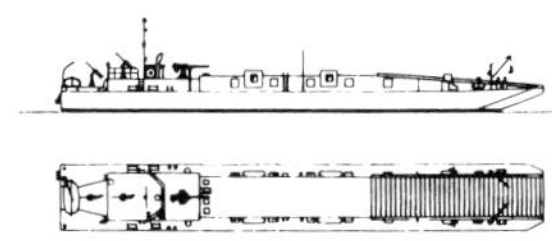

MFP Typ D:
Grundausführung (Mickel)

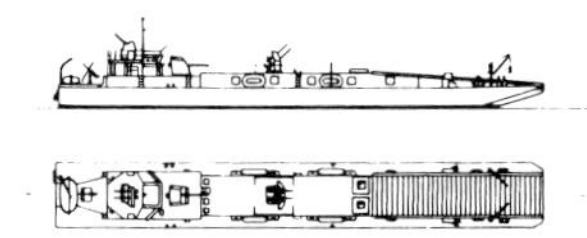

MFP Typ D
mit verstärkter Artillerie (Mickel)

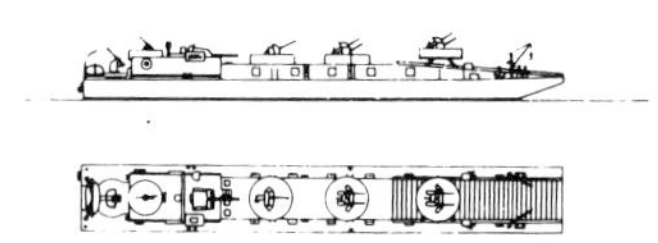

MFP Typ D:
Grundausführung mit verstärkter Flak (1945) (Mickel)

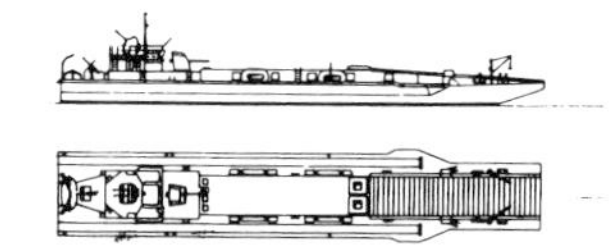

MFP Typ DM
(Minenleger) (Mickel)

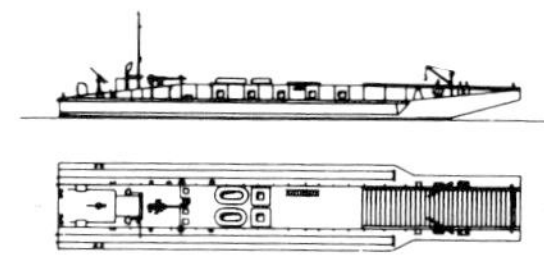

MFP Typ DM
(Minenleger) (Mrva)

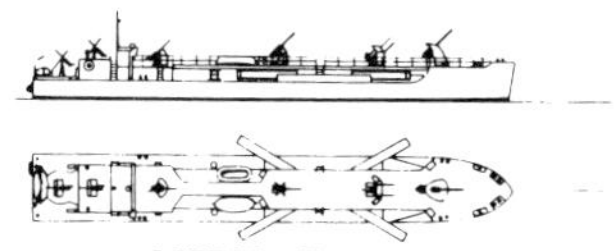

MFP Typ D:
Sperrbrecher-Ausführung (Mickel)

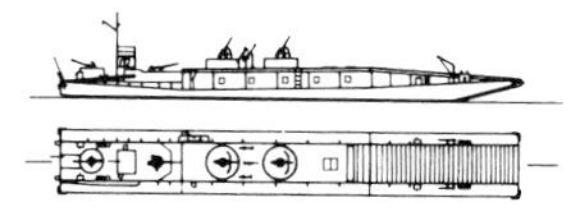

MZ A: F 2709 x **MZ 709**
(Mrva)

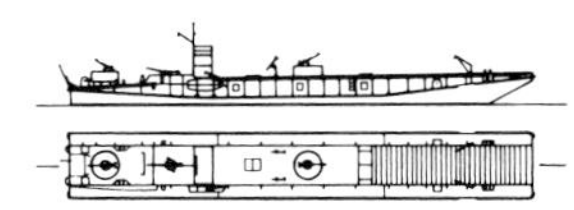

MZ B: F 0769 x **MZ 769**
(Mrva)

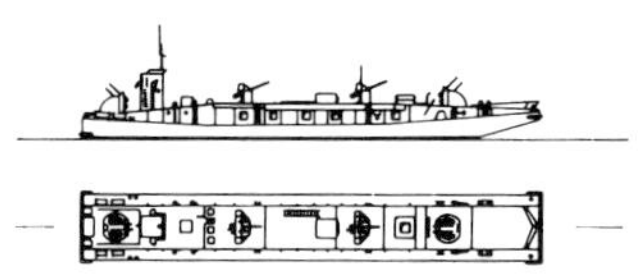

AF Typ A - C, 1. Ausführung
(Mickel)

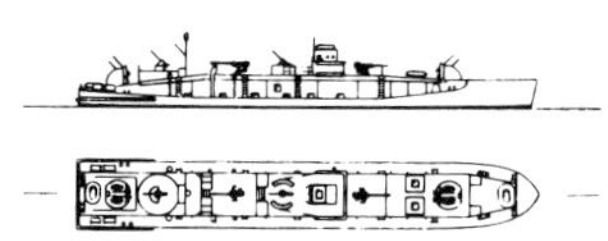

AF Typ A - C, 2. Ausführung
(Mickel)

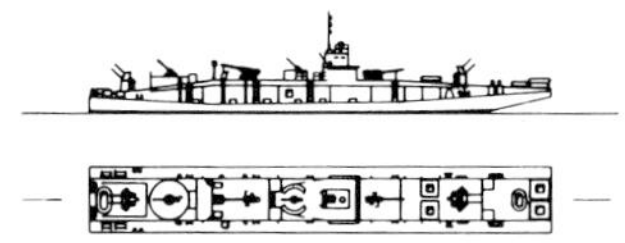

AF Typ A - C, 3. Ausführung
(Mickel)

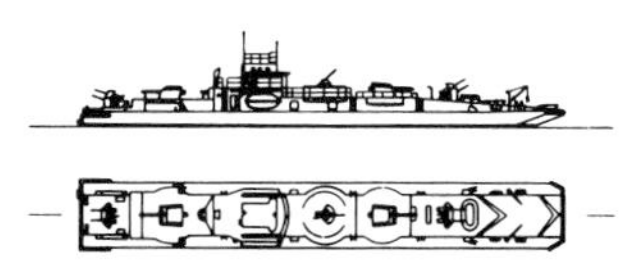

AF Typ D, 2. Ausführung (Mickel)

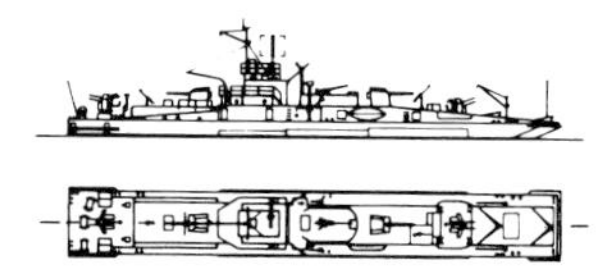

AF Typ D, 2. Ausführung: **AF 106** x **F 838** (1944) (Mrva)

Raumaufteilung eines Marinefährprahms (Typ C)

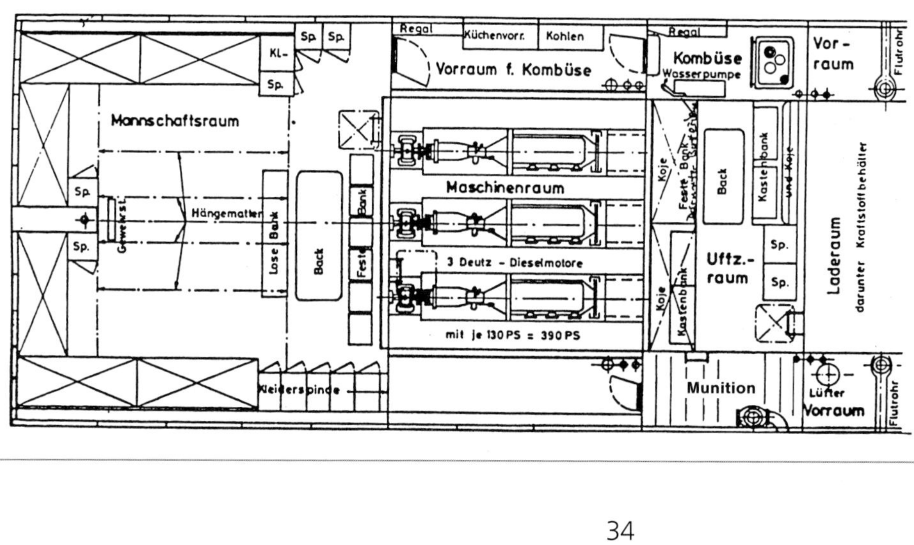

Artillerieträger haben mehr Platz zum Wohnen, weil der Laderaum nicht für Transportzwecke freigehalten werden muß. Allerdings ist die Besatzungskopfzahl mit 60 statt 16–18 Mann wesentlich höher.
Zeichnung: Theo Sixt

Starke Nerven sind gefragt

All diese Einzelheiten sind mir zunächst noch nicht bekannt, als ich mich am 31. März 1944 im Pariser Stabsquartier des BSW, bei Konteradmiral Breuning, zur Stelle melde. Dieser und der nächste Tag sind gefüllt mit eingehenden Unterrichtungen über die »Große Lage« und die künftigen Aufgaben »meiner« Flottille – alles natürlich mit Blick auf die im Sommer zu erwartende Invasion der Alliierten – durch den Admiral selbst, seinen Chef des Stabes, Kapitän zur See Winfried Hagen, und den Ersten Admiralstabsoffizier A I, Korvettenkapitän Waldemar Holst, bis zum Personal-Referenten, Korvettenkapitän d.R. Walther Overbeck, und den Adjutanten als Nachrichtenoffizier. Bis auf den A I waren alle mir bis jetzt unbekannt – aber sie sind von einer erfreulich ermunternden Herzlichkeit und Offenheit mir jungem »Spunt« von gerade 23 Jahren gegenüber. Der gleiche Ton herrscht auch bei den abendlichen Gesprächsrunden in der Messe, wobei umgekehrt nun auch ich von der Marine im Schwarzen Meer berichten muß. Auf alle Fälle zeigt mir der Aufenthalt beim BSW, daß sich seit meiner Zeit mit der 3. R-Flottille hier im Westen 1940/42 viel verändert hat.
Als es dann am 2. April mit dem Zug weiter nach Rotterdam mit Zwischenstation Antwerpen geht, weiß ich, was mir bevorsteht, und was man von mir erwartet – den Aufbau und die Führung einer Flottille mit 15 werftneuen Artillerieträgern – gebaut in Holland und Mannheim – mit je rund 60/65 Mann Besatzung, einschließlich Unterstab also mehr als 900 Mann Personal. Wegen der drohenden Invasion sollen die Boote in etwa sechs Wochen in Fahrt sein und dann in der Seine-Bucht verteilt auf drei kleinere Häfen, Port-en-Bessin, Isigny und Courseulles, stationiert werden, da die Marine dort die gegnerische Landung erwartet. Beim Heer tendiert man – im Gegensatz zur Ansicht von Feldmarschall Rommel, der Admiral Ruge als Marine-Berater zur Seite hat – mehr nach Nordfrankreich ins Pas de Calais an der engsten Stelle des Kanals. Deshalb wird die 8. A-Flottille der 2. Sicherungs-Division unterstellt, bei der ich bei einer späteren Meldung und Vorstellung weitere nähere Einzelheiten erfahren werde. Besonders betont man aber immer wieder, es gelte, so schnell wie möglich die Flottille einsatzklar zu bringen!
Auch über die personelle Besetzung der Flottille bin ich nun im wesentlichen unterrichtet. Alle Offiziere und ein großer Teil der Feldwebel und Unteroffiziere stammen aus dem AdS-Bereich, sie sind also »Fachleute« und mit der Handhabung der seemännisch nicht einfachen MFP bzw. AF vertraut. Das führt aber auch dazu, daß dieser Personenkreis viele Reservisten umfaßt, die größtenteils wesentlich älter sind als ich – einige mehr als zehn Jahre – im Dienstgrad zwischen Oberleutnant und Oberfähnrich.
Auf der Weiterfahrt soll ich in Antwerpen kurz Station machen, um weitere nützliche Unterrichtungen vom Chef der »6. A«, Kapitänleutnant Schad, zu erhalten und Erfahrungen zu »tanken«, die er gerade bei der Aufstellung seiner Flottille gewonnen hatte. Diese nähert sich dem Ende zu, und die letzten Boote erledigen in Antwerpen noch Restarbeiten. Als Treffpunkt wird mir zu meinem Erstaunen das Hotel »Century« in Bahnhofsnähe genannt. Ja, dort wohne Schad während der Werftliegezeit seiner Boote!
Gesagt, getan, doch ich bin – quasi noch »Ostfrontkämpfer« – doch einigermaßen erstaunt, als ich am 2. April, an einem Sonntagnachmittag das Hotel betrete, dessen große Halle sich geradezu friedensmäßig mit zu englischer Musik tanzenden belgischen Paare präsentiert, so daß ich verblüfft im Eingang stehen bleibe!
Mitten drin bemerke ich eine kleine Gruppe von Marine-Offizieren, von denen Schad mich schnell erkennt und heranwinkt. (Wir haben im Sommer 1942 zusammen einen Lehrgang an der Sperrschule Kiel absolviert. Die Marine ist eben immer wieder klein und »man kennt sich« untereinander.)
Der nächste Tag ist gefüllt mit dem Sammeln von neuem Wissen, vor allem an Bord des A-Trägers AF 10 von der 2. Artillerieträger-Flottille. Ich erhalte eine Vielzahl von Informationen und von gut brauchbaren Hinweisen, die meine Zuversicht zur Meisterung der kommenden Herausforderung erneut bestärken. Das große, schwarze Loch, in das ich noch vor vier Wochen in Konstanza bei der Mitteilung des neuen, überraschenden Kommandos gestürzt war, hat sich inzwischen doch erfreulich gelichtet und zu deutlicheren Konturen gewandelt. Auch sage ich mir, wenn ältere, erfahrene Vorgesetzte dies Vertrauen in dich setzen, sollte dich das für die Bewältigung dieser ganz neuen Aufgabe genügend motivieren.
Kommandant zu werden und zu sein, das kann man aus der tagtäglichen Beobachtung dieser Tätigkeit an Bord mit der Zeit und gestützt auf eine vorherige gute Ausbildung lernen. Mit der Ernennung zum Flottillenchef ist es schon etwas schwieriger, auch wenn ich darin ja auch schon durch mehrmalige Vertretungen in der 3. R-Flottille einige Übung hatte. Sie bezog sich aber in erster Linie auf die praktische Führung im Einsatz und daneben im »Papierkrieg«. Alles aber in einer seit Jahren gut eingespielten Flottille mitsamt U-Stab, während jetzt hier erst diese Basis geschaffen werden muß. Aber

auch darüber mache ich mir, vielleicht in der Unbekümmertheit der Jugend, keine großen Gedanken, da man die kommenden Aufgaben – und auch Probleme – wie früher auch nach besten Kräften lösen und bewältigen wird.
Von »Kaleu« Schad, dessen 6. A-Flottille in Rotterdam noch ein Restkommando bis zum Abmarsch ihrer letzten Boote unterhält, gut vorbereitet und auch angemeldet, fahre ich am 4. April dorthin weiter und werde schon am Bahnhof von einigen ihrer Offiziere wahrgenommen und in ein vorbereitetes Privatquartier bei einer deutschen Familie mitten in der Stadt gebracht. Dabei erfahre ich, daß alle anwesenden Offiziere der 8. A-Flottille am nächsten Vormittag für eine erste Zusammenkunft zum Hafenkommandanten (Hako) bestellt seien.
Einige von ihnen treffe ich schon auf der Fahrt dorthin in der Straßenbahn, darunter den Oberleutnant zur See d.R. Ernst Jordan, den ich bereits von einem Kleinboots-Artillerie-Offiziers-Lehrgang Ende 1942/43 bei der Schiffsartillerie-Schule (SAS) in Sassnitz/Rügen her kenne und der mich auch wiedererkennt, aber nicht ahnt, daß ich nun sein Flottillenchef werde!
Vertreten sind bei dieser ersten Besprechung die Kommandanten der bei Werften in Rotterdam oder in der Nähe liegenden Neubauten sowie die Offiziere des Unterstabes. Ich informiere sie aus meinem beim BSW gewonnenen Wissen über den vorgesehenen Einsatz der Flottille zur Verstärkung der Küstensicherung und Abwehr der alliierten Landung. Auch gebe ich die Erwartung weiter, zur Erfüllung dieser Aufgabe mit allen Kräften die schnellstmögliche Fertig- und dann auch Indienststellung der Boote zu betreiben, weil dann ja noch die Fahr- und Gefechtsausbildung erfolgen muß.
Ich verhehle auch nicht, daß ich keinerlei praktische Erfahrung mit MFP bzw. AF besäße und daher für jeden Rat und Hinweis in dieser Beziehung dankbar bin. Dafür könne ich aber fast vier Jahre Kriegserfahrung in der Küstenvorfeld-Sicherung nicht nur im Schwarzen Meer, sondern auch schon vorher 1940/42 in unserem künftigen Einsatzgebiet als »Kanalarbeiter« bieten und für unsere neue Flottille nutzen. Bei der persönlichen Vorstellung erfahre ich etwas über die früheren Kommandos der Offiziere, die bis ins Mittelmeer und Schwarze Meer auf MFP oder Siebel-Fähren reichen.
Am Nachmittag mache ich dann gleich auch erste Bekanntschaft mit meinen »fahrbaren Untersätzen«, den vier in Schiedam bei der Werft Wilton-Fijenoord liegenden Artillerieträgern, nachdem ich vorher noch beim Hako der 2. SiDi per Fernschreiben die »Geburt« der 8. A-Flottille gemeldet habe. Unterstützt vom I. Flottilleningenieur, Oberleutnant (Ing.) Arthur Muffler, und ersten Besatzungsangehörigen von der Bau-Belehrung lerne ich bei einer eingehenden Besichtigung die Boote näher kennen. Ich erfahre aber auch, daß noch umfangreiche Arbeiten zu erledigen sind, die sicher mehr Zeit als angenommen erfordern werden.
Am 7. April fahre ich mit dem Flottillen-Ingenieur nach Utrecht zum Oberwerftstab, um Näheres und Definitives über den Zulauf der Neubauten zumindest aus dem Raum Holland und die dabei deutlichen Probleme zu erfahren, um sowohl meine drängelnde 2. SiDi zu informieren als auch notfalls Hilfe über ihren langen Arm oder den des BSW zu erbitten. Bei diesen Gesprächen zeigt sich, daß mit Vorrang erst die letzten Boote der 6. A-Flottille fertig gestellt werden müssen und dazu zur Entlastung der holländischen Werften zu Restarbeiten nach Antwerpen verlegt werden sollen, um so Kapazitäten für unsere Boote freizubekommen.
Fazit: Unsere ersten Neubauten können wohl erst Ende April in Dienst gestellt werden, benötigen dann aber noch Zeit für Restarbeiten ebenfalls in Antwerpen. Nach Lage der Dinge müssen wir uns in diese Termine fügen, denn fahr- und einsatzklar müssen die Boote ja sein, wenn wir etwas mit ihnen anfangen wollen. Immerhin weiß ich, wie der weitere Aufbau der Flottille einzuteilen ist und unterrichte entsprechend die 2. SiDi. Diese bestellt mich dabei im Laufe des Monats zu sich für eine nähere Einweisung.
Am nächsten Tag widme ich mich dem auch schon in deutlichen Anfängen vorhandenen U-Stab, der in einer recht ansehnlichen Schule sehr geräumig untergebracht ist. Hier richten sich gerade die verschiedenen, meist von Oberfeldwebeln geführten Sachbereiche ein, denen als U-Stab-Führer der I. VO (Verwaltungs-Offizier) Oberleutnant (V) Willi Hopp, ein wirklich »alter Hase« auf diesem Gebiet, vorsteht. Dazu kommen noch der Flottillenarzt, Marineassistenzarzt Dr. Karl-Heinz Eickmeyer, und der Adjutant, Oberleutnant (AMD*) Martin.

*Diese Abkürzung bezeichnet die neuere Laufbahn »Allgemeiner Marinedienst«.

Später gesellen sich noch ein jüngerer II. VO und ein II. Flottillen-Ingenieur, der Leutnant (Ing.) Rudolf Sammann hinzu. An Oberfeldwebeln bzw. Feldwebeln oder sogenannten Meistern der Fachlaufbahnen sind es immerhin ein Dutzend, so daß der U-Stab dann noch mit Maaten und Mannschaften rund 30 Mann stark sein dürfte.
Die Situation der Flottille stellt sich zu diesem Zeitpunkt wie folgt dar: Von den für sie bestimmten Artillerieträgern AF 97 bis AF 111 liegen in Schiedam bei Rotterdam in der Werft AF 102, 104 und 105, in Amsterdam AF 99, in Haarlem AF 98 und AF 103, in Alblasserdam AF 100 und AF 101 sowie in Zaltbommel AF 106 und AF 107. Außerdem in Mannheim AF 97, 108, 109, 110 und 111.

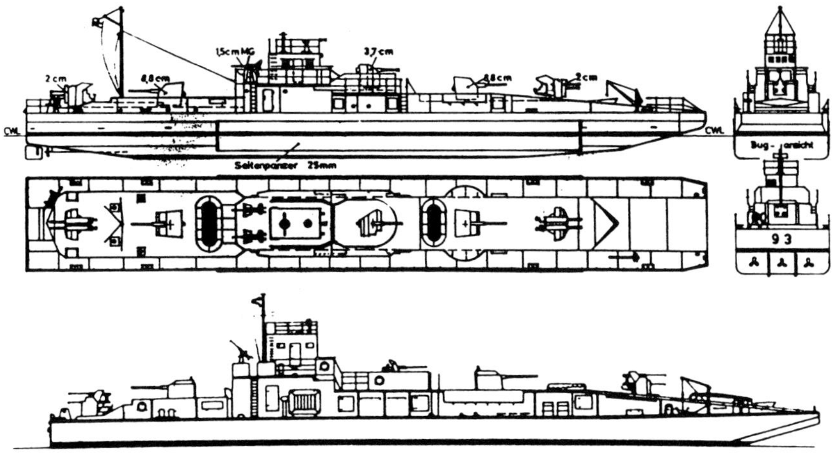

Eine linealgerade Deckskante zeichnet alle Marinefährprähme und Artillerieträger des modernsten Typs D aus. Höheres Freibord ist dadurch möglich, Minenlegen wird vereinfacht. Die Bewaffnung von zwei 8,8-cm-Kanonen, zuletzt sogar (unten) zwei 10,5-cm-Kanonen, eine 3,7-cm-Flak auf Einzellafette und zwei 2-cm-Vierlingen wird ergänzt durch zwei 1,5-cm-MG Achterkante Brücke. *Zeichnungen: Theo Sixt*

Schließlich lasse ich die Kommandanten der in und bei Rotterdam liegenden Boote in unseren Stützpunkt kommen, um den persönlichen Kontakt herzustellen, sie miteinander bekannt zu machen und in den ständig wachsenden Kreis der Flottille einzuführen. Täglich trifft nun neues Personal ein, das größtenteils in unserer geräumigen Schule untergebracht wird, solange noch nicht an Bord gewohnt und gelebt werden kann. So, wie ich dabei mit den Kommandanten auch schon Einsatzfragen und -prinzipien durchsprechen und z.B. das Fahren im Verband mitsamt den dazu erforderlichen Signalmitteln »simuliere«, werden auch die »Funktionäre« wie Signalgasten und Funker von ihren zuständigen Maaten weiter ausgebildet, denn ein großer Teil kommt frisch von der Schule und besitzt noch keine praktischen Bord-Erfahrungen. Auch die Spezialisten anderer Laufbahnen wie Artillerie-Mechaniker werden zusammengefaßt geschult, während die Seeleute und das Maschinenpersonal in den Baracken bei der 2. Kriegsschiff-Lehrabteilung (2./KLA) in Schiedam untergebracht sind und täglich zur Bau-Belehrung an Bord gehen. Daneben ist die tägliche Arbeit mit viel Papierkrieg ausgefüllt, eine mir in diesem Umfang ungewohnte und neuartige Beschäftigung, bei der ich mir aber immer vor Augen halte, daß es dabei um die Verwaltung, Versorgung, Betreuung sowie Ausbildung von schließlich 900 Mann geht. Dabei leisten auch die aus früheren Kommandos über entsprechende Erfahrungen verfügenden Angehörigen des U-Stabes aller Dienstgrade rercht wertvolle Hilfestellungen.

Der Steckbrief unserer »Kreuzer«

Alle 15 Boote, die die 8. A-Flottille bilden werden, gehören einheitlich zum Typ »D« bzw. »Dora« und stimmten in den Hauptabmessungen mit dem gleichnamigen letzten und modernsten Typ der Marinefährprähme (MFP) überein. Die Rumpfform ist wegen der kriegsbedingten Serienfertigung unverändert übernommen worden. Zusätzlich sind seitlich im Bereich der Wasserlinie und beim Maschinenraum 25 bis 40 Millimeter starke Stahlpanzerplatten angehängt bzw. aufgesetzt worden. Die Hauptabmessungen lauten 49,8 Meter Länge, 6,61 Meter Breite, 2,75 Meter Seitenhöhe sowie 1,4 Meter Tiefgang.

Im Unterschied zu den vorhergegangenen Typen »A« bis »C« mit genieteten Rümpfen wird beim Typ »D« geschweißt. Aber die Werften haben dieses neue Verfahren offenbar noch nicht voll im Griff. Nicht zuletzt durch die auf ein Gesamtgewicht von rund 80 Tonnen kommende Panzerung – zu dem Schutz der Wasserlinie kommen noch das ebenfalls mit 25 Millimeter gepanzerte Ruderhaus sowie zehn Zentimeter starke Beton-Wandungen der äußeren Brücke, des Standes der 3,7-cm-Kanone und der Munitionskammern – erhöht sich die Verdrängung auf 355 bzw. 380 Tonnen in voll ausgerüstetem Zustand!

Der Hauptantrieb erfolgt durch drei aus der Serienfertigung für Lastwagen stammende Sechs-Zylinder-Deutz-Viertakt-Diesel mit zusammen gerade 375 PS für maximal acht Knoten über drei Propeller mit je 0,73 Meter Durchmesser. Muß zum Schutz vor Minen mit Geräuschzündung die Geräuschboje »Toni« – der »Radaddel« – gefahren werden, verringert sie sich auf nur noch gut sechs Knoten!

Die beachtliche Bewaffnung umfaßt zwei 8,8-cm-U-Boot-Kanonen L/35 mit allerdings nur 30 Grad Erhöhung und 11 950 Meter Reichweite, eine halbautomatische 3,7-cm-U-Boot-Kanone L/30 mit einer sehr hohen Anfangsgeschwindigkeit (V-Null) von 1 000 m/sek und 8 500 Meter Reichweite sowie zwei 2-cm-Vierlinge 38 mit 4 800 Metern Reichweite.

Die zur Bedienung erforderliche Besatzung kommt auf 50 bis 55 Mann, darunter nur sechs Mann Maschinenpersonal! Im einzelnen sind es als Kommandant ein Oberleutnant oder Leutnant bzw. Oberfähnrich zur See, dem als Wachoffizier im Brückendienst (WO) ein Boots- oder Oberbootsmann zur Seite steht. Ferner sind an Bord Bootsmaate bzw. Obermaate

als Geschützführer, ein Steuermannsmaat, ein Maschinenmaat bzw. Obermaat, je vier bis fünf Mann seemännisches Personal zur Geschützbedienung, zusätzlich rund weitere 20 als Munitionsmanner, je zwei Signalgasten, Funker sowie Köche und je ein Artillerie-Mechaniker bzw. Maat, ein Verwaltungsgast, ein Sanitätsgast und ein Steuermannsgast.
In der Folge gab es weitere Einschiffungen, aber auch Abgänge, vor allem als Folge des Einbaus weiterer Waffen und der Funkmeß-Geräte bei der Werftliegezeit über Winter 1944/45, so daß die Besatzungsstärken zum Schluß bei mehr als 60 Mann lagen.
Als Besatzungswohnraum dient der entsprechend umfunktionierte und eingerichtete große MFP-Laderaum in der vorderen Schiffshälfte. Dazu wurde die breite Bugpforte mit der Rampe der Fährprähme dichtgesetzt. In den Wohnraum führen vom Seitendeck Steigeisen-Leitern hinter zwei großen Türen. Hinter dem Wohnraum sind die Toiletten sowie Waschräume und die mit Koks beheizte Kombüse angeordnet. Und unter der Brücke liegen die Kammern für den Kommandanten, Wachoffizier, die Feldwebel sowie an Backbordseite eine große Gästekammer* mit einer Messe.

---

*Vorübergehend werden auch Angehörige des Unterstabes eingeschifft, wie z. B. der Flottillenarzt, einer der beiden Ingenieur- und Verwaltungsoffiziere sowie die drei Gruppen-Maschinisten, der Flottillen-Obersteuermann (möglichst auf dem Führerboot), aber auch der Funk-, Signal- und Sanitätsfeldwebel bzw. -meister.

Die Besatzungsunterkünfte sind, dem vierten Kriegsjahr entsprechend, schlicht und einfach. Nach achtern schließen sich der Maschinenraum, zu dem eine Luke an Oberdeck hinter der achteren 8,8-cm-Kanone führt, an, sowie Vorratsräume und Wohnraum der Unteroffiziere sowie noch ein Mannschaftsdeck an. Kümmerlich ist dagegen weiter achtern der Maschinenraum für die drei kleinen Lkw-Diesel mit je 125 PS und ein Hilfsaggregat. Der Zugang erfolgt durch eine Klappluke an Oberdeck. Auch die Brücke und das Ruderhaus mitsamt Funkraum sind nüchtern und zweckorientiert, nicht zuletzt durch die von der Beton- und Stahlpanzerung her bedingten Formgebung, was aber auch für die offene, enge Brücke zutrifft. Der recht gut arbeitende Magnet-Fernkompaß steht wegen der Brückenpanzerung oben auf dem Peildeck und ist durch eine klappbare Betonpanzer-Verschalung gesondert geschützt. Die Ruderhaus-Fenster können durch Klappen mit Seh-Schlitzen geschlossen werden. Die Tochterkompasse für den Rudergänger und in den Brücken-Nocken zum Peilen usw. sind mir von den R-Booten her gut vertraut. (Das bis auf die Brücke durchdringende starke Motorengeräusch wird später durch Nachrüstung mit Schalldämpfern in Antwerpen gemindert.)
In diese Einarbeitungstage im Flottillen-Stützpunkt fällt auch mein erstes »Leinen los« auf einem A-Träger durch Teilnahme an der Werftprobefahrt eines der Neubauten von der Wilton-Werft auf den Kanälen nach Dordrecht. Dabei kann ich erste, für später wichtige Eindrücke von den Fahr- und Manövriereigenschaften dieser ja leider deutlich unter-motorisierten und dadurch schwerfälligeren Fährprahm-Variante gewinnen. Durch die starke Bewaffnung und Panzerung sind diese negativen Faktoren noch gravierender geworden.
Am 20. April bin ich bei der 2. SiDi in Wimereux nördlich Boulogne. Auf der Bahnfahrt über Brüssel, Lille, St. Omer und Calais bekomme ich wieder sehr deutlich und unübersehbar den Fortgang des alliierten Luftkrieges gegen die Verkehrsverbindungen und Eisenbahnen speziell auch durch erhebliche Zug-Verspätungen und ständige Halte zu spüren. Dabei werde ich auch Zeuge der Bombardierung von V-1-Stellungen bei St. Omer, wie hinter vorgehaltener Hand zu hören ist.
Bei der Division gibt es dank einiger »alter« Bekannter aus meiner Zeit im Kanal mit der 3. R-Flottille in den Jahren 1940/42 mit ihrem Chef, Fregattenkapitän Adalbert von Blanc, an der Spitze und meinem Flottillenchef 1941, Kapitänleutnant Peter Reischauer, als 1. Admiralstabsoffizier (Asto) sowie dem Adjutanten, meinem Crewkameraden Hanns Poeschel, eine ausgesprochen freundlich-angenehme Aufnahme, fast zu familiär für mich Neuling. Entsprechend verläuft auch die sehr eingehende Einweisung und Unterrichtung über den vorgesehenen Einsatz meiner Flottille, wozu ich mit den neuesten werftseitigen Terminen aufwarten kann. Über allem steht aber immer wieder die Forderung, die Flottille für die erwartete und immer näherrückende Invasion bzw. Landung der Alliierten einsatzbereit zu haben. Da ihr Termin aber nicht bekannt ist und nur gemutmaßt werden kann, heißt es: »So schnell und bald wie möglich!«
Da aber die neuen A-Träger mit ihrer Fertig- und Indienststellung keineswegs gleich einsatzklar sind, sondern unbedingt noch eine gewisse Einfahrzeit im Verband bzw. in den vorgesehenen Gruppen mit jeweils fünf Booten erfordern, stimmt die SiDi meinem Vorschlag zu, mit den fertiggestellten Booten entsprechende Übungen etwa eine Woche lang bei der Artillerie- und Flak-Schule des AdS in Harderwijk am Ijssel-Meer durchzuführen. Auf diese Möglichkeit hat mich der aus seiner vorherigen Tätigkeit bei der als Lehr- und Ausbildungs-Flottille tätigen 12. L-Flottille in Antwerpen in Sachen Marinefährprähme sehr versierte I. Flottillen-Ingenieur gebracht, der die Verhältnisse auch dort selbst kennt. Hinzu kommt, daß Harderwijk schnell von Rotterdam aus über die Binnenkanäle zu erreichen ist.

Der Stabsebene folgt am nächsten Tag auch noch ein Abstecher in die »Praxis« nach Boulogne, dem Einsatzhafen der 2. A-Flottille zu ihrem Chef, Kapitänleutnant Elmershaus von Haxthausen. Auch ihn kenne ich schon aus den Jahren 1940/41, als er Gruppenführer in der 38. Minensuch-Flottille, auch schon in Boulogne, war. Außerdem war er vorher in der 3. R-Flottille bei ihrer Aufstellung 1939 Kommandant gewesen. Die Gespräche mit ihm, dem Chef der ältesten A-Flottille mit entsprechenden Einsatz-Erfahrungen, sowie mit einigen seiner Kommandanten sind daher sehr nützlich für mich. Auch bekomme ich einige der zu »Spitzbug-Fahrern« umgebauten Boote zu sehen. Sie gehören allerdings zum ersten Typ A, der ohnehin etwas schneller als unser größerer und schwererer Typ D mit zwölf Quadratmetern Bugfläche ist. Sie gelten durch diesen Umbau als noch etwas schneller, vor allem aber als wendiger, besser manövrierfähig. Mein Bemühen, gleich nach der Rückkehr in Rotterdam, auch meine Neubauten während der Schlußphase ihrer Fertigstellung auch noch so umbauen zu lassen, haben leider keinen Erfolg. Man befürchtet dadurch im Hinblick auf die drohende Invasion eine zu große erneute und daher nicht tragbare Verzögerung.

Für die Rückfahrt ergibt sich die angenehmere Gelegenheit der Mitnahme in einem Pkw mit Zwischenstation in Antwerpen. Und in Rotterdam wartet dann ein wahrer Berg von Papier auf mich!

Werftpfusch zum Haare-Ausraufen

Am 29. April 1944, an einem Sonnabend, können in Rotterdam die ersten drei Boote meiner Flottille ihre Probefahrten aufnehmen. Es handelt sich um AF 98, 100 und AF 107. Über die letzten Tage vor der Indienststellung seines AF 107 auf der Werft in Zaltbommel, am Waal an der Querverbindung zwischen Utrecht und Hertogenbosch, liegt mir ein Bericht des Kommandanten, Oberfähnrich zur See d.R. Alfred Zeitler, vor: »Am 19. April bei strahlendem Sonnenschein der Stapellauf, tadellos gelungen. Das halbe Dorf war anwesend, die Arbeiter der Werft riefen ›Hurra‹, und die Fabriksirenen ertönten.«

Und unter dem Datum 20. April liest man: »Wie nicht anders zu erwarten war, haben die Werftarbeiter doch gepfuscht: Eine Seitenzelle stand morgens voll Wasser! Das Boot mußte daher nochmals auf die Helling.«

In den nächsten Tagen treffen nacheinander Teile der Ausrüstung, vor allem aus Rotterdam mit Lkw ein. Nach Lieferung auch der Lichtmaschine wird der 6. Mai als Fertigstellungstermin genannt und bei einer Besprechung mit der Bauaufsicht am 29. April die Probefahrt auf den 4. Mai festgelegt. Bei dieser Fahrt sind noch die Maler zum Spritzen an Bord. Mittags wird das Boot von der Bauaufsicht übernommen. Und an den nächsten Tagen heißt es, von der Familie, bei der ich gewohnt habe, und vom Bürgermeister Abschied zu nehmen. Anschließend steige ich am 6. Mai an Bord ein. Während ich beim Einräumen in meiner Kammer bin, fährt das Boot einen Kreis und holt dabei nach Backbord über mit dem Erfolg, daß sich ein gewaltiger Sturzbach in die Kammer ergießt! Zum Glück legen wir gerade in Dordrecht an, wo Herr Haag von der Bauaufsicht noch mal die Reparaturen überprüfen will. Er staunt nicht schlecht, als er die neue Bescherung sieht, vermutlich wieder eine undichte Schweißnaht! Zuerst soll das Boot wieder zurück nach Zaltbommel, aber nach einigen Blitzgesprächen verholt es in Dordrecht in die Werft. Dauer der Arbeiten: drei Tage, wobei meine Kammer komplett herausgerissen wird, und ich also umziehen muß.

Bei diesen Arbeiten werden dauernd neue Leckstellen entdeckt! Am 9. Mai kann ich an Bord zurückkehren, so daß mittags bei herrlichem Sonnenschein zur Weiterfahrt mit Lotsen nach Rotterdam abgelegt werden kann, wo wir gegen 14.30 Uhr eintreffen. Einen Tag später erfolgt die Indienststellung des Bootes durch Oberleutnant zur See Jordan als Vertreter des in Antwerpen weilenden Flottillenchefs. Beim Verholen des Bootes am 12. Mai zu einer anderen Werft wird das Boot durch die Ungeschicklichkeit des vorderen Schleppers gegen das Außenbord-Gerüst eines anderen Neubaus getrieben, was u. a. zu Schäden am äußeren Teil der Funkanlage führt und zusätzliche Reparaturen erfordert. Dazu und zu Restarbeiten muß das Boot endlich am 16. Mai zu einer anderen Werft am anderen Ende von Rotterdam verholen. Als Folge der schlechten Arbeit in Zaltbommel zeigen sich dabei dauernd neue Leckstellen.

In Rotterdam trifft nun auch die restliche Besatzung ein: Alter 18 und 19 Jahre, bisher acht Monate Dienstzeit und zum ersten Mal an Bord!

Bei einer Fahrt am 23. Mai nach Utrecht zur Offiziers-Kleiderkasse (OKK) habe ich unerwartete Schwierigkeiten: die Unterschrift des Flottillenchefs in meinen Anforderungspapieren genügt den Herren dort nicht, weil »er« nur Oberleutnant sei! Am Tage darauf finden sich alle Kommandanten auf Einladung des Flo-Chefs in seinem Quartier in der Wohnung von Deutsch-Holländern in Rotterdam ein. Am 26. Mai wird meine Kammer endlich wieder fertig. Am gleichen Tag verläßt das Boot die Werft, muß aber bereits am 30. Mai wieder zu ihr zurück, da unter der Kommandanten-Kammer schon wieder das Wasser steht! Am 2. Juni ist die »geheime« Wasserquelle endlich gefunden, so daß das Boot am nächsten Tag eindocken kann.

Die Invasion

Jedem von uns ist klar, daß die Anglo-Amerikaner alles auf eine Karte setzen werden, die seit 1942 in immer schärferer Form von der Sowjetunion geforderte »Zweite Front« zu errichten und zur Rückeroberung Frankreichs anzutreten.
In Anbetracht der dabei zu erwartenden erheblichen Materialüberlegenheit der westlichen Alliierten ahnen wir, welcher gewaltigen Armada wir gegenüberstehen werden. Den tatsächliche Umfang der unter dem Decknamen »Operation Overlord« für die Invasion zusammengezogenen See-, Luft- und Landstreitkräfte kennen wir natürlich nicht.
Generalfeldmarschall Erwin Rommel hat am 22. April 1944 zu seinem Ordonnanzoffizier gesagt: »Glauben Sie mir, Lang, die ersten 24 Stunden der Invasion sind die entscheidenden. Von ihnen hängt das Schicksal Deutschlands ab ... Für die Alliierten und für Deutschland wird es der längste Tag sein.«
Rommel wurde Ende Januar 1944 auf eigenen Antrag zum Oberbefehlshaber der Truppen an der Küste von Den Helder bis zur Loire ernannt und kann hier befehlen. Daß ihm weder die in seinem Raum stehenden und operierenden Streitkräfte der Luftwaffe noch die der Marine unterstellt wurden, entspricht leider dem üblichen deutschen Verfahren.
Verhängnisvoll dürfte sich auswirken, daß er nicht einmal den Befehl über die im nördlichen Frankreich stehenden Panzerdivisionen und Reserven erhält. Außerdem gehen die höheren Stäbe sehr verschieden auf seine Gedanken ein, am langsamsten die beim Heer, gegen das sich dann die ganze Wucht des feindlichen Stoßes richtet.
Friedrich Ruge hierzu später wörtlich: »Der Rommelsche Stab, in dem alle Wehrmachtsteile vertreten waren, war die erste Stelle in der deutschen Wehrmacht, die sich hauptamtlich und umfassend mit der Frage der Landungsabwehr beschäftigte.
Rommel war der geeignete Mann dafür, da er neuere Erfahrungen im Kampf gegen die Anglo-Amerikaner gewonnen hatte als irgend ein anderer hoher Offizier des Heeres.
Dazu war er geistig wendig, unvoreingenommen, technisch interessiert und begabt.
Als er nach Frankreich kam, war der Plan für die Abwehr einer Invasion: Befestigung der Häfen, um es dem Gegner unmöglich zu machen, sie im Angriff von See zu nehmen; den am offenen Strand gelandeten Gegner im Inneren des Landes in beweglicher Operation zu schlagen und wieder hinauszuwerfen.
Rommel, der Meister beweglicher Kriegsführung, sah sofort, daß das fast völlige Fehlen einer eigenen Luftwaffe diesen Plan undurchführbar machen mußte, trotz der großen Kampferfahrung der deutschen Panzertruppe. Er wußte nur zu gut, daß ohne starke taktische Luftwaffe ein zeitgerechtes schnelles Operieren unmöglich war. Dazu kam, daß nur wenige der schließlich 49 im Westen stehenden Infanteriedivisionen sich schneller als im Fußmarsch bewegen konnten. Er wußte ferner, wie schwer es war, einen britischen Brückenkopf einzudrücken, wenn er sich etwas gefestigt hatte. Er war der Überzeugung – und sprach das auch bei Hitler und im OKW deutlich aus –, daß der Feldzug und damit der Krieg verloren sei, wenn es nicht gelänge, den Gegner in den ersten drei Tagen wieder hinauszuwerfen.«
Von diesem Engagement hinter den Kulissen wissen wir natürlich nichts, auch kennen wir »unten in der Truppe« das tatsächlich auf alliierter Seite zusammengezogene Potential nicht. Vielleicht ist das auch besser so, wenn unser unbekümmerter Mut erhalten bleiben soll. Das ist aber die Realität:
Im südlichen England stehen 38 Divisionen mit mehr als 4 200 Landungsfahrzeugen aller Art angriffsbereit, dazu größere 133 Kriegsschiffe – darunter sechs Schlachtschiffe, zwei Monitore und 23 Kreuzer, sehr starke Minensuch- und U-Boot-Abwehrverbände und 12 837 Flugzeuge.
Generell bleibt der riesige Aufmarsch natürlich den deutschen Stäben nicht verborgen. Luftaufklärung und Agentenmeldungen komplettieren das Wissen über das Potential des Gegners mosaikartig immer weiter. Nicht bekannt sind jedoch Zeitpunkt und Ort der Landung.
Und man erinnert sich sehr wohl, daß am 19. August 1942 in Dieppe schon einmal 5 000 britische und kanadische Soldaten gelandet sind, um die Möglichkeit einer Invasion im Pas de Calais zu erproben. Damals blieben am Strand 4 360 Soldaten zurück, unter ihnen mehr als 1 000 Gefallene.
Was uns Deutschen unbekannt ist: Schon auf der Konferenz von Quebec zog man aus dem Dieppe-Desaster die Konsequenzen und beschloß noch im August 1943, lieber 200 Kilometer weiter westlich an der Normandieküste zu landen. Dort gibt es keine größeren Truppenkonzentrationen und Luftwaffen-Stützpunkte und zunächst nur schwache Küstenbefestigungen. Der propagandistisch stark herausgestrichene »Atlantikwall« existiert allenfalls im Bereich des Pas de Calais, aber kaum an der Calvados-Küste. Außerdem bieten sich die weiten Ebenen des dortigen Hinterlandes für Landungen von Lastenseglern geradezu an.
Was man im Oberkommando der Wehrmacht nicht anzunehmen wagt: Der Gegner überquert den Kanal keineswegs an den engsten Stellen und landet nicht dort, wo eine Vielzahl von Häfen besondere Chancen für die Nachschubanlandungen bieten würde. Die Anglo-Amerikaner suchen sich statt dessen die hafenärmere westliche Seine-Bucht aus, die zwischen Felssteilküsten genügend Sandstrand aufweist und durch die Halb-

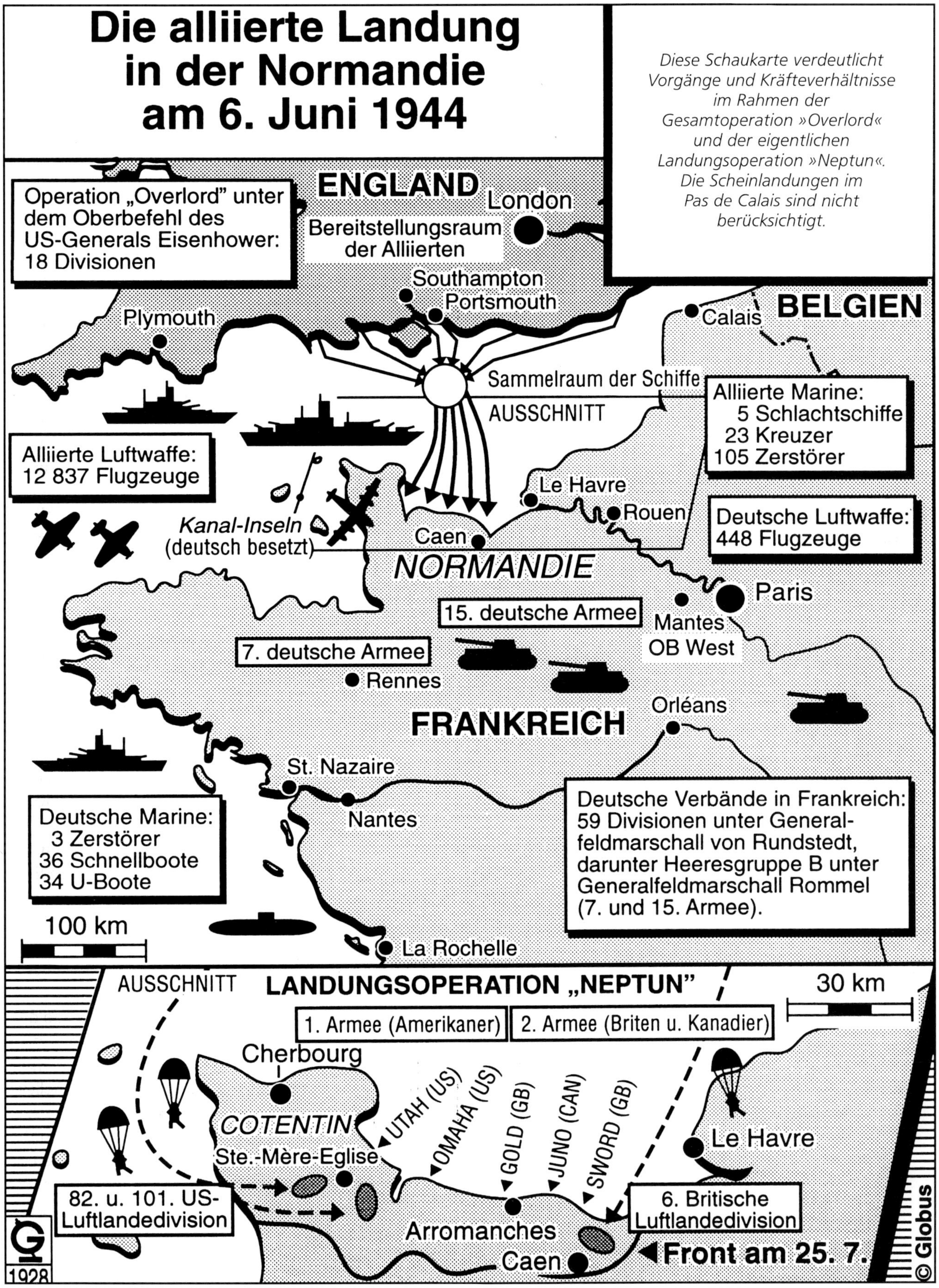
Die alliierte Landung in der Normandie am 6. Juni 1944
Diese Schaukarte verdeutlicht Vorgänge und Kräfteverhältnisse im Rahmen der Gesamtoperation »Overlord« und der eigentlichen Landungsoperation »Neptun«. Die Scheinlandungen im Pas de Calais sind nicht berücksichtigt.
Operation „Overlord" unter dem Oberbefehl des US-Generals Eisenhower: 18 Divisionen
ENGLAND
London
Bereitstellungsraum der Alliierten
Southampton
Portsmouth
Plymouth
Calais
BELGIEN
Sammelraum der Schiffe
AUSSCHNITT
Alliierte Marine: 5 Schlachtschiffe 23 Kreuzer 105 Zerstörer
Alliierte Luftwaffe: 12 837 Flugzeuge
Le Havre
Rouen
Deutsche Luftwaffe: 448 Flugzeuge
Kanal-Inseln (deutsch besetzt)
Caen
NORMANDIE
Paris
15. deutsche Armee
Mantes OB West
7. deutsche Armee
Rennes
Orléans
FRANKREICH
St. Nazaire
Nantes
Deutsche Marine: 3 Zerstörer 36 Schnellboote 34 U-Boote
Deutsche Verbände in Frankreich: 59 Divisionen unter Generalfeldmarschall von Rundstedt, darunter Heeresgruppe B unter Generalfeldmarschall Rommel (7. und 15. Armee).
100 km
La Rochelle
AUSSCHNITT
LANDUNGSOPERATION „NEPTUN"
30 km
1. Armee (Amerikaner)
2. Armee (Briten u. Kanadier)
Cherbourg
COTENTIN
UTAH (US)
OMAHA (US)
GOLD (GB)
JUNO (CAN)
SWORD (GB)
Le Havre
Ste.-Mère-Eglise
82. u. 101. US-Luftlandedivision
Arromanches
6. Britische Luftlandedivision
Caen
Front am 25. 7.
1928
© Globus

insel Cotentin recht gut gegen westliche Winde und Dünung geschützt wird, jedenfalls weitgehend.
Unter dem Oberbefehl von General Eisenhower sehen die endgültigen Pläne die Landung von fünf Divisionen gleichzeitig in vorderster Front, mit drei Luftlandedivisionen an den Flügeln, vor. Gleich am ersten Tag sollen außer 100 000 Mann 14 000 Tonnen Material sowie 14 000 Fahrzeuge einschließlich der Panzer an Land geworfen werden – und von diesem Zeitpunkt für mehrere Wochen täglich 1 000 Tonnen Material und 2 500 beladene Fahrzeuge.
Das freilich gehört zu den bestgehüteten Geheimnissen der Alliierten im Zweiten Weltkrieg. Um vom Schauplatz der eigentlichen Invasion abzulenken, setzt der britische Geheimdienst ein groß angelegtes, raffiniertes Täuschungsmanöver in die Tat um. Es kommt alles darauf an, den Deutschen vorzuspielen, der Pas de Calais werde tatsächlich der Brennpunkt des Geschehens. Und dort, 200 Kilometer von den Landeköpfen in der Normandie entfernt, steht dann auch das Gros jener deutschen Heeres-Einheiten, die den gelandeten Gegner zurückwerfen sollen.
Unter dem Stichwort »Operation Fortitude« kündigt sich der großangelegte Scheinangriff durch massierte Abwürfe von Versorgungsbehältern an, die an Fallschirmen hängen. Eine verstärkte Aktivität der französischen Widerstandsbewegung »Resistance« wird vorgetäuscht. Der ständig wachsende und schließlich ausgesprochen hektische Funkverkehr bleibt dem wachsam deutschen Funkbeobachtungsdienst (B-Dienst) natürlich nicht verborgen. Man ist beim Gegner sogar clever genug, reihenweise Funkgeräte abzuwerfen, die auf ähnlicher Wellenlänge arbeiten wie jene der Panzereinheiten der am Pas de Calais stationierten 15. Armee.
Man vergißt auch nicht, in der Grafschaft Kent südlich von London mit Hilfe amerikanischer Funkwagen das »dortige« Hauptquartier des Generals Patton vorzutäuschen. Und es wird dafür gesorgt, daß die deutsche Funkaufklärung immer neue Hinweise auf »Truppenkonzentrationen« im Bereich der Themse-Mündung erhält. Die deutsche Luftaufklärung findet diesen Sachverhalt bestätigt. Sie fotografiert dort Flugplätze voller Lastensegler. Diese sind leider ebenso Attrappen wie jene aufblasbaren Panzer und Transportlastwagen aus Gummi, die in der Grafschaft Kent »aufmarschieren«.
Am eigentlichen Invasionstag nehmen kleinere Schiffe in zwei Verbänden Kurs auf Boulogne-sur-Mer und Le Havre. Sie schleppen in geringer Höhe über Deck vertäute Fesselballone mit, die mit einer neuartigen, stark wirkenden Radar-Reflektionsschicht überzogen sind und mittels der Braunschen Röhren deutscher Funkmeßgeräte die Echos großer Kriegsschiffe vortäuschen. Deutsche Küstenbatterien eröffnen heftiges Artilleriefeuer auf eine Geisterflotte.
Andere kleine Schiffe täuschen hinter Wänden künstlichen sowie richtigen Nebels und mit Hilfe von Schallplatten und Großlautsprechern das Ankerwerfen großer Transporter einer Invasionsflotte an der französischen Kanalküste vor. Zugleich setzen Flugzeuge scharenweise Gummipuppen an Fallschirmen ab, um eine Luftlandung vorzutäuschen. Die Rechnung geht wunschgemäß auf: Die zur Verteidigung der Kanalenge im Großraum Calais vorgesehene 15. Armee des Generalfeldmarschalls Gerd von Rundstedt wird in höchsten Alarmzustand versetzt, während die in der Normandie stehende 7. Armee dank der von alliierter Seite systematisch gestörten deutschen Funkmeßgeräte an der Calvados-Küste und der Halbinsel Cotentin ohne Kenntnis dessen bleibt, was sich direkt vor ihrer Nase zusammenbraut.
Cornelius Ryan schreibt in seinem Buch »Der längste Tag«: »Unternehmen ›Overlord‹ begann genau fünfzehn Minuten nach Mitternacht am 6. Juni 1944 … In diesem Augenblick sprangen einige wenige ausgesuchte Männer der amerikanischen 101. und 82. Luftlandedivision aus ihren Flugzeugen in die Mondnacht über der Normandie. Fünf Minuten später warf sich achtzig Kilometer weiter entfernt ein kleiner Trupp der 6. britischen Luftlandedivision aus seinen Maschinen. Beide Springertruppen hatten den Auftrag, die Absprungzonen für die bald nachfolgenden Fallschirmjäger und die in Lastenseglern herangebrachte Infanterie mit Lichtern zu markieren.
Die alliierten Luftlandeverbände grenzten das Schlachtfeld in der Normandie nach beiden Seiten ein. Zwischen ihnen, an der französischen Küste entlang, lagen die fünf Strandabschnitte für die Landung: UTAH, OMAHA, GOLD, JUNO und SWORD.
In den Stunden vor Morgengrauen, während Fallschirmjäger in den dunklen Hecken der Normandie kämpften, *bezog die größte Kriegsflotte, die die Welt jemals gesehen hatte*, vor dieser Küste Stellung – fast fünftausend Schiffe mit mehr als zweihunderttausend Soldaten, Seeleuten und Marineinfanteristen. Nach gewaltigem Beschuß durch die Schiffsartillerie und massiver Bombardierung wateten ab 6.30 Uhr einige Tausend dieser Männer in der ersten Invasionswelle an Land.«

Nur das Ausgereifte zählt

In der Invasionsnacht vom 5. und 6. Juni 1944 werden die Angehörigen der deutschen Flottillen in ihren Landquartieren und Wohndecks recht unsanft geweckt. Die gesamte Wehrmacht im Westraum wird in Alarmzustand versetzt. Mich selbst überrascht die bewegende Nachricht während einer Dienstreise nach

Oben: Indienststellung zweier Neubauten der 8. Artillerieträger-Flottille mit offiziellem Zeremoniell in Rotterdam.
Foto: Verfasser

Mitte: Ablegen in Rotterdam von sechs Artillerieträgern der 8. A-Flottille nach Antwerpen.
Foto: Verfasser

Unten: Fahrt im Verband durch die holländischen Kanäle in Richtung Invasionsfront. Im Vordergrund der Chefstander, gesetzt auf AF 98.
Foto: Verfasser

Antwerpen. Nun ist es also dazu gekommen. Seit Wochen haben wir alle bestmöglich und ohne jeden Zeitverlust darauf hingearbeitet, am Invasionstag einsatzklar und frontreif zu sein. Wir wissen alle, wie dringend wir an der Front benötigt werden, um den Mangel an stark armierten Seestreitkräften einigermaßen wettzumachen. Wir kennen den hohen Stellenwert, den die Artillerieträger innerhalb der deutschen Verteidigungspläne erlangt haben. Nicht ohne Grund hat man uns immer wieder gedrängt, keinen Tag die bevorstehende Invasion aus den Augen zu lassen. Und nun ist sie plötzlich Wirklichkeit geworden.

In uns macht sich eine eigenartige Mischung von Gefühlen breit: Die nun bestehende Gewißheit wirkt gegenüber der vorherigen Unsicherheit erleichternd. Aber diese Erleichterung mischt sich mit der bitteren Erkenntnis, nun doch nicht rechtzeitig einsatzklar zu sein. Hektik ist plötzlich angesagt, doch nur ausgereifte Dinge versprechen Erfolg. Wir müssen erst perfekt einsatzklar sein, wenn die von uns erwartete Schlagkraft gegeben sein soll. Also »Ziel erkannt, Kraft gespannt«: Einfahren und Ausbilden um jeden Preis. Vor allem muß die Artillerie unserer Boote eingeschossen werden.

Zitat Zeitler: »Am 13. Juni laufen wir frühmorgens zusammen mit AF 106 ins Schießgebiet in der Nordsee zum Anschießen der Artillerie aus. Nach Beendigung steht unter meiner Kammer wieder alles unter Wasser! Eine Untersuchung ergibt Wasser in sieben Zellen. Und das nach nur wenigen Salven! Um 14.30 Uhr ist das Boot wieder in der Werft zur Anmeldung der Schäden und Unterrichtung des Flo-Chefs und Flo-Ingenieurs.

Am 15. Juni kann das Boot die Werft wieder verlassen und tags darauf den Kompaß kompensieren sowie noch kleinere Schweißarbeiten vornehmen lassen. Als dann am 18. Juni zusammen mit anderen Booten unter

Führung des Flo-Chefs die Fahrt durchs Hollandsche Diep nach Vlissingen angetreten wird, fehlt bei der Besatzung von 58 Mann nur noch der Steuermannsmaat. Nach Aufenthalt in Vlissingen macht AF 107 am 26. Juni in Ostende fest.«
Endlich können auch AF 101 und AF 102 sowie anschließend AF 99, 106, 108 und AF 104 in Dienst gestellt werden, feierlich mit dem üblichen Zeremoniell. Die Boote haben dazu ostentativ die Werft verlassen – quasi die Nabelschnur zerschnitten. Die auf der Pier vor den Booten angetretenen Besatzungen führen mir eindringlich ihre beachtliche Stärke vor Augen: immerhin jeweils rund 60 Mann im Vergleich zu den mir bisher gewohnten 30 bis 35 auf R-Booten! Nach Abschreiten der Front und einer kurzen Ansprache gebe ich den Kommandanten den Befehl zur Indienststellung, die dann mit dem Befehl »Heiß Flagge« auf den Booten nacheinander vollzogen wird. Anschließend werden die Besatzungen auf ihre Boote entlassen, wo ich sie dann auch noch aufsuche. Am Abend wird im Kreise der Kommandanten und Offiziere des U-Stabes in bescheidener, dem Ernst der Lage angepaßtem Rahmen diese wichtige Etappe gefeiert, die einen bedeutenden Schritt weiter darstellt und die Flottille nun richtig Gestalt annehmen läßt.
Gute Gelegenheit zum Feiern bieten in Rotterdam noch gut versorgte Restaurants sowie viele Lokalitäten auch mit Musik, die von den Besatzungen der vielen Werft-Lieger, aber auch von Einsatz-Flottillen rege besucht werden und die auch ich zu persönlicheren Kontakten mit »meinen« Offizieren nutze.
Als neues Problem zeichnet sich schon bald das Unvermögen der offenbar überlasteten Werften ab, die noch erforderlichen Restarbeiten an den in Dienst gestellten Booten zu erledigen, um sie endlich auch einsatzklar zu machen. Daher soll zu diesen Arbeiten auf die offenbar günstiger gestellten Werften in Antwerpen ausgewichen werden, die auch schon von den Booten der 6. A- sowie Reparaturen und Umbauten für die 1. A-Flotille entsprechende Erfahrungen besitzen. Das erfordert Gespräche und Zustimmung der 1. Sicherungs-Division in Utrecht mit dem Ergebnis, daß unsere ersten sechs Artillerieträger zur Schelde-Stadt verlegen sollen.
Am 10. Juli kann dann auch AF 107 in Dienst gestellt werden.
Für diese erste Fahrt im zwar noch kleinen Verband – mit dem auch im späteren Einsatz durchaus zu rechnen ist – steige ich auf AF 98 bei Oberleutnant zur See d.R. Ulrich Bartelt, dem nach Dienstalter »Ältesten Kommandanten« (ÄK) ein, wobei erstmals am kleinen Mast achtern der Chefstander mit dem stilisierten Eisernen Kreuz gesetzt wird. Für mich ein Gefühl besonderer Art, auch wenn ich diesen Stander schon vorher ein Jahr lang als Gruppenführer auf R 35 in der 3. R-Flottille geführt habe, dort aber an der Rah und nicht im Topp.
Der Marsch nach Antwerpen durch die holländischen Binnen-Wasserwege wird gleich zu einer guten ersten Übung für das Fahren im Verband, da er sich auch über Nacht mit ja ganz anderen Verhältnissen und Bedingungen erstreckt. Darüber hinaus stellt er durch die Eigenarten des Fahrwassers mit zum Teil starker Strömung und das Durchschleusen beim Kanal durch Süd-Beverland in Wemeldinge sowie Hansweert zur Schelde besondere navigatorische und seemännische Anforderungen. Daneben haben vor allem das Signalpersonal und die UK-Funker für die Sprechfunk-Verbindung der Boote reichlich Gelegenheit, ihr Können zu zeigen und in der Praxis zu festigen, zumal unter diesen »Funktionären« viele junge Soldaten frisch von der Schule gekommen sind.
Im großen und ganzen geht alles gut, vor allem bleiben alle meine »Schäfchen« beisammen, so daß wir wie vorgesehen am Sonnabend morgen, dem 6. Juli, in Antwerpen einschleusen können. In Erinnerung an frühere weniger schöne Situationen mit besonders bei Anlege-Manövern lautstark eingreifenden Chefs habe ich mir von vornherein vorgenommen, diesen auf keinen Fall nachzueifern, sondern das Gegenteil zu versuchen. Entsprechend habe ich die Kommandanten instruiert und verziehe mich immer rechtzeitig von der Brücke an Oberdeck, meist zur vorderen 2-cm-Vierling. Dort habe ich die beste Übersicht, denn es interessiert mich doch, wie diese bereits mit Fährprähmen vertrauten Kommandanten und auch Wachoffiziere (WO) solche Manöver fahren. Und ich muß schnell erkennen: Sie verstehen ihr »Handwerk« wirklich und nötigen mir immer wieder ehrlichen Respekt ab, auch wenn es nicht so schnell und »ruck-zuck« geht, wie ich es von R-Booten her gewohnt bin. Jetzt läuft alles wesentlich langsamer und manchmal notgedrungen auch umständlicher ab, ganz einfach eine Folge der drei links-drehenden Schrauben bzw. Propeller und der ohnehin nur bescheidenen Maschinenleistung, woran auch die beiden Ruderblätter nicht viel verbessern können. Daher wird seemännisch gut und gerne mit Leinen gearbeitet. An ernsthafte Dellen oder gar splitternde Scheuerleisten an den sehr schwerfälligen Booten kann ich mich nicht entsinnen!
Da nicht alle sechs A-Träger gleichzeitig in Antwerpen in die Werft zu den Restarbeiten gehen können und diese sich auch erst auf die neuen »Kunden« vom Typ »D« einstellen muß, nutze ich die nächsten drei Tage mit den anderen Booten zu intensiven Fahrübungen in den ja genügend weiten Hafenbecken von Antwerpen. Es erfordert aber immer etwas Voraussicht, um nicht doch an einer Kaje anzuecken, zumal die Boote ja nur sehr langsam Kursänderungen ausführen können. Mit meist vier Booten ist es aber

möglich. Und immerhin vermitteln diese Übungen doch schon mehr Gefühl für das Fahren im Verband in verschiedenen Formationen, das ja die meisten Kommandanten aus ihrer MFP-Zeit nicht so ausgeprägt kennen. Gleichzeitig werden dabei immer wieder die wichtigen Signalverbindungen und Befehle mit Winkerflaggen, Wende- und Signalflaggen sowie mit UK (Ultrakurzwellen-Sprechfunk) geübt, denn auf dem Marsch nach Antwerpen war mir die geringe Praxis gerade der jungen Signalgasten aufgefallen. Aber auch die intensive, viel Disziplin erfordernde Sprechfunk-Verbindung untereinander ist vielen Funkern von früher her nicht geläufig.

Über diese Fahrübungen habe ich vorher den Hafenkapitän informiert und ihm die besondere Bedeutung für die Flottille für ihren künftigen Einsatz erklärt, so daß seiner Genehmigung nichts im Wege stand, zumal der eigentliche Hafenbetrieb auch »tot« war. Einmal wurde die ungewohnte und unübliche Nutzung seines »Territoriums« sogar bis Mitternacht ausgedehnt!

Dabei habe aber auch ich – wie schon auf der Fahrt von Rotterdam nach Antwerpen – reichlich Gelegenheit, nun auch den Betrieb auf einem A-Träger während der Fahrt – richtig »lebt« ein Schiff ja erst dann! – zu beobachten und mich mit dem Ineinander-Wirken der verschiedenen Funktionen vertraut zu machen. Aber auch mit dem für das spätere Führen eines Verbandes wichtigen Verhalten der Boote selbst, wie sie auf Ruderkommandos und bei Kursänderungen reagieren, beim Stoppen und Rückwärtslauf der Motoren, oder wie sich Querwind oder Strömung auf sie auswirken. Wie laufen der Betrieb auf der Brücke und die Kommunikation an Bord z. B. mit dem Funkraum, aber auch zu den anderen Booten? Wie weit ist der Ausbildungsstand der Besatzung in den verschiedenen »Rollen« – Tätigkeiten für bestimmte Situationen – und dabei in erster Linie natürlich an den Waffen? Sind die Bereitschafts-Wachen richtig und ausreichend zusammengestellt, funktionieren Alarme?

Schneller als gedacht komme ich in dieser für mich ja ganz neuen Umgebung zurecht und fühle mich eigentlich wieder wohl an Bord, auch wenn ich in gewisser Weise auch künftig immer nur ein »Lucie-Gustav« bzw. »leidiger Gast« bin, der je nach Lage und Erfordernis auf einem Boot einsteigt und keinen festen Platz auf einem Boot hat, sondern mal auf diesem und dann auf einem anderen vorübergehend mitfährt und die Gästekammer nutzt. Angenehm empfinde ich auch das gleichmäßige Brummen der Motoren, das irgendwie beruhigend wirkt. Völlig fehlt aber noch meine persönliche Erfahrung über das Verhalten der Boote auf offener See mit Wind, Wetter und vor allem Seegang.

Zurück nach Antwerpen: Nach einer abschließenden »Manöverkritik« in einer Kommandanten-Besprechung muß ich auf dem Landweg wieder zurück nach Rotterdam, wo am 19. Mai die nächste Indienststellung AF 97 erfolgt. Gleich anschließend stehen wieder in Antwerpen die Meldung und Besprechungen beim dort residierenden Admiral der Befehlsstellen (AdS), Vizeadmiral Robin Vidal Schall-Emden, bzw. mit seinem Stab auf dem Programm. Die Dienststelle des AdS ist im März 1941 zur Betreuung der für die – inzwischen abgesagte – Landung in England »Unternehmen Seelöwe« aufgestellten Verbände geschaffen worden und ist dadurch truppendienstlich für alle Landungs- und Artillerieträger-Flottillen zuständig, obwohl sie einsatzmäßig anderen Befehlshabern unterstellt sind. Bei meinen Besprechungen geht es hauptsächlich um personelle Fragen und die geplante Fahr- und Schieß-Ausbildung von AdS-Stützpunkt Harderwijk aus. Wertvolle Hilfe leistete mir bei diesen Gesprächen unser I. FloIng., Oberleutnant (Ing.) Muffler, der von früheren Kommandos her über gute Verbindungen zu den Referenten beim AdS verfügt und diese nun für unsere Probleme nutzen kann. Das trifft übrigens auch für viele Fach-Feldwebel im Unterstab zu, größtenteils ebenfalls alte AdS-Mannen.

Die Sache wird ernst

Blenden wir noch einmal zurück: Die Nachricht über die begonnene Invasion erreichte uns am Morgen des 6. Juni, während wir wie immer in Antwerpen bei den Werften drängelten, schnellstmöglich fertig zu werden. Da ich mit Auswirkungen auf unsere Flottille rechnete, kehrte ich sofort per Bahn nach Rotterdam zurück, um weitere Befehle abzuwarten. Auch informierte ich die 2. SiDi sofort fernschriftlich über den Zustand der Boote und die neuesten Fertigstellungstermine.

Noch ist uns bei der »seefahrenden Truppe« nicht bekannt, daß man höheren Orts immer noch dem Verwirrspiel unterliegt, das mit der Scheinlandung am Pas de Calais begann. Hinter den Kulissen hat jemand das Kunststück fertiggebracht, den deutschen Stäben immer noch vorzuspiegeln, die Landung in der Normandie sei ein unter hohem Aufwand vorangetriebenes Ablenkungsmanöver. Der »Hauptschlag« werde erst noch folgen – und dann sei die Stoßrichtung, wie schon erwartet, der Pas de Calais an der Küste Flanderns.

Bislang ist unklar, welche Rolle bei diesem Hin und Her von Wirklichkeit und Täuschung das deutsche »Amt Abwehr« im Oberkommando der Wehrmacht gespielt hat, in dem ein Teil der verantwortlichen Offiziere mit hoher Wahrscheinlichkeit aus einer Anti-Hitler-Einstellung heraus »auf zwei Schultern trug«. Es muß

einem späteren Urteil der Geschichte überlassen bleiben, wer nun wen düpiert hat. Auf jeden Fall sind die Auswirkungen verheerend.
Aufgrund der immer noch erwarteten Hauptlandung am Pas de Calais wird meiner Flottille vorerst Ostende als neuer Einsatzhafen zugewiesen. Der Unterstab richtet sich im nahen, an der Küste gelegenen, hübschen Badeort De Haan ein, unterstützt durch die dort ebenfalls schon untergebrachte 36. Minensuch-Flottille. Uns wird ein leerstehendes, großes und recht modernes Kinderheim als Dienststellengebäude zugewiesen.
Da ja weiter mit einer zweiten Landung in Nordfrankreich gerechnet wird, soll die Flottille Vorfeldüberwachung (VFÜ) vor der Küste Flanderns fahren und diese Einsätze gleich zum Einfahren und Trainieren der Besatzungen nutzen, da keine Zeit mehr für die eigentlich geplante Einfahr- und Einschießzeit von Harderwijk aus zur Verfügung steht. Ganz im Gegenteil sollen die Boote so schnell wie möglich einsatzbereit gemacht werden und die Werften verlassen. Diese aufgrund der neuen Entwicklung verständliche Eile führt sogar dazu, daß schon vorweg in Antwerpen die Boote AF 102, 104, 108, 99 und AF 101 von Rotterdam nach Ostende in Marsch gesetzt werden. In Rotterdam konnte am 12. Juni das aus Mannheim eingetroffene AF 109 in Dienst gestellt werden.
Nach dem Stand Mitte Juni 1944 ergibt sich folgende Zusammensetzung der 8. Artillerieträger-Flottille zusammen mit der Bauwerft:

Oben: Dem Kriegsschauplatz Kanal entgegen – mit unbekümmertem jugendlichem Optimismus stellt sich hier eine Besatzung zum Gruppenbild. *Foto: Verfasser*

Unten: AF 64 wird gleich am Morgen des Invasionstages versenkt. In Port en Bessin waren die vier dort stationierten A-Träger (2. A-Flottille) wegen des Gezeiten-Niedrigwasser nicht auslauffähig. Sie wehrten jedoch mit ihren Geschützen eine Feindlandung zunächst ab und beteiligten sich dann an weiteren Erdkämpfen. *Foto: Archiv R. Kugler*

AF 97 Oberfähnrich zur See d.R. **Ossig** Mannheim, MAN-SCHIMAG

AF 98 Oberleutnant zur See d.R. **Bartelt** Haarlem

AF 99 Oberfähnrich zur See d.R. **Wissgott** Amsterdam

AF 100 Oberfähnrich zur See d.R. **Schuster** Alblasserdam

AF 101 Oberfähnrich zur See d.R. **Danicic** Alblasserdam

AF 102 Leutnant zur See d.R. **Stephan** Schiedam/Rotterdam

AF 103 Oberleutnant zur See d.R. **Conrad** Haarlem

AF 104 Oberfähnrich zur See d.R. **Budzinski** Schiedam/Rotterdam

AF 105 Leutnant zur See d.R. **Niehoff** Schiedam/Rotterdam

AF 106 Oberleutnant zur See d.R. **Jordan** Zaltbommel

AF 107 Oberfähnrich zur See d.R. **Zeitler** Zaltbommel

AF 108 Oberfähnrich zur See d.R. **Himstedt** Mannheim, MAN-SCHIMAG

AF 109 Oberfähnrich zur See d.R. **Gerecke** Mannheim, MAN-SCHIMAG

AF 110 Oberfähnrich zur See d.R. **Seibel** Mannheim, MAN-SCHIMAG

AF 111 Oberfähnrich zur See d.R. **Hoeltl** Mannheim, MAN-SCHIMAG*

*auf dem Weg rheinabwärts nach Rotterdam

Nach den Terminen ihrer »Kriegsbereitschaft« (KB) und dem Marsch nach Westen zum Einsatz wurden dann die drei Gruppen wie folgt zusammengesetzt:

1. Gruppe (A) unter Führung von Lt.zS d.R., wenig später Oblt.z.S. d.R. Stephan auf AF 102 mit AF 99, 101, 104 und AF 108.
2. Gruppe (B) unter Oblt.z.S. d.R. Bartelt – zugleich als dienstältester Seeoffizier auch »Ältester Kommandant« (ÄK) und Stellvertreter des Flo-Chefs – auf AF 98 mit AF 100, 106, 107 und AF 109.
3. Gruppe (C) unter Oblt.z.S. d.R. Conrad auf AF 103 mit AF 97, 105 und AF 111 sowie später AF 110.

Alle Oberfähnrich-Kommandanten werden noch im Sommer zu Leutnants zur See befördert.

Bei mir entsteht der Gedanke – ich weiß nicht mehr, ob zuerst im Kommandanten-Kreis oder in der Messe unseres Stützpunktes oder auch bei mir erörtert –: »Ein Flottillen-Wappen muß her!« Solche »Firmen-Zeichen« hatten sich nämlich im Kriege rasch herausgebildet, um wohl etwas aus der Anonymität infolge des Übermalens der Schiffsnamen und -nummern aus Geheimhaltungsgründen wieder herauszutreten und doch eine eigene Identität vorweisen zu können. Erst recht ist das bei all den kleinen Einheiten wichtig, die ohnehin schon keinen – womöglich traditions-verbundenen – Namen, sondern statt dessen nur eine nüchterne Zahl – als Bootsnummer im Schriftverkehr aufzuweisen haben.

Nach einem »Kriegsrat« über verschiedene Ideen und Vorschläge fällt die Entscheidung zugunsten eines stacheligen Igels mit den Worten »Ick bün all hier« aus dem Märchen vom Buxtehuder Wettlauf zwischen Igel und Hase. Beides scheint uns nämlich am besten und passendsten das Wesen unserer A-Träger aufzuzeigen: zwar nicht gerade schnell, aber widerstandsfähig und schlau-listenreich.

Zur Realisierung kann der I. VO mit einem seiner Verwaltungsgasten aufwarten, der im Zivilberuf Grafiker in der Werbe-Abteilung der Ford-Werke in Köln war. Sein Entwurf zeigt einen an die Micky-Maus angelegten, stilisierten Igel auf gut kontrastierendem gelbem Grund und darunter das besagte Motte »Ick bün all hier«. Ganz unten wird der Wappenschild zum Zeichen der Verbindung mit der See blau mit Wellen gefüllt.

Für die Ausführung in der Größe etwa 1 x 1 Meter sorgte dann der Flo-Ing. wie auch für die Anbringung der Wappen gut sichtbar oben an der Vorderfront des Brückenpanzers. Das führte in der Folge auch zur Bezeichnung »Igel-Flottille«. Und was die Hauptsache ist: das irgendwie originelle Wappen findet schnell allgemeine Zustimmung.*

*Und für seinen Bekanntheitsgrad in der nur kurzen Zeit bis Kriegsende spricht, das sich das Wappen zu meinem Erstaunen, aber auch zu meiner Freude nach dem Kriege in einem Flur der Unterwasserwaffen-Schule der Bundesmarine neben anderen früheren Flottillen-Wappen wiederfand.

Das jetzt anstehende Verlegen und Sammeln der ziemlich verstreuten Boote der Flottille gleicht einem Puzzle-Spiel besonderer Art. Hinzu kommt, daß die 2. SiDi mich um den 10. Juni informierte, daß – offenbar aufgrund der schon erwähnten Besorgnisse beim Heer wegen einer zweiten alliierten Landung – eine Verstärkung der Küstensicherung vor Flandern so schnell wie möglich erfolgen muß und dazu »noch gestern Abend« fünf A-Träger nach

Oben: In diesen Hafen Boulogne sur Mer wird die Gruppe Stephan am 23. Juni beordert und zum Ausgleich von deren Verlusten, der 2. Artillerieträger-Flottille unterstellt.
Foto: Alfons Hermann

Links: Am 16. Juni 1944 sind in Boulogne gleich drei A-Träger den Fliegerbomben zum Opfer gefallen: AF 1, AF 3 und AF 11. Letzterer kann wieder gehoben werden.
Foto: Alfons Hermann

Ostende in Marsch gesetzt werden sollen. In Frage kommen dafür und auch am schnellsten »vor Ort« sind die in Antwerpen liegenden Boote. Daher werden nach befohlener Beendigung ihrer Werftarbeiten von dort am 15. Juni die Boote der 1. Gruppe AF 102, 104 und AF 108 sowie von Rotterdam AF 99 und AF 101 in Marsch gesetzt. Ich selbst verlege nach Regelung des Umzuges des U-Stabes am 18. Juni durch die holländischen Binnenwasserwege bei Nacht vorerst nach Vlissingen, wo in den nächsten Tagen aus Antwerpen AF 98, 100 und AF 105 zu mir stoßen sollen. Vorher führe ich in der Nacht mit den ersten drei Booten vor Vlissingen in der Schelde-Mündung Vorfeldüberwachung (VFÜ) sozusagen zur »Probe« durch. Da die Boote dann aber in den nächsten Tagen durch stürmische See an der Weiterfahrt nach Ostende gehindert werden, fahre ich am 23. Juni zuerst per Fähre über die Schelde und dann mit der Bahn nach Ostende bzw. dem östlich davon an der Küste liegenden Badeort De Haan, wo sich gerade der U-Stab einrichtet. In Rotterdam ist wegen Restarbeiten AF 97 zurückgeblieben und soll zusammen mit den auf dem Rhein von Mannheim kommenden AF 110 sowie AF 111 dann nach Ostende folgen.

An diesem 23. Juni wird die Gruppe Stephan von der 2. SiDi nach Boulogne beordert und der 2. A-Flottille zum Ausgleich ihrer Verluste unterstellt. Bei einem alliierten Bomber-Großangriff am 15. Juni sind dort 19 Sicherungsfahrzeuge versenkt und weitere 16 beschädigt worden. Die »2. A« verlor dabei AF 1 und AF 3, während AF 11 wieder gehoben und wiederhergestellt werden kann. Schon vorher ist am 8. Juni ihr AF 15 versenkt worden. Am 25. Juni können dann auch über Nacht unsere sieben AF von Vlissingen nach Ostende verlegen und sich im Stützpunkt in De Haan einrichten, wo in dem geräumigen Kinderheim für jedes Boot ein Raum für Inventar u.a.m. zur Verfügung steht. Und dank einer schnellen Straßenbahn besteht eine gute Verbindung mit Ostende. Dort wird uns als Liegeplatz das große Hafenbecken schräg gegenüber dem Seebahnhof zugewiesen, das ich noch in besonderer Erinnerung vom August 1940 her habe*.

---

*Als ich dort am 15. August 1940 mit der »3. R« nachmittags einlief, erkannten wir eine hohe Detonationswolke. Eingelaufen sahen wir in diesem Hafenbecken deutsche S-Boote unter brennenden Tarn-Netzen, während neue Detonationen Schuppen und Kräne auf der Pier wegbliesen, die zum Teil auf die Boote fielen. Mit R 38, auf dem ich damals als Oberfähnrich war, gingen wir bei einem der S-Boote längsseits, löschten die Brände und verholten es auf die gegenüberliegende Seite, anschliessend auch noch ein zweites Boot. Später war zu erfahren, dass immerhin 42 Torpedos durch Sabotage detoniert waren! Glücklicherweise gab es nur vier Leichtverletzte, aber vier S-Boote waren AKB (ausser Kriegsbereitschaft) und mussten in die Werft.

Jetzt aber, vier Jahre später, ist von diesen Trümmerhaufen nichts mehr zu sehen. Die breite Pier ist aufgeräumt und mit Bunkern als Schutzräume für Schiffsbesatzungen versehen, sie ist lang genug, daß alle AF hintereinander dort festmachen können. Da dieser Teil des Hafens nicht durch eine Schleuse von der

Nordsee abgeteilt ist, unterliegt er der Tide mit Hoch- und Niedrigwasser. Das bedeutet, daß die Besatzungen immer gut auf die Festmacher-Leinen ihrer Boote aufpassen müssen. Die vielen Vorgänger haben aber vorgesorgt und in Abständen an der Kajenwand senkrechte Stander befestigt, in die die Festmacher einfach eingeschäkelt werden und sich dann mit der Tide auf und ab bewegen. Dieses Verfahren hatte sich eigentlich in allen Tidehäfen am Kanal eingebürgert. Unangenehm bleibt nur, wenn es bei Niedrigwasser Fliegeralarm gibt und dann alle Mann die wenigen Leitern und Steigeisen hinauf auf die Kaje und zu den Bunkern hasten. In den Bunkern können die Besatzungen in einsatzfreien Nächten auch schlafen, allerdings nur auf viel benutzten Strohsäcken und mit entsprechenden Begleitumständen!

Ostende selbst ist zwar vom Kriege weiter unbehelligt geblieben, hat aber doch gegenüber August 1940, als noch etwas vom Glanz und Flair dieses führenden und in ganz Europa renommiertesten Seebades von Belgien bestand, weiter verloren, auch wenn schon damals das Leben und der Betrieb z. B. auf der See-Promenade mit seinen beeindruckenden Hotels erloschen war. Jetzt aber sind viele Gebäude mit Sandsäcken und Verschlägen gesichert und entstellt. Dazu kommen überall kleine Bunker und Luftschutz-Gräben, und nur wenige Wehrmachtsangehörige beleben schwach das Straßenbild, so daß einem eigentlich ein Rundgang durch die Stadt genügt.

Ruhig und unverändert beschaulich, vom Krieg eigentlich auch unberührt – wenn man auch hier von deutschen Soldaten und militärischen Hinweisen und Truppenzeichen an Straßen und Häusern absieht – zeigt sich dagegen das nahe De Haan mit seinen Villen und Bungalows inmitten von viel Grün. Natürlich herrscht auch hier trotz Hochsommers kein ziviler Betrieb, zumal der Strand verdrahtet und stellenweise vermint ist. In der Nähe wacht hinter den Dünen auch eine moderne Schwere Batterie der Marine-Artillerie. Mit der Schnell-Tram kann man übrigens längs der Küste wie im Frieden durch mehrere andere, ähnliche Badeorte bis nach Zeebrügge fahren.

In der Nacht zum 26. Juni verlegen auch die inzwischen in Vlissingen versammelten Boote aus Rotterdam und Antwerpen nach Ostende, so daß dort folgende Boote zusammen sind: AF 97, 98, 100, 103, 105, 106, 107 und AF 111. Es fehlen noch AF 109 und AF 110 aus Rotterdam, die aber im Laufe des Juli zur Flottille stoßen.

Nach einer Musterung aller auf der Pier angetretenen Besatzungen und ihrer Einstimmung auf den nun beginnenden echten Einsatz laufe ich bei einbrechender Dunkelheit mit allen acht Booten zur »Vorfeld-Überwachung« aus. Dabei wird die Nacht über auf dem Zwangsweg längs der Küste zwischen vorgegebenen Positionen langsam hin- und hergefahren. Die Bootsbesatzungen gehen dabei volle Kriegswache, d. h. alle Waffen sind besetzt, geladen und gesichert. Alle Mann tragen jetzt den sogenannten »Strampelanzug«. Das ist ein schwarzer Einteiler-Lederanzug von den Knöcheln bis zum Hals, zum »Einsteigen« mit Reißverschluß bis zum Schritt. Dazu trägt man an Bord sowie in See die blaue Bordmütze, das »Schiffchen«, das im Gefecht gegen den Stahlhelm getauscht wird. Um die Taille wird ein etwa drei bis vier Meter langes Stück Signalleine als »Sorgleine« gebunden. Die Erfahrung hat nämlich gezeigt, daß im Wasser Treibende, die sich an den etwas über der Wasserlinie längs der Bordwand vieler Schiffe angebrachten Rettungsleinen festhielten und darauf warteten, an Deck gezogen zu werden, sie im Fahrstrom wieder loslassen mußten bzw. abgerissen wurden, wenn das bergende Schiff – aus welchen Gründen auch immer – mit der Fahrt angehen mußte. Nun aber binden sich die Treibenden mit ihrer Sorgleine an der Rettungsleine fest und können nicht mehr verlorengehen.*

---

*Ich habe es später erlebt, dass gleich mehrere Schiffbrüchige eine ganze Zeit lang in diesem Zustand von ihrem »Retter« mitgeschleppt wurden, bis dieser stoppen und sie an Bord nehmen konnte!

Darüber hinaus trägt in See natürlich jeder stets eine Schwimmweste. Wir haben schon die mit der Kopfstütze, die bei Erschöpfung ein Zur-Seite-Fallen des Kopfes und damit Wasser-Schlucken und Ertrinken verhindert. Durch einen Gurt im Schritt kann diese ohnmachtsichere Weste beim senkrechten Sprung ins Wasser auch nicht mehr über den Kopf nach oben wegrutschen. Schließlich ist in Brusthöhe auch eine kleine Trillerpfeife angebracht, mit der man im Dunkeln auf sich aufmerksam machen kann, was sich auch mit Erfolg in der Praxis bewährt hat. Einige noch neuere Westen besitzen sogar ein kleines Licht zum besseren Auffinden.

Die »Sorgleine« hat übrigens noch einen anderen Zweck: Muß man an Land bei einem Bombenangriff in ein Deckungsloch springen, wird vorher der Rest der Leine neben dem Loch ausgelegt. In einem Bomben-Teppich Verschüttete sind dadurch leichter zu finden und zu bergen.

Ich selbst habe mein »Seepäckchen« aus dem Schwarzen Meer mitgebracht: das hellgraue Lederzeug der U-Boot-Fahrer mit einer Hose und knielange Jacke, beide gefüttert und weit genug, um darunter noch z. B. einen Trainingsanzug, Blauzeug oder einen Pullover anzuziehen. Dazu gehören Stiefel mit hohem, aber bequemem und weichem gefüttertem Schaft und einer ein Zentimeter starken Kork-Einlegesohle, so daß es selbst im Januar/Februar vor dem Kaukasus nie kalte Füße gab!

Die auch von den U-Boot-Fahrern übernommenen Schuhe sind so gut geschnitten, daß man sie auch an Land z.B. bei Bahnfahrten zur Uniform tragen kann. Da für mich als Flottillenchef die weiße Mütze als Statussymbol der Kommandanten entfällt, trage ich jetzt immer an Bord auch die blaue Bordmütze mit der bei Offizieren üblichen Goldlitze.
Bei der ersten Vorfeldüberwachung, nun richtig »an der Front«, wird in der Nacht vom 26. zum 27. Juni auf dem Zwangsweg längs der Küste »auf und ab gestanden«, wie es im Marine-Deutsch für das Hin- und Herfahren zwischen vorgegebenen Positionen bzw. Wege-Punkten heißt. Das ist zugleich eine gute Einübung für das Fahren im Verband, bei dem besonders das Brückenpersonal, die Rudergänger, Signalgasten und Funker gefordert sind. Außerdem wird die gesamte Besatzung mit dem Ineinandergreifen der verschiedenen Funktionen vertraut, – doch ganz anders als bei der Ausbildung an der Pier im Hafen.
Gleich nach dem Auslaufen müssen zum Eigenschutz vor Minen mit Geräuschzünder eine oder auch zwei »Geräuschbojen-Turbinen« (GBT) an jeder Seite des Vorschiffs ausgesetzt werden. In Fahrt wird über ein Schaufelrad (Turbine) am Heck der GBT ein Schlagkreuz oder Exzenter in Bewegung gesetzt, was wiederum Frequenzen erzeugt, die den Minenzünder zum Ansprechen bringen sollen. Dabei sind verschiedene Varianten möglich.
Neu für mich ist außerdem der zusätzliche ständige Gebrauch des »Knallkörpergerätes« (KKG). In zeitlich genauen Abständen werden auf dem Führerboot durch ein auch seitlich an der Bordwand angebrachtes Rohr mehrere kleine stabähnliche Körper in Zigarillo-Größe ins Wasser gelassen, wo ihre harte, heftige Detonation Minen mit Geräusch-Zündung auch in weiterem Abstand hochgehen lassen soll. Auf den dabei immer wiederkehrenden, aus Sicherheitsgründen vorher notwendigen Ruf »Wahrschau, Knallkörper!« gewöhnt man sich mit der Zeit, weniger aber an den unangenehmen Knall die ganze Seefahrt über! Als Ersatz können aber auch in bestimmten Abständen scharfe Handgranaten ins Wasser geworfen werden.
Zum Schutz vor Magnetminen besitzen die Boote die fest eingebaute MES (Mineneigenschutz-Anlage). In von Strom durchflossenen Kabelschleifen am oder im Schiff wird ein Magnetfeld aufgebaut, das den Eigenmagnetismus des Schiffes aufhebt und so das Anspringen des Minenzünders verhindern soll.
Wegen seiner stattlichen Länge lasse ich den Verband in zwei Staffeln mit je vier Booten fahren, gestaffelt immer nach der See-Seite. Im Hinblick auf die noch fehlende Praxis im Verband-Fahren und das ohnehin langsame Manövrieren der Boote sehe ich in dieser Formation weniger Kollisionsgefahren, aber auch eine gewisse Auflockerung bei überraschenden Fliegerangriffen. »Feuer-Erlaubnis« gilt nur bei klar erkennbarem Angriff als erteilt, denn es zeigt

Oben: *Bis zum Fall von Cherbourg (24./25. Juni 1944) operieren die A-Träger der Gruppe Karl (6. A-Flottille) vom dortigen Schnellbootbunker aus mitten im Invasionsgeschehen, sie verminen das Vorfeld und bestehen mehrere Gefechte mit Motorkanonen- und Motortorpedobooten sowie Jagdbombern.*
Foto: Hans-Otto Schilff

Rechts: *Mit einiger Improvisationskunst lassen sich die A-Träger in Minenleger verwandeln, sie verseuchen den Invasionsraum mit Grundminen.*
Foto Hans-Otto Schilff

sich bald, daß die einzelnen feindlichen Flugzeuge die Boote bei Nacht nicht immer erkennen. Das gilt erst recht, wenn diese auf die Motorengeräusche hin ihre Diesel stoppen und dadurch das verräterische Heckwasser unterbinden. Bei Mondschein ist das Erkennen leider anders und besser. Daher hat es Fälle gegeben, daß Verbände und Einheiten speziell bei Vollmond wegen zu großer Gefährdung den Einsatz abgebrochen haben und eingelaufen sind. Ich kann mich noch gut an den entsprechenden Kurz-Funkspruch eines R-Flottillenchefs erinnern: »Mond-Helligkeit stark, daß ich auf der Brücke Zeitung lesen kann. Laufe ein.«

In dieser »ersten Nacht« bleibt es aber ruhig, und wir laufen in der Morgendämmerung wieder in Ostende ein, wo dann nach einer Kommandanten-Besprechung mit »Manöver-Kritik« den Vormittag über der Nachtschlaf nachgeholt wird.

Beim nächsten Einsatz in der Nacht zum 29. Juni führe ich wieder die Gruppe B mit vier AF auf AF 98, wobei Seitensicherung nach See zu für Boote der 36. Minensuch-Flottille in Richtung Dünkirchen gefahren wird, die die Minensperren »LO 5a« und »LO 5b« werfen. Alles verläuft planmäßig, so daß gegen 5.00 Uhr in Dünkirchen eingelaufen wird. Etwas abgesetzt folgt die Gruppe C (Conrad) auch mit vier AF, dem U-Jäger UJ 1430, dem Räumboot R 229 dem Vorpostenboot V 1515 sowie einem Schleppdampfer auch in Richtung Dünkirchen, von wo eine andere Gruppe der 36. MS-Flottille mit dem Schlepper TURGOT und der Siebel-Fähre SF 288 kommt. Beim Treffen werden die jeweiligen »Schützlinge« gewechselt, und die Gruppe C läuft mit dem Schlepper und der Fähre nach Ostende ohne Vorkommnisse zurück.

Auch in der letzten Juni-Nacht steht wieder »VFÜ« auf dem Programm: dabei laufe ich mit der Gruppe B nach Ostende zurück, während die Gruppe C dort »auf und ab steht« und auch nach Ostende zurückkehrt. Es läßt sich feststellen, daß die mit diesen Einsätzen verbundenen Aufgaben gute Gelegenheit für alle Besatzungen bieten, »Seebeine« zu gewinnen und mit den Booten vertraut zu werden.

Unsere Einsatzbefehle von der 2. SiDi werden mit dem Hinweis unterstrichen, daß die VFÜ auf ausdrücklichen Befehl der Gruppe West und des BSW aus Paris auf Verlangen der nervösen Heeresführung unvermindert fortgesetzt werden müssen. Und im Kriegstagebuch (KTB) der 2. SiDi wird im Zusammenhang mit den Einsätzen der »2. A« im Bereich der Kanalenge bis südlich von Boulogne bedauert, »daß die kampfstarken A-Träger bei der Sicherung anderer Einheiten durch ihre (unzureichende) Geschwindigkeit so gebunden sind, daß sie in den jetzt kurzen Nächten erkannte Lauerstellungen (feindlicher S-Boote) nicht erreichen und bekämpfen können«.

Während die Gruppe C unter Führung von Oberleutnant zur See d.R. Conrad mit AF 103, 97, 105 und AF 111 bei der VFÜ von Ostende Richtung Dünkirchen R 233 von der 14. R-Flottille und ein Flugsicherungsboot auf halbem Wege an die B-Gruppe der 36. MS aus Dünkirchen weiterreichen soll, sichere ich mit der Gruppe B – bestehend aus AF 98, 100, 106 und AF 107 – die Gruppe D der 36. MS-Flottille beim Werfen der Minensperre »Lucie Otto 4«. Als beim Anmarsch AF 106 und AF 107 unklare Maschinen melden, bleibe ich mit den A-Trägern zurück, um den Wurf-Verband nicht aufzuhalten und nehme ihn nach planmäßiger Erledigung der Wurfaufgabe zum Rückmarsch nach Ostende wieder auf. Dabei kommt es auch zur Begegnung mit der Gruppe C, bei der allerdings das R-Boot fehlt, da es nicht rechtzeitig nach Ostende gekommen war. Gegen 4.30 Uhr und 5.15 Uhr machen beide A-Träger-Gruppen in Ostende fest.

Schon in der nächsten Nacht – zum 2. Juli – geht es um 23.15 Uhr mit allen acht A-Trägern in See: »Mit allen klaren Booten Position 2b und 3 Osthälfte. Im Zuge der VFÜ von Gruppe B der 36. MS aus Dünkirchen Schlepper ROBUSTE mit Schlepper MULHOUSE nach Ostende geleiten. Doppel-GBT und KKG bzw. Handgranaten-Doppelwurf.«

Als Wetter habe ich mir notiert: »Wind Südwest 3, See 2, diesig, Regenschauer.«

Die beiden A-Träger-Gruppen fahren erstmalig hintereinander in der »Igel-Formation« – d. h. im Halbkreis. Auf diese in keiner Vorschrift enthaltenen Formation sind wir bei der 3. R-Flottille im Schwarzen Meer gekommen, da sie eine konzentriertere Flieger-Abwehr ermöglicht und auch leichter, weil nicht so langgestreckt wie in Kiellinie oder der traditionellen Marsch-Formation »T Gelb«, zu handhaben ist. Auch können sich die Boote dabei gegenseitig besser schützen und ihre Waffen unbehinderter einsetzen. Nach Übernahme des Geleits sichert auf dem Rückmarsch die Gruppe C seewärts in Staffel Backbord, und um 3.45 Uhr machen alle Einheiten wieder in Ostende fest.

In der nächsten Nacht steige ich bei der Gruppe C auf AF 103 ein, um das Minensuchboot M 265 auf der Fahrt nach Dünkirchen zu sichern, wo es ohne Vorkommnisse um 4.20 Uhr einlaufen wird. Die Gruppe B fährt in dieser Nacht VFÜ vor Ostende. Die Gruppe C reicht in der nächsten Nacht im Zuge einer Vorfeldüberwachung M 265 an die aus Calais entgegenkommende Gruppe C der 36. MS-Flottille weiter, wird wenig später, um 1.34 Uhr, von einem Jabo ohne Bombenwurf angeflogen und macht am 5. Juli, um 4.10 Uhr, wieder in Dünkirchen fest. Die Gruppe B liegt in dieser Nacht in Ostende in Sofort-Bereitschaft.

Mit der Gruppe C kehre ich am gleichen Abend bzw. in der Nacht zum 6. Juli nach Ostende zurück. Beim Auslaufen kurz vor Mitternacht fallen

Bomben auf Dünkirchen, offenbar »Restbestände« von aus Deutschland-Einsätzen heimkehrenden Flugzeugen. Dabei wird bei hellem Mondschein achteraus eine sehr tief fliegende Maschine – offenbar beschädigt – beobachtet und beschossen, worauf sie brennend in etwa 2 000 Meter Entfernung auf den Sandbänken neben dem Fahrwasser abstürzt, der erste Abschuß der Flottille. Gut eine Stunde später wird AF 105 als »Schlußlicht« im Verband mit sechs Bomben beworfen, die aber keine Schäden anrichten. Um 3.05 Uhr sind die vier Boote in Ostende fest an der Pier.

Erste bittere Verluste

Noch in Dünkirchen höre ich im Laufe des 5. Juli, daß in dieser Nacht unser AF 99 vor Boulogne nach Raketentreffern gekentert sei, wobei fünf Gefallene zu beklagen sind. Vom Kommandanten, Oberfähnrich zur See d.R. Ossig, der mit seiner Besatzung beim Stützpunkt in De Haan untergebracht wird, erfahre ich am nächsten Tag Einzelheiten:
Im Zuge der Unterstellung der 1. Gruppe Stephan – bereits seit dem 24. Juni bei der 2. A-Flottille in Boulogne – waren AF 99 und AF 108 zusammen mit AF 93 und AF 95 von der »2. A« unter Führung von Oberleutnant zur See Eberhard Wehr um 23 Uhr am 4. Juli von Boulogne zur VFÜ bei Südsüdwest-Wind Stärke 3 bis 4 und Seegang 2 bis 3 ausgelaufen. Kurz vor Mitternacht erfolgte der erste Jabo-Angriff mit Bombenabwurf, aber ohne Treffer. Der wurde aber nur vier Minuten später beim zweiten Angriff mittschiffs auf AF 99 erzielt. Nach vier weiteren Bombenangriffen, wobei um 0.27 Uhr ein Abschuß mit starker Rauchentwicklung erfolgte, brach bis 0.35 Uhr die Schleppverbindung mit AF 93 und AF 108 zweimal im Seegang. Die Jabo-Angriffe hielten bis 0.59 Uhr an. Trotz aller Bemühungen kenterte AF 99 dann um 1.16 Uhr und sank sehr schnell, doch konnte die Besatzung abgeborgen werden. Nach Ossigs Aussagen liefen nach dem Raketentreffer mittschiffs an der Seite alle Seitentanks schnell nacheinander voll, da ihre Trennschotten offenbar nicht vorschriftsmäßig voll verschweißt, sondern stellenweise nur geheftet waren! Infolge der dadurch eintretenden Schlagseite ist das Boot dann über die Seite gekentert.
In der Stellungnahme der 2. SiDi zum Verlust von AF 99 heißt es, daß »in dieser Nacht nach Beobachtungen des den gegnerischen Funkverkehr überwachenden B-Dienstes 29 britische Flugzeuge vom Flugplatz Manston aus im Raum Boulogne-Calais im Einsatz waren. Sie bereiten in solchen mondhellen Nächten Verluste, die auf die Dauer nicht tragbar sind, so daß der Antrag erneuert wird, unter diesen Bedingungen Schiffsbewegungen zwischen Somme-Mündung und Dünkirchen einzustellen bzw. sie nur bei bedecktem Himmel oder Feindlandungen durchzuführen«.
Mir bereitet die erneute Feststellung schlechter, ja sträflich leichtfertiger Schweißarbeiten, die schon vorher auf anderen Booten während der Werft-Erprobungen offenkundig geworden waren, ernste Sorgen. Doch ist an eine Behebung dieser für die Besatzungen lebensgefährlichen Versäumnisse unter den augenblicklichen Verhältnissen und der Front-Lage überhaupt nicht zu denken, da die Boote dazu wieder in die Werft müßten und sicher längerfristig ausfallen würden.
Bei dieser Gelegenheit soll gleich geschildert werden, wie es der Gruppe Stephan, abgesetzt von der Flottille, inzwischen ergangen ist. Schon bei ihrer Verlegung von Dünkirchen nach Calais in der Nacht zum 25. Juni war sie in der Nacht von Jabos gebombt worden, aber ohne Schäden. Wegen unklarer Motoren konnte der Marsch nach Boulogne erst am 26. fortgesetzt werden, wobei wieder zwei Jabo-Angriffe abgewehrt wurden. Beim Einlaufen nach Boulogne blieb AF 101 in der Netzsperre hängen,

Jagdbomber vom Typ Hawker TYPHOON: neben ihrer starren Bewaffnung von vier 2-cm-Maschinenkanonen führen sie zwei Bomben von je 455 kg oder acht Raketengeschosse mit.
Foto: British Aerospace Museum, Hendon

konnte aber von Schleppern und Vorpostenbooten freigeschleppt werden, so daß alle fünf Boote am gleichen Abend mit der 2. A-Flotille unter Führung ihres Flottillenchefs, Kapitänleutnant von Haxthausen, zur VFÜ vor Boulogne auslaufen konnten.
In der folgenden Nacht verlegten AF 102, 101 und AF 104 mit der Gruppe Meyer der »2. A« nach Le Tréport, um von dort aus Schutz-Minensperren vor der Somme-Mündung zu werfen, deren flache Küste vom Heer ja weiter für besonders »landungsverdächtig« gehalten wird. Dabei wurde der Verband gegen

Jagdbomberangriffe und Nachtgefechte hinterlassen ihre Spuren durch viele leergeschossene Kartuschhülsen, wie auf diesem Artillerieträger AF 41.
Foto: Eugen Roßhart

5.20 Uhr vier Seemeilen vor dem Zielhafen von vier BEAUFIGHTER-Maschinen mit Bomben und Raketen angegriffen. Dabei wurde um 5.40 Uhr AF 8 von der »2. A« versenkt, und AF 102 (Stephan) erhielt bei weiteren laufenden Angriffen, jetzt mit TYPHOON-Jägern, einen Bombentreffer achtern und machte schnell und stark Wasser, konnte aber eingeschleppt werden. Zwei BEAUFIGHTER-Abschüssen standen auf AF 102 ein Gefallener, 16 Verwundete und 27 Vermißte gegenüber!
Die 2. SiDi zieht daraus folgendes Fazit: »Minen-Werfen mit A-Trägern stellt eine Notlösung dar, da R-Boote in Boulogne dafür nicht verfügbar. Auch wenn von der Strömung her die Nächte 28. und 29. Juni gerade am günstigsten waren, zeigte sich doch, daß die Strecke Boulogne-Dieppe in kurzen Nächten nicht von den A-Trägern zu schaffen ist.
Die Boote der 2. A-Flottille kommen zwar auf acht Knoten, gegen den Strom aber nur noch auf sechs Knoten. Und die neuen A-Träger der ›8. A‹ laufen leider noch einen Knoten weniger, nicht zuletzt auch durch das Schleppen der beiden GBT.«

In der Nacht zum 4. Juli verlegen AF 101 und AF 104 mit AF 13, 14, 59 und AF 60 von der »Zweiten« von Le Tréport nach Dieppe zur Beladung mit Minen, die dann in der nächsten Nacht als Sperren »Lucie 24« und »Lucie 24c« unter Führung des Chefs planmäßig geworfen werden, nur einmal gestört durch einen erfolglosen Jabo-Angriff. In den folgenden fünf Nächten fahren diese sechs A-Träger dann VFÜ von Dieppe aus, »gewürzt« durch weitere, aber erfolglose Jabo-Angriffe. Nach Übernahme von 24 Minen werden diese in der Nacht zum 15. Juli geworfen, wobei Jabos zweimal auch mit Bomben angreifen. Und am 15. Juli meldet das Kriegstagebuch (KTB) wieder VFÜ.
Auch die in Boulogne gebliebene AF 108 war in der ersten Juli-Hälfte nach dem Verlust von AF 99 zusammen mit den AF 93 und AF 95 von der »2. A« und den Vorpostenbooten VP 1803, 1816 sowie VP 1817 vier Nächte zur VFÜ in See und muß in zwei anderen wegen grober See aber abbrechen und einlaufen. In der Nacht zum 9. Juli ist der Verband zweimal das Ziel von Jabo-Angriffen, als dieser nach Boulogne verlegte.*

*Für die zweite Juli-Hälfte fehlen die KTB-Beiträge der Boote der 1. Gruppe. AF 108 ist aber weiter von Boulogne im Einsatz ebenso wie AF 101 und AF 104 von Dieppe aus, wo sie bis zum 9. August VFÜ durchführen und nach einem weiteren Minenunternehmen – Sperre »Lucie 24d« – mit AF 14 und AF 59 sowie den Kriegsfischkuttern KFK 3881, 3885 und 3888 der 38. Minensuch-Flottille am 13. August wieder zur 8. A-Flottille treten und mit der Gruppe Bartelt nach Fécamp verlegen.

AF 108 ist in der ersten August-Hälfte weiter an die 2. A-Flottille bzw. auch die 18. Vorposten-Flottille (VP) angehängt und schließt sich am 9. August der Gruppe Bartelt zur VFÜ vor Calais an.
AF 102 liegt weiter »aKB« (außer Kriegsbereitschaft) in Le Tréport, wo die Besatzung mit der Reparatur zur Wiederherstellung der Fahrtüchtigkeit ihres Schiffes beschäftigt ist. Das Boot wird dann vom 14. bis 16. August via Dieppe auf dem Haken des von der Marine übernommenen französischen Motorschleppers CHARLES NUNGESSER nach Boulogne geschleppt, wo es bis Anfang September auf das Eintreffen der Flottille wartet.
Nun aber zurück zum Gros der Flottille, wo am 7. Juli etwas Neues auf

sie zukommt. Bei dem von der 2. SiDi vorgegebenen Einsatz-Schema: Vier Nächte in See, dann eine Ruhe-Nacht im Hafen, steht in dieser Nacht wieder VFÜ an, bei der erstmalig zwei Boote jeder Gruppe einen Sperrballon in etwa 100 bis 200 Meter Höhe hinter sich herziehen sollen. Damit soll den Jabo-Piloten der Zielanflug erschwert werden bzw. sogar eine Kollision mit dem »Jumbo«, wie unsere Seeleute schnell das neue Ungetüm nannten, verursacht und dadurch ein Absturz herbeigeführt werden. Durch Schwierigkeiten bei der Übernahme des »Jumbos« für AF 103 verzögert sich das Auslaufen der Gruppe C bis nach Mitternacht. Den anderen Ballon hat AF 105 erhalten. Bei schwachem Wind und ruhiger See sowie leichter Bewölkung, dafür aber heller werdendem Mondschein führt ihre VFÜ nach Dünkirchen. Dabei »erlebt« die Gruppe mehrfache Abwürfe von Leucht-Schirmen und -Bomben, denen prompt echte scharfe Bomben folgen, die aber nicht treffen. Ähnlich ergeht es der Gruppe B, die bis kurz vor 4.00 Uhr bei der VFÜ vor Ostende das Ziel mehrerer Anflüge auch mit Bombenabwürfen ist bzw. die durch Sperrfeuer abgewehrt werden können. Diese Gruppe kehrt dann nach Ostende zurück.

Bei der Wiederholung der Aufgabe in der nächsten Nacht – zum 8. Juli – auch wieder mit zwei »Jumbos« beobachten wir kurz nach dem Auslaufen über Ostende lebhafte Scheinwerfer-Tätigkeit, wobei bald ein Flugzeug erfaßt und im von den Strahlen gebildeten Kreuz bleibt. Die leichte Flak eröffnet das Feuer auf das Flugzeug, das aber, wie die Leuchtspur erkennen läßt, nicht erreicht wird, weil es erheblich höher fliegt. Schwere Flak beteiligt sich nicht. Plötzlich gibt es etwa 200 Meter unter dem Flugzeug einen kleinen Feuerball zu sehen, und eine Flügelbombe fliegt in gut 1 000 Metern Höhe in Richtung See, hinter sich einen kurzen Feuerschweif. Dabei kreuzt sie gut 1 000 Meter den Kurs vor AF 98, auf dem ich wieder eingestiegen bin.

Da wir einige Tage zuvor von der SiDi vor dem Einsatz neuartiger alliierter Lenkflugkörpern gewarnt worden sind, ordne ich erhöhte Aufmerksamkeit mit Feuerbereitschaft für die 2-cm-Vierlinge an. Nach etwa zehn Minuten erscheint erneut ein Flugzeug im Kreuz der Scheinwerfer. Dann darunter wieder ein Abschußfeuerstoß, aus dem sich eine fliegende Bombe löst, die jetzt Kurs knapp voraus von uns hat. Im konzentrierten Feuer der Vierlinge aus unserer »Igel«-Formation stürzt sie wenig später etwa 2 000 Meter Backbord voraus ab und löst beim Aufschlag eine ungewöhnlich starke Detonation aus.

Als sich dies merkwürdige Schauspiel wiederholt, und die nächste ominöse »Erscheinung« jetzt hinter uns passiert, werde ich mißtrauisch und lasse ihren etwaigen Kurs mit der Peiltochter bestimmen. Ein Blick daraufhin in die große Seekarte zeigt, daß dieser Kurs nach London führt, es sich also um eine »V 1« handeln dürfte, von deren Einsatz wir aber nicht – vielleicht aus Geheimhaltungsgründen oder wegen fehlender Quer-Informationen zwischen Luftwaffe und Marine – unterrichtet worden sind!

Als ich nach dem Festmachen gegen 5.00 Uhr schon bei Hellwerden wie üblich im Pkw nach De Haan gefahren werde, nähert sich plötzlich ein tieffliegendes zweimotoriges Flugzeug. Anhalten, raus aus dem Wagen und in Deckung neben der Straße sind eins! Dabei erkenne ich die Maschine noch als einen deutschen Bomber vom Typ He 111 mit Balkenkreuz und einer »V 1« unter dem Rumpf, die sich offenbar im Anflug verspätet hatte und nun ohne Scheinwerfer-Kreuz als Abgang ihre Last über Ostende starten muß.

Bei meinem üblichen Telefonat bei der SiDi nach dem Einsatz macht mir der Asto bereits Vorwürfe, einen Flugkörper vom Typ V 1 abgeschossen zu haben. Ich kann nur mit fehlender Information und vorheriger Warnung vor alliierten Fernlenkbomben gegenhalten. Dabei erfahre ich aber auch, daß die He 111 im Raum Münster gestartet waren und im Scheinwerferkreuz ihre V 1 starten mußten, da deren Kurssteuerung entsprechend eingestellt war.

Bei diesem Gespräch werde ich auch gleich zu wichtigen Besprechungen zur SiDi bestellt und fahre am Nachmittag mit dem Pkw nach Wimereux. Hauptthema ist dort die für August geplante Weiterverlegung der Flottille näher an die Invasionsfront nach Fécamp nördlich von Le Havre. Dadurch sollen die dort nach und nach dezimierten eigenen Seestreitkräfte unterstützt und durch unsere starke Bewaffnung besser geschützt werden. So hatte bereits am 12. Juni der Chef der 38. Minensuch-Flottille in Le Havre, Korvettenkapitän der Reserve Karl Palmgren, dem von der durch die Invasion in ihren kleinen Tidehäfen überraschten und durch Bomben-Teppiche dezimierten 6. A-Flottille die Boote AF 63, 69 und AF 70 zugeteilt worden sind, in seinem KTB festgestellt: »Die Verbindung der Minensuchboote mit einigen A-Trägern zu einer kampfstarken Gruppe ist bei der derzeitigen Lage von Le Havre besonders erstrebenswert und gibt gegenüber feindlichen Gun Boats (Motorkanonenbooten) und Zerstörern bessere Erfolgsmöglichkeiten.«

Nachdem sich gezeigt hat, daß die A-Träger aber wegen ihrer geringen Geschwindigkeit – nicht zuletzt durch die beiden GBT – nicht in einer Nacht von Boulogne bis Dieppe kommen, soll für diese Etappe die Nacht mit der günstigsten Tide – sprich Mitstrom – ausgenutzt werden, was etwa zwischen dem 10. und 15. August wieder der Fall sein wird. Dementsprechend müssen die Boote rechtzeitig nach Boulogne verlegt werden. Wegen der unsicheren Frontlage soll der U-Stab vorerst in De Haan bleiben und nur ein kleiner Einsatzstab für das »Nötigste« nach Fécamp umziehen.

Das Schnellgespann als »neue Masche«

Nachdem ich vom SiDi-Chef, Fregattenkapitän von Blanc, über unsere künftigen Aufgaben unterrichtet wurde, am Nachmittag in Boulogne auf Booten der »2. A« zum Erfahrungsaustausch weilte und die neuen Planungen dann auch noch überschlafen habe, mache ich am nächsten Morgen nach Teilnahme an der »Lage« dem 1. Admiralstabsoffizier, Kapitänleutnant Peter Reischauer, den Vorschlag, ob nicht R-Boote die A-Träger von Boulogne nach Dieppe schleppen könnten. Wir hatten damit 1943 im Schwarzen und Asowschen Meer beste Erfahrungen mit den langsamen Marine-Artillerie-Leichtern (MAL) beim Rückmarsch nach Küstenbeschießungen gemacht, um bei Hellwerden schneller wieder im sicheren Hafen zu sein. Für die Schlepp-Verbindung eignen sich die starken Räumleinen der R-Boote vorzüglich. Sie selbst laufen mit 16 Knoten, so daß im Gespann etwa zwölf Knoten Fahrt über Grund erreicht wurden!

Da ich Reischauer bereits als Flo-Chef der 3. R-Flottille im Jahr 1941 gut kenne, ist eine gute Basis für diesen Vorschlag gegeben, von dem er sich auch sofort überzeugen läßt. Ich muß überhaupt betonen, daß wir uns als jüngste Einheit in der Division von Anfang an immer sehr gut und fürsorglich und nicht »vom grünen Tisch« behandelt gefühlt und auch immer für unsere Probleme Gehör gefunden haben. Von Nutzen war darüber hinaus auch meine Zeit 1940/42 in diesem Raum, aus der ich viele Leute und Verbindungen kenne. Nicht zu vergessen ist aber auch die in diesem »band of brothers« gewachsene Hilfsbereitschaft in bestem Marine-Stil!
Es ist klar und liegt auf der Hand, daß in diesem Kreis auch außerdienstlich über die »große Lage« gesprochen wird, über die man sonst ja nur die offizielle Version des mittäglichen Wehrmachtsberichtes zu hören bekommt. Hier wird die Situation differenzierter und auch ernster beurteilt, nachdem sich einen Monat nach der Landung die allgemeine Hoffnung und Zuversicht nicht erfüllt hatten, die Invasions-Verbände wieder ins Meer zurückdrängen zu können. Ganz im Gegenteil steht das Heer in schweren, verlustreichen Kämpfen zur Abwehr ständig neuer Versuche der Alliierten, aus dem sich inzwischen über die ganze Seine-Bucht erstreckenden und auch ins Land ausgeweiteten Landekopf ins Hinterland durchzubrechen.
Ständig werden – nahezu ungestört – über See nicht nur Truppen und Waffen, sondern auch erhebliche Nachschubmengen dank absoluter Luftherrschaft herangeführt.*

*Später ist von 4 000 alliierten Flugzeugen gegen anfangs maximal 300 deutschen Jägern die Rede! Diese materielle Überlegenheit hat auch dazu geführt, dass deutsche Verstärkungen und Reserven aus dem Hinterland, vor allem die Fallschirmjäger und Panzer, durch Luftangriffe nicht nur aufgehalten, sondern auch erheblich dezimiert wurden, schon bevor sie zum Einsatz kamen.

Aber auch der Einsatz deutscher U-Boote gegen diesen Nachschub-Strom über den Kanal entspricht nicht den Erwartungen, da die Boote schon an den Flanken durch starke Abwehr-Verbände abgedrängt und zum großen Teil versenkt werden. Ebenso bleiben die Angriffe deutscher Schnellboote nur Nadelstiche und müssen ebenfalls mit beträchtlichen Verlusten bezahlt werden. Sogar die Minensuch-Verbände zum Freihalten der Küstenwege sind ständigen Angriffen überlegener feindlicher Verbände mit Zerstörern, Korvetten, Motortorpedobooten (MTB) und Motorkanonenbooten (MGB) ausgesetzt, die den Vorteil ihrer Radar-Ausstattung geschickt und erfolgreich ausnutzen. Wegen des großen Einsat-

Die »neue Masche« bewährt sich bestens: Im Schlepp der schnellen Räumboote kommen unsere langsamen Artillerieträger auf Geschwindigkeiten über 12 Knoten! *Foto: Verfasser*

zes »eigener Seestreitkräfte« des Gegners ist allerdings im Invasionsraum bis etwa Dieppe die Gefährdung durch feindliche Flugzeuge kaum vorhanden.
Noch am 10. Juli bin ich zurück bei meiner Flottille in Ostende. Dort hat sich einiges zugetragen, was ich bei der Division während der »Lage« generell schon mitbekommen habe, nun aber detaillierter erfahre. So war die Gruppe Bartelt am 8. Juli mit vier Booten und Sperrballons nach Dünkirchen in Verbindung mit VFÜ kurz vor Mitternacht bei ruhiger See und bedecktem Himmel ausgelaufen, während die Gruppe Conrad VFÜ vor Ostende ohne Zwischenfälle durchführte und nach Ostende zurückkehrte. Bei der anderen Gruppe gab es um 1.14 Uhr den ersten Jabo-Angriff mit Bomben hinter AF 98, aber nur zehn Meter neben AF 100, was zu einem Toten auf AF 98 und mehreren, z.T. schwer Verwundeten und Ausfall der Magnet-Kompaß-Anlage mit Fernübertragung (MKF) führte. Im Abwehrfeuer mußte aber auch der Sperrballon dran glauben! Ein weiterer Jabo-Angriff gegen 2.28 Uhr blieb ohne Folgen, doch mußten nach dem Festmachen in Dünkirchen zwei Gefallene, acht Schwer- und sieben Leichtverwundete von AF 100 und je ein Schwer- und Leichtverwundeter von AF 98 an die per Funk angeforderten Sanka abgegeben werden.
Im Gefechtskurzbericht von Bartelt heißt es: »Der erste Angriff erfolgte von vorn über den Sperrballon hinweg in etwa 300 m Höhe im Gleitflug. Dabei wurde der Ballon wohl durch eigene Waffen abgeschossen und die MKF durch Splitter beschädigt. Erfahrungen: Bei klarem Wetter bieten Sperrballons für suchende Jabos ein gutes Ziel und führen zum Bombenwurf vor dem Ballon. Unsere Igel-Formation hat sich bewährt. Nach dem Angriff wurde die Suche von den Jabos mit Leuchtbomben und seewärts geworfenen Flackerfeuern fortgesetzt, wahrscheinlich Richtfeuer für andere Maschinen. Splitter und Bordwaffen durchschlugen Panzerschild der 8,8-cm-Kanone und Panzer vom Brückenhaus.«
Die Gruppe Conrad hatte am 9. Juli in Ostende »Sofortbereitschaft«, ebenso wie die Gruppe Bartelt in Dünkirchen. In der folgenden Nacht lief die Gruppe B zwar von Dünkirchen zur VFÜ gegen 21.00 Uhr aus, mußte aber wegen grober See bald abbrechen und war gegen 2.00 Uhr wieder im Hafen. Die Gruppe C übernahm mit AF 103, 97, 105 und AF 111 im Rahmen der VFÜ bei Wind 3 bis 4 und Seegang 3 bis 4 von der von Osten kommenden B-Gruppe der 36. MS-Flottille das R-Boot R 100 und brachte es zu seiner Flottille nach Ostende. Oberleutnant zur See d.R Conrad meldete, daß gegen Wind und See nur vier Knoten erreicht wurden! Beim Einlaufen lief sein AF 103 durch den starken Seegang und Wind aus Südwest aus dem Ruder und wurde gegen die Ostmole gedrückt, was durch zwei Lecks Wassereinbrüche zur Folge hatte. Das Boot ist bis zum 15. Juli aKB. Hier zeigen sich erstmalig negativ die Wetter-Beschränkungen für A-Träger.
Die Gruppe Bartelt (AF 98, 100, 106 und AF 107) lief kurz vor 23.00 Uhr von Dünkirchen wieder aus Richtung Calais, um den von dort im Geleit der 18. VP-Flottille kommenden Schlepper BARFLEUR mit V 1806 auf dem Haken zu übernehmen. Wegen Wind 4 bis 5 aus Westen und See 3 bis 4 ist aber der Waffen-Einsatz in Frage gestellt, so daß um Mitternacht kehrtgemacht und nach Dünkirchen zurückgelaufen wird. Auch die Wiederholung in der nächsten Nacht scheitert an zu grober See. Hinzu kommt ein Maschinen-Ausfall auf AF 98. Erst nach Wetterberuhigung wird die Aufgabe in der Nacht zum 12. Juli bei nur noch Westsüdwest-Wind 1 bis 2, See 2 und bedecktem Himmel gelöst, der Schleppzug um 2.00 Uhr übernommen und nach einem Jabo-Angriff gegen 2.40 Uhr um 6.30 Uhr in Dünkirchen eingelaufen. Auf AF 107 sind im Seegang mehrere Nieten gesprungen, so daß das Boot Wasser macht. Am Abend des 12. Juli wird das Schleppgeleit Richtung Osten fortgesetzt, wobei wegen eines Kompaß-Ausfalls auf AF 98 die Boote AF 101 und AF 107 die navigatorische Führung übernehmen. Kurz vor Mitternacht hat der Schlepper Grundberührung, und als Abschleppversuche durch AF 98 und AF 106 erfolglos bleiben, wird ein Schlepper aus Dünkirchen per Funk angefordert. Gegen 2.00 Uhr muß AF 107 wegen Leckagen nach Dünkirchen entlassen werden. Eine Stunde später hat AF 106 das VP-Boot bis zur Einfahrt Dünkirchen geschleppt und kann es kurz vor 4.00 Uhr an BARFLEUR übergeben, so daß der Verband um 4.20 Uhr wieder in Dünkirchen einlaufen kann.
Am gleichen Abend läuft der Verband mit BARFLEUR und V 1806 sowie R 80 von der 4. R-Flottille aus, wehrt kurz nach Mitternacht bei bedecktem Himmel und Regen einen Jabo-Angriff ab, so daß es zu keinem Bombenabwurf kommt, wohl aber wenig später zwei Seemeilen querab in See eine flammende Detonation beobachtet wird, vermutlich der Absturz des Angreifers. Um 4.26 Uhr läuft der Verband ohne Schäden in Ostende ein, um in der Nacht zum 15. Juli wieder VFÜ vor Ostende zu fahren, wegen grober See aber bald einlaufen muß.
Die Gruppe Conrad liegt den 11. Juli über in Ostende in »Sofortbereitschaft« und läuft am 12. Juli gegen 23.10 Uhr zur VFÜ vor Ostende bei ruhigem Wetter und leicht bedecktem Himmel aus unter Führung von Oberleutnant zur See d.R. Conrad auf AF 105. Beim dritten Jabo-Angriff seit 1.40 Uhr wird um 2.25 Uhr ein Abschuß erzielt. Im Gefechtskurzbericht heißt es dazu: »2.25 Uhr Maschine im Tiefflug aus rechtweisend 330 Grad. Wirft ein auf dem Wasser schwimmendes hell-

flackerndes Richtfeuer. Nach kurzem Beschuß flammt Flugzeug hell auf und stürzt Backbord querab in rund 600 Meter Entfernung ab. Beim Aufschlag Detonation von Bomben und Munition. Eigener Munitions-Verbrauch 4 x 8,8-cm, 39 x 3,7-cm und 670 x 2-cm.« Am gleichen Abend geht die Gruppe um 23.10 Uhr wieder in See, muß aber schon eine Stunde später wegen grober See abbrechen und nach Ostende zurücklaufen. Die Anerkennung des Abschusses wird dann am 25. Juli von der 2. SiDi für die Boote AF 105, 97 und AF 111 zusammen mit M 3661, 3665, 3667, 3669 und M 3672 von der 36. MS-Gruppe D befürwortet, ebenso wie der bereits am 6. Juli gemeinsam durch AF 103, 97, 105 und AF 111.

In der folgenden Nacht steht für die Gruppe Conrad – auch wieder mit seinem AF 103, auf dem ich zur Führung eingestiegen bin – im Zuge einer VFÜ die Überführung des Schleppers BARFLEUR zurück nach Dünkirchen an. Wegen der schlechten Erfahrungen wird auf das »Setzen« von Sperrballons verzichtet. Formation »Igel«. Um 1.44 Uhr fallen beim ersten Jabo-Angriff zwei Bomben mitten in den Verband, die erhebliche Personal-Ausfälle durch Splitter verursachen. Da die Schwerverwundeten dringend ärztlicher Behandlung bedürfen, entschließe ich mich zur Rückkehr nach Ostende. Hinzu kommt, daß die Boote gegen auffrischenden Wind und entsprechende See nur noch vier Knoten schaffen. Ein neuer Jabo-Angriff wenig später mit einer Bombe querab von AF 111 hat erneut Verluste zur Folge. Bei Leuchtbomben über dem Verband werden weitere Angriffe abgewehrt. Die bedrückende Bilanz nach dem Festmachen gegen 3.20 Uhr in Ostende: AF 98 drei Tote, sechs Verwundete; AF 105 ein Toter, fünf Verwundete und AF 111 auch drei Tote sowie acht Verwundete.

Das Kriegstagebuch (KTB) der Flottille für die Zeit vom 1. bis 15. Juli 1944 weist für die einzelnen Boote die Zahl ihrer See-Tage – sprich Einsätze – wie folgt aus: 14 Tage AF 106, je 13 AF 97, 98, 100, 105, 107 und AF 111, zehn AF 103, je acht AF 101 und AF 104, sieben AF 108 sowie drei AF 99 (Verlust am 5. Juli) und aKB waren noch AF 102 und die verspäteten Neubauten AF 109 und AF 110.

Diese beeindruckende Bilanz der ersten Einsatz-Wochen einer neu aufgestellten, frisch aus der Werft gekommenen Flottille kann sich durch-

Die Qualität der Ausbildung

Aus Aufzeichnungen des Kommandanten von AF 107, Oberfähnrich zur See d.R. Alfred Zeitler, über seinen Werdegang bei der Marine ist z. B. gut zu erkennen, welche umfangreiche Ausbildung beim AdS ihn schließlich zur 8. A-Flottille geführt hat: Nach Diensteintritt am 20. März 1941 in Brake kam er gleich in den AdS-Bereich und Mitte September 1942 erstmalig bei der 2. Flosta (Flottenstamm-Abteilung) in Antwerpen an Bord, absolvierte bis zum 9. Februar 1943 Lehrgänge u.a. »MFP II« in Amsterdam, dem dort ein Sonderlehrgang für Reserve-Offiziers-Anwärter folgte. Von April bis Ende Juni schloß sich eine seemännische Ausbildung bei der 12. L-Flottille in Swinemünde an. Dann Kommandierung zur 2. Marinelehrabteilung (MLA) in Glückstadt, zur Artillerie- und Flak-Kompanie des AdS in Harderwijk, der Ausbildungs-Abteilung in Amsterdam und vom 7. Dezember 1943 bis 25. März 1944 zur Navigationsschule Kulmsee bei Thorn an. Von dort ging er zur 2. KLA nach Rotterdam zur Bau-Belehrung in Zaltbommel auf dem Neubau AF 107, mit dem er am 10. Mai 1944 zur 8. A-Flottille trat.

Ähnliches trifft als weiteres Beispiel für den Kommandanten von AF 109, Oberfähnrich zur See d.R. Rudolf Gerecke, und den Mitte Juli zur Flottille kommandierten 2. FloIng., Leutnant (Ing.) d.R. Rudolf Sammann, zu, der bereits umfassende Fronterfahrungen mitbringt. Gerecke hatte vorher u. a. als Reserveoffiziersanwärter einen Zehn-Wochen-Lehrgang absolviert, dem sich vier Wochen bei der Ausbildungs-Abteilung in Amsterdam im Signal- und Funkdienst sowie weitere acht Wochen dort bei der Seefahrtschule anschlossen, die er als Bootsmaat (ROA) verließ. Dann folgten zwölf Wochen praktische Fahr-Ausbildung bei der 13. L-Flottille auf der Ostsee, in der Kaiserfahrt bei Swinemünde und im Stettiner Haff. Den Offiziers-Lehrgang bei der 2. MLA Glückstadt verließ er nach elf Wochen als Fähnrich zur See d.R. Sechs Wochen lernte er bei der Artillerie- und Flak-Kompanie Harderwijk die Feuerleitung der 2-cm-Flak und der 8,8-cm-Kanone. Bei der Ausbildungs-Abteilung Amsterdam wurde die Fahrausbildung auf MFP auf der Zuidersee verbunden mit Funk-Entschlüsseln fortgesetzt, bis 15 Wochen bei der Navigationsschule IV in Kulmsee und die Beförderung zum Oberfähnrich zur See d.R. anstanden. Schließlich noch fünf Wochen Praxis bei der 2. A-Flottille als Kommandanten-Schüler mit Geleiten zwischen Boulogne und Calais, mit zahlreichen Gefechten.

Und Sammann war nach der Ausbildung seit dem 14. August 1940 u.a. mit Unteroffizierslehrgang und ROA-Lehrgang Ende März 1943 zur 5. L-Flottille ins Schwarze Meer kommandiert worden, wo er bis Ende 1943 als FloIng im ständigen Fronteinsatz auf der Krim, im Asowschen Meer und vor dem Kaukasus und Kuban-Brückenkopf, zuletzt als Flottillen-Ingenieur stand. Nach einem Zwischenspiel in der ersten Hälfte 1944 beim AdS in Antwerpen – mit Einsätzen vor der holländischen Küste – kam er am 14. Juli zur 8. A-Flottille.

aus neben alter, eingefahrener Front-Flottillen – den »Kanalarbeitern« – sehen lassen. Ich selbst bin erstaunt, wie gut und eigentlich reibungslos ohne ernste Pannen uns dieser Start gelungen ist und fühle mich trotz des großen Unterschiedes, den mein Wechsel nach vier Jahren R-Boot auf die zwar erheblich langsameren, aber ungemein beeindruckenden A-Träger bedeutet hat, bereits sehr wohl und gut aufgehoben. Wesentlich, wenn nicht entscheidend dazu beigetragen haben dürfte die vorhergegangene gute und intensive Ausbildung des Personals besonders in den Führungspositionen. Ausnahmslos versteht es sein »Handwerk« und kann sehr gut mit diesen ganz und gar nicht einfachen »Untersätzen« umgehen, soweit es deren Möglichkeiten zulassen!
Während vielerorts in der Marine gerne etwas herablassend auf die »Plattbug-Fahrer« oder »Schlickrutscher« auf den Marine-Fährprähmen geschaut wird, hatten sie mir schon im Schwarzen Meer aus der Perspektive des »seitlichen Beobachters« besonders bei gemeinsamen Einsätzen sehr bald einen hohen Respekt abgenötigt. Allzuoft konnte ich mit ansehen, wie sie unter schwierigsten Voraussetzungen auch in bösen Situationen tapfer durchhielten, ihren Mann standen und ihre Aufgaben ohne großen Rummel in der Öffentlichkeit per PK (Propaganda-Kompanien, deren Angehörige kaum auf MFP mitfuhren) erfüllten.
Diese von mir schon damals vertretenen Eindrücke haben sich nun in den letzten Wochen »echt vor Ort« und »auf der anderen Seite« schnell bestätigt und bekräftigt. Dabei finde ich eine über jeden Zweifel erhabene Einsatzbereitschaft auch bei der zum Teil ganz anderen Generation von Reservisten. Sie bilden einen großen Teil der Besatzungen, und ihren Tatendrang muß ich manchmal sogar aufgrund meiner vier Jahre Front-Erfahrungen etwas zügeln! Ich habe aber auch bald das Gefühl, daß meine nicht im Ads-Bereich anzusiedelnde Marine-Vergangenheit keineswegs stört und ich akzeptiert werde, wozu auch sicher ein wenig Stolz beiträgt, einen so jungen Chef zu haben.
Doch zurück zum Einsatz! Nachdem zu Beginn der zweiten Juli-Hälfte grobe See beide Gruppen in der Nacht zum 16. Juli schon bald nach dem Auslaufen wieder kehrtmachen ließ, bleibt das auch in der nächsten Nacht so. Erst zum 18. Juli sind die Gruppen wieder zur VFÜ in See, wobei die Gruppe B um 3.24 Uhr Ziel eines Jabo-Angriffes mit Bombenabwurf 100 Meter achteraus ist. Und in den beiden nächsten Nächten verhindert wieder grobe See die Durchführung der VFÜ, da vorzeitig abgebrochen und eingelaufen werden muß, weil der Seegang den zielsicheren Einsatz der Waffen zur Abwehr der Jabos unmöglich macht.
So ist dann auch der 20. Juli mehr oder weniger ein Ruhetag. Vom gescheiterten Attentat auf Hitler in seinem ostpreußischen Hauptquartier »Wolfsschanze« erfahren wir mittags im Kreise der Offiziere des U-Stabes in De Haan, wo ich mich um Aufarbeitung des auch notwendigen »Papier-Krieges« und zu vorbereitenden Gesprächen für die Verlegung der Flottille nach Fécamp und den dafür vorgesehenen kleineren dortigen Einsatz aufhalten muß.
In der Messe wird natürlich über die überraschende Nachricht gesprochen, doch bewegt uns das Thema nicht sonderlich.*

---

*Aus heutiger Sicht mag das erstaunlich klingen, da bei uns der Einsatz im Vordergrund aller Überlegungen und Gedanken stand. Auch von den Vorkommnissen in Paris, bei der Heeresführung im Westen und der SS ist hier in Belgien nichts zu spüren bzw. zu bemerken. Ausserdem ist das Staatsoberhaupt ja weiter im Amt, die oberste Führung des Reiches und des Krieges nicht unterbrochen.
Und da wir bei der vom Propagandaminister Goebbels gesteuerten Informationspolitik auch nichts über die wahren Beweggründe der Attentäter erfahren, gibt es wenig Verständnis für ihr Handeln und ihre Ziele, die vielmehr angesichts der schweren und entscheidenden Kämpfe eigentlich an allen Fronten vom Zeitpunkt her als nicht passend, sondern gefährlich für unser Vaterland angesehen werden, für dessen Existenz gerade jetzt alle Kräfte zur Verfügung stehen und eingesetzt werden sollten.

Recht geteilt wird dann aber die Nachricht aufgenommen, daß ab sofort in der Wehrmacht der traditionelle militärische Gruß mit Hand-Anlegen an die Kopfbedeckung abgeschafft ist und durch den »Hitler-Gruß« – den erhobenen und ausgestreckten rechten Arm – ersetzt wird. Das empfinden wir Soldaten doch als einen ungewöhnlichen und bedeutenden Eingriff, der nicht in unsere lange soldatische Tradition paßt und wegen der damit verbundenen Einschaltung der Politik in die »unpolitische« Wehrmacht einiges, wenn auch vor allem persönliches Unbehagen hervorruft. Weitere Reaktionen beobachte ich in den nächsten ersten Stunden und Tagen an Bord, bei den Besatzungen sowie anderen Einheiten nicht.
Der Einsatz verlangt ganz einfach unsere volle Konzentration!
Es findet als Folge des Attentats keine Flottillen-Musterung statt. Sie wird auch nicht »von oben« angeordnet. Die neue Gruß-Ordnung wird bootsintern den Besatzungen mitgeteilt.
In den nächsten beiden Nächten müssen die Einsätze zur VFÜ wegen ungünstiger Wetterlage abgesagt werden, doch bleiben die Boote in »Sofortbereitschaft«. Liegen die Boote in Ostende, fahre ich meist

schon einige Stunden vor »seeklar« von De Haan an Bord oder auch schon nach oder auch zum Mittagessen zum anschließenden »Wachbootskaffee«, den jeweils der Kommandant des Wachboots für die anderen auszurichten hatte. Ich habe ihn als gute Marine-Tradition gleich eingeführt, seitdem die Flottille in Ostende liegt. Diese Runde bietet, wie ich schon von der 3. R-Flottille her weiß, eine gute Gelegenheit, im zwanglosen Gespräch viele Dinge und Probleme des Flottillen- und Boots-Betriebes, aber auch taktischer und technischer Art zu erörtern, sich darüber auszutauschen, zu informieren und »schlau zu machen«. Und was dabei herauskommt, ist quasi »rechtskräftig«, auch ohne ausdrücklichen Hinweis oder gar Befehl. Mit der Zeit ist der »Waboka« aber auch eine gute Gelegenheit, bei der auch dem Chef manches gesagt bzw. mitgeteilt werden kann, was auf dem Dienstwege nicht oder kaum möglich wäre.

Keine Generationsprobleme

In diesem Kreis habe ich nach meinem letzten Besuch bei der SiDi die Kommandanten auch über die bevorstehende Verlegung weiter nach Westen und die damit verbundenen Absichten, bei Wahrung strikter Geheimhaltung, informiert und sie gleichzeitig gebeten, sich das alles durch den Kopf gehen zu lassen und mir mitzuteilen, was ihrer Meinung nach in dieser nächsten Phase der Flottille notwendig und wichtig sein könnte und daher bedacht werden soll. Ich habe nämlich in dieser Runde verschiedentlich festgestellt, daß die ganz andere »Herkunft« der Kommandanten und Offiziere, die als Reservisten vorher u.a. Beamte, Angestellte, Sport-Professor, Unternehmer, Kaufleute, Erzieher und Frauenarzt gewesen sind, bewirkt, daß sie im Unterschied zu mir als reinem »Aktiven« und Nur-Soldaten manche Dinge ganz anders sehen und sie daher oft sehr zweckmäßige Ratschläge geben können – allein schon durch ihre vom Alter her größere Lebenserfahrung. Der I. Verwaltungsoffizier als Ältester gehörte z.B. zum Jahrgang 1902, gefolgt vom 1904 geborenen I. FloIng und dem II. FloIng (1909). Unser Doktor ist Jahrgang 1917, und der älteste der Kommandanten ist 1910, die nächsten sind 1911 geboren. Und daß der größte Teil der Kommandanten als Oberfähnrich zur See d.R. zur Flottille gekommen ist, darf nicht zu falschen Schlüssen hinsichtlich ihres Alters führen, denn das liegt zwischen den Jahrgängen 1912 und 1921 – wie auch mein Jahrgang. Jüngster ist der im Juli zur Flottille als Ersatz des abkommandierten Adjutanten, Oberleutnant (AMD) Martin, gekommene Leutnant zur See d.R. Günther Rösler, der bei der Versenkung des Begleitschiffes VON DER GROEBEN der 4. R-Flottille am 15. Juni in Boulogne »heimatlos« wurde.

In gewohnter Routine laufen dann auch am späten Abend des 20. Juli beide Gruppen zur VFÜ aus, müssen aber schon bald wegen grober See beidrehen und einlaufen. Die Wiederholung in der nächsten Nacht wird schon rechtzeitig vorher abgesagt. Statt dessen besteht »Sofortbereitschaft«. Und am Tage darauf, am 22. Juli, bietet sich nun doch die Gelegenheit zu einer erfreulichen Flottillen-Musterung auf der Pier vor den Booten. Anlaß ist die Verleihung der ersten Eisernen Kreuze II. Klasse (EK II) an eine große Anzahl von Besatzungsmitgliedern, wohl acht bis zehn pro Boot. Beeindruckend dabei ist, wieviele Soldaten da vor mir auf der Pier angetreten sind: acht mal je rund 60! In diesen Auszeichnungen nach einer doch recht kurzen Einsatz-Zeit sehen wir neben der persönlichen auch eine Anerkennung für die Leistungen der Flottille. Das spricht übrigens ja auch aus der Absicht unserer »Oberen«, uns in Kürze an den Brennpunkt der Kämpfe im Kanal zu verlegen, daß man der jungen Flottille bereits solche Aufgaben zutraut. Publik ist das zu diesem Zeitpunkt aber noch nicht. Ein zünftiger »Waboka« schließt die kurze Feier ab, und am Abend geht es wieder zur VFÜ in See, wobei ich diesmal bei der Gruppe Bartelt auf AF 98 einsteige. Die RAF läßt uns in dieser Nacht unbehelligt, obwohl unsere VFÜ mit der Fernsicherung für das Flotten-Torpedoboot T 28 (Kapitänleutnant Temming) verbunden ist, das auf dem Außenweg nach Osten verlegt. Es hat als Einziges die Luftangriffe in Le Havre überstanden und am 21. Juli den Marsch in die Heimat angetreten. Vor der Zwischenpause tagsüber in Boulogne hat es ein kurzes Artillerie-Duell mit dem britischen HMS MELBREAK gehabt, und ist dann auf der nächsten Etappe nach Hoek van Holland von britischen Fernkampf-Batterien bei Dover ohne Erfolg beschossen worden. Wir sehen das Boot nur in einiger Entfernung mit hoher Geschwindigkeit passieren. Sie ist sein bester Schutz.

Auch die VFÜ in der nächsten Nacht verläuft »ohne besondere Vorkommnisse«. Etwas Abwechslung ist dann vom 24. zum 25. Juli angesagt, da die Gruppe Bartelt den Schlepper TURGOT mit einer Schute als Anhang bei der Verlegung nach Dünkirchen zu sichern hat, was ohne Zwischenfälle abläuft.

Die Gruppe Conrad bleibt in Ostende in Bereitschaft, und für ihre VFÜ in der folgenden Nacht steige ich auf AF 103 ein. Dort besucht uns an Bord am 26. Juli der AI der 2. SiDi, Kapitänleutnant Reischauer, um einen persönlichen Eindruck von

den neuen A-Trägern des größeren Typs D, aber auch wohl von der Flottille, ihren Kommandanten und Besatzungen zu gewinnen. Dabei bespreche ich mit ihm auch schon Einzelheiten für die näher rückende Verlegung weiter nach Westen, nach Fécamp. Um die dabei weiteste Etappe Boulogne-Dieppe in einer Nacht zu schaffen – selbst bei dem von mir vorgeschlagenen Schlepp der AF durch R-Boote, – bietet sich die Spanne zwischen dem 10. und 15. August mit der günstigen Tide und mitlaufendem Strom an. Dementsprechend müssen nun die Einsätze der Flottille vorher und ihr Eintreffen in Boulogne disponiert werden. Auch um eine Ballung unserer großen Boote in den Häfen als Verlockung zu feindlichen Luftangriffen zu vermeiden, sollte die Verlegung getrennt nach Gruppen hintereinander erfolgen und diese termingerecht nach Boulogne marschieren, wobei auch noch Reserven für denkbare Verzögerungen durch schlechtes Wetter eingebaut werden. Und von der SiDi mußte die Bereitstellung der R-Boote als »Schlepper« in Boulogne in deren vorherige Einsatz-Planung einbezogen werden.
Die Gruppe Bartelt ist in der Nacht zum 26. Juli von Dünkirchen aus wieder zur VFÜ in See. Dabei wird nach Mitternacht ein überfliegender Jabo beschossen. In der folgenden Nacht läuft die Gruppe im Zuge der VFÜ nach Osten, um von der aus Ostende kommenden Gruppe Conrad auf halbem Wege ein Vorpostenboot zu übernehmen und nach Dünkirchen zu geleiten. Um die Ergebnisse der Gespräche mit dem AI auch mit Bartelt zu besprechen, fahre ich mit dem Wagen und dem Adjutanten am 28. Juli nach Dünkirchen und kehre in der nächsten Nacht mit den Booten nach Ostende zurück. Dabei gibt es gegen 0.55 Uhr nach Abwurf von Leuchtbomben einen Jabo-Angriff mit zwei Bomben, die etwa 500 Meter entfernt aufschlagen.*

*Zur Schilderung der Ereignisse in der zweiten Juli-Hälfte muss angemerkt werden, dass für diese Zeit vom 16. bis 31. Juli 1944 in der Sammlung beim Bundesarchiv in Freiburg/Br. das KTB der Flottille und die KTB-Beiträge »abgesetzter« Gruppen und Boote leider fehlen. Daher bin ich für diese Chronik in erster Linie auf private Aufzeichnungen und einige Angaben in anderen Unterlagen angewiesen. Das Gleiche gilt übrigens später auch für die zweite September-Hälfte.

In die zweite Juli-Hälfte fällt aber auch das Eintreffen von AF 109 und AF 110 in Ostende, so dass die Flottille nun endlich komplett ist. Über seine Erlebnisse bis dahin berichtet der Kommandant von AF 109, der Mitte Juni zum Leutnant zur See d.R. beförderte Rudolf Gerecke. Er kam Mitte Mai nach Mannheim zu seinem dort zusammen noch mit AF 110 in Bau befindlichen Boot zur sogenannten »Bau-Belehrung«. Ihre Rumpfbesatzungen waren in einer Artillerie-Kaserne in Mannheim-Käferthal untergebracht. »Die Jungfernfahrt auf Rhein und Neckar war ein Reinfall, da wegen mangelhafter Schweißnähte ein starker Wassereinbruch erfolgte und das Boot sofort wieder aufgeslipt werden mußte: »Am 27. Mai sind wir dann nach Rotterdam aufgebrochen und lagen über Pfingsten in Mainz. Am 30. Mai trafen wir in Rotterdam ein und gingen sofort in Schiedam (bei Wilton Fijenoord) in die Werft zu Restarbeiten. Unterstellt waren wir dabei noch der 2. Kriegsschiffs-Lehrabteilung (KLA) in Rotterdam. In der Folge traf dann die restliche Besatzung ein, und es erfolgte die Bewaffnung. Dazu kamen u. a. Kompensieren, Justieren und Schleife-Fahren (zur Einstellung der Mineneigenschutzanlage (= MES). Um den 20. Juni konnte die feierliche Indienststellung mit Setzen der Reichskriegsflagge vorgenommen werden.« Nach verschiedenen Probefahrten und Besatzungs-Übungen sind beide Boote dann Mitte Juli nach Ostende gestartet und vor Zeebrügge von der Flottille im Zuge einer VFÜ aufgenommen worden.«
Besondere Sorge bereitete mir bei Gereckes Meldung und Bericht seine Erwähnung der auch bei ihm aufgetretenen Probleme mit den mangelhaften Schweißarbeiten und Wassereinbrüchen selbst auf einem Neubau von einer deutschen Werft, nachdem die ersten Pannen dieser Art ja schon auf AF 100 und AF 99 aufgetreten waren, die in Holland gebaut worden waren, und die später wohl auch zum schnellen Kentern von AF 99 – gebaut in Amsterdam – am 5. Juli vor Boulogne geführt haben. Wie schon in diesem Zusammenhang erwähnt, ist aber an notwendigen Nachbesserungen auf den anderen Booten aus Einsatzgründen zur Zeit gar nicht zu denken, was für mich eine erhebliche Belastung in der nächsten Zeit bedeutet, und man kann nur hoffen, daß uns derartige Wiederholungen erspart bleiben mögen …
Bevor Anfang August die Verlegung der Flottille nach Fécamp langsam und in Etappen anläuft, nutze ich die mehrere Tage dauernde und Einsätze verhindernde Schlechtwetterlage zu einem Erfahrungsbericht über die ersten vier Wochen unseres Einsatzes nach Abstimmung mit den Kommandanten. Der Bericht geht an die 2. SiDi. Darin bezeichne ich als das größte Problem bei allen Einsätzen die geringe Geschwindigkeit der Boote, die kaum Lose und Spielraum an Zeit läßt, da man wegen der gegnerischen Luftherrschaft bei Hellwerden wieder im Hafen sein muß, wenn man nicht die Boote aufs Spiel setzen will. Die Boote selbst werden von den vom AdS eingefahrenen Kommandanten und Stamm-Besatzungen gut gefahren. Allerdings ist dem größten Teil von ihnen der enge Zusammen-

Oben: *Am 1. August beginnt der Endkampf um St. Malo, in den die A-Träger mit Landzielbeschuß eingreifen. Am 8. August verlassen sie die Rance-Mündung mit dem letzten Geleitzug nach St. Helier/Jersey.*

Foto: Hans-Otto Schilff

Mitte: *Nach Einsätzen im Raum Cherbourg und Alderney/Kanalinseln sowie Verlust von AF 66 durch MTB-Torpedo hatte sich die A-Träger-Gruppe Karl der 2. Vorpostenflottille in St. Malo unterstellt.*

Foto: Hans-Otto Schilff

Unten: *Die restliche Gruppe Karl mit AF 65, AF 68 und AF 71 bei der Kapitulation in St. Helier. Sie hatte am 8. März 1945 am Handstreich gegen Granville teilgenommen und dabei das Patrouillenboot PC 564 der U.S. Navy versenkt.*

Foto: Hans-Otto Schilff

halt in einer Flottille neu. Die Magnet-Kompaß-Anlage mit Fernübertragung (MKF) hat sich bewährt und immer eine einwandfreie Navigation ermöglicht. Störungen konnten mit Bordmitteln behoben werden.

Durch ihren Plattbug verlieren die Boote gegen die See leider stark an Fahrt. See und Wind schon in Stärke 3 überwiegen sogar mitlaufenden Strom! Gegen starken Seitenwind muß mit dem Ruder zum Teil bis zu 45 Grad vorgehalten werden, um den Kurs zu halten! Der Plattbug erzeugt bei See gegenan nächtens eine verräterische Bugsee ebenso wie ein breiteres, auffälliges Kielwasser.

Der Fahrtverlust durch das Schleppen von zwei GBT beträgt rund einen Knoten.

Die Befestigung der achteren Poller erwies sich schnell als unzureichend. Da eine Verstärkung zu acht Tagen »aKB« führen würde, soll sie später nachgeholt werden, weil zur Zeit unmöglich. Bei Leckagen ist beim Typ D ein Gegenfluten nicht möglich, da Fluteinrichtungen nicht vorhanden sind. Alle Zellen können nur mit einer Handpumpe gelenzt werden, was jeweils vier bis fünf Stunden dauern dürfte.

Die FT-Anlage genügt allen Anforderungen. Die Funker wurden bei der 2. A-Flottille gut vorgeschult. Die Visiere für die Vierlinge trafen erst Anfang Juli ein. Bei Jabo-Anflügen hat sich auf deren Motoren-Geräusche hin eine Fahrtverminderung bzw. sogar Stoppen zum Abbau der für den Bombenwurf als Abkommpunkt dienenden Hecksee bewährt. Ausweichmanöver sind nicht möglich. Trotz der geringen Erhöhung bis nur 45 Grad haben sich auch die 8,8-cm-Geschütze bei der Jabo-Abwehr bewährt.

Sehr bewährt hat sich auch die Leder-Gefechtskombination für die Besatzungen. Behinderungen traten nicht auf.

Bei See schräg von vorne rollen die Boote sehr stark, was den Waffeneinsatz beeinträchtigt bzw. sogar in Frage stellt. Und vor der See sind sie schwer zu steuern. AF 102 kam einmal mit nur zwei Motoren nicht durch die See und mußte daher vor Anker gehen und dann herumschwoien!

Als baulich am Schlechtesten haben sich AF 106 und AF 107 von der Werft in Zaltbommel erwiesen, denn schon bei Seegang sprangen Nieten. Die Flottille plädiert daher und unterstützt den Ruf aus der Front nach Umbau der Boote mit Spitzbug sowie Ausstattung mit stärkeren und gegenlaufenden Maschinen. Die 3,7-cm-Kanone vor der Brücke ist für die Boots- und Verbandsführung sehr störend, da ihr Mündungsfeuer jegliche Sicht nach vorne nimmt.

Nach einem Ruhetag zu Beginn des Monats August laufe ich am 2. August kurz vor Mitternacht mit der Gruppe Bartelt zur VFÜ Richtung Dünkirchen aus, während die Gruppe Conrad VFÜ vor Ostende fährt. Zu ihr gehören neben AF 103, 97, 105 und AF 111 jetzt auch laut KTB AF 109 und AF 110.

Die Gruppe Bartelt reicht in der nächsten Nacht einen KFK an die von Osten entgegenkommende 8. R-Flottille weiter und läuft nach Dünkirchen zurück. Ihre VFÜ vom 4. zum 5. August muß wegen Schlechtwetter abgebrochen werden, die Gruppe Conrad kann sie aber vor Ostende in den beiden nächsten Nächten wie vorgesehen durchführen.

Zur Klärung wichtiger mit der Verlegung zusammenhängender Fragen beim U-Stab fahre ich am 5. August mit dem Wagen von Dünkirchen nach De Haan und am 6. wieder zurück.

Die Gruppe Bartelt ist nicht mehr nach Ostende zurückgeschickt worden. Vielmehr laufe ich mit ihr am 6. August kurz vor Mitternacht nach Calais in »Neuland für die Flottille« und setze in der folgenden Nacht unseren Westmarsch noch zusammen mit den U-Jägern UJ 1431 und UJ 1433 nach Boulogne fort.

Plötzlich aufkommender Nebel und Ausfall der MKF auf AF 98 bereiten einige Schwierigkeiten, doch kann mit akustischen Signalen und UK die Verbindung zu den führenden U-Jägern aufrecht erhalten werden. Für die A-Träger übernimmt AF 106 die navigatorische Führung. Obwohl es die erste Nebelfahrt für die Flottille ist, halten alle Boote Anschluß. Nach Sichtbesserung gegen 1.30 Uhr und Passieren von Cap Gris Nez gehe ich mit den A-Trägern wegen möglicher Angriffe britischer S-Boote in die Formation »Staffel Steuerbord« über, doch bleibt es die Nacht ruhig, da der Nebel offenbar den Gegner gleichermaßen behindert und eingeschränkt hat. Schon kurz vor Boulogne kommt gegen 4.00 Uhr erneut Nebel auf, doch kann vorher noch Verbindung mit einen als Lotsenboot geschickten Logger der 38. MS-Flottille aufgenommen werden. Da es dann aber doch erneut »dick« wird, ankert der Verband bis zur Sichtbesserung gegen 6.15 Uhr und läuft dann in Boulogne ein.

Die Gruppe Conrad verlegt in dieser Nacht von Ostende ohne Störung nach Dünkirchen und in der folgenden weiter nach Calais. Wegen eines Maschinenschadens muß AF 111 dabei vorübergehend von AF 97 in Schlepp genommen werden. Kurz nach Mitternacht empfängt AF 103 am 9. August den Funkspruch »Stehe im Gefecht mit feindlichen S-Booten. Behrens«. Da die A-Träger in der Nähe sind, schießt u. a. AF 97 Leuchtgranaten über den Gegner, der dann auch mit Sprenggranaten bedacht wird und nebelnd abläuft. Die Gruppe muß nun bis zum 12. August mit dem Weitermarsch nach Boulogne warten, da dort erst Platz durch die Verlegung der Gruppe Bartelt weiter nach Dieppe geschaffen werden muß.

In Boulogne besucht am 8. August im Laufe des Tages der Chef der 2. SiDi, Fregattenkapitän Adalbert von Blanc, die Gruppe zu einer Chef-Musterung mit vor den Booten auf

der Pier angetretenen Besatzungen. Für mich stehen im Lauf des Tages Besuche bei »alten Bekannten« wie dem Chef der 4. R-Flottille, Kapitänleutnant Wilhelm Anhalt, – bei dem ich als Fähnrich auf R 38 ab Mai 1940 in Dänemark erste Bord-Praxis gewonnen hatte und bis zu seiner schweren Verwundung am 1. Oktober 1941 zusammen Kommandant in dieser Flottille war, – beim Chef der »2. A«, Kapitänleutnant Elmershaus von Haxthausen und dem Chef der 8. R-Flottille, Kapitänleutnant Alfred Muser. Räumboote sind als unsere »Schlepper« für den nächsten Sprung nach Dieppe vorgesehen, was bei diesen Treffen auch schon vorbesprochen wird.
Vorher wird die Gruppe, der nun auch AF 108 von der 2. A-Flottille zurückgegeben worden ist, am 9. August noch zur VFÜ vor Boulogne geschickt, muß diese aber sehr bald wegen grober See aufgeben. (Der KTB-Beitrag von AF 108 über seine Einsätze in den vorhergegangenen beiden Wochen, auch zusammen mit der 18. Vorposten-Flottille, ging beim späteren Verlust des Bootes leider verloren.)
Über AF 101 und AF 104 geht jedoch aus ihrem KTB-Beitrag hervor, daß sie während ihrer fortdauernden Unterstellung bei der 2. A-Flottille – Gruppe Meier – in den ersten August-Tagen von Dieppe aus weitere sechs Nächte hindurch zur VFÜ in See waren und dabei in drei davon Jabo-Anflüge abgewehrt haben. Und am 10. August liefen sie zusammen mit den AF 14, 59 und AF 60 sowie den KFK 3881, 3885 und KFK 3888 zum Werfen der Minensperre »Lucie 24d« aus. Am 13. August treten sie dann wieder zur »8. A«, nachdem ich mit der Gruppe Bartelt von Boulogne nach Dieppe verlegt habe.
Dieses sorgfältig von der 2. SiDi vorbereitete »Unternehmen« muß wegen schlechter Wetterlage vom 12. August auf die nächste Nacht zum 13. verschoben werden. Nach einer eingehenden Besprechung auch mit den Kommandanten der als Schlepper der A-Träger vorgesehenen Einheiten werden nach dem Ablegen um 22.10 Uhr schon im geräumigen Vorhafen innerhalb der beiden Caissons die Schleppverbindungen zügig hergestellt. Führung hat der Kommandant des U-Jägers UJ 1431, mit unserem Führerboot AF 98 im Schlepp. Und dahinter folgen nach beiden Seiten herausgestaffelt, angehängt an R-Boote, AF 100 und AF 108. Dann UJ 1433 mit AF 106 und wieder herausgestaffelt ein R-Boot mit AF 107 und daneben der starke Motorschlepper CHARLES NUNGESSER mit dem MFP 840. Den Abschluß bilden zwei R-Boote als Achteraus-Sicherung. Bei mäßigem Wind und Seegang sowie anfangs Mondschein, später aber bedecktem Himmel erzielt der Verband die gewünschte Fahrt über Grund von elf bis zwölf Knoten, wobei sich die U-Jäger als nicht so schnelle »Zugtiere« wie die R-Boote erweisen. Von der Abmachung, auf die an Bord der A-Träger früher wahrnehmbaren Flugzeug-Geräusche hin mit Typhon-Signalen die Fahrt – und das Kielwasser – zu vermindern, muß kein Gebrauch gemacht werden, da die gesamte Fahrt glatt und ohne Zwischenfälle verläuft.
Schon gegen 5.00 Uhr steht der Verband vor Dieppe, muß aber dort vor der durch eine Querströmung schwierigen Hafen-Einfahrt wegen Nebels noch vor Anker gehen, wozu die Schleppverbindungen gelöst werden. Eine Stunde später gehen wir ankerauf und laufen mit Hilfe des Nebelhorns auf dem Molenkopf und Hellwerden ein. Als Schlepper waren von der »4. R« die Räumboote R 43 und R 48 beteiligt und von der »14. R« die Boote R 233, 235 und R 236, die damit zugleich in ihrem Heimathafen ankommen. Nach Erkenntnissen des den britischen Funksprech-Verkehr überwachenden eigenen B-Dienstes ist der Verband vor der Somme-Mündung laufend vom Gegner erfaßt worden, ohne daß aber darauf Einsätze erfolgten. Vielleicht lag es am Nebel. Beim Ankern hat der Kommandant UJ 1431, Kapitänleutnant Bordeaux, vorsorglich wegen beginnender Helligkeit per Funk Jagdschutz angefordert, der aber nicht erschien.
Im Zusammenhang mit der gegnerischen Radar-Ortung hatte bereits am 18. Juli der BSW in seinem KTB festgestellt: »Es ist bemerkenswert, daß der Gegner laut B-Dienst fast alle Bewegungen unserer Verbände ortet und an seine S-Boots-Gruppen weitergibt, während eigene Funkmeß-Geräte (FuMO) den Gegner nur beschränkt erfassen. Auffallend auch, daß der Gegner nach längerer Pause wieder die Tätigkeit mit mehreren S-Bootsgruppen im Ost-Kanal aufnahm.«
Auf deutscher Seite ist umgekehrt um den 21. Juli nördlich von Le Havre bei einem FuMO zusammen mit B-Dienst-Personal die »Seeleitstelle Le Havre« eingerichtet worden. Mit ihrer Führung ist Kapitänleutnant Nau beauftragt worden, vorher Chef der 10. R-Flottille, die aber inzwischen fast alle Boote verloren hat und aufgelöst werden mußte. Aufgabe der neuen Seeleitstelle ist die Abstimmung der Einsätze aller Einheiten im Raum Le Havre und deren Unterrichtung über die aktuellen Erkenntnisse des B-Dienstes über die gegnerischen Aktivitäten auf kürzestem Wege über UK, wovon auch wir bald profitieren werden.
In der Nacht zum 14. August setze ich mit der jetzt aus den Booten AF 98, 100, 101, 104, 106, 107 und AF 108 bestehenden Gruppe Bartelt bei ruhiger See und drei bis fünf Seemeilen Sicht den Weitermarsch nach Féeamp fort. Die Formation dabei bilden zwei Staffeln Steuerbord hintereinander mit je vier bzw. drei Booten. Ich halte diese Formation für den jetzt jederzeit möglichen Artillerie-Kampf am vorteilhaftesten. Und wir bilden zwei Staffeln, um so innerhalb der 250 Meter Räumbreite der GBT zu bleiben und um außerdem

freie Hand beim Ansatz der 2. Staffel zu haben, die in Sichtweite in 1 000 Meter Abstand folgt. Hinzu kommt aber auch die Rücksicht auf die Kompaß-Ausstattung der Boote, da nur AF 98, 106 und AF 107 mit der guten MKF ausgerüstet sind. Die ersten Vier werden vom Führerboot zusammengehalten. Und hinter ihnen stehen dann noch zwei navigatorisch mit MKF »besser gestellte« Boote, an die man sich anhängen kann, sollte die Verbindung in der Staffel abreißen.
Schließlich halte ich die Staffel-Formation auch für günstiger, falls plötzliche Kursänderungen oder Ausweich-Manöver ohne vorherige Abgabe von Signalen notwendig werden.
Nach glatter Fahrt wird der Verband wie vorgesehen gegen 3.00 Uhr etwa 1 000 Meter vor der Einfahrt nach Fécamp von der dortigen KFK-Gruppe der 15. Vorpostenflottille als Lotsen aufgenommen und macht nach nicht einfachem Einlaufen in die recht schmale Einfahrt – dazu noch mit starkem Querstrom – um 4.50 Uhr im Innenhafen fest. Im KTB stelle ich dazu fest: »Das Ein- und Auslaufen bringt für die schweren und langsamen Boote einige Schwierigkeiten mit sich. Dazu kommt die Abhängigkeit von den Gezeiten beim Einsatz, da das Ein- und Auslaufen in der Spanne von eineinhalb Stunden vor und nach Niedrigwasser nicht möglich ist. Andererseits können die Boote aber auf dem weichen Grund vor den Molenköpfen unbeschadet trockenfallen.« Ob das aber bei der alliierten Luftherrschaft ratsam sein dürfte, soll dahingestellt bleiben – es ist daher auch nie freiwillig versucht worden!
Der Tag wird zum Einrichten der Flottille in drei Häusern nahe beim Hafen ausgenutzt, was bereits von dem auf dem Landweg angekommenen kleineren »Einsatzstab« unter der Führung des II. VO vorbereitet worden ist. Ein kleineres Einfamilien-Haus mit Villen-Charakter, komplett eingerichtet, wird dabei mir zur Verfügung gestellt und von einem Angehörigen des U-Stabes bewacht. Nach dem Ausschlafen nach Einsätzen halte ich mich ohnehin – wie auch zum Essen – an Bord auf und nächtigte nur wenige Male im Haus, wenn kein Einsatz ansteht. Dort werde ich auch einige Male von einem sehr höflichen Franzosen besucht, dem Eigentümer des Hauses, der sich dabei immer sehr genau im Hause umsieht und mir im Verlauf kleine Probier-Flaschen des berühmten Fécamper Benedictiner-Likörs schenkt. Dabei stellt sich heraus, daß er zur Familie Le Grand gehört, den Besitzern dieser weltbekannten »Destille«. Und später werden wir auch gewahr, daß er ein maßgeblicher Mann des örtlichen »Macquis«, der Widerstands-Bewegung ist, so daß seine Besuche vielleicht sogar »dienstlicher Art« sind!
Die für die nächste Nacht vorgesehene VFÜ entfällt wegen Schlechtwetters: Nordwest-Wind 5, Seegang 4, dafür gehen wir aber in Bereitschaft. Die Gruppe Conrad hat programmgerecht in der Nacht zum 13. August von Calais den Weitermarsch nach Boulogne fortgesetzt und ist dabei dreimal von Jabos mit Bomben-Fehlwürfen bedacht worden. In der folgenden Nacht ging es weiter nach Dieppe, auch wieder auf dem Haken der Boote von der 8. R-Flottille R 96, 98, 99, 100 und R 101. AF 105 muß allerdings nach einer Kollision mit einem R-Boot zur Reparatur in Boulogne bleiben und folgte am 16. August hinter R 228 von der 14. R nach Dieppe. Der Verband mit AF 103, 97, 109, 110 und AF 111 ist auch wieder vom Gegner laufend geortet worden. Und im KTB der 2. SiDi heißt es dazu: »Vom B-Dienst wurde der Befehl mitgehört: Erkannte Ziele untersuchen. Und dann Abwarten und nicht angreifen.« Wahrscheinlich hat es sich um Anweisungen an S-Boote in Lauerstellung gehandelt. Möglicherweise hat der Gegner den Verband mit den kampfstarken A-Trägern erkannt. Im englischen Sprechfunkverkehr wurden sie ohnehin häufig »mystery boats« und später »no chance boats« genannt. Die Gruppe bleibt vorerst in Dieppe »in Bereitschaft« und fährt dann in den nächsten Nächten von dort aus VFÜ. Und die Bilanz an Seetagen in der ersten August-Hälfte ist auch wieder ganz ansehnlich: AF 101 und AF 104 je zehn Tage, je neun AF 98, 100, 103, 105, 106, 107, 109, 110 und AF 111. Nur vier bei AF 108 sowie AF 102 weiter »aKB« in Le Tréport.
Mit der Gruppe Bartelt – jedoch ohne AF 104, dessen MES ausgefallen ist – laufe ich am Abend des 15. August zur Vorfeldüberwachung (VFÜ) von Fécamp aus.
Mit AF 104 gehe ich auch am 16. sowie am 17. August in See. Dieser Einsatz erfolgt trotz schlechter Wettervorhersage – tatsächlich herrscht bei Nordnordwest in Stärke 5 Seegang 4, verbunden mit Regenschauern! – aufgrund eines Telefonats des A1 der 2. SiDi, die größten Wert auf die Präsenz der A-Träger legt, um die 14. R-Flottille nach einer Minenwurf-Aufgabe vor Cap Antifer zu sichern. Zumindest bis zu ihrem Passieren beim Rückmarsch nach Dieppe, der gegen 3.00 Uhr einsetzt, so daß auch wir dann gleich in Fècamp einlaufen, während die R-Boote vor Dieppe von der Gruppe Conrad aufgenommen werden. Auch in der Nacht vom 19. zum 20. August steht wieder VFÜ auf dem Programm beider Gruppen.
Bezeichnend für die inzwischen doch negative Entwicklung auf der deutschen Seite ist die Anweisung des BSW, das alle Einheiten größer als die Fischdampfer (in den Vorposten-Flottillen) aus dem Kanal abzuziehen und wegen ihrer starken Verluste in den letzten Wochen die 2. und 10. R-Flottille, die 6. A-Träger-Flottille und die 6. Minensuch-Flottille aufzulösen sind. Die restlichen R-Boote sollen der 4. R-Flottille zugeteilt werden. Kommentar der 2. SiDi: »Dieser Ausverkauf im Kanal ist schmerzlich. Nach Abzug aller größe-

ren Einheiten müssen die Aufgaben im Bereich der SiDi erheblich eingeschränkt werden, da sie als Rückhalt für die R-Boote nötig und als Leuchtgranatenträger bei den Nachtgefechten wichtig sind!«
Bereits am 16. August ist bei der Gruppe West in Paris ein Ausweichen des Stabes aufgrund der Lage und Entwicklung an der Invasionsfront zur 2. SiDi nach Wimereux bei Boulogne erörtert worden. Und als am 22. August das Oberkommando der Kriegsmarine (OKM) die Abgabe und Verringerung der BSW-Streitkräfte zugunsten der anderen Fronten im Osten, in der Nordsee und Norwegen befiehlt, ist sie zur Abgabe von zehn Vorpostenbooten – ohne die KFK-Gruppen – und zwei M-Booten des Typs 35 bereit. Mehr sei wegen des Feinddrucks nicht möglich, zumal einige LG-Träger bei den weiteren Operationen vorhanden sein müßten.
Wie unbefriedigend sich diese Maßnahmen auswirken, zeige sich schon darin, daß nunmehr das regelmäßige Ablaufen der Zwangswege – zur Minen-Kontrolle – entfallen müsse.
Auch wenn wir an Bord – ich selbst darüber hinaus in den Gesprächen mit der 2. SiDi – von alledem kaum etwas mitbekomme, spürt man doch, daß schwere Tage bevorstehen.
Darunter leidet aber keinesfalls die Kampf- und Einsatzbereitschaft der Besatzungen, zumindest äußerlich ist nichts davon erkennbar.
Die Atmosphäre ist vielleicht sogar eher von einer keineswegs hoffnungslosen Entschlossenheit geprägt!
Im Unterschied zu Ostende und erst recht De Haan, »weit vom Schuß«, ist in Fécamp die Nähe der Front deutlich zu spüren. Auch von uns wird aufmerksam die Entwicklung in der Normandie – zum Teil gleich gegenüber von Le Havre auf der anderen Seite der breiten Seine-Mündung – verfolgt. Das gilt erst recht, seitdem den Amerikanern am 1. August nach langen, schweren Kämpfen im Südwesten bei Avranches der Ausbruch aus dem Landekopf gelungen ist und ihre Panzer ins Hinterland in bewährter früherer deutscher »Blitzkriegs«-Taktik vorstoßen. Uns betrifft dabei besonders, daß bald auch die Engländer den Unterlauf der Seine erreicht haben und die Kanadier in Richtung Le Havre drängen. Nachdem Cherbourg bereits seit Anfang Juli von den Alliierten als Nachschubhafen genutzt werden kann, wollen sie das nun auch in Le Havre versuchen.
Der Kommandant von AF 107, Alfred Zeitler, spricht in seinen Anmerkungen zum persönlichen Tagebuch von Fécamp »als einem friedlichen Städtchen in einer reizenden Landschaft. Von Soldaten ist nicht mehr viel zu sehen. Auch die Feldpost kommt nicht mehr … Wir liegen – während der Bereitschaft – auf dem Hang der nahen Steilküste und genießen die warme Sonne. Von der Invasionsfront ist das Trommelfeuer zu hören (15. August). Unsere Verpflegung muß bei Nacht aus Le Havre geholt werden. Wir essen seit vier Tagen Nudeln. Wenn wir wieder nach Dieppe kommen, werden wir die Kartoffeln der OT (Organisation Todt) ernten, die längst über alle Berge ist …«*

*Bei dieser Chronik ist für die zweite August-Hälfte zu berücksichtigen, dass vom späteren Verlust des Führerbootes AF 98 auch alle Original-Unterlagen für das Flottillen-KTB betroffen wurden. Das KTB musste daher nach der Rückverlegung der Flottille nach Uhrzeiten und Angaben in den Logbuchkladden der Boote und nach dem Gedächtnis nachgeschrieben werden. Dazu kamen jetzt die privaten Aufzeichnungen der Kommandanten von AF 107 und AF 109, der Leutnants zur See d.R. Zeitler und Gerecke sowie die von mir im Freiburger Militär-Archiv eingesehenen KTB der Gruppe West, des BSW und der 2. SiDi.

Während Zeitler am 19. August noch konstatiert: »Seit unserer Ankunft in Fécamp sind wir erst einmal im Einsatz. Hier scheint tiefster Frieden zu herrschen bei diesem prächtigen Sommerwetter. In unserem Flottillen-Heim stehen sogar zwei Klaviere.
Abends trinken wir dort noch gern ein Glas Bier oder Orangeade.
Die Franzosen binden schon Girlanden für die Siegesfeier.«
Am gleichen Abend geht es nach Wetterbesserung um 22.45 Uhr in See zur VFÜ auf Position 15 Ost.
Ich persönlich traue diesem »tiefen Frieden« allerdings weniger, denn die A-Träger bieten in dem kleinen einzigen Hafenbecken dichtgedrängt auch tagsüber den Himmel beherrschenden alliierten Jägern wie Bombern ein ideales und verlockendes Ziel, zumal wir nur am Steilufer neben der Hafeneinfahrt eine Flak-Batterie festgestellt haben. Ein Bombenteppich hätte die eine Halbflottille – zu dieser Gruppierung war es inzwischen einsatzbedingt gekommen – auf einen Schlag ausschalten können. Und bei der anderen Hälfte in Dieppe war es nicht viel anders!

Verhängnisvoller Munitions-Nachschub

Nun aber bahnt sich eine neue Entwicklung an, die für die Flotte schwerste Folgen haben und für sie zu wie einem Opfergang werden wird. Vom Kommandierenden Admiral Kanalküste, Vizeadmiral Friedrich Rieve, – mit Sitz in Rouen – liegt über die Gruppe West und den BSW eine dringende Forderung an die 2. SiDi vor, im Hinblick auf die zu erwartenden Kämpfe um die »Festung Le Havre« die Munitionsbestände des Heeres dort auf dem Seewege zu verstärken. Nachdem

den Alliierten der Ausbruch aus dem Landekopf längs der Seine-Bucht gelungen ist und sie langsam, aber stetig ins französische Hinterland vordringen, ist man beim Heer offenbar angesichts der Luftherrschaft des Gegners über Nordfrankreich um die Durchführung und Sicherung dieses Nachschubs besorgt. Für die Verschiffungen von Dieppe und Le Tréport werden zwölf Nächte bei einer Gesamtmenge von etwa 300 Tonnen – pro Boot jeweils rund 15 Tonnen Nutzladung – veranschlagt. Für uns ist das ein klarer Befehl, über den auch nicht weiter – zum Beispiel unter den Kommandanten und Offizieren – diskutiert wird, zumal auch uns der Ernst der Lage und die daraus resultierende Notwendigkeit solcher Fahrten klar ist.
In den Stäben der Marine ist man »in guter, treuer Waffenbrüderschaft« sofort bereit, dem schwer kämpfenden Heer zu helfen.
Im KTB des BSW wird dann im Nachhinein am 26. August festgestellt, daß es aber bezeichnend für die Schwierigkeiten beim Heer sei, daß diese mit Kriegsschiffen durchgeführt werden müßten. Dabei weist der BSW auch darauf hin, daß Munitions-Beladungen auf Kriegsschiffen stets gefährlich wären ... Hinzu dürfte kommen, daß der Gegner dank seiner ausgezeichneten Aufklärung und Spionage schnell über diese Verschiffungen informiert war, schon allein durch die in beiden Häfen unschwer erkennbare Beladung der Boote, angefangen mit dem verstärkten Auffahren der für den Transport notwendigen Lastwagen.
Bedenken und auch etwas Unmut werden bei uns erst laut, als sich herausstellt, daß in Le Tréport die zu verschiffende Munition noch gar nicht eingetroffen ist und das Auslaufen um 24 Stunden verschoben werden muß. Dazu schreibt die Gruppe West: »Ein weiteres Beispiel für die schlechte Bereitstellung von Nachschubgütern durch Heeres-Quartiermeister-Stellen.«
Nachdem sich bei unseren allerdings bisher nur wenigen Einsätzen im neuen Operationsgebiet in der ersten Woche keine Unterschiede gegenüber den vorhergegangenen vor der Küste Flanderns gezeigt hatten, ja sogar die lästige Bedrohung und Gefährdung durch Luftangriffe – wohl wegen der Nähe des ständigen Stroms alliierter Versorgungsschiffe zur Invasionsfront in der nahen Seine-Bucht – entfallen ist, bestehen bei uns auch keine Bedenken oder gar Zweifel an der Durchführbarkeit der neuen Aufgabe. Was wir aber nicht wissen – entsprechend der generellen Anweisung von höchster Stelle, daß jeder nur das wissen soll und darf, was zur Erfüllung seiner speziellen Aufgabe erforderlich ist: Die von Le Havre aus operierenden Sicherungsverbände wie Minensuch-, R- und Vorpostenboote auf dem Küstenweg längs der Ostseite der Seine-Bucht nach Norden haben zunehmend Gefechtsberührungen mit den alliierten Nachschub an der Ostflanke sichernden Zerstörern, Fregatten, Korvetten sowie Kanonen- und Torpedoschnellbooten. Auch die von Le Havre zur englischen Südküste vorstoßenden und dann zurückkehrenden deutschen Schnellboote haben dabei immer wieder mit gegnerischen Einheiten zu tun.
Bei diesen zum Teil auf nächste Nähe geführten Gefechten gehen u. a. der U-Jäger UJ 1433 westlich von Fécamp und R 218 von der 14. R-Flottille verloren. Dazu kommen erhebliche Personal-Verluste.
Als uns dann aber am 20. August per Fernschreiben das Auslaufen nach Dieppe befohlen wird, glauben manche schon an den Rückmarsch. Zeitler: »Aber weit gefehlt, denn nun soll dieser Munitions-Transport nach Le Havre anlaufen. Mit AF 98, 100, 101, 104, 106, 107 und AF 108 gehe ich bei Nordostwind 3 und ruhiger See gegen 22.45 Uhr in See mit Kurs Dieppe, wieder in der Zwei-Staffel-Formation, diesmal nach Backbord. Kurz nach Mitternacht werden wegen vermuteter Ziele nach See auf 70/100 (7 km) drei Leuchtgranaten-Fächer geschossen, die aber keine Fahrzeuge erkennen lassen. Dafür kommen wenig später voraus andere in Sicht, vermutlich Flugsicherungsboote der Luftwaffe auf dem Verlegungsmarsch nach Osten, worüber wir aber nicht unterrichtet sind und vermutlich die 2. SiDi auch nicht, die so etwas sofort weitergegeben hätte. Außerdem kommt von achtern von See her ein schnelles, einem S-Boot ähnliches Fahrzeug auf, das – als es auf das ES (Erkennungs-Signal) mit der Leuchtpistole nicht antwortet – vom Führerboot mit der 3,7-cm Einzelfeuer beschossen und sichtbar getroffen wird. Als es vor AF 98 den Kurs kreuzt, schießt es auch ES, worauf unser Feuer eingestellt wird. Unsere Anrufe mit der Morse-Lampe bleiben ohne Antwort, und das Boot kommt unter Land außer Sicht.«*

---

*Wie ich später im KTB des BSW nachlesen kann, sollten in dieser Nacht drei Flugsicherungsboote mit 30 Knoten von Le Havre nach Dieppe verlegen. Während zwei dort planmässig einliefen, verlor das dritte den Anschluss und wurde bei der Annäherung an die 8. A-Flottille von deren Booten beschossen, weil es das ES nicht beantwortete. Das hinterher noch vergeblich gesuchte Boot ankerte dann östlich (?) von Dieppe, setzte die Verwundeten mit dem Schlauchboot an Land und sollte dann von einem KFK der 15. VP eingebracht werden.
Die Untersuchungen der 2. SiDi über diesen bedauerlichen Vorfall ergaben, dass der Bootsführer des Flugsicherungsbootes Fl.B 110 den Anschluss an die beiden anderen verloren hatte und ab Fécamp unter der Küste weiter nach Osten laufen wollte. Dabei näherte er sich von See her den A-Trägern, sah sie aber nicht. Unerklärlich ist dann auch, dass auch deren ES nicht gesehen wurde, das die vier

AF anforderten. Der Feuerbefehl auf dem A-Träger daraufhin war daher richtig. Das nun vom Flugbetriebsboot sehr flach geschossene ES war zwar beim Beschuss mit Leuchtspurmunition schwer auszumachen, bewirkte aber sofortigen Feuer-Stop. Unverständlich ist dann aber wieder das Schweigen auf alle Anrufe der AF. Die Folgen waren nach 27 Treffern mit 3,7-cm-Granaten ein Toter und neun Verwundete. Das war ein tragischer, unnötiger Zwischenfall. Aber er bewies immerhin: Die Formation der AF in zwei Staffeln hat sich bewährt, da das Ziel von allen Booten dauernd beschossen werden konnte.

Die A-Träger werden dann noch gegen 4.00 Uhr vor Dieppe mit zwei Bomben bedacht, die 30 bzw. 70 Meter ab von AF 107 – das Boot fährt als taktische Nr. 7 – ins Wasser fallen, ohne Schäden anzurichten. Vorher wurde bereits gegen 0.30 Uhr kurz ein Flugzeug beschossen. Nach dem Festmachen bleiben die Boote den Tag über in halbstündiger Bereitschaft. Da offenbar die zu verschiffende Munition noch nicht eingetroffen ist, heißt es, zu warten, bis dann am 22. August, morgens, die Lkw mit der Munition auf der Pier stehen, die zwischen 3.30 Uhr und 4.30 Uhr an Bord gegeben wird: auf AF 107 sind es 12,5 Tonnen Werfer-Munition, für alle sieben AF rund 110 Tonnen. Gegen 22.00 Uhr ist wieder »Seeklar«, und nach einer erstaunlich ruhigen Fahrt ohne besondere Vorkommnisse und bei ruhiger See laufe ich mit allen sieben Booten kurz nach 6.00 Uhr am 23. August wieder in Fécamp ein. Die andere Halbflottille, die Gruppe Conrad mit AF 103, 97, 105, 109, 110 und AF 111, sollte bereits am 21. August von Dieppe nach Le Tréport zur Munitionsbeladung verlegen, um eine zu starke Massierung von A-Trägern in Dieppe zu vermeiden. Auf der Fahrt kollidiert aber AF 109 gegen Mitternacht bei der Begegnung mit dem von einer Minenwurf-Aufgabe nach Dieppe zurücklaufenden Verband aus Booten der 4. und 8. R-Flottille mit dem letzten R-Boot, R 117. Es wird schwer beschädigt, kann aber mit eigener Kraft und fremder Hilfe Dieppe erreichen, während der A-Träger kaum Schäden aufweist. Da diese Bergung aber einen erheblichen Zeitverlust verursacht und in den kleinen tideabhängigen Hafen von Le Tréport nur bei auflaufendem Wasser eingelaufen werden kann, läßt sich diese Zeitspanne nun nicht mehr einhalten. Oberleutnant zur See d.R. Conrad entschließt sich deshalb zur Rückkehr nach Dieppe. Dort wird mit dem Flottillenchef der R-Boote der Vorfall geklärt. Der R-Boot-Kommandant hatte offenbar das Bugwasser von AF 109 mit dessen Heckwasser beim Ausweichmanöver verwechselt.
Die Beschädigungen auf R 117 erwiesen sich dann doch als schwerer, als zuerst angenommen.
Durch diesen Zwischenfall gegenüber der ersten Annahme kommt es dazu, daß am 22. August alle 13 A-Träger der Flottille in Dieppe liegen. Das ist eine unerwünschte Zusammenballung, die bisher durch die sorgfältige Abstimmung der Einsätze beider Gruppen durch die SiDi vermieden werden konnte. Die Verlegung dieser Gruppe nach Le Tréport erfolgt dann in der nächsten Nacht, so daß dort wie vorgesehen rund 100 Tonnen Munition – darunter auch wieder Werfer-Granaten – übernommen werden können. Die Munition muß an Oberdeck gelagert werden. Beim Rückmarsch nach Dieppe in der Nacht zum 24. werden die Boote viermal von Jabos angeflogen, die aber keine Bomben werfen.
Nach dem Auslaufen am gleichen Abend gegen 23.00 Uhr nach Fécamp werden gegen 1.30 Uhr Steuerbord voraus einige MTB (Motortorpedoboote) gesichtet und von AF 105 mit Leuchtgranaten bedacht, worauf sie nebelnd abdrehen. 20 Minuten später läuft seewärts ein schnelles Fahrzeug in etwa vier Seemeilen Abstand am Verband vorbei, dreht dann auf und passiert noch einmal von hinten nach vorn. Gegen 3.30 Uhr kommt auf größere Entfernung Steuerbord querab ein größeres Ziel – Korvette oder Zerstörer – auf Anlaufkurs in Sicht und wird von AF 103 und AF 105 mit LG beleuchtet und dann von den anderen Booten mit 8,8-cm beschossen, wobei angeblich Treffer beobachtet werden. Der Gegner dreht unter Rauchentwicklung nach Westen ab. FT von Conrad: »Stehe im Gefecht mit feindlichem Zerstörer und S-Booten«, während umgekehrt das FT eingeht: »8. A-Flottille: höchste Gefahr!«
Um 3.55 Uhr schießt AF 111 LG nach achtern und wehrt zusammen mit AF 110 eine anlaufende S-Boot-Gruppe ab, wobei Treffer beobachtet werden. Die S-Boote verschwinden im Nebel, und die Artillerieträger-Gruppe setzt den Marsch nach Fécamp fort. Kurz vor dem Hafen erfolgt um 5.42 Uhr auf dem Führerboot AF 103 eine starke Detonation, die für einen Minentreffer gehalten wird, zumal kein Gegner beobachtet worden ist. AF 103 macht sofort stark Wasser und sackt achtern ab. Unterfangversuche durch AF 109 und AF 110 scheitern wie auch das Abschleppen durch AF 105, auf dem Oberleutnant zur See d.R. Conrad die Führung des Verbandes übernommen hat. Er läßt das FT absetzen: »Minentreffer AF 103. Erbitte Jagdschutz«, der auch gestellt wird. Außerdem werden mit optischem Signalspruch über die Signalstelle Fécamp zum Einbringen von AF 103 und Sanitätskraftwagen (Sankas) für die Verwundeten in den Hafen bestellt. Gegen 6.40 Uhr sichern tatsächlich eigene Jäger den schon dicht vor der Hafeneinfahrt stehenden Verband, doch brechen um 6.55 Uhr die Unterfangstander, und AF 103 sinkt um 7.01 Uhr über den Achtersteven sehr schnell. Das geschieht auf Position 49° 46,5' N – 17° O.

Beim Unterfang-Manöver hat sich zu allem Unglück auch noch aus ungeklärten Gründen an Bord von AF 105 aus der achteren 8,8-cm ein Schuß gelöst, wobei ein Matrose ums Leben kommt und ein anderer verletzt wird. Auch werden nach dem Treffer in der Nähe von AF 103 zwei im Wasser auf- und abstehende, treibende, viereckige, etwa einen Meter aus dem Wasser ragende Kork-Körper beobachtet, die auf Minen mit Korkleinen-Zündung schließen lassen. Auf AF 103 sind zwei Gefallene und fünf Vermißte zu beklagen sowie zehn Verwundete. Wenig später wird bekannt, daß einer der Sankas, die die Verwundeten zur Behandlung zu Lazarette im Hinterland brachten, auf der Fahrt am Tage von alliierten Jabos angegriffen worden sei, wodurch es weitere Verwundungen gegeben habe.*

*Die Vorkommnisse in dieser Nacht werden auch von P. Scott in »The Battle of the Narrow Seas« geschildert und erklären wohl auch den Verlust von AF 103. Danach wurde am Morgen des 25. August eine Dreier-Gruppe von MTB nach einigen anderen Ansätzen in dieser Nacht weiter westlich bei Cap Antifer um 5.07 Uhr auf eine neue Angriffsposition zehn Meilen nördlich Fécamp beordert. Trotz guten Wetters und beginnender Morgendämmerung konnte beim Anlaufen mit zehn Knoten auf die Radar-Peilung der Gegner noch immer nicht vor der höheren Küste auch gesehen werden. Um 5.29 Uhr betrug laut Radar die Entfernung nur noch gut eine Meile. Zwei Minuten später wurde er dann aber doch entdeckt: sieben oder mehr »Panzerlandungsboote Typ III« (die Bezeichnung der Royal Navy für Artillerieträger) mit 8,8-cm-Geschützen, die in zwei Kolonnen fuhren. Alle drei MTB feuerten zwischen 5.34 Uhr und 5.38 Uhr ihre Torpedos und liefen sofort danach in Kiellinie ab. Im Unterschied zu der heftigen und guten Abwehr beim Angriff vorher auf den gleichen Konvoi war man überrascht, jetzt gar keine Abwehr zu spüren. Die fast friedliche Szene schlug jäh erst um, als ein Torpedo mit starker Wirkung detonierte. »Das bestärkte unsere Vermutung, dass die Boote Munition nach Le Havre bringen sollten.« Obwohl sie nicht bemerkt worden waren, nebelten sich die MTB beim Ablaufen nach Norden doch noch ein. Danach dürfte AF 103 nicht einer Mine, sondern einem Torpedo zum Opfer gefallen sein.

»Volksliste 3«

In diesen eigentlich mehr von ernster Stimmung geprägten Tagen fällt aber doch auch folgendes erheiternde Erlebnis, das zugleich auf eine personal-wirtschaftliche Besonderheit damals hinweist. Zu einer dringlichen Besprechung rufe ich in Fécamp der Einfachheit halber alle Kommandanten auf der Pier zusammen. Schließlich fehlt nur noch einer. Ich winke daher den Läufer der Wache vor den Booten heran und schicke ihn zu dem Fehlenden, um ihn an sein Erscheinen erinnern zu lassen. Dabei hänge ich den damals gerne für schnellste Erledigung gebrauchten Satz an: »Aber bitte mit verhängten Hosenträgern!«
Wenig später ist der »Lord« zurück, baut sich zackig vor mir auf und meldet in breitem Masuren-Deutsch: »Scheenen Gruß von Obberlaitnant X. Hat laider kaine Hossentreejer!«
Bei diesem jungen Matrosen handelt es sich um einen Angehörigen der sogenannten »Volksliste 3«.
Als nach Beendigung des Polen-Feldzuges 1939 der 1919 durch den Versailler Friedensvertrag geschaffene »Korridor« zwischen Hinterpommern und Ostpreußen »heim ins Reich zurückkehrte«, wurde die dortige Bevölkerung aufgegliedert: Angehörige der deutschen Volksgruppen in Westpreußen und Wartheland, aber auch in Ostoberschlesien mit deutschen Eltern gehörten zur Volksliste 1 und mit einem deutschen Elternteil zur Volksliste 2.
Der Volksliste 3 wurden von den deutschen Behörden die Polen zugeschlagen, die für »eindeutschungsfähig« gehalten wurden. Dazu müssen z.B. die jungen Männer Dienst in der Wehrmacht leisten, selbst wenn sie es nicht wollen.*
Auf diese Weise sind auf jedem Boot auch Angehörige der Volksliste 3. Auf AF 109 bei Leutnant zur See d.R. Gerecke zum Beispiel gleich 13 Mann. Dazu kommen bei ihm noch ein Luxemburger sowie ein Elsässer!
Er kann sich auch an bei ihm gelandete Meldungen und Beanstandungen wegen in Polnisch geschriebener, von der Zensur geöffneter Briefe erinnern! Bei Zeitler auf AF 107 sind es elf Prozent der Besatzung, also mindestens sechs Mann. Laut Oberkommando der Kriegsmarine (OKM) soll die »Norm« zehn Prozent betragen. An Bord verrichten diese jungen Männer aber sehr fleißig und einsatzfreudig ihren Dienst. Von Problemen mit ihnen kommt mir nie etwas zu Ohren. Kein Wunder, denn sie wollen ja die begehrte deutsche Staatsangehörigkeit erhalten.

*Nach dem Krieg blieben sie vom Vertreibungsschicksal verschont, weil die polnische Regierung sie nicht als Deutsche ansah. Auch sonst entstanden ihnen keine Nachteile.

Schon beim Weitermarsch der von mir geführten Halbflottille am Abend des 23. August nach Le Havre – ruhiger See, Sicht fünf bis acht Seemeilen, Himmel zum Teil bedeckt, klare Kimm – läßt sich kurz nach Mitternacht erkennen, »welcher Wind

jetzt an dieser Ecke«, am Cap Antifer, an der Ostflanke des alliierten Brückenkopfes in der Normandie, weht! Vor dem Auslaufen war auf dem Führerboot AF 98, Oberleutnant zur See d.R. Bartelt, noch ein stärkeres UK-Gerät (Ultrakurzwellen-Funksprechverkehr) zur Verbindung mit der Seeleitstelle an Bord gegeben worden, um von dort über den gegnerischen Funksprechverkehr unterrichtet werden zu können.
Gegen 0.30 Uhr nähert sich von Le Havre kommend auf der Verlegung nach Osten die 15. Vorposten-Flottille, die bereits im Gefecht mit Zerstörern und S-Booten steht. Um 0.46 Uhr etwa querab von Yvetot teilt mir die Seeleitstelle mit, daß aus dem gegnerischen Funkverkehr ersichtlich sei, daß MTB auf unsere Flottille angesetzt werden. Daher wird höchste Aufmerksamkeit und sofortige Feuerbereitschaft auf allen Booten befohlen. Gegen 1.30 Uhr werden tatsächlich an Steuerbord voraus Schatten gesichtet und nach Feuern eines LG-Fächers als zwei Zerstörer und vier bis sechs S-Boote erkannt, die sofort von den 8,8-cm-Geschützen unter Wirkungsfeuer genommen werden, während die näher stehenden S-Boote mit den 3,7-cm-Rohren bekämpft werden. Der Abstand beträgt etwa 55 Hektometer (5,5 km). Der Gegner scheint überrascht, und auch seine LG liegen zu kurz. Schnell dreht er unter Schwarz- und Weiß-Qualmen ab.
Nur wenig später – 1.50 Uhr – stößt die Flottille kurz nach einer neuen UK-Warnung der Seeleitstelle auf eine nur knapp 2 000 Meter entfernte Lauerstellung gestoppt liegender Motortorpedo Boats, zu viert nebeneinander. Gut beleuchtet durch eigene LG werden sie sofort unter heftiges Feuer der vorderen Vierlinge der vier Artillerieträger in der ersten Staffel genommen. Sie sind offenbar auch überrascht und laufen sofort ab. Auf einem Boot werden Treffer beobachtet. Nach nur sechs Minuten sind alle nebelnd außer Sicht, und die Seeleitstelle gibt mir durch: »An Schneider: Alle Gegner-Einheiten sind von Ihnen abgezogen.« Gegen 4.00 Uhr werden wir vor Le Havre von Booten der 14. R-Flottille aufgenommen und machen ohne Schäden und Verluste fest, und zwar an der Pier im Übersee-Teil des weiträumigen Hafens, an der ich 1940/42 häufig mit meinem R 35 der 3. R-Flottille gelegen hatte! Während die Besatzungen in den Vormittag hinein ausschlafen, wird die nach Le Havre durchgebrachte Munition entladen und abgefahren.
In einer stark beschickten Besprechung beim Chef der 38. Minensuch-Flottille, dem nunmehrigen Fregattenkapitän d.R. Palmgren, am Nachmittag in einem Hotel-Gebäude über der Stadt, wird das Auslaufen der Sicherungsverbände in der nächsten Nacht nach Fécamp bzw. Dieppe eingehend und mit allen Eventualitäten besprochen. Dabei sollen die sieben Boote der 8. A hinter den Loggern der 38. MS fahren. Praktisch wird mit diesem Einsatz die Räumung von Le Havre als Marinestützpunkt eingeleitet, in dem nur noch einige S- und R-Boote verbleiben. Der Admiral Kanalküste rechnet schon in den nächsten Tagen mit dem Beschuß Le Havres von Trouville her, in der Seine-Mündung gegenüber, wodurch dann Schiffsbewegungen in Le Havre behindert und in Mitleidenschaft gezogen werden könnten. Unsere Munitionstransporte sollen aber weiterlaufen.
Für mich persönlich ist das Wiedersehen mit Le Havre nach mehr als zwei Jahren von einem besonderen, auch neuartigen Reiz, auch wenn nicht viel Zeit zur Verfügung steht, führt es doch die veränderte Kriegslage eindringlich und unerbittlich vor Augen! Und vom hoch über der Stadt liegenden Stabsquartier der 38. MS kann man über die Seine-Mündung hinüber bis nach Trouville und zur jetzt vom Gegner besetzten Gegend um Oystreham an der Orne-Mündung schauen, in den Jahren1941 bis 1942 Stützpunkt meiner 3. R-Flottille, zu der »mein« R 35 gehörte.
In Le Havre kommt eine neue Hiobs-Nachricht durch den Rundfunk über den Putsch in Rumänien mit dem damit verbundenen Frontwechsel der einstigen Verbündeten auf die »andere Seite«. Das löst natürlich bei mir eine neue Sorge um die Angehörigen dieser seit Mitte 1942 im Schwarzen Meer eingesetzten und zum Schluß in Konstanza beheimateten 3. R-Flottille und vieler anderer guten Freunde und Bekannte »dort unten« aus. Darunter befindet sich nämlich auch ein seit Ende 1943 liebgewordenes deutsches Siebenbürger »Wesen«, mit dessen Ergehen sich fortan immer wieder meine Gedanken beschäftigten, sobald unsere Situation es hier erlaubte. (Diese Ungewißheit dauert noch bis Anfang Oktober 1944, bis endlich mit der Post »Entwarnung« kommt: Emily, meine spätere Frau, Siebenbürgen-Deutsche, war als Zivilangestellte beim Marinebauamt Konstanza tätig. Im unsichtig geleiteter Aktion brachte diese Dienststelle ihr Personal per Bahn und Fußmarsch durch die Partisanengebiete bis in den Raum Wien durch.)
In Le Havre hat sich in diesen Tagen auch ein für die damalige Zeit wohl typisches deutsches Schicksal abgespielt. Mein Crewkamerad Gerhard Palmgren gehörte als Oberleutnant zur See zu den Kommandanten von U-Booten, die nach Beginn der Invasion in mehreren Gruppen von Häfen an der Atlantik-Küste in den Kanal zur Bekämpfung und Dezimierung der Invasions-Nachschubflotten geschickt wurden. Diese insgesamt mit Schnorchel ausgestatteten 20 Boote erzielten vom 2. Juli bis 16. August aber vor allem wegen der für sie ungünstigen Bedingungen – geringe Wassertiefen bei gleichzeitig starker Abwehr – nicht die erhofften Erfolge, sondern hatten vielmehr erhebliche Verluste.
Bei diesen Einsätzen erlitt Palmgrens Boot U 741 Beschädigungen, die zwecks Reparatur zum Einlaufen am

Als Führerboot der 38. Minensuch-Flottille in Le Havre fungiert Hilfsminensuch- und Vorpostenboot M 3800 ex Stoomloodsvaartuig 16, ein ehemaliger Lotsendampfer.
Sammlung Karl Palmgreen

16. Juli in Le Havre zwangen. So kam es zu der wohl seltenen Gelegenheit, daß der Vater Karl Palmgren (Jahrgang 1891) an der Front seinen Sohn wiedersehen konnte, der dem Vater dabei gleich zu dem ihm am 11. Juli verliehenen Eichenlaub zum Ritterkreuz gratulieren konnte.
Mit dem Ritterkreuz war Karl Palmgren schon im August 1941 für seine Einsätze als Kommandant von Sperrbrechern ausgezeichnet worden. Nachdem U 741 Anfang August wieder zum Einsatz ausgelaufen war, wurde das Boot am 15. August vor der englischen Südküste nach Torpedierung des Infanterie-Landungsbootes LCI 99 von der englischen Korvette OCHIS mit Wasserbomben vernichtet, wobei die gesamte Besatzung gefallen ist.
Bei unserem Auslaufen aus Le Havre in der Nacht zum 25. August gegen 22.00 Uhr kommt es durch einen Übermittlungsfehler zu einem größeren Abstand der A-Träger zur 38. MS-Flottille von etwa drei Seemeilen, der aber langsam verringert werden kann. Der Verband der 38. MS umfaßt immerhin zwölf M-(Minensuch-) Boote, ein Vorpostenboot und einen Schlepper mit einem M-Boot als Anhang. Er kann in drei Kiellinien mit sieben Knoten fahren. Eins der M-Boote schleppt dabei ein anderes. Das Wetter ist gut, Sicht etwa zehn Seemeilen, leichte Dünung.
Die A-Träger fahren wieder in der Doppelstaffel, diesmal nach Backbord – nach See hin. Diese Formation hat sich nach meinen Beobachtungen bei den letzten Einsätzen mit Feindberührung bewährt und erlaubt einen guten, unbeschränkten Waffeneinsatz der Boote. Diese Ansicht wird auch von den Kommandanten geteilt. Kurz nach Mitternacht wird in Höhe der Baggerschütt-Stelle gegen 0.30 Uhr plötzlich AF 101 als Nr. 3 in der vorderen Staffel von einer Vierer-Salve einer eigenen 15-cm-Batterie auf dem Cap de la Heve nördlich Le Havre eingedeckt. Das wird bei späteren Untersuchungen auf einen Versprecher eines BÜ (Befehlsübermittlers) bei der Feuerleitung in der Batterie zurückgeführt, die weiter in See geortete Feindziele bekämpfen wollte. Immerhin fordert dieser tragische Fall fünf Tote und zwei Verletzte sowie Splitterschäden am Boot. Bittere Ironie, daß gleich diese erste Salve deckend am allerdings eigenen Ziel lag!
Um 4.48 Uhr eröffnet die vor uns laufende 38. MS-Flottille das Feuer auf etwa 3 000 Meter querab unter LG gut erkennbare Kanonenboote oder größere Einheiten. Sie erwidern das Feuer nur schwach und nebeln sich ein. Dafür wird voraus auf etwa 2 000 Meter eine Gruppe S-Boote erkannt, die auf Beschuß hin ebenfalls nebelt und abdreht. Um 1.02 Uhr wird jedoch das schleppende M 3857 torpediert und sinkt schnell, doch können die Überlebenden geborgen werden. Dazu stoppt der Verband, geht dann auf Gegenkurs, um um 1.42 Uhr auf den alten Kurs zu drehen. Dabei greifen S-Boote an, werden aber abgewehrt. Diese scheinen uns nicht erkannt zu haben und laufen nebelnd an uns in etwa 3 000 Meter Entfernung seewärts vorbei. Dabei werden sie bei Beleuchtung durch LG unter das Feuer aller Waffen der sieben A-Träger genommen, das sie mit ihren 4-cm-Geschützen und Raketen erwidern, dann aber nebelnd mit Höchstfahrt abdrehen. Unter Land

werden drei Torpedo-Detonationen beobachtet.
Neue Verwirrung schaffen nur wenige Minuten später drei von Osten und dabei von der See-Seite kommende eigene S-Boote, deren Einsatz uns nicht mitgeteilt wurde. Vielleicht sind sie aber vom Gegner nach Le Havre abgedrängt worden. Natürlich werden auch sie gleich heftig beschossen, bis ihre in diesem Feuerzauber und LG-Beleuchtung nur sehr schlecht erkennbaren ES-Leuchkugeln unsere Waffen schweigen lassen, und sie unter Land (!) nach Süden passieren. Immerhin haben wir inzwischen den Anschluß an die 38. MS-Flottille gewonnen und laufen ohne weitere Gefechtsberührungen und neue Schäden um 3.12 Uhr in Fécamp ein, während Palmgrens Flottille bis auf das Boot mit den Geretteten nach Dieppe weitermarschiert.
Im KTB weise ich in einer Stellungnahme auf den in diesem Fall sehr störenden und zudem gefährlichen eigenen S-Boot-Einsatz hin, da diese Gruppe von See rechtwinklig auf den Küstenweg zulief und der erst kurz vorher erhaltene Funkspruch »S-Boote von Dieppe nach Westen« ohne Anzahl und Uhrzeit nicht genügte. Die zahlreichen Schießereien der letzten Nächte haben unseren Munitions-Bedarf schnell vergrößert. Vor allem an LG ist er auch in Fécamp – wie schon vorher in Le Havre – nicht mehr zu decken. Auch die 2. SiDi weist schon in ihrem KTB vom 23. August auf die angespannte Munitions-Lage bei ihren Verbänden hin. Die Soll-Bestände sind bereits unterschritten und dürften in den nächsten Tagen verschossen sein. Besondere »Mangelware«: 8,8-cm- und 2-cm-Munition. Der Admiral Kanalküste sagt darauf die Zuführung von 50 000 Schuß 2-cm- und 8,8-cm-Munition per Lkw aus Boulogne nach Fécamp zu.
Als am gleichen Morgen die Gruppe Conrad von Dieppe kommend in Fécamp einläuft, ist es mit der nachzuholenden Nachtruhe vorbei, nachdem ich vom Verlust seines Führerbootes AF 103 erfahre. Nach eingehender Berichterstattung und Weiter-Meldungen teile ich dieser Gruppe AF 101 als Ersatz zu, damit beide Halbflottillen gleich stark mit je sechs Booten sind.
Schon nach dem Festmachen am Morgen des 28. August in Le Havre hatte ich bei der üblichen »Festmeldung« der Kommandanten die Ereignisse der vorangegangenen Nacht durchgesprochen, Erfahrungen und Beobachtungen ausgetauscht und entsprechende Konsequenzen für die weiteren Einsätze gezogen. Wesentlichen, wenn nicht sogar entscheidenden Anteil an der planmäßigen Durchführung dieses ersten trotz Feindberührungen geglückten Munitionstransportes über See nach Le Havre dürfte die Unterstützung und Mithilfe durch die Seeleitstelle gehabt haben.
Durch ihre ausgezeichnete und vor allem schnelle Auswertung des gegnerischen Funk- und Funksprechverkehrs und die entsprechende Weitergabe und Informationen über uns angehende Entwicklungen wurden mehrmals überraschende Angriffe des Gegners vereitelt und die Lage sogar ins Gegenteil verkehrt! Wir waren vorgewarnt, konnten Gegenmaßnahmen einleiten und die Briten damit überraschen, so daß sie vom Angriff absahen und abliefen. Dadurch werden auch die gegnerischen Vorteile durch die Nutzung des uns leider fehlenden Radars wieder wettgemacht.*

*So konnte man schon damals wohl von einer Art der noch in den Kinderschuhen steckenden »elektronischen Kampfführung« sprechen, ähnlich vielleicht der damaligen Führung von Nachtjagd-Einsätzen.

Im Interesse der schnelle Übermittlung werden die Nachrichten an mich offen durchgegeben, zumal eine Geheimhaltung unserer »Existenz« ja nicht mehr geboten ist, und die Inhalte – ebenso wie bei den Briten – vorrangig für den Augenblick von Wichtigkeit sind. Man merkt, daß der Chef der Seeleitstelle – sie befand sich beim großen Funkmeßgerät der Marine nahe Etretat nördlich von Le Havre, wo die Küste nach Nordosten abbiegt – ein erfahrener »Kanalarbeiter« ist, denn Kapitänleutnant Herbert Nau war bis vor kurzem noch Chef der inzwischen nach Verlust der meisten Boote aufgelösten 10. R-Flottille gewesen und wurde am 11. Juli mit dem Ritterkreuz ausgezeichnet.
Er weiß nur zu gut, wo uns draußen in See »der Schuh drückt«, was wir wissen müssen, wie wir denken und reagieren.*

*Tragischerweise ist Nau nach Auflösung dieser Stelle bei der Fahrt mit dem Kraftwagen nach Dieppe in der Nacht zum 28. August bei einem Überfall durch Partisanen gefallen.

Nicht verkannt werden soll aber auch, daß unsere Besatzungen in diesen doch für sie größtenteils völlig neuen Situationen tadellos »funktionieren« und sich jeder Situation und Anforderung gewachsen zeigen. Wie ich selbst auf dem Führerboot feststellen kann, herrscht eine gespannte Ruhe und Aufmerksamkeit, ist nichts von Nervosität zu spüren. Die Verbindung mit den Booten per Sprechfunk (UK) klappt einwandfrei, alle Manöver und Kursänderungen werden auch während der Gefechte wie vorgegeben ausgeführt. Auch die wichtige Feuer-Disziplin wird entsprechend der allgemeinen Anordnung eingehalten.
Die Gefechte in der Nacht zeigen mir aber auch, daß wir den in dieser Stärke und Zusammensetzung angreifenden Feind-Gruppen durchaus gewachsen sind. Vorteile würde ihnen nur die mit Hilfe ihres Radars mögliche Überraschung liefern, die

es auch künftig unbedingt zu verhindern gilt. Sobald wir nämlich unsere starke Feuerkraft rechtzeitig – unterstützt durch LG – einsetzen und zur Wirkung bringen können, sehen die MTB und MGB (Motorkanonenboote) sehr schnell von ihren Absichten ab und zeigen meist nebelnd »die Eisen«. Hinzu kommt, daß sie für den erfolgversprechenden Einsatz ihrer Torpedos und Rohrwaffen auf eine Entfernung von 1 000 bis 1 500 Meter herankommen müssen und dabei in die Reichweite unserer zahlreichen 2-cm-Vierlinge und halbautomatischen 3,7-cm-Kanonen geraten. Aber auch ohne die Information der Seeleitstelle ist für uns künftig immer ein guter Ausguck geradezu lebenswichtig. Auf dem Führerboot hat es sich gezeigt, daß sich das Mündungsfeuer der 3,7-cm und 8,8-cm vor der Brücke äußerst störend auf die Beobachtung der Lage und die Führung des Verbandes wegen der Blendung auswirkt. Ich ordne daher an, daß von dieser 8,8-cm nur noch bis auf weiteres die nicht so starken Feuerschein erzeugenden LG verschossen werden. Ebenso erhält das 3,7-cm-Geschütz nur auf meinen ausdrücklichen Befehl Feuererlaubnis.

»Kameraden mit der anderen Feldpostnummer«

Nach diesen ersten echten Gefechten mit gegnerischen Überwasserstreitkräften will ich versuchen, auch zum besseren Verständnis für den Leser rund 54 Jahre danach einen Blick auf die Situation bei unseren Kontrahenten auf der anderen Seite der »Narrow Seas« – wie die Briten die sie vom Kontinent trennenden Gewässer des Englischen Kanals auch nennen – zu werfen. Wir selbst wußten während des Geschehens nur sehr wenig über sie und ihre Strukturen und von ihren Schiffen und Booten nur einige Daten aus dem letzten »Weyers Taschenbuch der Kriegsflotten 1939« im Handel und vielleicht auch noch aus der späteren Ausgabe 1943/44 »nur für den Dienstgebrauch« sowie von einigen Blättern des Kriegsschiff-Erkennungsdienstes, die etwas Wissen vermitteln konnten. Inzwischen liegen schon seit 1945 englische Bücher und auch deren deutsche Übersetzungen über diesen Kriegsschauplatz vor:

Nach dem Ersten Weltkrieg wurde von der Royal Navy mit ihrer noch die Weltmeere beherrschenden Flotte und ihrer Admiralität den Verbänden und Einheiten zur Küstensicherung wenig Bedeutung zugemessen. Bei Kriegsausbruch Anfang September 1939 stand daher nur eine Handvoll nicht gerade moderner Fahrzeuge neben MTB-Flottillen (Motortorpedoboote) im Mittelmeer, Hongkong und Singapur zur Verfügung. Die 1. MTB Flottila wurde dann in den ersten November-Tagen von Malta in Fahrt durch Frankreich auf eigenem Kiel von Marseille über die Rhône, Saone, Yonne, Paris und die Seine via Le Havre nach Portsmouth verlegt, wo sie Mitte Dezember nach vielen Komplikationen eintrafen: zehn Boote vom 60-Fuß-Typ mit 22 Tonnen bei 18,3 Metern Länge und 4,1 Metern Breite, 1 800 PS für 33/35 Knoten, zwei Heck-Torpedorohren und vier MG in Doppellafetten. Sie werden längs der Ostküste als Sicherung gegen deutsche S-Boote und Minenleger eingesetzt.

Was wir zunächst in diesem Umfang noch gar nicht ahnten: Da sich aber bald ein nicht erwarteter Bedarf an solchen schnellen Fahrzeugen vor den langen Küsten der Insel zeigte, wurde eine große Anzahl MTB des künftigen 70-Fuß-Standardtyps mit 22,1 x 5,9 Meter, 47 Tonnen, 3 800 PS für 38/40 Knoten, zwei 53,3-cm-Torpedos und zwei 12,7-mm-MG in Bau gegeben. Dieser Typ wurde mit auf Kriegserfahrungen beruhenden Abwandlungen und Verbesserungen bis Kriegsende 1945 weitergebaut. Zur Bekämpfung der deutschen S-Boote ist daraus das MGB (Motor Gun Boat = Motorkanonenboot) entstanden. Und später wurden beide Typen zu einem kombiniert: entweder mit Torpedos oder Kanonen oder diese auch mit kombinierter Bewaffnung. Von Nachteil blieben immer die feuergefährlichen Benzin-Motoren im Gegensatz zu den Dieseln auf unseren deutschen, auch größeren und seetüchtigeren S-Booten. Den MGB werden auch etwas stärkere Geschütze, sog. Zwei-, Drei- und Sechs-Pfünder, kurzrohrige Geschütze, den Kalibern 40-, 47- und 57-mm entsprechend, an Bord gegeben.

Eine Sonder-Entwicklung stellten 1941/42 neun sog. »SBG« – (Steam Gun Boats = Dampfkanonenboote) mit 260 ts, 8 000 WPS für 30 Knoten und zuletzt zwei Sechs-Pfünder, drei 2-cm-Doppellafetten und zwei 53,3-cm-Torpedos dar, die sich aber nicht bewährten.

Im Rahmen der US-Pacht- und Leih-Lieferungen wurden später auch 98 in den USA und Kanada gebaute PT-Boote von der Royal Navy in Dienst gestellt. Neben den größeren MGB mit 35,7 m Länge, 30 Knoten und 95 ts sowie stärkerer Bewaffnung treten immer mehr die auf die Initiative einer Privatwerft zurückgehenden Motor-Launchers (ML) der FAIRMILE-Klassen in Erscheinung, die sich von anfangs 57 ts bei 33,5 m Länge und 3 x 500 PS für 22/25 Knoten mit einem Drei-Pfünder und MG zu echten MTB/MGB mit 100 ts, 4 x 1 250 PS für 30 Knoten und zwei Sechs-Pfünder, zwei 2-cm-, 4 x 12,7-mm- und 7,62-mm-MGS sowie vier 45,7-cm-Torpedos entwickelten, und die äußerlich etwas Ähnlichkeit mit unseren R-Booten besaßen.

Eine erste Bewährungsprobe bestanden diese »Little Ships«, wie sie in der Royal Navy genannt wurden, bei den Evakuierungs-Einsätzen 1940 im Raum Dünkirchen – »Operation Dynamo« –, nachdem ab Anfang 1940 neue Boote in Fahrt gebracht werden konnten. Der weitere Vormarsch der Deutschen an die Küsten gegenüber der Insel verlangte bald den weiteren Ausbau der »Coastal Forces« (Küstenschutz-Verbände), u. a. zur Bekämpfung der immer aktiver gewordenen deutschen S-Boote, die den alliierten Schiffsverkehr längs der britischen Küste in der Nordsee und im Kanal verstärkt angriffen. Umgekehrt kam es aber auch zu ersten Angriffen auf deutsche Geleite im Kanal-Gebiet.
Ihre offizielle Bestätigung und Würdigung erfuhren die »Little Ships« Ende 1940 durch die Schaffung der Dienststelle eines »Rear Admiral Coastal Forces« – vergleichbar deutscherseits dem »Befehlshaber der Sicherungsstreitkräfte« – in der Person Piers K. Kekewich in Portland, die künftig für alle Belange dieser Einheiten vom Personal bis zur Ausbildung, Entwicklung, Versorgung, Wartung und Neubau-Programmen sowie die

Oben: Der 70-Fuß-Standardtyp MTB dominierte bei den Coastal Forces. Hauptbewaffnung waren zwei Torpedorohre 53,33 cm.
Foto: Wright & Logan, Portsmouth

Mitte: Die Motor Gun Boats (MGB) mit ihrer starken Bewaffnung von Maschinenkanonen waren eine Bedrohung besonderer Art.
Foto: Imperial War Museum Neg.Nr. A 7449

Unten: Die Dritte Kategorie der schnellen Gegnerboote bildeten die Motor Launches (ML), wie dieses von der 38. M-Flottille erbeutete ML 306, das als RA 9 unter deutscher Flagge in Fahrt kam (RA = Räumboot Ausland)
Foto: Sammlung J. Olmes

Schaffung von Stützpunkten rund um die Insel zuständig ist. In den ersten zwölf Monaten seines Wirkens konnte die Zahl der Basen von fünf auf zwanzig mit Schwerpunkt an der Ostküste vergrößert werden. Während damals immerhin schon 81 Einheiten zur Verfügung standen, darunter 30 MTB, 29 auch für die U-Jagd geeignete MA/SB und 22 Motor Launches (ML), wuchs die Gesamtzahl bis Oktober 1941 auf 291, darunter alleine 174 ML, jedoch nur neun neue MTB. Das neue Mehrzweck-MGB steckte noch in der Entwicklung.

Anfang 1943 wurden die Coastal Forces mit der Admiralität durch die Bildung einer eigenen »Staff Division« und eines »Material Department« verbunden. Und in der Folge kamen MTB und MGB am Durchbruch der deutschen Schlachtschiffe durch den Kanal (Operation »Cerberus«) sowie bei den britischen Raids gegen St. Nazaire und Dieppe zum Einsatz. Eine erhebliche Verstärkung bedeutete ab Ende 1941 der Zustrom besagter MTB der FAIRMILE D-Klasse, eine Kombination von MTB und MGB, von denen 1943 bereits drei Flottillen zur Verfügung standen. Im Frühjahr 1944 wurden mit Blick auf die geplante Invasion neu die Dienststellen Captain Coastal Forces (Channel) sowie CCF (Nore) mit Zuständigkeit für die Ostküste gebildet und den jeweiligen Befehlshabern (Commander in Chief/C-inC) unterstellt, im Fall des CCF (Channel) beim Portsmouth Command zur Koordinierung aller Coastal Forces in den Bereichen Dover und Plymouth, aber auch sämtlicher anderer Schiffsbewegungen im Kanal. Das war durch die Erfolge mit dem Radar und

Rechts: *Ab 1944 tauchen im Kanal immer häufiger die besonders gefährlichen Kombinationen der Typen MTB und MGB auf.*
Foto: Wright & Logan, Portsmouth

Unten: *Unser Gefechtsgegner H.M.S. CATTISTOC zählte mit seinen sechs 10,2-cm-Zwillingsgeschützen zu den Zerstörern der HUNT-Klasse, Typ 1, ebenso wie das abgebildete Schwesterschiff SAUMAREZ.*
Foto: Hawthorn Leslie

Zur HUNT-Klasse gehörte auch der gegen uns eingesetzte Zerstörer LA COMBATTANTE der Freien Französischen Marine.
Foto: Imperial War Museum NEG.NR.FL 5032

bessere Kommunikationsmöglichkeiten machbar geworden. Ähnliche Stellen gab es bald in Dover und Plymouth sowie in Newhaven und Portland. Die Radar-Informationen liefert in großem Umfang die Royal Air Force (RAF). In den Plotting Rooms (Auswerteräumen) wurden alle Informationen gesammelt, ausgewertet, auf großen Wandkarten sichtbar gemacht und nach Bearbeitung durch die Stäbe an die Einheiten in See mit entsprechenden Befehlen weitergegeben. Die Plots arbeiteten rund um die Uhr.
Nach und nach hat man Hunderte von MTB, 200 ML sowie auch je 50 US-Schnellboote (Patrol Torpedo Boats = PT) und Coast Guard-Kutter in diesem Bereich zusammengezogen! Und beim Start der Invasionsflotte sicherten 96 MTB die Westflanke der fünf minenfrei gesuchten Wege, die »spouts«. Für die Ostflanke waren MTB und MGB vom Dover Command zusammen mit über die besten Radar-Geräte verfügenden Fregatten zuständig, von denen aus die MTB und ML ein- und angesetzt wurden. Die Lage- und Einsatzbesprechungen im Operations-Zentrum fanden täglich statt.*

*Nach dem Abzug der Kriegsmarine aus dem Kanal wurden viele MTB an die Ostküste verlegt, wo sie bis Kriegsende ihre Kräfte mit deutschen S-Booten massen.

Zu den Coastal Forces gehörten auch Einheiten anderer Alliierter wie z. B. der Forces Navale Française Libre (FNFL) mit einer MTB-Flottille und dem HUNT-Zerstörer LA COMBATTANTE. Außerdem werden Holländer, Polen und Norweger eingesetzt. Aber auch die U.S. Navy war wie gesagt im Kanal mit eigenen Patrol Torpedo Boats vertreten, von denen die ersten drei Ende April 1944 in Dartmouth eintrafen. Im Mai folgten die Squadron 34 mit zwölf Elco-Booten, die dann bei der Landung die vorausfahrenden Minensuchboote sicherten und später die Westflanke der Versorgungsflotten. Weitere zwölf Elco-Boote der 35. Squadron kamen auch als Decksladung auf Frachtern, denen noch sechs HIGGINS-Boote der Squadron 30 folgten. Ende Juni standen durchschnittlich 19 PT im Einsatz, und im August wechselten neun zur von Portsmouth gesteuerten MTB-Patrouille vor Cap Antifer, während die anderen von Cherbourg bei den Kanal-Inseln operierten. Schließlich waren auch die Kanadier mit einer ML-Flottille an den Sicherungsaufgaben seit Beginn der Invasion beteiligt.*

*Auf die Operationen zwischen Le Havre und Dieppe geht Lt. Commander Peter Scott in seinem Buch »The Battle of the Narrow Seas« näher ein. Dabei bezeichnet er die Tage vom 23. bis 30. August 1944 »als die dramatischste und erfolgreichste Periode der Coastal Forces im Kanal«, als die Deutschen begannen, die Verteidiger von Le Havre über See zu versorgen. Jeden Morgen wurden in der Einsatz-Zentrale die Ereignisse der letzten Nacht durchgesprochen und Lehren für die nächste gezogen. Abends fand vor dem Auslaufen noch eine eingehende Unterrichtung und Unterweisung aller kommandierenden Offiziere im Lagezimmer statt.

»Dicke Luft« vor Fécamp

So ist – was wir zunächst nicht wissen können – für die Nacht zum 24. August die Verdopplung der Patrouillen vor Le Havre befohlen worden. Trotz Angriffe des HUNT-Zerstörers HMS MELBREAK und einiger MTB kann jedoch in dieser Nacht der Nachschub-Konvoi (die von mir geführte 1. Halbflottille bzw. Gruppe der 8. A-Flottille) Le Havre erreichen. Und in der nächsten Nacht ist es wieder die Hauptaufgabe, gegnerische Verstärkungen für Le Havre zu vernichten, während die Verhinderung von Ost-Verlegungen an die zweite Stelle rückt. (Der Gegner hat demnach die Bedeutung der Einsätze der »8. A« zum Munitionsnachschub für Le Havre erkannt.) Beteiligt sind in dieser Nacht auch drei US-PT-Boote, die deutsche S-Boote bekämpfen, während sich vier MTB mit einem Konvoi von acht deutschen Schiffen (8. A?) befassen, die aber harten und anhaltenden Widerstand leisten und auf die auch Torpedos geschossen werden. (Wir beobachten drei Detonationen an der Küste.)*

*Laut P. Scott wurde ein Trawler (M 3857) getroffen, während zwei MTB kleine Schäden davontrugen.

Der Gegner schießt eine halbe Stunde lang Sperrfeuer gen See, um sich den Weitermarsch freizuhalten. Als deutsche S-Boote erscheinen, werden sie von den PT-Booten beschossen, die eins beschädigt haben wollen. Die Fregatte HMS RETALICK und der Zerstörer HMS TALYBONT wollen sogar zwei S-Boote in Brand geschossen haben. Nach diesen Gefechten laufen die Letzteren mit den MTB nach Osten und greifen dort die von Dieppe nach Fécamp laufende Gruppe Conrad an, wobei AF 103 versenkt wird.

Zu dem erwähnten längeren Sperrfeuer in Richtung See wäre zu ergänzen, daß es vorwiegend von der deutschen Küsten-Artillerie geschossen wird. Aber auch ich werde noch vor den Feind-Berührungen mehrmals von der Seeleitstelle aufgefordert, in eine bestimmte Richtung mit Angabe der Grad-Zahl weitreichende LG-Fächer zu schießen, in deren Schein wir tatsächlich die Schatten von zum Landekopf laufen den Fahrzeugen erkennen, die uns aber nicht gefährden. Aber: Vorsicht ist besser! Ähnlich gute Arbeit hat die Leitstelle auch schon in der vorigen Nacht geleistet, als sie uns bei der Bekämpfung und Abwehr voraus gesichteter MTB warnte, daß das nur die Ablenkung für einen anderen Angriff von Steuerbord achteraus sein könne. Ich ließ darauf von unserer zweiten Staffel in diese Richtung LG-Fächer schießen, die tatsächlich auch dort MTB erkennen ließen, die aber sofort abdrehten und auf einen Angriff verzichteten.
Am 25. August liegen wieder beide Gruppen A-Träger – zwölf Einheiten – den Tag über im ohnehin engen Hafen von Fécamp. Das ist einmal mehr ein nicht gerade angenehmes Gefühl angesichts der alliierten Luftherrschaft, die sich ständig mit irgendwelchen Flugzeugen am Himmel ausdrückt. Im Kriegstagebuch der Seekriegsleitung werden z. B. am 26. August Einflüge von mehr als 1 000 Feindmaschinen allein nach Nordfrankreich/Belgien genannt, die in starken Verbänden Bahnanlagen und Straßenziele angegriffen haben. Nach den Beispielen von Le Havre und Boulogne, wo am 14. und 15. Juni durch britische Tagesangriffe nahezu alle Marine-Fahrzeuge – allein in Le Havre drei Torpedoboote, 14 S- und 20 Minensuchboote – ausgeschaltet werden konnten und in Boulogne u. a. ein Großteil der 2. A-Flottille sowie sieben R-Boote, ist durchaus auch in Fécamp bei einer derartigen Massierung mit einem Luftüberfall zu rechnen. Im direkten Anflug von See könnten dabei alle Ziele fast mit einem einzigen Bomben-Teppich getroffen werden! Für uns unerklärlich ist dergleichen aber nie geschehen. Ob die Briten sich bei Versenkungen auch höhere Personal-Verluste ausrechnen? Oder ist die Zusammenarbeit Royal Navy–RAF doch nicht so gut?
Als ich mit den sechs Booten der Gruppe Bartelt kurz nach Mitternacht am 26. August mit Kurs Dieppe zu einer weiteren Munitions-Beladung auslaufe, ist eine ganz schöne »Mahalla« zusammengekommen! Denn von AF 107 wird der Logger M 3836 – da ohne Motoren – geschleppt. Und an AF 106 hängt das fahrunklare Flugsicherungsboot Fl.B 110 sowie am Minensuchboot M 4607 noch das Boot M 3821 mit unklarer Ruderanlage. Bei glücklicherweise wieder gutem Wetter mit ruhiger See ist eine Geschwindigkeit von sechs bis sieben Knoten möglich. Mit dabei und mit eigener Kraft fährt auch noch das Vorpostenboot V 240 mit. Kurz nach 2.00 Uhr bricht zwischen den beiden achtern stehenden M-Booten die Schleppverbindung. Um den Verband aber nicht anzuhalten, schicke ich AF 104 mit den beiden M-Booten zum näheren Fécamp zurück.
Eine Stunde später werden an Backbord von achtern auflaufend drei MGB erkannt, die aber im starken Abwehrfeuer in 2 000 bis 3 000 Metern Entfernung rasch abdrehen und nebeln. Dabei wird auf dem Führerboot ein Brand beobachtet. Auch ein anderes Boot, das sich deutlich vor dem Nebel abhebt, erhält Treffer, kommt dann aber außer Sicht. Seine Versenkung ist daher unsicher und kann auch später nicht bestätigt werden. Hervorzuheben ist bei diesem nur gut zehn Minuten dauernden Gefecht, daß zwei der A-Träger erheblich in ihrer Manövrierfähigkeit durch ihre angehängten Havaristen behindert sind.
Um 3.43 Uhr werden nochmals LG gegen verdächtige Schatten geschos-

sen, aber es gibt »keinen Befund«! Kurz vor der Einfahrt nach Dieppe bricht noch die Schleppverbindung von AF 107, doch sind gegen 6.00 Uhr alle Einheiten wieder ohne Schäden fest in Dieppe. Die vorgesehene Munitions-Beladung der Boote entfällt dann aber, da beim Heer kein entsprechender Befehl vorliegt!
AF 104 wird beim Rückmarsch nach Fécamp mit M 3821 auch noch von MTB angegriffen, die aber ebenfalls abgewehrt werden können. Nicht behoben werden kann aber auch die eigene Munitions-Knappheit vor allem an LG, deren Ausstattung an Bord ohnehin nicht sehr groß ist und die in den letzten Nächten doch sehr häufig in Anspruch genommen werden mußte. Zwar heißt es am 26./27. August im KTB des BSW, daß die Munitions-Knappheit überwunden und Transporte mit 8,8-cm- und 2-cm-Granaten von Boulogne unterwegs seien, nachdem der Admiral Kanalküste aus seinen Beständen dort 5 000 Schuß 2-cm sowie 8,8-cm zur Verfügung gestellt habe. Diese Transporte erreichen uns aber nicht mehr in Dieppe, sondern erst in Fécamp. Diese Munition ist übrigens nicht mit der für Le Havre vorgesehenen zu verwechseln.

Schlag gegen die Gruppe Conrad

Schon vor meinem Auslaufen mit der »Mahalla« nach Dieppe ist noch am 24. August, gegen 23.30 Uhr, die jetzt von Oberleutnant Conrad auf AF 105 geführte Gruppe von sechs A-Trägern mit Munition für Le Havre an Oberdeck von Fécamp ausgelaufen. Wetter gut, leichter Seegang und klare Sicht. Vorher war noch ausreichend Gelegenheit, mit ihm und seinen Kommandanten Erfahrungen von unserer ersten Fahrt nach Le Havre und den dabei geführten Feuer-Gefechten auszutauschen. Ich hatte von Conrad – Jahrgang 1912 – immer den Eindruck eines sehr ruhigen, fast zurückhaltenden und überlegten Mannes, der vom vorhergegangenen Einsatz im Mittelmeer auf Siebel-Fähren über Fronterfahrungen verfügte und dort auch schon mit dem EK I ausgezeichnet wurde.*

*Nach dem Kriege äusserte mir der Kommandant AF 109 in seiner Gruppe, dass er, nachdem Conrad sein Boot AF 103 verloren hatte, von ihm zeitweilig den Eindruck hatte, dass Conrad bei dem Torpedotreffer auch physisch angeschlagen worden sei, was mir aber im Verlauf des 24. August nicht aufgefallen war. Auch von anderer Seite habe ich damals nichts in dieser Hinsicht gehört.

Noch vor dem Passieren von Cap Antifer, etwa vor Etretat, erfolgt um 1.48 Uhr eine Vorwarnung von der Seeleitstelle: »Gegner ortet Sie. Höchste Gefahr durch Seeziele!« Tatsächlich erfolgt ab 1.30 Uhr von Steuerbord der erste Angriff einer Gruppe von MTB bzw. MGB, der aber abgewehrt wird. Während Treffer beim Gegner beobachtet werden, erhält auch AF 109 einen 4-cm-Treffer, bei dem zwei Tote zu beklagen sind. Um 2.33 Uhr funkt Conrad: »Stehe im Gefecht mit feindlichen S-Booten.« Vorher hatte sich die Leitstelle schon ab 1.55 Uhr vergeblich um die weitere Verbindung mit AF 105 bemüht, und um 2.20 Uhr hängen sich die beiden deutschen S-Boote S 174 und S 177 an den Verband an. Um 2.20 Uhr werden im Schein der von AF 105 auf etwa 8 000 Meter nach Steuerbord in Schiffspeilung 40 Grad geschossenen 130 LG-Fächern sechs größere Einheiten erkannt. Als die LG verschossen sind, übernimmt AF 110 das LG-Schießen mit seinen letzten Beständen. Dabei entwickelt sich ein laufendes Gefecht mit den 8,8-cm-Geschützen, während nun die Leuchtspur der 3,7-cm die Beleuchtung ersetzen muß. Zwar werden Treffer beobachtet, ihre Wirkung läßt sich aber nicht erkennen. Gerecke (AF 109) spricht von einer Korvette beim Gegner.
Während die A-Träger artilleristisch mit 12,7-cm-Granaten niedergehalten werden und mangels LG das Feuer kaum gezielt erwidern können, gerät auf AF 110 und AF 111 an Oberdeck gelagerte Munition in Brand. Die beiden deutschen S-Boote überholen den Verband unter Land und setzen zum Angriff auf den Gegner an. Optisch wird durch Verschießen grüner Sterne Hilfe von den Küstenbatterien angefordert.
Folgende FT von der Gruppe Conrad werden noch aufgenommen:

»2.44 Uhr: Erbitte Artillerie-Unterstützung.
2.53 Uhr: Zwei A-Träger getroffen und brennen.
3.42 Uhr: Zwei A-Träger gesunken. Rettungsaktion läuft.
4.30 Uhr: Ein A-Träger im Schlepp. Einlaufe Fécamp. AF 109 und AF 101.«

Auch AF 97 und AF 101 erhalten Treffer. Auf AF 110 und AF 111 detoniert die geladene Munition, so daß beide Boote Kurs auf Land nehmen, um sich auf Strand zu setzen, sie sinken aber vorher. Auf AF 109 schlägt eine 12,7-cm-Granate vor der Brücke ein, beschädigt die Ruderanlage sowie die Maschinentelegraphen und detoniert in der Kommandantenkammer. Daher muß eine Handbedienung der Ruderanlage am Heck installiert werden.
Um 3.15 Uhr kommt der Befehl »Zurück nach Fécamp«. Der Gegner schießt laufend LG, die etwa drei Minuten lang leuchten. Dabei verringert er den Abstand und setzt mit drei MTB zu Torpedoangriffen an. AF 97 erhält Treffer und sinkt schnell. S 177 und S 174 bergen Überlebende, danach auch die von AF 110 und AF 111. Auch AF 105 übernimmt noch rund 20 Mann von AF 110.

Dabei halten der schwere Beschuß und MTB-Angriffe besonders auf die brennenden AF 110 und AF 111 an, wobei viele Torpedos an der Küste detonieren.
Ab 3.25 Uhr nebeln nun auch die eigenen S-Boote den Verband ein. Sie schleppen so etwas geschützt AF 101, 105 und AF 109 dicht unter Land bis vor die dortigen eigenen Minenschutzsperren. Bei einem neuen MTB-Angriff kann AF 105 nicht mehr ausweichen und erhält einen Torpedotreffer mittschiffs und sinkt schnell. Dabei soll Oberleutnant zur See d.R. Conrad nach Berichten Überlebender auf der Brücke gefallen und mit dem Boot untergegangen sein. Vorher hat S 177 noch 60 bis 80 Mann – auch die von AF 110 – übernehmen können einschließlich des Kommandanten von AF 105. Das S-Boot sucht anschließend auch noch das Wasser ab und kann weitere Überlebende bergen. Um 3.40 Uhr geht S 174 mit AF 101 und AF 109 auf Einlaufkurs nach Fécamp. Dabei wird AF 101 kurz von einer Küstenbatterie beschossen, die auf das ES aber sofort das Feuer einstellt. Um 4.00 Uhr macht AF 101 mit eigener Kraft und geringen Schäden fest, um 4.20 Uhr S 174 und AF 109 sowie um 4.30 Uhr S 177 mit der Restbesatzung von AF 105.
Ergänzend ist dem späteren Gefechtsbericht zu entnehmen, daß AF 110 bei Aiguille l'Etretat brennend auf Strand gesetzt werden konnte und AF 97 sowie AF 111 auch in dieser Gegend gesunken oder gestrandet sind. Trotz optischer Anforderungen wurde von den Landbatterien keine artilleristische Unterstützung geleistet, wohl aber später AF 101 irrtümlich beschossen!
Besonders verhängnisvoll hat sich das Lagern der Munition für die Heeres-Nebelwerfer (sog. Do-Werfer) an Bord ausgewirkt, da sie nach Treffern schnell in Brand geriet, der bald das ganze Schiff erfaßte.
Die Munition war in der vorderen Schiffshälfte gelagert.
Unser aller Hauptsorge gilt aber den Überlebenden und Besatzungen. Da sich die Überlebenden der gestrandeten oder in Strandnähe gesunkenen drei Artillerieträger aufs Festland retten und auf dem nicht weiten Landweg nach Fécamp gelangen konnten, verringern sich die anfänglich höher eingeschätzten Verlustziffern auf schließlich neun Gefallene, 34 Vermißte und 51 Verwundete. Die Kriegsbereitschaft von AF 109 ist durch die Treffer nicht beeinträchtigt.
Während ich selbst am Tag nach dieser Katastrophe durch den Aufenthalt in Dieppe nicht in Fécamp für die notwendigen Folge-Maßnahmen »vor Ort« sein kann, sondern nur mit Telefonaten über unseren Stützpunkt Einzelheiten zu erfahren versuche, werden bald erste Konsequenzen deutlich. So stellt der BSW im KTB fest: »Seit Invasionsbeginn befindet sich eine Riegelstellung feindlicher Seestreitkräfte im Raum nordwestlich und nördlich von Fécamp/Cap d'Antifer mit dem offensichtlichen Zweck, den Invasionsraum nach Osten abzuriegeln. Aus dieser Riegelstellung war der Gegner bisher nur mit MTB und Gun Boats und gelegentlich mit einigen Zerstörern offensiv gegen unseren unter der Küste laufenden Weg »Karo« vorgestoßen und hatte nicht den Willen gezeigt, auch mit schwereren Seestreitkräften unter allen Umständen Bewegungen unserer eigenen Streitkräfte zu unterbinden. Eine gewissen Scheu vor der Küstenartillerie und auch vor Minen mag dafür maßgebend gewesen sein.
Nunmehr ist der Gegner zum ersten Mal mit einer stärkeren Kampfgruppe von Kreuzern und Zerstörern bis auf den Küstenweg vorgestoßen, weil er offensichtlich die Tatsache der Munitionstransporte erkannt hat. Dabei hat er uns schwere Verluste zugefügt. Es ist hier die gleiche Entwicklung festzustellen wie bei und nach Invasionsbeginn zunächst vor der nordbretonischen Küste und dann vor den Stützpunkten an

Aus Sicht der Briten

Dem Buch von Peter Scott ist zu entnehmen, daß in dieser Nacht drei MTB nach anfänglicher Jagd auf deutsche S-Boote vor Le Havre zusammen mit der Fregatte HMS THORNBOROUGH auf den A-Träger-Konvoi angesetzt wurden. In zehnminütigem Beschuß konnte die Fregatte ein Fahrzeug in Brand setzen. Dadurch abgelenkt konnte wenig später auch noch der französische HUNT-Zerstörer LA COMBATTANTE unbemerkt herankommen und gegen 2.30 Uhr das Feuer eröffnen. Dabei wurden zwei weitere Einheiten in Brand geschossen, während eine dritte etwas später in die Luft flog. Bei der Fortsetzung des Beschusses eine dreiviertel Stunde lang konnten noch zwei Einheiten versenkt sowie ein S- oder R-Boot und ein anderes Fahrzeug nach Angaben des französischen Kommandanten auf Strand gesetzt werden. Übriggeblieben war nur ein Panzerlandungsschiff – so die Bezeichnung der Briten für die A-Träger, wohl wegen ihrer Verwandtschaft mit den Marine-Fährprähmen – und ein großes R-Boot mit Schornstein (?), die nach Fécamp zurückliefen. Drei MTB wollen sie aber noch abgefangen und mit sechs Torpedos vernichtet haben. »Der Konvoi war ausgelöscht« … Nach einer anderen Quelle waren an den Gefechten in dieser Nacht neben der LA COMBATTANTE mit den MTB 253, 254 und 257 und der Fregatte THORNBOROUGH mit den MTB 450, 481 und 482 auch noch die Fregatte SEYMOUR mit den PT 513, 516 und 519 der U.S. Navy beteiligt.

der Westküste, wo der Gegner mit Kampfgruppen von Kreuzern und Zerstörern jegliche Tätigkeit eigener Streitkräfte unterbindet. Bei dieser Lage ist der Transport von Munition und anderer Nachschubgüter über See nach Le Havre nicht mehr durchführbar. Munition sollte nur noch bis Fécamp gebracht werden. Vorschlag: Weitertransport auf dem Landweg.«
Und die 2. SiDi nimmt wie folgt Stellung: »Die Unterfang- und Bergungsversuche am 25. August beweisen eine hohe Seemannschaft. Das Gefecht am 26. August zeigt dann, daß der Gegner die Stärke der A-Träger erkannt hat und sie unter Zusammenfassung überlegener Kräfte zu vernichten sucht. Die Boote haben sich vorbildlich geschlagen. Und zur Rettung ihrer Besatzungen haben die Kommandanten ihre Boote auf Strand gesetzt. Bedauerlich ist das Versagen der Verbindung mit der Seeleitstelle, die in der Nacht vorher eine so wertvolle Unterstützung (für die von mir geführte Gruppe.-D. Verf.) war.
Auch zeigte sich, daß zu wenig LG an Bord sind. Das Soll von 60 Schuß genügt nicht. Vielmehr sollten es mindestens 100 sein. Die zufällige Anwesenheit von zwei S-Booten bewährte sich allein schon bei der Bergung der Überlebenden. Das soll in Zukunft durch die Zuteilung von zwei R-Booten berücksichtigt werden, denn mit A-Trägern kann man nur bedingt Schiffbrüchige auffischen. Besondere Anerkennung verdient die Rückführung der Restbesatzungen zum Teil zu Fuß und im ›See-Päckchen‹. Ihre Haltung und Einsatzfreude waren trotz allem gut und ungetrübt.«
Und im KTB der Gruppe West heißt es: »Dieser Schlag ist überaus schmerzlich. Es ist bezeichnend für die Schwierigkeiten des Heeres, daß der ... Transport für das Heer nach Le Havre auf Kriegsschiffen durchgeführt werden muß. Munition als Ladung auf Kriegsschiffen ist stets gefährlich. Die hohen Verluste (in der Nacht vom 25. zum 26. August) sind fraglos auf diese Ladung zurückzuführen. Durch dieses intensive gegnerische Auftreten wird nunmehr jeder Seeverkehr nach Le Havre illusorisch. Er wird daher eingestellt.«
Auch wenn mit diesem Verzicht auf weitere Muni-Transporte uns nun eine große Sorge genommen worden ist, bleibt beim Auslaufen am 26. August gegen 22.15 Uhr – zurück nach Fécamp – ein nicht minder großes Problem: Die in den letzten Nächten nahezu aufgebrauchten Munitionsvorräte – vor allem an Leuchtgranaten (LG). Denn die zugesagten Lieferungen auf dem Landwege aus Boulogne sind nicht rechtzeitig in Dieppe eingetroffen. Und auch schon vorher in Le Havre und Fécamp haben wir keine neuen LG erhalten können. Gibt es etwa in diesem Raum keine Einheiten mehr, die 8,8-cm-Munition benötigen? Sind wir inzwischen die Einzigen? Daher heißt es schon bissig bei unseren »Lords«, denen bekanntlich ja nichts an Bord verborgen bleibt: »Jetzt transportieren wir Munition für Fremde, haben oder bekommen selbst aber keine Munition, um uns bei diesen Transporten wehren zu können, um sie erfolgreich durchzuführen ...«
Bei meinem Gespräch mit dem Lagezimmer der 2. SiDi und dem wachhabenden Asto über die nächsten Einsätze weise ich daher erneut auf diese ernste Situation hin und erfahre, daß es Verzögerungen gegeben habe, wir in Fécamp aber mit neuer Munition rechnen können. Von dort soll ich dann nicht nur mit den beiden A-Trägern der Gruppe Conrad, sondern auch noch einigen anderen zum Teil fahrunklaren und daher zu schleppenden Fahrzeugen die endgültige Rückverlegung wieder nach Osten antreten. Im später als Fernschreiben erhaltenen Einsatzbefehl werde ich auf die mögliche Begegnung mit der 14. R-Flottille und zwei U-Jägern hingewiesen, die in dieser Nacht von Le Havre nach Dieppe laufen sollen und auf die wir unter Umständen kurz vor Fécamp treffen können. Nach den guten Erfahrungen mit den S-Booten werden uns R 226 und R 227 von der 14. R-Flottille sowie der Motorschlepper CHARLES NUNGESSER (800 PS) mit deutscher Besatzung mitgegeben. Bei ruhiger See, aber nur zwei bis drei Seemeilen Sicht fahren wir mit AF 98, 100, 106, 107 und AF 108 in Steuerbord-Staffel und links hinter AF 98 in Backbord-Staffel, quasi im Schutz der A-Träger, nach Land, laufen die drei anderen Einheiten.
Um 1.50 Uhr funkt der eigene B-Dienst »Schneider: Gegner ortet Sie«, und tatsächlich werden westlich von Punkt »Karo 11« bei schlechter diesiger Sicht Steuerbord querab vier anlaufende MTB erkannt, während hinter ihnen eine größere Einheit – der Zerstörer HMS MIDDLETON – über uns LG als Zielbeleuchtung schießt. Ausgerechnet jetzt treten bei den nur noch wenigen eigenen LG sehr viele Versager auf, so daß daher eine gezielte Abwehr nicht möglich ist. Gleichzeitig wird versucht, die ungemein lästigen und ungemütlich lange gelblich leuchtenden gegnerischen LG mit den eigenen Vierlingen auszuschalten, was aber nicht gelingt. Tatsächlich wird um 2.04 Uhr AF 108 als letztes Boot von einem Torpedo getroffen, der das Heck bis zum Maschinenraum-Schott aufreißt. Da das Boot aber schwimmt, wird es vom Schlepper auf den Haken genommen, so daß die Fahrt, wenn auch langsamer, fortgesetzt werden kann. Dabei halten die Anläufe der MTB weiter an. AF 107 kann zwei vorn und achtern vorbeilaufende Torpedos ausmanövrieren. Offenbar hat der Gegner den geringen Tiefgang der A-Träger erkannt, denn es werden nur noch Oberflächen-Läufer beobachtet, die dann an der Küste detonieren. Diese Anläufe werden durch den Zerstörer auch mit Artillerie unterstützt, um unsere Abwehr niederzuhalten.*

*Insgesamt waren lt. Peter Scott sieben MTB im Einsatz, darunter drei PT-Boote der Amerikaner. Die Schussentfernung gibt er mit 45–50 Hektometer (4 bis 5 km) an.

Während der Herstellung der Schleppverbindung zu AF 108 bin ich mit den anderen AF auf Gegenkurs gegangen und drehe, als die Verbindung klar ist, wieder zurück auf Kurs West. Da der Gegner weiter heranschließt, und ich die Gefahr sehe, daß AF 108 womöglich von ihm geentert wird, lasse ich das manövrierunfähige Boot nach Übernahme der Besatzung durch die R-Boote um 2.11 Uhr sprengen. Es sinkt dann auch sofort. Während des anhaltenden Artillerie-Duells, bei dem wir mit den Kalibern 8,8-cm und 3,7-cm wegen fehlender Ziel-Beleuchtung nur auf des gegnerische Mündungsfeuer schießen können, funkt um 2.30 Uhr die 2. SiDi: »Höchste Gefahr: Seeziele.« Dabei werden Treffer auf einem Ein-Schornstein-Zerstörer (HUNT-Klasse) mit Bränden beobachtet und das Feuer auf ihn konzentriert. In diesem Wirkungsfeuer meine ich, ebenso wie das Brückenpersonal auf AF 98, gesehen zu haben, daß der Gegner nach einer starken Detonation in der Mitte auseinanderbricht und sich beide Teile des Rumpfes aufrichten und versinken. Interessant ist dabei, daß völlig unabhängig davon auch der Kommandant AF 107, Zeitler, den gleichen Vorgang gesehen haben will. Er behauptet auch noch gesehen zu haben, daß MTB anschließend Überlebende aufgefischt haben.*

*Daher wird später von der Flottille eine Zerstörer-Versenkung gemeldet, die aber im weiteren Verlauf nach Ermittlungen des B-Dienstes doch nicht bestätigt werden kann und auch nicht in den englischen Quellen erwähnt wird.

Das Feuer des Gegners läßt schließlich nach, so daß der Weitermarsch zunächst ungestört verläuft. Um 2.50 Uhr wird ein neuer MTB-Angriff von See her erkannt. Wieder Versagen unsere LG, so daß nur auf die Bugwellen der MTB gezielt werden kann. Diese sind dabei auf gut 1 000 Meter herangekommen, wir können das Fauchen der Preßluft beim Abfeuern der Torpedos hören! Diese sind dann sogar auf etwa 500 Meter als Oberflächenläufer mit weißer Bugwelle und phosphoreszierender Blasenbahn zu sehen. Auch wenn sofort »Ruder hart Backbord« befohlen wird, ist ein Ausweichen nicht mehr möglich, da die schwerfälligen A-Träger generell nur sehr langsam andrehen.
Beim Treffer auf AF 98 vorn an Steuerbord-Seite wird die Bedienung des dortigen 2-cm-Vierlings über Bord geschleudert, kann aber vom nachfolgenden Boot bald aufgefischt werden. Bei dem mit einer hohen Feuersäule und starkem Pulverqualm verbundenen Treffer löst sich auch eine Seite der mit Holz verschalten Beton-Panzerung des Mutter-Kompasses auf dem Ruderhaus und trifft mich am Kopf. Gleichzeitig leuchtet dort oben unerklärlicherweise die weiße Führer-Laterne auf, worauf ich aufs Dach klettere und sie als verräterischen Zielpunkt mit dem Ellbogen in mehreren Stößen zerschlage, (woran bis Kriegsende einige Schnitte an meiner Lederjacke erinnern)! Ohne besonderen Befehl kommt, während der Kommandant noch den Umfang der Schäden am Vorschiff untersucht, sofort der von einem Obergefreiten geführte Schlepper längsseits und stellt eine Schleppverbindung her, während die drei anderen A-Träger nach See hin sichern. Da aber die Ruder jetzt in Hartlage klemmen und sich nicht bewegen lassen und im Vorschiff auch ein Wassereinbruch droht, wird die Schleppverbindung zum Heck gewechselt. Ich steige mit einem Teil der Besatzung auf R 226 über.
Auf der R-Bootsbrücke legt mir der Kommandant gleich die Funk-Kladde vor, die ständige Anfragen der 2. SiDi enthält »Schneider: Lage melden« und um 2.58 Uhr das FT »Notfalls Dieppe zurück, da im Ortungsbild überlegene Feindkräfte erkannt und weil strommäßig mit unter Umständen beschädigten Booten Rückmarsch Dieppe günstiger«. Alle diese FT sind auf AF 98 nicht aufgenommen worden. Der Grund: Beim Feuern und Schwenken der hinteren 8,8-cm mit großer Erhöhung wurden die Antennen zwischen Brücke und Mast abgerissen. Vom R-Boot aus melde ich als erstes per FT der SiDi die Lage und Absicht, nach Fécamp weiterzulaufen, da dieser Hafen inzwischen erheblich näher liegt. Während der Fahrt halten die Angriffe der MTB an, deren Torpedos zum Teil sogar zwischen Schlepper und AF 98 hindurchlaufen, während die anderen ausmanövriert werden können. Dabei werden immerhin 20 Torpedo-Detonationen* an der nahen Küste gezählt! Im Abwehrfeuer auf die immer näher herankommenden MTB werden auch mehrere Treffer beobachtet.

*Laut P. Scott wurden diese Detonationen als zwei weitere Treffer gedeutet.

Gegen 4.30 Uhr meldet der Schlepper etwa vier Seemeilen östlich von Fécamp, daß die Schleppverbindung durch Herausbrechen der Poller am Heck getrennt wurde. Vermutlich durch Vollaufen des Bootes wurde größeres Gewicht bzw. Widerstand verursacht. Wenig später beginnt AF 98 dann auch zu sinken. Schon vorher war gegen 3.40 Uhr AF 107 beim Havaristen längsseits gegangen, um das Schleppen zu unterstützen und zu beschleunigen, was sich aber als unmöglich erwies. Auch erschien mir die Gefährdung von AF 107 dabei im Hinblick auf die Nähe der MTB zu groß. Mit R 226 laufe ich noch zur Stelle der letzten Sichtung von AF 98, kann aber bis auf aufgeschwommene Teile vom Oberdeck wie Grätings und Kartoffel-

kisten nichts finden. Die drei A-Träger wie auch R 227 hatte ich zur Abgabe der Überlebenden und Verwundeten nach Fécamp entlassen, wo sie gegen 6.05 Uhr festmachen. Bei der Besprechung mit den Kommandanten stellt sich heraus, daß von AF 108 acht Mann vermißt werden – wohl die Bedienung der Waffen achtern – und 13 verwundet sind. Von AF 98 wird ein Mann vermißt.
Neben diesen bedauerlichen Verlusten einschließlich der beiden A-Träger kommt in diesen Gesprächen bei allen Beteiligten als bedeutendster Eindruck von den Geschehnissen der Nacht die bedrückende Ohnmacht gegenüber den Angreifern zum Ausdruck. Durch den Mangel an Leuchtgranaten und darüber hinaus deren zahlreiche Versager lagen wir unter den sehr guten und vor allem lange brennenden LG des Gegners wie auf dem Präsentierteller! Bei der diesigen Sicht konnten wir uns daher nur auf kurze Entfernungen wehren, wobei es aber zweimal zu spät war. Daß nicht noch mehr Verluste eintraten, ist der entschlossenen Einsatzbereitschaft der Besatzungen auch unter diesen äußerst widrigen Verhältnissen zu verdanken, die aber auch bei den Bergungsversuchen vorzüglich gearbeitet und alles versucht haben. Nicht zu vergessen sind aber auch der mitdenkende Schlepperführer und die Besatzungen der beiden R-Boote als wahre »Retter in der Not«.
Wenig später meldet das Luftwaffen-Radar oberhalb des Hafens ein Objekt vier Seemeilen weiter östlich auf See. Um sicher zu gehen, besorgt sich Oberleutnant zur See d.R. Bartelt (AF 98) ein Sturmboot des Heeres und läuft entsprechend der Radar-Peilung und Standortangabe bei weiter diesigem Wetter dorthin aus. Inmitten der aufgeschwommenen losen Teile seines Bootes findet er aber auch dazwischen einen in der Schwimmweste mit Kopfstütze hängenden bewußtlosen Seemann seines Bootes mit blutender Kopfwunde! Beim Hochziehen an Bord stellt sich unmißverständlich heraus, daß er offenbar voll alkoholisiert ist! Er wird in Fécamp gleich von einem Sanka abgefahren und kehrt später nach Cuxhaven zur Flottille zurück. Er befand sich beim Torpedotreffer als Munitions-Manner des vorderen 8,8-cm-Geschützes unter Deck und wurde gegen die sehr niedrige Decke geschleudert – daher die Kopfwunde und Bewußtlosigkeit. Als er wieder zu sich gekommen war und sich an Oberdeck des ganz ruhigen, geschleppten Bootes begab, stellte er fest, daß er der Einzige an Bord war. Als dann aber die Schotten brachen und die Poller herausrissen, weil das Boot immer tiefer sank, und dann auch der Schlepper nach einer Umrundung ablief, sah er seine letzte Stunde gekommen. Um sich diese aber so angenehm wie möglich zu machen, brach er die Kantinenlast auf und trank eine Flasche Rum aus, nachdem er aber vorher noch seine Schwimmweste voll aufgeblasen hatte. Beim Eindämmern in den Rausch ist das Boot dann unter ihm weggesunken. Immerhin hat er bewußtlos mindestens drei Stunden im allerdings gut 20 Grad warmen Wasser gelegen, bis ihn sein Kommandant fand und an Land brachte.
Bei der nach jedem Einlaufen üblichen telefonischen Meldung beim Lagezimmer der 2. SiDi weise ich natürlich auf das verhängnisvolle Thema Munition auch im Hinblick auf die nächsten Einsätze hin und erfahre, daß neue Munition im Laufe des Tages eintreffen werde. Immerhin haben wir allein bei dieser Gruppe mit sechs bzw. vier A-Trägern 372 Sprenggranaten 8,8-cm, 291 Schuß 3,7-cm, 8 000 Schuß 2-cm sowie 67 LG verschossen, von denen allerdings 75 Prozent Versager waren!
Im Lagezimmer meldet sich auch gleich mein Crewkamerad Hanns Poeschel, der in dieser Nacht Asto (Admiralstabsoffizier) vom Dienst gewesen ist. Aufgrund der ihm vorliegenden B-Dienst-Meldungen und Auswertungen sowie der eigenen Radar-Beobachtungen unserer Kurse war er, wie er mir erklärte, äußerst besorgt gewesen und habe daher laufenden FT »Schneider melden!« absetzen lassen. Und da sie lange Zeit nicht beantwortet wurden – erst nach meinem Übersteigen auf R 226 klappte der Kontakt – war er erst recht besorgt, bis ich ihn nun echt gerührt persönlich beruhigen konnte. Nicht nur, daß wir beide gebürtige Stettiner sind, sondern schon auf dem Segelschulschiff GORCH FOCK waren wir 1939 zusammen und hatten diese Freundschaft und Verbundenheit bei jedem meiner Besuche bei der 2. SiDi in den letzten Wochen wieder erneuert, wobei er bei mir auch immer ein wertvoller Hintergrund-Material-Informant wurde.
Im Gefechts-Kurzbericht per Fernschreiben führe ich unsere »Ermittlungen« bei der Kommandanten-Besprechung auf und weise auch auf die im Gegensatz zu den englischen zu kurze Brenndauer unserer Leuchtgranaten hin, die verlöschen, wenn das Ziel aufgefaßt ist. Dadurch wird ein geleitetes, wirksames Schießen sehr erschwert. Die Doppel-Salven des Gegners hingegen lagen gut und dicht beieinander, während von den MTB kein Artilleriefeuer bei ihren Angriffen beobachtet wurde. Sie wollten wohl möglichst lange unentdeckt bleiben.
Nach der länger dauernden Kommandanten-Besprechung – auch mit ersten Direkt-Informationen über das Schicksal der Gruppe Conrad – verspüre ich starke Kopfschmerzen, die ich auf die vorhergegangenen Anspannungen zurückführe, dann stellen sich aber auch Schwindelgefühle ein, so daß ich mich zum Erholen und Ausschlafen in meine nahe »Villa« am Hafen zurückziehe. Gegen Mittag besucht mich dort unser Flottillenarzt, Assistenzarzt Dr. Karl-Heinz Eickmeyer, und diagnostiziert eine Gehirnerschütterung, wohl durch den herunterfliegenden Beton-Panzer

des Kompasses von AF 98. Er verordnet mir weiter Ruhe und meldet wohl auch meinen Zustand an die SiDi. Wegen schlechten Wetters ist ohnehin in der nächsten Nacht kein Einsatz möglich.
Bei dieser Kommandanten- und Offiziers-Besprechung geht es aber auch um das nicht minder wichtige Problem, wie es mit den Besatzungen weitergeht, die ihr Boot verloren haben. Soweit sie nicht schon in See abgeborgen und auf anderen Einheiten nach Fécamp gebracht wurden, sind sie inzwischen im Laufe des Vortages von ihren Strandungsorten weiter westlich in Fécamp eingetroffen, wo sie von den drei Booten AF 101, 104 und AF 109 sowie vom Stützpunkt betreut werden. Durch einen Befehl des BSW wird eine erste Gruppe von 100 Mann von AF 110/111 der »Festung Le Havre« für den Erdeinsatz unterstellt und abgefahren.
Die Besatzungen von AF 98, 103, 105 und AF 108 werden dem Seekommandanten Pas de Calais in Boulogne zugeteilt ebenso wie die Besatzung des vor Fécamp verlorengegangenen U-Jägers UJ 1433 und das Personal der Marine-Peilstelle Etretat. Diese für die Besatzungen sehr bittere Entscheidung wird im Laufe des 29. August gefällt.
Mit der Führung der 242 Mann für Boulogne wird Leutnant zur See d.R. Niehoff (Kommandant AF 105) betraut. Die Männer gelangen mit Lkws der 15. VP-Flottille, die uns endlich Munition gebracht hatte, über Yvetot, Dieppe und Abbeville nach Boulogne. Da aber das Fassungsvermögen der Lkw nicht für alle ausreicht, müssen vorher vereinbarte Teilstrekken zu Fuß zurückgelegt werden. Die Lkw pendeln dann zwischen den Gruppen hin und her. So erstreckte sich dieser Transport über drei Tage und zwei Nächte. In Boulogne werden die Besatzungen von AF 103 und AF 108 der Marine-Artillerie-Abteilung (MAA) 240 und die von AF 98 und AF 105 der MAA 242 zugeteilt, bei denen sie später in britische Gefangenschaft geraten – ebenso wie die nach Le Havre abgeteilten.
Die 2. SiDi stellt dazu im KTB fest: »Diese Transporte erfolgen überwiegend im Fußmarsch. Wenn man berücksichtigt, daß diese Soldaten durch die Torpedotreffer fast ausnahmslos fußkrank waren, alle ihr Boot verloren hatten, und dazu noch das Bild des allgemeinen Heeres-Rückzuges unerfreulich war, kann mit Worten die Leistung dieser Männer nicht genügend gewürdigt werden!« Ausdrücklich war dazu befohlen, daß die Offiziere – ebenso wie Spezial-Personal – unbedingt in die Heimat mitgenommen werden müßten.
Und zu den Gefechten der letzten Nacht heißt es im KTB der Gruppe West: »Die eigenen Verluste sind relativ gering angesichts der Versenkung eines Zerstörers und eines S-Bootes (beim Gefecht der von Le Havre kommenden 14. R-Flottille). Diese Erfolge sind bezeichnend für die kräftige eigene Gegenwehr und die starken A-Träger.« Und die 2. SiDi stellt in ihrem KTB fest. »Durch 75 Prozent Versager bei den LG konnten die Angriffe der S-Boote nicht rechtzeitig bekämpft werden. Auch brennen die eigenen LG im Gegensatz zu den englischen zu kurz. Der Verlust von AF 108 – und AF 98 – steht im ursächlichen Zusammenhang mit den LG-Versagern. Es ist bedauerlich, daß bei der starken zahlenmäßigen Unterlegenheit nun auch noch festgestellt werden muß, daß die eigene Munition nichts taugt. Eine entsprechende Meldung an das Oberkommando der Kriegsmarine (OKM) ist erfolgt.«
Die Lage an den Landfronten wird immer bedrohlicher. Auch wenn wir dabei nur auf den immer etwas vorsichtig verschleiernden täglichen »Wehrmachtsbericht des Oberkommandos« im Rundfunk angewiesen sind, ist doch der anhaltende Vormarsch der Alliierten in Frankreich zu erkennen. Welch ein Kräfte-Potential der Gegner auch nach der Landung in der Normandie besitzt, führt deutlich seine zweite Landung am 15. August an der französischen Mittelmeer-Küste vor Augen. Das bedeutet für die Wehrmacht eine neue Front und Schwächung an anderen Stellen, um eine Abwehr aufzubauen. Trotzdem können die amerikanischen und französischen Kräfte Marseille nach Räumung am 25. August besetzen und haben damit einen für den weiteren Nachschub entscheidend wichtigen großen Hafen in der Hand, obwohl Zerstörungen vorgenommen wurden.
Uns an der Kanalküste betrifft es aber mehr, daß die alliierten Panzer am 28. August die Seine zwischen Le Havre und Rouen erreicht und überschritten haben und mit der Einkreisung von Le Havre von Süden beginnen. Am 25. August stehen die Spitzen des Gegners aber auch vor Paris, das in den nächsten Tagen fast kampflos besetzt wird.
Schon am 16. August hatte Hitler die Verlegung der hohen Führungsstäbe – Heeres-Oberbefehlshaber West, Marine-Gruppe West, Luftflotte 3 und Militärbefehlshaber Frankreich – aus Paris freigegeben, verbunden mit der Auflage, daß erstere auch künftig nahe beieinander bleiben sollen. Und die Gruppe West befiehlt ab 28. August die Räumung aller Häfen westlich von Boulogne. Das sind alles Dinge und Entwicklungen, von denen wir nichts mitbekommen!
Zurück zur Situation in Fécamp. Hier sind im Zuge der Räumung von Le Havre in den letzten Tagen zahlreiche andere Einheiten eingetroffen, so daß im Hafen eigentlich alle Liegeplätze belegt sind, wenn nicht sogar überbelegt und entsprechender Betrieb herrscht. Außerdem trifft auf dem Landweg die vollmotorisierte Flottille 261 des KdK (Kommando der Kleinkampfmittel) unter Führung von Korvettenkapitän Hans Bartels mit 22 BIBER-Kleinst-U-Booten von neun Metern Länge – ein Mann

Deutsches Kleinst-U-Boot Typ BIBER im Deutschen Museum zu München.
Foto: Deutsches Museum zu München

Besatzung, zwei 53,3-cm-Torpedos seitlich am Rumpf, 20 Meter Tauchtiefe, Geschwindigkeit 6,5 Knoten über, 5,3 Knoten unter Wasser, Reichweite 130 Seemeilen – ein. Auf dem Marsch von Tournay hat der Verband durch Fliegerangriffe neun Mann, drei BIBER und drei Transportwagen verloren.
Die Einheit beginnt im inneren Hafenbecken über eine Slip-Anlage mit dem Zu-Wasser-Bringen ihrer Geräte. Ihr Auftreten u. a. mit der Forderung nach höchster Priorität wird dabei von den anderen Marine-Einheiten als wenig schön und nicht gerade nach »Navy-Art« empfunden, erst recht der Ton dabei, sinngemäß etwa: »So, jetzt werden wir euch mal zeigen, wie man den Krieg gewinnt, was ihr ja nicht geschafft habt …« Beim Anblick ihrer Ausstattung und Möglichkeiten konnte man schon neidisch werden!
Der für die Nacht zum 30. August vorgesehene Einsatz muß wegen Schwierigkeiten beim Wassern der BIBER um 24 Stunden verschoben werden. Ziel sind dabei Landungsstellen der Alliierten in der Seine-Bucht mit Rückkehr nach Le Havre, solange dieser Hafen noch nutzbar ist. Alle BIBER kehren aber am 31. August nach zum Teil sechs-, zum Teil sogar neunstündiger Fahrt nach Fécamp zurück. Sie konnten die Ziele bei starkem Wind und Seegang nicht erreichen. Zwei meldeten Erfolge: einen LIBERTY-Frachter versenkt und nach Le Havre gelaufen, wo das Gerät gesprengt wurde. Ein anderer BIBER-Fahrer – er lief nach Fécamp zurück – meldet die Versenkung eines größeren Frachters. Anschließend wurde die Flottille mit noch 14 Geräten hinter die Somme zurückverlegt. Den Einsatz weiterer K-Mittel hält die Skl. (Seekriegsleitung) daraufhin in diesem Raum wahrscheinlich für nicht mehr möglich, da das Heer eine Sicherungslinie an der Somme aufbaut, und das Küstengebiet Fécamp–Le Havre allzu sehr gefährdet ist (KTB vom 24. August).
Zum Verständnis für die weitere Entwicklung muß auf die anderen Ereignisse in der Nacht vom 27. zum 28. August in diesem zum Gefechtsfeld gewordenen Seegebiet hingewiesen werden, die alle in einem Zusammenhang stehen: Auf deutscher Seite ist es die Rückverlegung der letzten Marine-Einheiten nach Osten, während der Gegner diese Bewegungen verhindern bzw. möglichst verlustreich gestalten möchte. Dabei wird im »Combined Headquarter« in Portsmouth mit harten deutschen Reaktionen wie sogar Angriffen mit Torpedo-Flugzeugen und dem Werfen neuer Minensperren gerechnet!
»Tatsächlich stützt sich der Gegner nur auf seine Küstenbatterien und die Schlagkraft seiner Schiffe …«
So verläßt die 14. R-Flottille am 27. August gegen 22.00 Uhr mit sieben R-Booten und den beiden U-Jägern, UJ 1431 und UJ 1433 als letzte Sicherungsstreitkräfte Le Havre mit Ziel Dieppe. Dabei werden noch der Hafen und der Einlaufweg bis zur Ansteuerungstonne mit Minen verseucht. Bereits um 22.45 Uhr funkt die 2. SiDi – die Seeleitstelle hatte den Betrieb auch schon eingestellt – »Nordt: Gegner ortet Sie. Mit Angriff feindlicher S-Boote rechnen.«
Gegen 23.35 Uhr ortet auch UJ 1431 die Feindeinheiten, und wenig später werden zweieinhalb Seemeilen nordöstlich Cap d' Antifer im Schein der LG-Fächer der U-Jäger sechs MTB erkannt, auf die aus 30 Hektometer (3 km) das Feuer eröffnet wird. Um 23.50 Uhr greifen größere Feindeinheiten mit LG und sofort deckend liegendem Feuer ein. Bereits mit der ersten Salve erhält R 231 einen Treffer im Maschinenraum. Das brennende Boot wird manövrierunfähig. Mit der nächsten Salve wird UJ 1433 mehrmals getroffen. Der Gegner dreht dann nach Beobachtung mehrerer Treffer ab, zumal auch Landbatterien in das Gefecht eingreifen. Gegen 0.10 Uhr wird auf beiden Seiten das Feuer eingestellt.
UJ 1433 muß jedoch vier Seemeilen südwestlich von Fécamp sinkend auf Grund gesetzt werden. Das havarierte R 231 wird von anderen Räumbooten nach Fécamp geschleppt. Die anderen Boote geraten um 2.36 Uhr erneut in ein Gefecht mit einem gemischten Feind-Verband, der mehrere Torpedos – das Hauptziel ist UJ 1431 – feuert, die aber dank starker Abwehr nicht treffen. Kurz vor dem Einlaufen detonieren noch drei Torpedos an den Molenköpfen!

Wegen ungenügender Wassertiefe ist der U-Jäger in der Hafeneinfahrt noch festgekommen und wird zum Ziel eines neuen MTB-Angriffes, der aber von den R-Booten abgewehrt werden kann. Der Gegner bezieht dann weiter östlich eine neue Riegel-Stellung, während der U-Jäger bei auflaufendem Wasser nach Fécamp einläuft.
Der Verband hat 13 Tote und neun Vermißte zu beklagen. Dazu kommen 18 Verwundete. Mehrere R-Boote weisen Treffer auf, der U-Jäger drei. Er will ein MTB versenkt haben.
R 231 ist teilweise ausgebrannt und mehrere Wochen aKB. Der Munitionsverbrauch betrug 110 LG-8,8-cm, 126 Sprenggranaten 8,8-cm, 1 465 Schuß 3,7-cm, 2 460 Schuß 2-cm- sowie je zwölf RAG-LG und Sprenggranaten.
Zurück nach Fécamp am 28. August. Hier laufen die Vorbereitungen für die nächste Etappe des Rückmarsches nach Dieppe, bei dem alle im Hafen liegenden, möglichst auch die fahrunklaren Fahrzeuge mitgenommen werden sollen. Dazu kann Kapitänleutnant Nordt die vom Hafenkapitän schon angeordnete Sprengung der Molen und Innenschleuse verhindern, was eine Blockierung eines Teils der Marine-Fahrzeuge bedeutet hätte. Eine Heeres-Batterie auf der Anhöhe über Fécamp wird jedoch – entgegen der Vereinbarung mit ihrem Chef, das Auslaufen am Abend noch, wenn nötig, artilleristisch zu unterstützen – im Laufe des Nachmittags gesprengt. Dabei werden noch am frühen Morgen gegen 4.00 Uhr Stadt und Hafen von See her kurz beschossen, was aber an unseren Einheiten keine Schäden anrichtet.
Schon am Vortag, als dann das Auslaufen wegen der Wetterlage um 24 Stunden verschoben werden muß, hat mich der A.I. der 2. SiDi telefonisch unterrichtet, daß »Kaleu« Nordt mit der Führung des Verbandes – also aller Fahrzeuge – beauftragt und mir zur Schonung und Wiederherstellung die Rückkehr auf dem Landweg »verordnet« werde: »Für diesen Einsatz genügt ein Flottillenchef ...« Auch erfahre ich, daß aufgrund der jüngsten Erfahrungen eigene S-Boote den Verband begleiten und den Gegner durch Angriffe ablenken sollen. Dazu hat sich der BSW an den Führer der Schnellboote (FdS) gewendet: »Zur Entlastung der noch in Fécamp liegenden und in der Nacht zum 29. August nach Osten zu verlegenden Fahrzeuge wird um Unterstützung durch S-Boote gebeten, vor allem durch Ablenkungsvorstöße im Bereich Point d'Ailly bis Fécamp westwärst des Weges. Überführung sonst in Frage gestellt.« Und im KTB der Gruppe West heißt es am 29. August: »Das Gefecht mit der 14. R-Flottille ist wie schon vorher das der 8. Artillerieträger-Flottille bezeichnend für die ungeheure Feind-Überlegenheit. Der Gegner bietet starke Kräfte auf, um auch auf See notwendig werdende und inzwischen erkannte Absetzbewegungen nach Osten zu verhindern. Die dabei erzielten eigenen

Wachsender Druck durch überlegene Gegner

Nach englischen Unterlagen waren an diesem Gefecht mit der 14. R-Flottille der französische HUNT-Zerstörer LA COMBATTANTE sowie drei MTB beteiligt. Letztere wollten zwei Fahrzeuge torpediert und versenkt haben, der Zerstörer ein weiteres in Brand geschossen und ein viertes beschädigt haben. Mit diesen letzten Einsätzen mag auch ein allerdings erfolgloser Fliegerangriff mit Bordwaffen am 26. August gegen Mittag auf das Funkmeß-Ortungsgerät Cap Antifer zusammenhängen, da der Gegner möglicherweise seine Wichtigkeit für das erfolgreiche Arbeiten der Seeleitstelle erkannt hatte und es ausschalten wollte. Denn diese Stelle hatte bekanntlich durch ihre ausgezeichneten und rechtzeitigen Informationen über Standorte und Absichten bzw. Anweisungen des Gegners maßgeblich zur Bekämpfung und überwiegend auch Abwehr der angreifenden alliierten »Kampfgruppen« beigetragen. Mit welchen Tricks aber auch gearbeitet wurde, zeigt ein Vermerk im KTB der Gruppe West vom 27. August: »Gegner versucht B-Dienst mit deutschen Signalen zu täuschen ...«
Das zuletzt geschilderte anhaltende Gefecht der 14. R-Flottille gehört zu einer ganzen Reihe ähnlicher dieser erst Ende 1943/Anfang 1944 mit elf Booten in Cuxhaven von Kapitänleutnant Otto Nordt aufgestellten Flottille, die in der 2. April-Hälfte zuerst nach Boulogne und dann nach Dieppe als Einsatzhafen und Sitz des Flottillenstabes verlegt worden war. Dabei wurden die Einsätze vorwiegend von Le Havre aus gefahren, wobei es ständig zu Gefechten mit MTB und MGB, auch mit Personalverlusten sowie zum Teil schweren Beschädigungen durch Artillerie-Treffer kam.
So ging am 19. August R 218 verloren – wurde aber auch ein MTB in Zusammenarbeit mit den UJ 1431 und UJ 1433 versenkt. Außerdem wurden Minensperren von Le Havre aus geworfen.
Aber auch die dort stationierte 38. Minensuch-Flottille und die 15. Vorposten-Flottille hatten vor allem nach Beginn der Invasion bei der Küstenvorfeld-Überwachung und der Geleitsicherung ständig Feindberührungen. Selbst die von dort gegen die Nachschub-Flotte für die Invasionsfront operierenden oder Minen werfenden deutschen S-Boote wurden fast immer schon bald nach dem Auslaufen erfaßt und in Gefechte verwickelt und dabei häufig von Zerstörern und Fregatten abgedrängt. Daher kamen sie nur selten zum Torpedo-Schuß und zu Erfolgen, erlitten vielmehr selbst Schäden bis hin zu Totalverlusten von Booten.

Erfolge sind in Anbetracht des auf See schon seit Monaten herrschenden Feinddruckes besonders erwähnenswert und kennzeichnend für die hervorragende Haltung und Widerstandskraft dieser Männer auf den Sicherungsfahrzeugen.«
An diesem Tag ergeht auch der Befehl an den BSW, alle Stützpunkte westlich von Boulogne zu räumen. Nachdem in Fécamp die M-Boote M 3814 und M 3821, die nicht klar zur Überführung gemacht werden konnten, durch Sprengung versenkt worden sind, läuft der Verband schon gegen 21.00 Uhr aus, da für das Herstellen der Schleppverbindungen einige Zeit erforderlich sein dürfte. Denn um eine höhere Marschfahrt zu erzielen, wird wieder das schon beim Verlegen der A-Träger westwärts genutzte und erfolgreiche Schleppen durch R-Boote angewendet. Auf diese Weise soll auch möglichst schnell Raum nach Osten gewonnen werden.
Hinter den führenden Räumbooten R 228 und R 234 folgen in Doppel-Kiellinie R 235 mit AF 100, R 236 mit AF 104 sowie R 230 mit AF 109 und seewärts daneben auf Lücke R 226 mit AF 106, R 229 mit M 4607 und V 240, R 227 mit AF 101 und R 233 mit AF 107 sowie der Schlepper CHARLES NUNGESSER mit UJ 1431 und dem beschädigten R 231. Die Führung der A-Träger-Gruppe hat der auf AF 106 eingestiegene ÄK, Oberleutnant zur See d.R. Bartelt. Bei der Einsatzbesprechung erhielten die beiden S-Boote vom Verbandsführer den Auftrag, sofort nach dem Auslaufen seewärts abzulaufen und die gegnerischen Einheiten im Rücken anzugreifen. Der Kommandant AF 107 – als letztes Boot zur Sicherung nach achtern – erhielt den Befehl, von achtern aufkommende Fahrzeuge sofort unter Feuer zu nehmen. Wie Leutnant zur See d.R. Zeitler weiter berichtet, laufen tatsächlich bald nach Herstellen der Schleppverbindung zwei Fahrzeuge von achtern auf. Nach der erfolglosen Aufforderung, das Erkennungssignal zu zeigen, wird ein Feuerstoß mit dem achteren Vierling über die beiden Boote abgegeben, die darauf sofort seewärts abdrehen. Bei Wind Südsüdwest Stärke 2, See 1 und wechselnder Sicht meldet gegen 22.15 Uhr der U-Jäger mehrere größere Schatten Backbord querab und schießt LG: auch die A-Träger schießen darauf LG-Fächer, unter denen in etwa drei Seemeilen Entfernung zwei Gruppen gegnerischer – auch größerer Fahrzeuge erkannt werden. Sie laufen auf den Verband zu und drehen auf etwa 40 Hektometer Entfernung zum laufenden Gefecht auf, das um 22.27 Uhr von beiden Seiten mit Sprenggranaten 8,8-cm und LG, aber auch 3,7-cm eröffnet wird. Das Feuer der A-Träger liegt sofort deckend und läßt mehrere Treffer erkennen. Gleichzeitig beginnt die vorgesetzte R-Boot-Rotte mit dem Nebeln. Der größere Gegner hält aber weiter auf den Verband zu und stößt dabei durch die Nebelwand. Auf nur zehn Hektometer (1 000 Meter) vereinigt sich alles Feuer auf ihn, das sofort deckend liegt und in das auch die Vierlinge eingreifen. Dabei werden Brände und dunkler Rauch beobachtet, bis der Gegner abdreht und im Nebel verschwindet. Die anderen gegnerischen Einheiten hatten das Feuer nur schwach erwidert, das zudem zu kurz lag. Auch sie drehen rasch ab.
Gegen 22.45 Uhr wird das Feuer eingestellt, da die Fühlung verlorengegangen ist.
Wenig später wird aber in See ein erneuter Feuer-Wechsel mit den jetzt eingreifenden deutschen S-Booten beobachtet (die später in Dieppe sogar vom Sinken einer größeren Einheit berichten). Möglicherweise hatte Gegner die S-Boote im Radar erfaßt oder ist vor ihnen gewarnt worden, was ihn in Verbindung mit den schweren Schäden zum Abbrechen des Gefechtes zwang.
Der Verband steht inzwischen auf der Höhe von St. Valery und dreht in die Bucht von Dieppe ein. Dabei erfolgen noch mehrere Jabo-Angriffe, die aber im starken Abwehrfeuer keinen gezielten Bombenwurf anbringen können. Diese starke Abwehr hat offenbar auch schon vorher bei dem Gefecht die dabei ebenfalls beobachteten MTB-Torpedo-Angriffe vereitelt. Gegen 5.00 Uhr macht der Verband in Dieppe fest. Nur auf R 226 und R 233 werden leichte Splitterschäden festgestellt, R 226 hat je einen Schwer- und Leichtverwundeten. Der Munitionsverbrauch in dieser Nacht betrug 115 LG 8,8-cm und 489 Sprenggranaten, 1 710 Schuß 3,7-cm sowie 9 540 Schuß 2-cm.
Die Gruppe West stellt dazu in ihrem KTB fest: »Abermals haben sich die Sicherungs-Streitkräfte hervorragend geschlagen. Der Erfolg ist besonders im Hinblick auf die geringen eigenen Verluste anerkennenswert. Wie weit die Zerstörer-Beschädigungen jedoch ausschließlich auf BSW-Streitkräfte zurückzuführen sind, bleibt dahingestellt. Doppelmeldung des S-Boot-Torpedotreffers erscheint wegen annähernd gleicher Uhrzeit nicht ausgeschlossen. Auf jeden Fall sind in der letzten Woche drei Feind-Zerstörer versenkt oder schwer beschädigt worden. Der 14. R-Flottille und 8. A-Flottille sowie der 8. S-Flottille spreche ich vollste Anerkennung für vorzügliche Gefechtserfolge aus«!
Und der BSW: »Die Verlegung Fécamp-Dieppe ist gelungen, obwohl der Gegner gegen diese von ihm erwartete Bewegung eine starke Kampfgruppe von Zerstörern ansetzte. Das ist dem Ansatz von S-Booten zum Ablenken neben der energischen Waffenwirkung des Verbandes zu verdanken. Beteiligt waren zwei S-Boot-Gruppen: eine aus Dieppe mit drei Booten seewärts des Weges, die andere (zwei Boote) angehängt an das Geleit.«
Auch die 2. SiDi führt in ihrem KTB den Erfolg und das Lösen des Gegners auf die schweren Beschädigungen des Führer-Zerstörers und seine Bindung durch die eigenen S-Boote zurück.

Und Kapitänleutnant Nordt, Chef der 14. R-Flottille bezeichnet in seinem KTB, daß die artilleristische Verstärkung seiner Flottille durch die A-Träger (immerhin durch 12 x 8,8-cm, 6 x 3,7-cm und zwölf 2-cm-Vierlinge) von ausschlaggebender Bedeutung für das Abweisen des Feindes und den verlustlosen Marsch von Fécamp nach Dieppe war. Die R-Boote stellten den A-Trägern ihre höhere Geschwindigkeit zur Verfügung, während sich die Flottille auf die starke Artillerie der A-Träger stützen konnte. Letzteres empfand auch der Kommandant AF 109 in seinen Erinnerungen: »Die schnelle Fahrt berauscht«!
Für das weitere Schicksal der 8. A-Flottille ist aber auch wichtig, daß am 29. August die Gruppe West die Abgabe weiterer Einheiten erlaubt, darunter auch unserer Flottille mit sieben Booten, davon eins (AF 102) aKB. Von der 2. SiDi wird das wie folgt kommentiert: »Diese Entscheidung ist hart, aber wohl im Interesse der allgemeinen Kriegslage.«
Ich selbst werde im Laufe des 29. August in Fécamp von Angehörigen der Marine-PK (Propaganda-Kompanie = Kriegsberichterstatter) aus Le Havre zu einem Interview über unsere letzten Einsätze aufgesucht. Da sie anschließend mit ihrem Pkw weiter längs der Küste via Dieppe nach Boulogne fahren wollen und ein Platz für mich frei ist, vereinbare ich mit ihnen meine Mitnahme. Dazu starten wir nach dem Auslaufen des Verbandes, zumal anschließend daran mit der Sprengung und Sperrung der Hafen-Einfahrt begonnen werden soll. Das Personal unseres kleinen Stützpunktes ist auf den Booten eingestiegen, und vorher habe ich auch noch die SiDi über meine Mitfahrmöglichkeit unterrichtet. Diese Fahrt gestaltet sich dann aber bei dunkler Nacht und mit abgeblendeten Scheinwerfern am Auto auf der vielfach durch Bomben zerstörten Straße nach Dieppe als ganz und gar nicht »schonend«. Mit viel Glück

»Breakdowns« beim Gegner

Aus englischer Sicht schreibt P. Scott zu den Ereignissen in dieser Nacht, daß der Feind schon sehr früh, noch in der Dämmerung aus Fécamp auslief und dabei wohl seine Chancen bei Luftangriffen höher einschätzte als Gefechte mit unseren Zerstörern und MTB. Die starke Beanspruchung unserer Einheiten in dieser Woche führte auch in dieser Nacht zu einer Zahl weiterer Zusammenbrüche (breakdowns), so daß nur die Fregatte RETALICK und der Zerstörer CATTISTOCK eingesetzt werden konnten. Als sie den Konvoi angriffen, erhielt sofort CATTISTOCK einen Treffer in der Brücke, der die Feuerleitanlage der Artillerie zerstörte und den Kommandanten (Leutnant R.G.D. Keddie) tötete. RETALICK setzte den Angriff fort. Außerdem bemühte sich eine gemischte Gruppe von MTB nach Reparatur ihrer Defekte um Anschluß, kam jedoch zu spät. So konnte der Gegner durch eine Serie unglücklicher breakdowns und den Treffer in der Brücke der CATTISTOCK entkommen. Mit Erreichen von Dieppe hatte er auch den Kommando-Bereich des »Portsmouth Command« verlassen. Auf dem nächsten Abschnitt ihrer Fahrt waren die Deutschen konzentrierten Angriffen der Luftwaffe (RAF) und später beim Passieren der Dover-Enge wieder von MTB ausgesetzt. In der Nacht zum 1. September führten MTB zwei Angriffe durch und versenkten drei (?) Fahrzeuge.
Durch einen Zufall bin ich Mitte der achtziger Jahre darüber hinaus an eine weitere Schilderung der Ereignisse aus englischer Sicht gekommen. Der Bamberger Siegfried Duske, der sich als früherer Angehöriger der 14. R-Flottille sehr um eine Chronik seiner Flottille bemühte, hatte als Mitglied auch der Marine-Kameradschaft Bamberg in einer Art Patenschaft Kontakt mit dem entsprechenden Pendant der Royal Navy in Portsmouth. Dadurch konnte eine Verbindung mit einem früheren Besatzungsangehörigen der CATTISTOCK, dem damaligen Signalgasten J. Hartshorne, hergestellt werden. Dieser schilderte in einem Brief seine Erlebnisse frei übersetzt wie folgt:
»Beim Einsatz vor Fécamp am 29./30. August 1944 war ich junger Signalgast auf HMS CATTISTOCK. Wir hatten gerade eine Werftüberholung beendet und hörten im »Küstenklatsch«, daß die Zerstörer FORESTER und VOLUNTEER eine Nacht zuvor auf einige R-Boote gestoßen wären, die nicht ihrer üblichen Praktik folgten abzudrehen, sondern sich als sehr unangenehm entpuppten!
Am 29. August wurde uns gesagt, daß die Kanadier bemüht seien, Le Havre zu nehmen, und daß daher voraussichtlich 14 deutsche Marinefahrzeuge, – Minensuch-, R- und S-Boote sowie Flak-Leichter – ausbrechen würden. Zu dieser Zeit arbeiteten wir zusammen mit den CF-(Coastal Forces)-Fregatten der CAPTAIN- und der RIVER-Klasse unter einem erfahrenen CF-Offizier, Lt. Cdr. P. Scott (RNVR) auf HMS RETALICK (K 555). Wir verließen Portsmouth »in the Dogs« im Verband, der aus RETALICK, CATTISTOCK, dem Dampf-Kanonen-Schnellboot (SGB) GREY OWL und zwei MGB, bestand, deren Nummern ich vergessen habe. Später entließ uns RETALICK zusammen mit dem SBG, das dicht hinter uns blieb.
Kurz vor Mitternacht faßte unser Radar eine Gruppe von Schiffen unter Land auf. Der Kommandant entschied, auf 2 000 Yards (rund 2 000 Meter) heranzugehen, um unsere Feuerkraft voll zur Wirkung bringen zu

können. Dabei waren wir jetzt die beiden einzigen Einheiten der Royal Navy. Auf 2 000 Yards Entfernung begannen wir mit dem LG-Schießen. Darauf erschienen auch über uns grüne Lichter. Da wir aber keine Abschüsse gesehen hatten, vermuteten wir Küstenbatterien. Dann aber setzte ein schweres und konzentriertes Feuer von der gesamten feindlichen Linie ein. Glücklicherweise ging es aber über unsere Köpfe gerade unter Masthöhe hinweg. Wir nebelten, passierten feuernd die Linie und drehten in den Nebel ab.
GREY OWL mißverstand aber unsere Absicht, denn als wir aus dem Nebel wieder herauskamen, um das Gefecht erneut aufzunehmen, waren wir allein. Schlimm war dann der Feuerhagel, der auf uns niederging! Den ersten Treffer erhielten wir in der Leitzentrale, dann am Zielgeber. Die Geschütze wünschten Ziel-Angaben, denn man sah Schiffe etwas Steuerbord achteraus. Ein Treffer am Schild des ›A‹-Geschützes tötete den Kommandanten und verwundete den I.O. Auf der Brücke fiel außerdem ein Mann am Zielgeber, während ein Fähnrich verwundet wurde. Im Leitstand gab es auch einen Toten. Die übrige Besatzung dort wurde verwundet, da vermutlich eine 3,7-cm-Granate im Raum detonierte.
Der verwundete I.O., Lt. Hon. J. Edmonds (DSC RN), setzte das Gefecht mit dem ›Y‹-Geschütz und den leichten Waffen fort. Ein Signal vom CinC Portsmouth befahl uns, abzubrechen und zurückzukehren. Dabei hörten wir Anweisungen an FORESTER und VOLUNTEER mit, zusammen mit dem polnischen HUNT-Zerstörer SLAZAK (L 128), ins Kampfgebiet zu laufen. Außerdem wartete die Fregatte HMS STAYNER der CAPTAIN-Klasse zusammen mit einer MTB-Gruppe im Bereich des Flag Officer (Admiral) Dover Area auf den Gegner.
Der Preis für diese halbe Stunde ›Wahnsinn‹ (madness) auf HMS CATTISTOCK betrug vier Tote und 20 Verwundete. Am ›A‹-Geschütz trafen drei 3,7-cm-Granaten den Schutzschild an Steuerbordseite, wonach der Gegner Steuerbord achtern gestanden haben muß. Der Leitstand wurde von Schiffen querab getroffen. Dabei verfehlten sie an der OERLIKON (2-cm) den Kanonier und Maat nur ganz knapp. Auch gingen alle Flaggen und Ausguck-Gläser auf der Brücke mit. Der spätere Augenschein des Schadens dort zeigt, daß ich nur wenige Inches weiter auch zu den Verlusten gezählt hätte.«

können wir einige Male plötzlich auftauchende kleinere Bombentrichter »überspringen«, nicht gerade das Richtige für meinen Brummschädel! Daher entschließe ich mich, in Dieppe wieder an Bord zu gehen, da mir dort mit Sicherheit die körperlichen Strapazen und Schrecken der letzten Nacht erspart werden dürften bzw. es jedenfalls nicht schlimmer werden könnte …
Entsprechend informiere ich am Vormittag telefonisch die SiDi, daß ich auf AF 106 bei Oberleutnant zur See d.R. Jordan eingestiegen sei. Dabei erfahre ich, daß in der kommenden Nacht der Ost-Marsch fortgesetzt werden soll, und zwar im Interesse der Kampf- und Abwehrkraft wieder im gesamten Verband unter Führung von Kapitänleutnant Nordt. Wegen der größeren Entfernung bis Boulogne sollen die A-Träger wie schon bei ihrer Verlegung nach Westen vor gerade erst 14 Tagen von den R-Booten geschleppt werden.
Unsere Besatzungen kriegen nach dem Ausschlafen schnell heraus, welche »Schätze« hier noch in den Lagern und Depots der Wehrmacht ruhen, die nun geräumt werden sollen und quasi freigegeben worden sind. Wieweit unsere »Lords« mit sanfter, aber deutlicher Gewalt und auch Zorn auf die jetzt offenbar werdenden Bestände dabei nachhelfen, läßt sich nicht feststellen … und soll es wohl auch nicht. Jedenfalls kommen ungeahnte Dinge an Bord, nicht nur Lebensmittel und Getränke, sondern auch Radio-Apparate, wie die sehr guten kleinen französischen »Radione«, und pelzgefütterte Jacken, die wohl mal für französische Alpenjäger – für den Einsatz 1940 bei Narvik? – vorgesehen waren …
Und Leutnant zur See d.R. Gerecke berichtete, daß der aufgeregte Hafenkapitän ihm im Hinblick auf die bevorstehende Räumung des Hafens zwei Torpedos zum Mitnehmen aufzwingen wollte, was er aber trotz Drohungen ablehnte. Dafür werden aber aus einem zum Versenken und Blockieren vorgesehenen Minenprahm zwei Motoren ausgebaut und als Flottillen-Reserve mitgenommen!
Bei der Auslauf-Besprechung treffe ich überraschend zwei Crewkameraden: Oberleutnant zur See Eberhard Schilling hat als früherer ÄK der 10. R-Flottille sein kurz vorher der 14. R-Flottille zugeteiltes Boot R 219 in den letzten Nächten (24. August) verloren und wird nun mit Verwundungen an den Händen mitgenommen – ebenso wie Oberleutnant zur See Jasper Osterloh, Kommandant eines in den letzten Nächten beschädigten und werftreifen S-Bootes, der mit seinem Schicksal hadert. Was man allerdings an Land über die Entwicklung der Invasion zu hören bekommt, ist alles andere als erfreulich!
Nach dem Erfolg in der vergangenen Nacht läuft der Verband am 30. August um 20.30 Uhr bei Westwind Stärke 1 bis 2, See 1 mit langer Dünung, Sicht acht bis zehn Seemeilen und hellem, aber unsympathischen Mondschein aus. Neu dazugekommen sind V 1530 und H 10S. Der Kommandant AF 107 zählt insgesamt 21 Fahrzeuge. Aufgeteilt ist der Verband in zwei Staffeln Backbord

hintereinander, und vorgesetzt laufen zwei R-Boote und der U-Jäger 1431. Dank des Schleppens durch die R-Boote beträgt die Marschfahrt zwölf Knoten. Diese Formation habe ich aufgrund unserer bisherigen guten Erfahrungen bei Artillerie-Duellen abermals vorgeschlagen.
Fast schon erwartungsgemäß gibt es um 23.54 Uhr den ersten Jabo-Angriff auf den U-Jäger als größtes Ziel, der wie die nächsten am 31. August um 0.19 Uhr neben Splitterschäden auf dem U-Jäger drei Tote und 14 Verwundete fordern. Beim vierten Angriff gegen 2.15 Uhr fallen die Bomben weiter achteraus. Dagegen sind um 2.25 Uhr durch einen Nahtreffer bei AF 101 am Schluß der vorderen Staffel ein Toter sowie zwei Verwundete zu beklagen. Zwischen 3.17 Uhr und 3.22 Uhr kreist ein weiterer Jabo über dem Verband, der seine Bomben im Abwehrfeuer, ohne Schäden anzurichten, abwirft.
Um 4.09 Uhr meldet der U-Jäger eine Geräuschpeilung voraus, die mit einer FT-Warnung durch eigene S-Boote zusammenfällt. Unter sofort geschossenen LG-Fächern werden voraus in 50 Hektometern Entfernung vier bis fünf britische MGB erkannt, die im gut liegenden Abwehrfeuer mit unseren 8,8-cm-Geschützen schnell wieder abdrehen, ohne das Feuer zu erwidern. Kurz vor 6.00 Uhr läuft der Verband in Boulogne ein, wobei der Kommandant AF 107 zu seinem Erstaunen feststellen muß, daß das bei ihm noch angehängte – als fahrunklar gemeldete! – Hafenschutzboot nach Lösen der Schleppverbindung mit hoher Fahrt an ihm vorbei in den Hafen läuft! Der Munitionsverbrauch wird mit 61 Schuß 8,8-cm-Sprenggranaten, 136 8,8-cm-LG, 573 Schuß 3,7-cm sowie 3 725 Schuß 2-cm ermittelt. Der hohe Verbrauch an LG zeigt erneut, wie wichtig sie für die rechtzeitige und erfolgreiche Abwehr von Angriffen feindlicher Überwasserstreitkräfte, vor allem von MTB und MGB sind.
Das Fahren hinter den vor der Dünung in dieser Nacht stark gierenden R-Booten stellte an die Rudergänger auf den A-Trägern hohe Anforderungen. Verschiedentlich brachen auch die Schleppverbindungen, die aber dank der durch Splitterschäden in der Maschine des U-Jägers verringerten Geschwindigkeit – er mußte nach Ausfall der Maschinenanlage von CHARLES NUNGESSER geschleppt werden – ohne Auseinanderreißen des Verbandes immer wieder hergestellt werden konnten. Wesentlich schwerer war es, die Logger mitzuschleppen. Das kurze Gefecht bewies erneut die bedeutend gesteigerte Feuerkraft solcher »Kampfgruppen«. Es ist anzunehmen, daß der Gegner nach dem Ortungsbild mit einem R-Boot-Verband gerechnet hatte und bei der unerwartet starken Abwehr sofort abdrehte.
Der Weitermarsch in der Nacht vom 31. August zum 1. September muß wegen schlechter Wetterlage um 24 Stunden verschoben werden, da Wind und Seegang Südwest Stärke 6 bis 7 das Schleppen des U-Jägers unmöglich machen. Zugleich ist auch der Waffeneinsatz beschränkt. Im Laufe des 31. August erhalten wir aber bei Besuchen von Mitgliedern des Stabes der 2. SiDi Informationen über die weiteren Planungen der Rückführung. An diesem Tage gibt die Division ihr langjähriges Führungsquartier in Souverain-Moulin nördlich von Boulogne auf und verlegt vorerst provisorisch nach Brügge, wo sie ab dem 1. September wieder einsatzfähig sein wird.
Paris ist inzwischen feindbesetzt und Le Havre seit dem 28. August eingeschlossen. An Land stoßen die Engländer und Kanadier weiter nach Norden Richtung Antwerpen vor. Und im deutschsprachigen britischen »Soldatensender Calais« hören wir, daß »in der nächsten Nacht die letzten deutschen Marine-Einheiten – mit genauer Bezeichnung! – von Boulogne auslaufen. Einen gebührenden Empfang werde man ihnen draußen auf See bereiten«. Dann folgt eine Aufzählung aller alliierter Einheiten und Verbände einschließlich der Jabo-Staffeln und Fernkampfbatterien im Raum Dover, die auf die Deutschen warten!
Für den Weitermarsch wird nach Flottillen getrennter Marsch befohlen, wobei uns neben dem Schlepper CHARLES NUNGESSER die Vorpostenboote V 240 und V 1530 sowie das Hafenschutzboot zugeteilt sind, die ich zwischen die beiden Dreier-Backbord-Staffeln der A-Träger eingliedere. Auf das Schleppen durch R-Boote wird diesmal verzichtet, da unser nächstes Ziel Dünkirchen auch mit unserer Marschfahrt erreicht werden kann. Außerdem werden dadurch der schwerfälligere Einsatz und das Manövrieren beim zu erwartenden Fernkampf-Beschuß in der Enge der Straße von Dover – an Bord auch »Cap de la Bums« genannt – vermieden.
Nach dem Ablegen um 22.10 Uhr und Formieren des Verbandes – der Verband der 14. R-Flottille läuft wenig später aus und überholt uns dann aber bald unter Land, nach dem Passieren der beiden großen Caissons auf der Reede vor dem Hafen, schon wieder. Es herrschen ruhiges Wetter, leichte Dünung, etwa zehn Seemeilen Sicht, aber ungemütliche Vollmond-Helle. Dabei gibt es den ersten Jabo-Angriff um 22.50 Uhr mit drei Bomben, die hinter AF 106 einschlagen. Nur zwei Minuten später detonieren diesmal zwei Bomben vor AF 106, während uns unter Land die 14. R-Flottille ziemlich nahe überholt. Um 23.06 Uhr fliegt von achtern der dritte Jabo im Tiefflug an, gut erkennbar vom Typ WHIRLWIND. Im starken, konzentrierten Abwehrfeuer beginnt die zweimotorige Maschine sofort zu brennen und schlägt nach Bombenfehlwürfen etwa 2 000 Meter an Backbord aufs Wasser. Nur zehn Minuten später erzielt beim vierten Jabo-Angriff auf der Höhe von Audrevilles eine TYPHOON –

auch wieder im Tiefflug von achtern etwas voraus – und daher auch schon von uns nach Land zu beschossen – einen Raketenvolltreffer auf R 226 mittschiffs, wobei sich unter drei Toten auch der Kommandant, Leutnant zur See Fettke, befindet. Dazu kommen ein Vermißter und 17 Verwundete. Auf dem R-Boot sind beide Motoren ausgefallen. Auch R 234 wird am Heck bei einem der Angriffe getroffen und hat neben zwei Toten 13 Verwundete zu beklagen. R 226 ist übrigens das Boot, daß in der Nacht zum 28. August vor Fécamp die Besatzung von AF 98 und auch mich nach dem Torpedotreffer übernommen hat. Die TYPHOON ist derart getroffen, daß das Flugzeug nicht mehr hochziehen kann, brennend noch eine ganze Strecke übers Wasser rutscht, dann zerbricht und versinkt.

Im Feuer schwerer Kaliber

Bald nach dem Passieren von Cap Gris Nez gegen 23.30 Uhr setzt der Beschuß durch zwei Fernkampfbatterien mit 35-cm- und 38-cm-Geschützen ein. Erstes Ziel, weil offenbar bestes Radar-Echo, ist der U-Jäger, der mit den R-Booten – zwei davon im Schlepp – nach der Verzögerung durch deren Bergung nun mit zehn Knoten von achtern an uns wir laufen sieben Knoten vorbeizieht. Die Aufschläge liegen aber bis zu 500 Meter ab, jedoch immer gut auf einer Linie. Sie wandern dann weiter achteraus. Dabei beobachte ich bei den jeweils vier Aufschlägen – im Unterschied zu den drei anderen weißen – immer einen dunklen, mit reflektierendem Material zur Erfassung durchs Radar für die Ziel-Korrekturen versehenen. Gegen 0.17 Uhr laufen zusätzlich von Backbord voraus vier bis fünf MTB aus etwa 5 000 Meter Entfernung an, die aber im Abwehrfeuer schnell abdrehen.

Nachdem der U-Jäger passiert hat, verlegt der Gegner sein Feuer auf die Spitze unseres Verbandes, sprich AF 106. Bei dem deutlich erkennbaren Abschüssen bzw. beim Mündungsfeuer »drüben auf der Insel« stoppt die Seemännische Nr. 1 eine Flugzeit von rund 65 Sekunden. Dementsprechend kündigt er die Einschläge lauthals mit der Flüstertüte rechtzeitig mit »Volle Deckung« an. Auf der Brücke hocken wir uns dann hinter den Beton-Panzer, nur mit den Augen über dieser Deckung und sicherheitshalber auch mal unter dem Stahlhelm. Zusammen mit dem Kommandanten beobachten wir jeden Aufschlag. Das Boot ist dann so zu steuern, daß die gegnerische Korrektur für die nächste Salve aufgrund der Differenz zwischen dem Ziel – AF 106 – und dem vom Radar gemessenen Aufschlag berücksichtigt und von uns ins Gegenteil verkehrt wird. Erleichtert wird uns das durch Verschießen von Radar-Täusch-Raketen mit unseren Landungsalarm-Raketen-Werfern. Diese Raketen fliegen mit einer Anfangsgeschwindigkeit (»Vau Null«) von nur 100 gut 1 000 Meter weit und lassen nach der Detonation aus etwa 300 Meter Höhe Düppel (Stanniol-)Streifen, ähnlich den Täusch-Düppel der alliierten Bomber zur Irritierung der deutschen Flak bzw. ihrer Radargeräte, herabrieseln. Da unsere Raketen nach etwa 15 Sekunden detonieren, müssen sie spätestens 40 Sekunden nach dem Abschuß beim Gegner gestartet werden – und zwar noch möglichst in entgegengesetzter Richtung zur Differenz oder aber auf die Batterie zu, damit zugleich mit dem Aufschlag der Salve an einer ganz anderen Stelle ihr Stanniol herabrieselt, und dadurch die genaue Ortung und Messung von Ziel und Aufschlag gestört wird. Die Schiffsführung muß bei ihren Ausweich-Manövern zusätzlich aber auch darauf achten, den Grundkurs Ost einzuhalten und möglichst wenig davon abzuweichen, da wir ja weiter nach Dünkirchen gelangen wollen. Dies Verfahren gelingt uns eine Stunde lang, bei insgesamt etwa 70 Salven, mit Erfolg. Am nächsten Morgen wird lediglich ein Granatsplitter an Deck gefunden. Erschwerend kommt noch hinzu, daß die deutschen Fernkampf-Batterien um Cap Gris Nez TODT, GROSSER KURFÜRST und LINDEMANN auch eingreifen und das Feuer erwidern (um, wie es an Bord sarkastisch heißt, in Anbetracht der militärischen Lage an Land wie beim »Ausverkauf« ihre Bestände und Lager zu räumen). Denn die bei jeder Salve vom Steilufer bis zur See herunterleuchtenden, nicht weit entfernten Mündungsfeuer zum Beispiel der 40-cm-Batterie irritieren uns doch sehr, vom Donner dabei ganz abgesehen! Die übrigen Boote der Flottille haben verständlicherweise den Abstand vom Führerboot deutlich – wie beim allerdings inzwischen etwas verschleierten Mondschein gut zu erkennen ist – vergrößert, um »aus dem Regen zu treten«. Mir wird erst hinterher bewußt, daß ich Anfang 1938 selbst im Mathematik-Abitur nicht so intensiv und angestrengt gerechnet habe wie in dieser Stunde!*

---

*Leutnant Gerecke (AF 109) hat uns noch im Hafen aus seiner vorhergegangenen Fahrzeit bei der in Boulogne stationierten 2. A-Flottille berichtet, dass die gegnerischen Batterien auf ein am Zwangsweg liegendes Wrack eingeschossen sind und das Feuer eröffnen, sobald die Deutschen sich ihm nähern. Bei ihm an Bord hat ein Splitter das MG Hinterkante Brücke mit Sockel weggerissen!

Kaum sind wir außer Reichweite der britischen Batterien – auch diese Stelle ist bekannt, – als auch schon

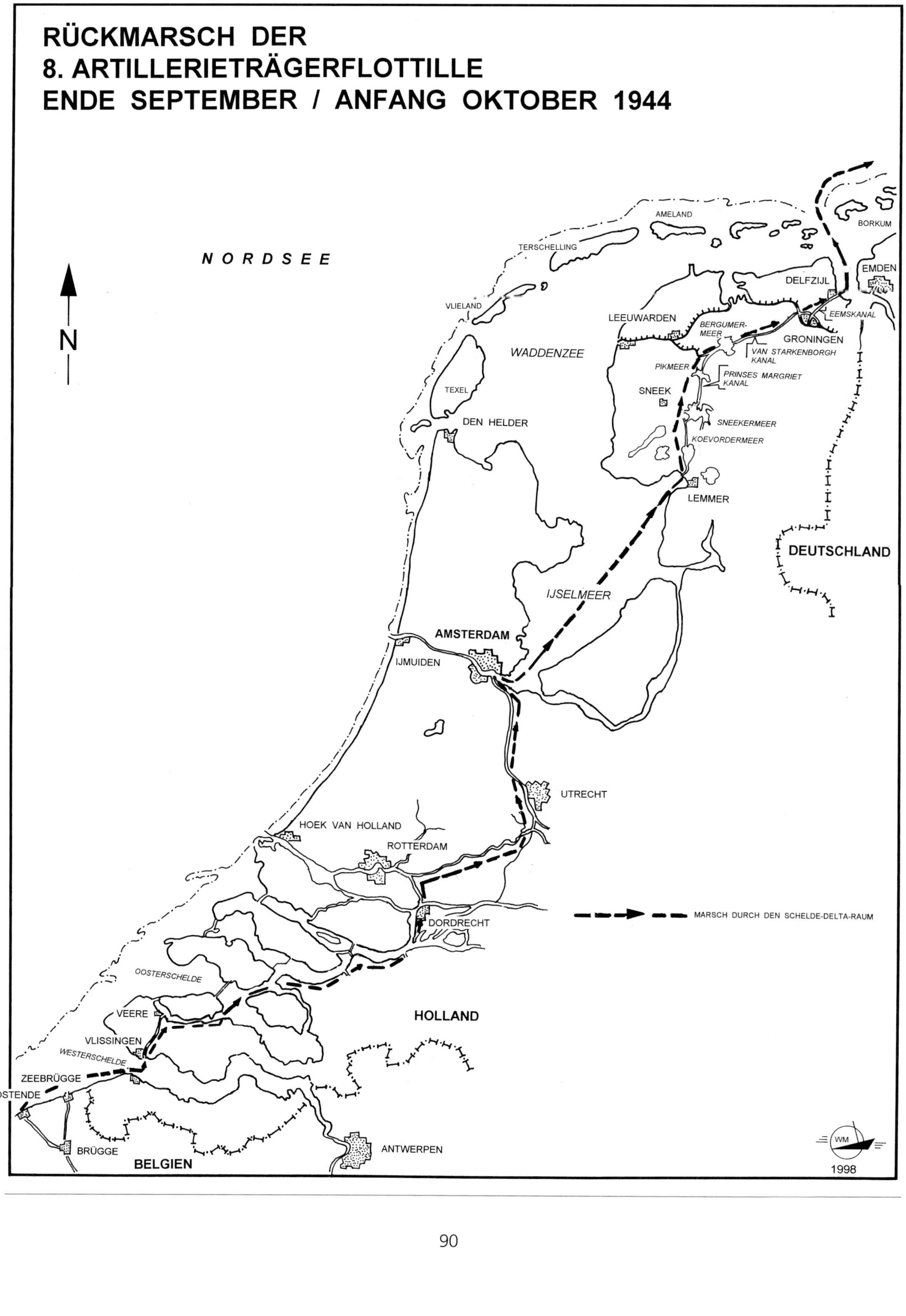
RÜCKMARSCH DER
8. ARTILLERIETRÄGERFLOTTILLE
ENDE SEPTEMBER / ANFANG OKTOBER 1944
NORDSEE
N
AMELAND
TERSCHELLING
BORKUM
EMDEN
DELFZIJL
VLIELAND
LEEUWARDEN
BERGUMER-MEER
EEMSKANAL
GRONINGEN
VAN STARKENBORGH KANAL
WADDENZEE
PIKMEER
PRINSES MARGRIET KANAL
SNEEK
TEXEL
DEN HELDER
SNEEKERMEER
KOEVORDERMEER
LEMMER
DEUTSCHLAND
IJSELMEER
AMSTERDAM
IJMUIDEN
UTRECHT
HOEK VAN HOLLAND
ROTTERDAM
DORDRECHT
MARSCH DURCH DEN SCHELDE-DELTA-RAUM
OOSTERSCHELDE
VEERE
HOLLAND
VLISSINGEN
WESTERSCHELDE
ZEEBRÜGGE
OSTENDE
BRÜGGE
BELGIEN
ANTWERPEN
WM
1998

im quasi »nahtlosen« Übergang gegen 0.25 Uhr etwa 5 000 Meter an Backbord voraus mehrere Fahrzeuge erkannt werden, die sich im Schein der sofort geschossenen LG als MGB entpuppen, im konzentrierten Abwehrfeuer aber schnell abdrehen. Der Fernkampf-Beschuß ist inzwischen weiter nach achtern auf die uns folgenden sechs Boote der 2. A-Flottille gewandert. Sie verliert in dieser Nacht AF 70 durch Torpedotreffer. Und auch unsere letzte Staffel wehrt gegen 0.55 Uhr noch einen Schnellboot-Angriff ab.
Um zum in diesem Fall allerdings wenig passenden »Aller guten (?) Dinge sind drei« zu kommen, setzt es im schon engen Fahrwasser zwischen den Sänden nach dem Passieren von Calais bei Punkt 222 des Weges und inzwischen auf Nordost gedrehtem, auf Stärke zwei bis drei aufgefrischtem Wind sowie auch bedecktem Mond einen neuen Jabo-Angriff von achtern, als der Verband bereits in Kiellinie übergegangen ist. Im starken rechtzeitigen Abwehrfeuer der letzten beiden Boote AF 107 und AF 109 fallen drei Bomben etwa 500 Meter entfernt. Die zweimotorige Maschine stürzt 200 Meter vor AF 109 ab und schneidet sofort unter. Durch Splitter gibt es auf AF 109 einen Leichtverwundeten. Es folgen Überflüge noch weiterer Maschinen, bei denen wir uns aber ruhig verhalten, weil sie nicht auf Ziel-Anflüge hindeuten, und wir durch rechtzeitiges Stoppen unser verräterisches Schraubenwasser am Heck beseitigen. Auch werden achteraus auch noch Leuchtschirme beobachtet, entweder von suchenden Flugzeugen oder der nachfolgenden 2. A-Flottille. Weil wohl auch die Sicht durch Regenschauer schlechter geworden ist, erfolgen dann keine Angriffe mehr, so daß gegen 3.30 Uhr wie vorgesehen in Dünkirchen festgemacht werden kann. Die drei Flugzeug-Abschüsse – davon der erste zusammen mit der 14. R-Flottille – werden uns später auch anerkannt. Beim Dritten wurde eigentlich gegen die flottilleninterne und auch von anderen so gehandhabte Regelung verstoßen, daß bei verschlechterter Sicht nach Möglichkeit nicht durch Feuer-Eröffnen Aufmerksamkeit erregt werden soll. Hinzu kommt aber auch, daß der Verband jetzt in Kiellinie erheblich länger ist, so daß wir auf dem Führerboot den Anflug gar nicht bemerkten, also auch nicht auf ihn reagieren konnten. Kein Wunder, daß ich daher über das plötzliche Vierlings-Feuer der beiden letzten Boote zuerst etwas ungehalten war, dann aber schnell durch die Bomben-Abwürfe und den unmittelbar folgenden Abschuß eines Besseren belehrt wurde.
Während des vom ungünstigen Wetter aufgezwungenen Hafentages in Boulogne war ich durch die 2. SiDi auch von der Entscheidung der 1/SKl. I Op unterrichtet worden, daß die 8. A-Flottille dem MOK (Marineoberkommando) Norwegen zugeteilt wird. Mit Fernschreiben Gkdos 1 SKl. 26 852 wird außerdem die Fortsetzung unseres Marsches nach Osten gefordert. Unter Umständen sollen dabei in Rotterdam bei den dortigen, mit den Booten ja vertrauten Werften die ersten notwendigen Reparaturen an den Booten durchgeführt werden. Auch der Unterstab in De Haan werde dorthin in Marsch gesetzt.*

---

*Die Gruppe West stellte in ihrem KTB zu den Ereignissen der letzten Nacht fest: »Dieses Gefecht ist bezeichnend für die Situation an der Kanalfront. Alles, was jetzt geschieht, ist auf die Überlegenheit des Feindes zurückzuführen. Eine Verlegung in der Kanalenge ist gleichbedeutend mit laufenden Jabo-Angriffen, Fernkampf-Beschuss und S-Boot-Gefechten. Sowohl die Haltung als auch die Erfolge unserer leichten Seestreitkräfte sind aber über jedes Lob erhaben.« Und die 2. SiDi meint, dass der deutsche Nachtjäger-Einsatz dazu geführt hat, dass der Gegner seine Jabos zurückzog (?).
Sie betont in ihrem KTB auch, dass »erstmals Fernkampf-Beschuss auf R-Boote und A-Träger erfolgt sei. Laufende Jabo- und MTB-Angriffe runden das Bild ab, dass der Gegner den Durchbruch unbedingt verhindern wollte. »Die Verlegung wurde aber in voller Ordnung trotz grösster Schwierigkeiten und Feindeinwirkung durchgeführt«.

Der BSW meldet der Gruppe West nach der 8. A- nun auch die Freigabe der 2. A-Flottille und regt dabei an, beide Verbände zunächst im Raum Vlissingen–Antwerpen–Rotterdam zu belassen, um eventuelles Übersetzen von Truppen ohne Fahrzeuge über die Schelde-Mündung auf Anforderung des Heeres zu unterstützen. Diese Verwendung ist sicherlich erfolgversprechend. »Wie weit jedoch der Einsatz dieser Flottillen auf anderen Kriegsschauplätzen notwendiger ist, kann von hier nicht übersehen werden.« Wichtiges Personal soll auf alle Fälle in die Heimat zurückkehren. Und in einer Monats-Bilanz nennt die Gruppe West allein im August 1944 in ihrem Bereich 35 Seegefechte, 130 Luftangriffe auf ihre Einheiten in See und 36 auf Häfen, 15 auf Batterien, die wiederum auf 103 geortete oder gesichtete Ziele gefeuert haben. Im Bereich des BSW waren es allein 46 Fliegerangriffe.
Weniger Glück hat hinter uns die 2. A-Flottille unter der Führung ihres Ältesten Kommandanten, Oberleutnant zur See Siegfried Thiel, beim Passieren der Kanalenge in der Nacht zum 2. September gehabt. Sie verzeichnete 22 Jabo-Angriffe sowie auch eine Stunde lang Fernkampf-Beschuß. Dabei ging AF 70 bei kombinierten Jabo- und MTB-Angriffen verloren. Überlebende wurden von AF 60 nach Calais gebracht. Ein MTB wurde wahrscheinlich versenkt, ein Jabo vermutlich abgeschossen. Die Flottille erreichte dann doch

Ostende dank ihrer höheren Geschwindigkeit.
In diesen Tagen verlegt der BSW nach Utrecht in den Niederlanden und bereitet sich auf die Weiterverlegung nach Tübingen vor. Die Gruppe West plant dann die Auflösung des BSW. Auch der Admiral Kanalküste verlegt in die Nähe von Antwerpen.
Wie mit der SiDi noch in Boulogne abgesprochen, fahre ich am 2. September vormittags von Dünkirchen mit einem Pkw nach Ostende bzw. De Haan, um dem vor dem Abmarsch stehenden U-Stab bzw. den I. VO als seinen Führer über die weiteren Planungen zu unterrichten. Vorläufiges Marschziel ist dabei Rotterdam. Dort sollen zusammen mit dem Flottillen-Ingenieur als Wichtigstes die Reparaturen der Schäden an den Booten während der letzten Wochen vorbereitet werden, damit diese Arbeiten gleich nach dem Eintreffen der Boote beginnen können. Ich weiß aber nicht, wann ich mit den Booten in Rotterdam eintreffen werde.
Die nächste Etappe nach Osten führt der ÄK, Oberleutnant zur See Bartelt auf AF 106. Da diese Gruppe aber am 2. September durch ungünstige Wetterlage noch in Dünkirchen festgehalten wird, in der folgenden jedoch gleich in einem Zuge bis Zeebrügge verlegen soll, steige ich in Ostende auf AF 102 ein, das dort seit dem 20. August zur restlichen Reparatur seiner vor der Somme-Mündung beim Werfen von Minensperren durch Jabo-Angriffe erlittenen Schäden liegt. Das Boot soll über die Binnenkanäle nach Zeebrügge marschieren, um sich dort mit den anderen Booten zu treffen. AF 102 trifft nach Verzögerungen durch starken Andrang anderer Fahrzeuge vor der Schleuse in Brügge am 4. September kurz nach Mitternacht in Zeebrügge ein und erhält den Befehl, sofort mit der Gruppe Dora der 36. Minensuch-Flottille und Loggern der 38. M-Flottille nach Vlissingen weiterzulaufen, um dort auf

Oben: *Eben noch, am 24. April 1944, hatte die 6. Artillerieträger-Flottille die Wasserstraßen zur Schelde als Anmarschweg zur Invasionsfront genutzt. Jetzt, im September 1944, ist die Schelde bereits Kampfraum geworden.*
Foto: Hans-Otto Schilff

Unten: *Als AF 33 im April 1943 vor der Scheldemündung die Artilleriejustierung vornahm, befanden sich noch keine Schutzschilde vor den Kanonen. Das ist jetzt bei den Kämpfen um die Schelde anders.*
Foto: Hans-Otto Schilff

die Gruppe Bartelt zu warten. Vlissingen wird gegen 6.30 Uhr erreicht. Die Gruppe Bartelt hat mit AF 106, 100, 101, 104, 107 und AF 109 mit einem Tag Verzögerung wegen ungünstiger Wetterlage mit Sturmwarnungen Dünkirchen am 3. September um 23.50 Uhr mit Ziel Zeebrügge verlassen, muß aber wegen grober See und nur langsamen Vorwärtskommens am 4. September gegen 3.30 Uhr in Ostende einlaufen. Die sonst in dieser Ecke übliche »Belästigung« durch Jabos hat es nicht gegeben, da denen das Wetter wohl auch zu schlecht war! Da diese Wetterlage anhält, setzen die Boote am gleichen Abend ihren Ost-Marsch auch durch die Kanäle fort, bleiben aber kurz nach Mitternacht in Brügge wegen Verstopfung dieses Binnenweges liegen.
Leutnant zur See Gerecke, Kommandant AF 109, berichtet, daß in Brügge trotz der Nachtzeit eine große Menschenmenge versammelt ist, die den Einmarsch der Alliierten erwartet und nun aber dementsprechend enttäuscht ist! Immerhin haben die Kanadier Brüssel am 3. September erreicht und stehen jetzt dicht vor Antwerpen, das ab 4. September besetzt wird. Am frühen Morgen haben es die A-Träger aber doch bis Zeebrügge geschafft, wo es aber neue Probleme gibt. Da die Pioniere des Heeres wegen des Näherkommens der Kanadier bereits in dieser Nacht das auch für den Betrieb der Seeschleuse und Leuchtfeuer zuständige E-Werk gesprengt haben, kann die Schleuse nur noch bei Hochwasser geöffnet und passiert werden! Die Folge dieser unverständlichen Maßnahme ist aber auch, daß die Schleusentore nicht mehr völlig geschlossen werden konnten, so daß bei ablaufendem Wasser Wasser im Kanal ausläuft und alle Boote dort an der Böschung trockenfallen! Das ist keine angenehme Situation angesichts der mit Helligkeit wieder einsetzenden Jabo-Tätigkeiten. Die Jabos haben aber offensichtlich andere Ziele und überfliegen uns landeinwärts.
Beim nächsten Hochwasser wird die Schleuse gegen Mittag im Handbetrieb geöffnet, so daß die Boote wie auch die der 2. A-Flottille an die Außenmole im Vorhafen verholen können. Durch ein direkt vor der Schleuse liegendes Wrack gestaltet sich dieses Manöver nicht einfach, vor allem zeitraubend. AF 109 übernimmt hier acht Krankenschwestern sowie etwa zehn Soldaten, die den Anschluß an ihre Einheit verpaßt haben. Über Zeebrügge und andere Plätze werden nämlich schon seit einigen Tagen Heeres-Einheiten der vorher in Nordfrankreich in Erwartung einer zweiten Invasion stationierten 15. Armee nach Vlissingen bzw. Zeeland übergesetzt. Gegen 20.00 Uhr laufen alle Träger über die breite Schelde-Mündung nach Vlissingen aus. Dabei wehren sie noch am 6. September, gegen 1.00 Uhr, einen Jabo-Angriff durch rechtzeitiges Sperrfeuer ab und machen eine Stunde später in der Schleuse Vlissingen bei dem schon wartenden AF 102 fest, bei dem ich mich an Bord befinde.
Um noch vor Hellwerden möglichst weit in Richtung Rotterdam zu kommen, setzte ich wenig später mit der nun wieder zusammengefundenen, aber auch stark geschrumpften Flottille den Marsch ostwärts durch das Rhein-Mündungsdelta (Maas-Waal-Lek) fort. Ein Jabo-Angriff am Vortag im Hinterland bei Zijpe hatte nämlich gezeigt, daß der Gegner die Bedeutung dieses Wasserweges erkannt hat, der seit einigen Tagen intensiv von BSW-Verbänden benutzt wird. Lotsen sind allerdings nicht verfügbar, doch ist mir das ja auch gut betonnte Fahrwasser aus angenehmeren Zeiten seit Herbst 1940 von meiner Zeit als Kommandant R 35 in der 3. R-Flottille ausreichend bekannt.
Beim Passieren von Veere hängt sich 5.20 Uhr noch AF 112 von der 2. A-Flottille an – auch vom neuen Typ D – und wird von AF 107 unterstützend in Schlepp genommen.
AF 112 – Oberleutnant zur See Wehr – wurde am 17. August vor Calais bei einem Jabo-Angriff beschädigt und dann etappenweise nach Osten »weitergereicht«, um möglichst auch in Holland repariert zu werden. Beim Passieren von Zandkreek gegen 7.00 Uhr stoßen dann auch noch V 240 und VP 1530 wieder und zu uns. Eine Stunde später überfliegen uns bei Wemeldingen vier SPITFIRE-Jagdflugzeuge im Verband, lassen uns aber in Ruhe. Über eine Marine-Signalstelle kommt gegen Mittag die Anweisung, drei Boote zur Insel Duiveland zur Abholung von Verwundeten abzuteilen, was AF 102, AF 109 und die beiden VP-Boote erledigen. Tatsächlich handelt es sich dann um etwa 15 Soldaten, die bei einem Jabo-Angriff auf einen Schlepp-Kahn gefallen sind und nun nach Dordrecht übergeführt werden sollen, das wir gegen 14.00 Uhr erreichen. Beim Weitermarsch überfliegen etwa 30 Jabos die Flottille in großer Höhe, aufmerksam von uns beobachtet, aber offenbar mit festem Auftrag und Zielen im Hinterland*.

*Vielleicht schon zur Vorbereitung der einige Tage später am 17. September bei Arnheim beginnenden grossen Luftlandung der Alliierten.

Kurz nach 17.00 Uhr machen alle Boote unbehelligt und ohne Schäden in Rotterdam im Merwe-Hafen fest. Aufgrund einer Führungsmaßnahme des Admirals Niederlande wird die Flottille der 1. SiDi zur Unterstützung des Fährverkehrs zur Rückführung von Heeres-Verbänden über die Schelde unterstellt, erhält aber Zeit und Gelegenheit für dringend notwendige Reparatur-Arbeiten in der uns ja vertrauten Nieuwe Wilton-Werft in Schiedam bei Rotterdam. Diese dauern dann aber doch bis Mitte September und gestalten sich umfangreicher als angenommen war. Dazu kommt die deutlich gesunkene

Arbeitsmoral der Holländer – verständlich beim Stand der militärischen Lage, denn die Amerikaner stoßen weiter auf die deutsche Westgrenze bei Aachen sowie Lüttich vor. Die Engländer aber nähern sich dem Albert-Kanal. Und die 15. Armee ist in einen Brückenkopf um Breskens am Westufer der Schelde zurückgedrängt worden.
Einen gewissen Schlußpunkt bildete am 8. September die Abschiedsmusterung der Flottille durch den Chef »unserer« 2. SiDi, Fregattenkapitän von Blanc. Am Tage zuvor hat er folgendes Fernschreiben an alle ihm zuletzt unterstellten Einheiten gerichtet:
»Nachdem nunmehr die Führungsaufgabe der 2. Sicherungs-Division beendet ist, blicke ich mit Stolz und Anerkennung auf die Tätigkeit der unterstellten Verbände zurück. Sie standen unentwegt im harten Kampf gegen einen weit überlegenen Gegner und lösten die in ihrem Rahmen des Seekrieges im Kanal gestellten Aufgaben vorbildlich. Seit Invasionsbeginn wurde die Überlegenheit des Gegners noch größer und sein Druck gegen unsere Vorfeldüberwachung nur noch stärker. Die Verbände und Besatzungen haben sich dabei in fast allen nächtlichen Gefechten gegen Jabos, S-Boote, oft auch Zerstörer und Kreuzer hervorragend geschlagen und dem Gegner empfindliche Verluste zugefügt. Ihre Leistungen wurden anerkannt durch die Verleihung einer Reihe hoher Auszeichnungen an die Flottillenchefs, Kommandanten und Besatzungen. Ich bin überzeugt, daß Sie sich auch auf den neuen Kriegsschauplätzen schnell zurechtfinden und dort an Hand Ihrer reichen Kriegserfahrungen und unerschütterten Kampfmoral eine wesentliche Verstärkung bedeuten werden. Ich selbst scheide von meinem Verband zwar schweren Herzens, aber doch mit Stolz und zur See unbesiegt aus dem altvertrauten Kampfgebiet.«
Und für das KTB unserer Flottille hinterließ er nach der Musterung folgenden Vermerk: »Damit scheidet als jüngste Flottille die 8. Artillerieträger-Flottille aus dem ... Verband, der lagebedingt aufgelöst werden mußte. Wie wohl kaum eine andere wurde sie völlig neu im Raum vor vielseitige Aufgaben gestellt, die sie dank des Könnens aller Kommandanten und Besatzungen in selbstlosem Einsatz, wenn auch zum Teil unter hohen Verlusten löste. Sie hat sich schnell bei allen Flottillen, mit denen sie zusammen eingesetzt war, einen guten und gesuchten Namen verschafft und sich in den vorbildlichen Kreis der prächtigen Kameradschaft innerhalb der Sicherungs-Division eingelebt.«
Dazu füge ich dann im KTB noch an: »... der sie ihrerseits eine stets umsichtige und berücksichtigende Einsatzsteuerung dankt.«
Die Gruppe West hatte bereits am 31. August rückblickend auf den August 1944 in ihrem KTB festgestellt: »Der Kampf zur See im Bereich der 2. SiDi verschärfte sich zu bisher nicht gekannter Härte. Die Seestreitkräfte haben hier Leistungen vollbracht, die bis dahin unvorstellbar waren. Jeder in See gehende Verband wurde ununterbrochen von der feindlichen Luftwaffe angegriffen. 18, ja 20 Jabo-Angriffe waren im August die Regel. Am 20. August hat sich die Land- und See-Lage so verschärft, daß die Aufgaben der 2. SiDi im bisherigen Rahmen nicht mehr durchgeführt werden konnten und gegenstandslos wurden. Außerdem befahl das OKM den Abzug von BSW-Kräften, der später alle Einheiten umfaßte.
Die Einsätze der 2. SiDi waren somit in erster Linie Ost-Verlegungsmärsche. Trotz Verschärfung der Feindlage übernahm die 2. SiDi Nachschub-Aufgaben für das Heer mit Munition von Dieppe nach Le Havre.
Hierbei geriet die 8. A-Flottille in ein schweres Gefecht mit feindlichen Zerstörern zwischen Fécamp und Le Havre, wobei vier A-Träger verlorengingen. Bei der Verlegung am 30. August zeichnete sich der aus A-Trägern der 8. A-Flottille sowie Booten der 14. R- und 8. S-Flottille zusammengesetzte Verband besonders aus. Es gelang, daß BSW und S-Boote je einen Zerstörer versenkten.«*

*Letzteres stellte sich später, wie berichtet, aber als nicht richtig heraus.

Und am 4. September ist zu lesen: »Nach Möglichkeit sollen aber aus Gründen der Traditionspflege die in schwierigen Kanal-Einsätzen bewährten Flottillen-Kommandos erhalten bleiben.« An diesem Tage waren als letzte Einheiten der 2. SiDi die 4. R-Flottille mit zehn Booten und die 8. R-Flottille mit zwölf Booten zur Abgabe zur Verfügung gestellt worden. Drei Tage später heißt es dann: »Mit der Verlegung von R 43 und R 48 von Dünkirchen nach Vlissingen haben sämtliche 2. SiDi-Fahrzeuge deren Bereich verlassen und sind nun im Bereich der 1. SiDi. Damit ist das Herauslösen der BSW-Streitkräfte trotz aller Schwierigkeiten geglückt. Lediglich einige aKB-Fahrzeuge mußten zurückgelassen und zur Hafen-Verblockung herangezogen werden.« Und dazu noch die 2. SiDi: »Bei der außerordentlichen Überlegenheit des Gegners ist in Anbetracht dessen, daß bei der Ost-Verlegung die an sich schon langsamen Verbände in allen Fällen durch eine große Anzahl von geschleppten aKB-Booten in der Geschwindigkeit und Manövrierfähigkeit noch weiter eingeschränkt wurden, der Erfolg des Gegners gering. Er hat dank der hervorragenden Kampfkraft der eigenen Fahrzeuge schwere Verluste erlitten.«
Und zum Funkmeßdienst (Radar) heißt es: »Die Ortungsergebnisse waren auch im Berichtszeitraum als gut zu bezeichnen. So lange eigene Verbände in See waren, blieben auch die Geräte besetzt und lieferten wertvolle Erkenntnisse, vor allem auf

den Verlegungsmärschen nach Osten. Fehlortungen hielten sich im üblichen Rahmen und waren auch durch Wetter und Luftstörungen bedingt. Durch Störungen an den Fernsprechleitungen vor allem in der 2. August-Hälfte wurden Übermittlungen zum Teil erheblich verlängert.«

Insgesamt wurden nach Angaben der 2. SiDi 143 Boote zurückgeführt. Und von den Besatzungen gesunkener Fahrzeuge wurden etwa 2 500 Mann einschließlich Offiziere abgegeben, u.a. an den Seekommandanten Pas de Calais und den »Seeko« Seine-Somme.

Großadmiral Dönitz, Oberbefehlshaber der Kriegsmarine (ObdM), richtete am 7. September an den BSW nachrichtlich Gruppe West und Flotte anläßlich der Auflösung des BSW-Verbandes folgenden Erlaß:

»Die Entwicklung des Krieges hat die Auflösung Ihres hervorragend bewährten Verbandes gefordert. Der BSW-Verband blickt in diesen Tagen auf vier Kriegsjahre besonderer Leistungen, glänzende Waffentaten und stolzer Erfolge zurück. Stets in vorderster Front stehend, haben Ihre Sicherungs-Streitkräfte gegen immer erdrückender werdende feindliche Luft- und Seeüberlegenheit alle gestellten Aufgaben im Vorfeld des Kanals, der Biskaya und französischen Südküste in bewundernswerter Weise gemeistert. Das Können, die Erfahrungen, der Kampfgeist und die einheitliche Ausrüstung des Verbandes waren vorbildlich. Ihnen, Ihren Divisionschefs, Flottillen-Chefs, Kommandanten und Besatzungen spreche ich meinen Dank und höchste Anerkennung aus für Ihre Leistungen und Erfolge. Neue Aufgaben werden gestellt. Ihre bewährten Männer, beseelt mit dem alten Kanalfahrer-Geist, werden auch an anderen Stellen, an anderen Fronten sich in gleicher Weise hervorragend bewähren.«

Zwischenstation Holland

In den Niederlanden sind für die neuen vom Westen sich nähernden Aufgaben Anfang September entsprechende Maßnahmen getroffen worden. Im Zusammenhang mit dem Rückzug jener der 15. Armee noch verbliebenen Divisionen aus Nordfrankreich und Flandern zeichneten sich Transportaufgaben erheblichen Umfangs bei deren Übersetzen über die Schelde-Mündung ab, nachdem ihnen durch den schnellen Vorstoß der Kanadier über Brüssel und Antwerpen hinaus seit dem 4. bzw. 5. September der Rückweg über Land abgeschnitten wird und sich daher ein »Dünkirchen an der Schelde« abzeichnet. (Allerdings versäumen die Kanadier es dann, weiter bis Breda vorzustoßen. Dadurch würden die 120 000 Mann der 15. Armee auch nach dem Übersetzen nach Zeeland vollends eingeschlossen werden!)

Diese neuen Aufgaben für die Marine wird von der für diesen Raum zuständigen 1. SiDi mit Sitz in Utrecht dem Führer der Motorboot-Verbände (FdMot) übertragen und ihm dazu in den zeeländischen Gewässern zusätzlich am 4. September die 32. MS-Flottille in Terneuzen und die aus dem Westen kommende 2. A-Flottille unterstellt.

Diesem FdMot, Korvettenkapitän Heinrich Engel in Dordrecht, unterstehen mehrere Einheiten wie die Fährflottille Waal, die Flußräumflottille Niederlande und die Rheinflotte, die bis dahin schon erhebliche Transportaufgaben für das Heer über die Schelde beim Nachschub von Brennstoff, Munition, Verpflegung usw. von Rotterdam nach Flandern gesichert hatten. Und die 1. SiDi leitete die aus dem Westraum kommenden letzten Verbände mit einem kleinen Führungs- und Funkstab je nach Lage nach Rotterdam, Ijmuiden oder Den Helder weiter, während der Stab selbst schon nach Delfzijl umzieht. Auch sollen die Flottillenstäbe der Einheiten der 1. SiDi, soweit entbehrlich, nach Harlingen verlegen, da der Landweg »bald abgeschnitten sein kann«. Außerdem wird sie einsatzmäßig dem AdN (Admiral der Nordsee) unterstellt. Ihr Chef, Kapitän zur See Hermann Knuth, bildet den »Sonderstab Knuth« in Middelburg auf der Insel Walcheren, nördlich von Vlissingen am Kanal nach Veere, für die Steuerung der Rückführung der 15. Armee, während die Division selbst vertretungsweise vom I.Asto, Korvettenkapitän Siemers, geführt wird. Und der FdMot führt in dieser Zeit von Vlissingen aus als Leiter des Übersetzstabes über die Schelde.

Da auch nach der Räumung des deutschen Brückenkopfes Breskens die Insel Walcheren als »Sperrfront« am nördlichen Ufer der Schelde-Mündung trotz anhaltender Angriffe der Briten weiterhin verteidigt wird, kann diese erst am 8. November vom Gegner besetzt werden. Durch Luftbombardement auch der Deiche wurden vorher große Teile der Insel überflutet. Erst danach können die Minensuch- und Minenräumarbeiten des Gegners auf der Schelde-Zufahrt bis nach Antwerpen beginnen. So kommt es, daß es bis zum 28. November dauert, ehe der erste alliierte Konvoi diesen für den Nachschub so wichtigen Hafen anlaufen kann.

Nach der überraschenden Besetzung Antwerpens ohne wirkungsvolle Zerstörung der Hafenanlage weist der ObdM noch am gleichen Abend auf die Bedeutung und erheblichen Vorteile dieser umfangreichen Hafenanlagen für den Nachschub der Alliierten hin und fordert daher, nun wenigstens energisch den Zugang nach Antwerpen durch Verteidigung der zeeländischen Inseln nördlich des Schelde-Unterlaufs bis zur

Mündung bei Walcheren, aber auch durch Bildung und Halten eines Brückenkopfes am Südufer bei Breskens zu versperren. Dabei könne gleichzeitig auch die 15. Armee gerettet werden. Tatsächlich ergeht dann auch der Befehl zur Bildung dieses starken Brückenkopfes zur weiträumigen Deckung der Einschiffungshäfen Bresken sowie Terneuzen.
Vorgesehen ist, die 8. A-Flottille in Rotterdam zu sammeln und von dort je nach Lage einzusetzen, während die 2. A Flottille auf der Schelde bleiben soll. Am 9. September fordert aber der AdN die Abgabe der 8. A-Flottille gemäß Anweisung der Seekriegsleitung. Ich jedoch erhalte den Befehl, am 10. September zwei Boote über Dordrecht nach Vlissingen in Marsch zu setzen. Die Flottille, deren andere Boote seit dem 10. September in Rotterdam in der Werft zur Reparatur ihrer Gefechtsschäden liegen – stehen der 1. SiDi vorerst weiter für den Schutz der zeeländischen Gewässer zur Verfügung. Am Tage darauf heißt es dann: »Wegen der besseren Kenntnis der Gewässer sollen dort sechs Boote der seit 1943 stationierten 1. A-Flottille in Holland eingesetzt und dafür die 8. A-Flottille dem ›Sonderstab Knuth‹ unterstellt werden. Und die Chefs dieser beiden Flottillen in Veere zur Steuerung der Geleite im Süden.«
Dementsprechend schicke ich am 10. September AF 100 und AF 106 als die am wenigsten beschädigten Boote der Flottille von Rotterdam nach Dordrecht. Von dort haben sie am Tage darauf zusammen mit AF 88 und AF 92 der 1. A-Flottille ein Geleit nach Zijpe zu sichern, das gegen 18.00 Uhr erreicht wird. Beim Weitermarsch Richtung Vlissingen erfolgt am 12. September, gegen 8.45 Uhr, ein Angriff von acht SPITFIRE-Jagdbombern mit Raketen und Bordwaffen. Der Schlepper VULKAN erhält einen Treffer in der Maschine und wird mit drei Verwundeten sowie zwei Toten auf Strand gesetzt. Seine Sicherung übernehmen AF 100 und AF 106, während das Geleit weiterläuft. Etwas später kommt AF 100 fest und hat bei einem erneuten Jabo-Angriff drei Verwundete und wird dann von einer Siebel-Fähre freigeschleppt.
Bei weiteren Jabo-Angriffen vor Geersdyk kommt AF 100 nach Bomben- und Bordwaffentreffern erneut fest und meldet Tote sowie Verwundete. AF 100 fordert Pumpen und

Links: Daß der Kampfraum Schelde/Walcheren eine Front besonderer Art ist, geht aus der »Erfolgsbilanz« an der Frontseite dieser A-Träger-Brücke hervor: Neben vier Abschußbeteiligungen (links) erzielte dieses Boot vier eigene Flugzeugabschüsse und vernichtete einen Panzer sowie ein schweres Feldgeschütz.
Foto: Alfons Hermann

Unten: Ein A-Träger vom Typ D hat sich vor der Scheldemündung trockenfallen lassen, um punktgenaueres Artilleriefeuer nach Vorgeschobenem Beobachter zu schießen. Ein zweiter A-Träger gewährt ihm dabei Flakschutz.
Foto: Archiv R. Kugler

Schlepper an. Da jedoch in der Nähe keine zur Verfügung stehen, erhält FdMot den Befehl, Schlepper und Pumpen vom Hafenkommandanten Vlissingen anzufordern. Gegen Mittag werden AF 92 und der Schlepper HK 2 zum Abschleppen zu AF 100 beordert. Um 12.13 Uhr werden neue Angriffe von drei Jabos mit vier Raketen-Fehlschüssen und Bordwaffen geflogen.
Sie richten aber keine Schäden und Ausfälle an. Nun soll beim nächsten Hochwasser und bei Dunkelheit das Abschleppen versucht werden.
Über diese dramatischen Stunden berichtet der Augenzeuge Paul Posch, Signalgast auf AF 100: »Gegen 11.00 Uhr wurden wir als letzte Einheit eines kleinen Geleits von Backbord aus der Sonne von britischen Jagdbombern mit Bordkanonen und Bomben angegriffen. Dabei erhielt das vordere 8,8-cm-Geschütz einen Volltreffer. Aus der Munitionskammer stürzte ein Mann mit blutendem Kopf und schrie ›Ich bin blind!‹
Eine weitere Bombe traf die Bordwand an Backbord. Ob der Kommandant, Leutnant zur See Schuster, bei diesem Angriff oder schon vorher seine Augenverwundung erlitt, vermag ich nicht zu sagen.
Ich schoß mit der Signalpistole rote Sterne, das Notsignal ›Bin in Gefahr, bedarf Hilfe‹.
Der Verband lief weiter, und Schuster setzte AF 100 auf Grund. Drei Gefallene blieben vorerst an Bord. Sieben zum Teil schwer verwundete Kameraden brachten wir an Land.
Der Kommandant heftete dem schwerverwundeten Geschützführer, einem Oberbootsmannsmaaten, sein eigenes EK I an die Brust. Und ein aus der nahen Ortschaft geholter holländischer Arzt amputierte einem Kameraden bei vollem Bewußtsein mehrere Finger, nachdem er auch an der 8,8-cm-Kanone schwer verwundet wurde. Kurz darauf folgt noch ein weiterer Jabo-Angriff mit Bordkanonen. Den dritten erlebte ich in Veere bei der Schleuse, wo wir die Nacht über in der Kirche geschlafen haben. Dabei schlugen Bomben nur einige Meter neben meinem Einmann-Loch ein, und einige Steine trafen auch meinen Kopf, so daß ich zwei Tage fast taub war. Nach dem behelfsmäßigen Dichten eines großen Lecks an der Bordwand, wobei Matratzen und dergleichen eine große Rolle spielten, erreichten wir – immer mit den Pumpen arbeitend – Rotterdam, wo in einem Dock die erste Reparatur unseres A-Trägers vorgenommen wurde.«
Noch am 12. September, abends, schickt dann der Hako Vlissingen HM 34 mit einem Lotsen sowie Fahrzeugen der Rheinflottille zu AF 100. HM 34 und HK 2 bringen die Besatzung AF 100 nach Veere, und nur der Kommandant und Steuermannsmaat bleiben an Bord.*

Ein Abschleppen ist nicht möglich, weil das Boot zu fest sitzt und seine Lecks mit Bordmitteln nicht zu dichten sind. Die Bombe oder Rakete hat Steuerbord mittschiffs getroffen und neben dem Leck das vordere 8,8-cm-Geschütz und den darunter liegenden Munitionsraum beschädigt. Praktisch steht das gesamte Vorschiff einschließlich WO-Kammer unter Wasser. Auch die Toten können jetzt von Bord gegeben werden, während die Verwundeten unter Betreuung durch den Flottillenarzt Dr. Eickmeyer abtransportiert werden. AF 106 läuft mit den anderen Einheiten des Geleits – darunter befindet sich ein mitgeschleppter Tanker – nach Veere weiter und macht dort nach erneutem Bordwaffenbeschuß durch Jabos gegen 11.30 Uhr fest. Anschließend bringt AF 106 noch den besagten Tanker – er heißt LINGANI – weiter durch den Kanal nach Middelburg.
Am 14. September kehrte AF 106 mit HK 2 und Tender HOOP als Flakschutz zu AF 100 zurück. Nach mühseligen Abdichtungsarbeiten kommt am Nachmittag des nächsten Tages AF 100 mit eigener Kraft wieder frei, um dann bei AF 106 auf dem Haken mit Kurs Rotterdam abgeschleppt zu werden. Dort treffen beide Boote in der Nacht bei der Werft ein.
Am 14. September muß ich von Rotterdam aus dem »Sonderstab Knuth« melden, daß die Werft-Boote trotz aller Beschleunigung und Druck unsererseits nicht vor dem 17. September wieder einsatzbereit sein werden. Darauf stellt der Sonderstab ab 18. September vier Boote der Flottille für den Geleitdienst zur Verfügung. Dazu sollen sie nach Dordrecht verlegen. Das wird aber am 19. September durch einen neuen Befehl

---

*In meiner späteren Stellungnahme zum KTB-Beitrag dieser beiden Boote betone ich das sehr umsichtige Verhalten des Kommandanten von AF 100, Leutnant zur See Schuster. Er setzte sein nach dem Treffer sinkendes Boot auf, um nicht das Fahrwasser zu sperren. In selbstverständlicher und gewohnter Rotten-Kameradschaft blieb AF 106 solange wie möglich bei AF 100 und unterstützte später tatkräftig dessen Bergung. Eine besondere seemännische Leistung stellte das Dichten des Lecks mit Beton und Holz durch den Kommandanten, den I. W.O. Bootsmann Schlensog sowie den Steuermannsmaaten Wegner bei Luftangriffen und Beschuss von Land durch Untergrundkämpfer (Terroristen) dar. Der Treffer zeigte erneut, dass die Schotten nur bis zu einer Höhe von 90 Zentimetern wasserdicht geschweisst sind, eine Unmöglichkeit im Schiffbau! Inwieweit dieser Umstand auch zu den Untergängen der A-Träger vor Fécamp Ende August beigetragen hat, liess sich während der Inanspruchnahme durch die Kampfhandlungen nicht feststellen. Für mich blieb er aber immer der Hauptsorgen-Punkt hinsichtlich der Sicherheit unserer Boote, der nun einmal mehr bekräftigt worden war.

überholt, daß die Boote der 1. und 8. A-Flottille durch die Kanäle nach Den Helder verlegen sollen, wo über ihre Weiterleitung zu deutschen Werften entschieden werde. Vorher haben aber doch schon am 17. September AF 107 und AF 109 gegen Mittag die Werft mit Kurs Dordrecht verlassen können, wo ich eine EK-Verleihung für die Kanal-Einsätze vornehme. Und am 18. September folgen dann auch AF 102 und AF 104 mit vier KFK der 38. MS-Flottille. AF 107 muß allerdings wegen auf der Fahrt aufgetretenen Schäden wieder zurück nach Rotterdam in die Werft und trifft erst am 25. September wieder in Dordrecht ein.
Vorher ist aber schon am 21. September der Sonderstab Knuth aufgelöst und seine Aufgaben vom Seekommandanten Südholland übernommen worden. Für neue Unruhe sorgt ein Befehl, daß wegen der ab 21. September geplanten Zerstörung der Rotterdamer Hafenanlagen – wohl eine nervöse Reaktion auf die Luftlandung der Alliierten am 17. und 20. September bei Arnheim und Nijmwegen – alle dort noch in Reparatur befindlichen Einheiten – darunter unsere AF 100 und AF 101 – nach Dordrecht verholen sollen. Tatsächlich wird dann aber die Zerstörung nicht vorgenommen.
Aber das Ganze ist doch ein Zeichen für das beginnende Durcheinander.
Vom 24. bis 27. September fahren AF 104 und AF 109 noch Begleitschutz für ein Geleit mit Versorgungsgütern für den Brückenkopf Breskens nach Vlissingen und zurück.
Und am 25. September wird AF 102 bei einem anderen Geleit gegen Mittag bei Zerikzee von vier SPITFIRE angegriffen, von denen eine abgeschossen wird.
An Bord sind aber neben leichten Schäden leider auch ein Toter und vier Verwundete zu beklagen. Das Boot kehrt darauf nach Dordrecht zurück.
Aufgrund eines erneuten dringenden Befehls der Seekriegsleitung schon am 23. September zur Abgabe der BSW-Verbänden mit dem Hinweis, daß die 8. A-Flottille durch Teile der 2. A-Flottille für Geleite des FdMot ersetzt werden soll, werden am 25. September AF 106 und AF 107 von Dordrecht nach Rotterdam in Marsch gesetzt. Da die anderen drei Boote, AF 102, 104 und AF 109, erst später freikommen – AF 109 hatte mit AF 104 noch vom 24. bis 27. September ein Geleit nach Vlissingen gesichert und AF 109 dann noch tags darauf in Rotterdam wegen eines Schraubenschadens kurz docken mußte –, treten AF 106 und AF 107 alleine am 26. des Monats den »Marsch nach Norwegen« an. Über die Binnenkanäle und Harlem-Zaandam und Alkmaar erreichen sie am nächsten Nachmittag Amsterdam, wo noch am Abend des 28. September der Marsch über das südliche Ijsselmeer nach Lemmer fortgesetzt wird. Angehängt sind die Marinefährprähme F 840 – uns von Dieppe her schon gut bekannt – und F 841. Am Morgen des 29. September wird die Fahrt nach Groningen fortgesetzt, das um 22.15 Uhr erreicht wird und wo den 1. Oktober über auf die anderen drei Artillerieträger gewartet werden muß.

Die Luftüberlegenheit der Gegner erzwang immer stärkere Flakbewaffnung der Artillerieträger. Vereinzelt wurde sogar das Kaliber 3,7 cm durch die »Flak 41«, Mittelkaliber 5 cm, ersetzt.
Foto: Archiv R. Kugler

Tatsächlich können diese die Fahrt weiter nach Osten erst am 29. September von Rotterdam via Amsterdam auf der gleichen Route antreten und sind am 2. Oktober in Groningen. Am nächsten Tag treffen sie dann in Delfzijl auf die wartenden anderen beiden Boote und setzen am 5. Oktober den Marsch fort, und zwar wegen der Wetterlage auf dem Wattenweg vorerst nach Norderney, wo um 14.00 Uhr zur Zwischenstation festgemacht wird. Darüber sind die NSDAP-Orts-Funktionäre allerdings alles andere als erfreut, »weil der Verband nur englische Flugzeuge anziehe«! Des Wetters wegen müssen die Boote aber trotzdem den nächsten Tag dort liegenbleiben und können erst am 7. Oktober, um 18.00 Uhr, zur letzten Etappe nach Cuxhaven auslaufen, wo anderntags frühmorgens festgemacht wird.
Bei meinen täglichen Lagebericht-Telefonaten in Rotterdam mit der 1. SiDi hatte ich erfahren, daß die Anfang September vom Sonderstab Knuth geplante Stationierung der Chefs der 1. oder 8. A-Flottille in Veere zur Steuerung der Walcheren-Geleite hinfällig geworden sei. Mitte September zeichnete sich auch die Auflösung des Sonderstabes ab, da er seine Aufgaben – die Rückführung der Verbände des 15. Armeeoberkommandos (AOK) über die Schelde – erfüllt habe. Dabei konnten nach Angaben von Kapitän zur See Knuth 110 000 Mann, 7 000 Kraftfahrzeuge, 7 000 Pferdefahrzeuge sowie 700 Geschütze mit einem Verlust von etwa 20 Fahrzeugen und ebenso vielen beschädigten übergesetzt werden. Knuth wurde dafür am 27. September mit dem Ritterkreuz ausgezeichnet.
Da für die Boote der 8. A-Flottille nach Beendigung ihrer Notreparaturen bei der Wilton-Werft nur Einsätze rottenweise – also jeweils nur mit zwei Booten – vorgesehen waren, die nicht der Führung durch den Flottillenchef bedurften, stimmt der AI der 1. SiDi meinem Vorschlag zu, mit den beiden am schwersten beschädigten Booten AF 100 und AF 101 nach Cuxhaven vorauszufahren, sobald sie dazu mit eigener Kraft in der Lage seien. Unser U-Stab ist nämlich inzwischen dort eingetroffen und richtet sich ein. Gestützt auf seinen Apparat und die besseren, weil kürzeren Verbindungen könnte ich die vor der Weiterverlegung nach Norwegen unbedingt erforderliche eingehende Wiederherstellung – ich wies eindringlich auf das Problem und die Gefahren durch die unbefriedigende Schweißung der Schotten hin – auch der anderen fünf Boote in die Wege leiten, damit sie gleich nach ihrer Ankunft möglichst Werften im Raum Hamburg aufsuchen können.
Daneben warten weitere dringende Aufgaben wie u. a. die personelle Abwicklung der Gefallenen, Vermißten und in Gefangenschaft geratenen Flottillen-Angehörigen auf mich.
Als die beiden Havaristen einigermaßen fahrklar sind, gibt es »Grünes Licht« für die Verlegung nach Cuxhaven, bei der ein ebenfalls werftreifer A-Träger der 1. A-Flottille mitläuft. Wie später bei unseren anderen fünf Booten führt die Fahrt über Amsterdam durch das Ijsselmeer nach Lemmer und von dort weiter »durch die Wiesen« und auch größeren Seen nach Groningen und Delfzijl. AF 100 bringt mich dann weiter nach Emden, von wo ich den Rest der Reise nach Cuxhaven zusammen mit dem für die kommenden Gespräche wichtigen Flottilleningenieur nach Cuxhaven mit der Bahn erledige und dort am 23. September eintreffe.
Mit einem Zeitsprung zurück muß nun aber auch noch geschildert werden, was der Unterstab der Flottille in diesen Tagen Anfang September erlebt hat: Mit gut 50 Mann – bei ihm befanden sich immer noch Besatzungsangehörige des schon am 5. Juli vor Boulogne versenkten AF 99, die noch nicht abkommandiert worden waren – hatte er von De Haan bzw. Ostende mit der Eisenbahn die Rückverlegung zunächst mit Ziel Rotterdam angetreten. In zwei Güterwagen befand sich das Inventar, Akten, Unterlagen usw. In Brüssel ging es, wie später berichtet wurde, im Bahnhof Thurn und Taxis aber nicht weiter, da die belgischen Eisenbahner die Arbeit auf Druck der Résistance bzw. des Maquis – die Widerständler – eingestellt hatten, zumal die Alliierten sich der belgischen Hauptstadt rasch näherten und sie dann auch schon am nächsten Tag besetzten.
In dieser Situation war guter Rat teuer. Immerhin konnte der Flottilleningenieur zusammen mit Technikern (Maschinisten) des U-Stabes die Lok wieder unter Dampf bringen und fahrklar machen. Doch kamen sie nicht weit, da die Widerständler alle Weichen und Signale festgelegt und damit die Ausfahrt aus dem Bahnhof blockiert hatten. Als mit der Bahn nicht mehr weiterzukommen war, entdeckten einige »Lords« auf der Suche nach Auswegen in des Wortes wahrster Bedeutung in einem anderen, auch festgehaltenen und aufgegebenen Güterzug in einigen Waggons eine große Anzahl gut erhaltener, wohl sogar fabrikneuer Fahrräder. Also wurde umgestiegen von der Schiene auf die Straße, auf die Pedale! Und auf vorgefundenen zahlreichen Einachs-Anhängern konnte sogar eine Reihe wertvoller, später sehr nützlicher Kisten, zum Beispiel mit den Personal-Unterlagen des Flottillen-Wachtmeisters, verladen werden!
Unter der Führung des Freikorpserfahrenen I.VO Willi Hopp setzte sich die Truppe dann auf der Straße Richtung Antwerpen in Bewegung. Als damaliger Infanterist ließ er dabei von einem vorfahrenden und mit dem MG des U-Stabes bewaffneten Vorkommando die Kreuzungen besetzen und sichern. Unter den Mannen des U-Stabes, die ja meist etwas älter als die Besatzungen und auch in der Mehrzahl Reservisten waren, sollen sich nach den späteren Erzählungen sogar einige befunden haben, die

nicht radfahren konnten, das sie nun aber allein schon aus Selbsterhaltungsgründen schnell lernen mußten! Sie sollen dabei anfangs sogar von anderen im Gespann mit Leinen gezogen worden sein!
Auf diese Weise gelangte der U-Stab ohne weitere Zwischenfälle und auch unbehelligt wohlbehalten nach Antwerpen und weiter mit der Bahn nach Rotterdam, auch wenn mit den Güterwaggons doch eine große Menge von Material aufgegeben werden mußte.
Als dann in Rotterdam feststand, daß die Flottille auf Hamburger Werften die Gefechtsschäden reparieren und dabei auch gleich grundüberholt werden soll, der U-Stab in dieser Zeit aber wegen der Luftgefährdung nicht dort, sondern im »ruhigeren« Cuxhaven bis zur Überführung nach Norwegen arbeiten soll, wurde er von Rotterdam mit der Bahn dorthin in Marsch gesetzt, natürlich unter Mitnahme der wertvoll gewordenen – und auch künftig bei ihm verbleibenden Fahrräder!
Inzwischen sind auch bei mir die lästigen Nachwirkungen der zugezogenen Gehirnerschütterung vom Torpedotreffer auf AF 98 abgeklungen. In der ersten Woche danach ließ die stetige Anspannung und wohl auch Beschäftigung durch das doch einigermaßen turbulente Geschehen während der Rückführung der Flottille, wie zum Beispiel das angestrengte Kopfrechnen beim Passieren der Kanalenge, während der Einschläge der schwersten Kaliber britischer Fernkampf-Batterien auch keine Zeit dafür. Die Beschwerden traten erst wieder während der Werftliegezeit in Rotterdam durch die von der militärischen Entwicklung hervorgerufene allgemeine Hektik mit ständigen Telefonaten und direkten Verhandlungen mit den sehr zurückhaltend gewordenen Werft-Leuten in Form von Kopfschmerzen und allgemeiner Müdig- bzw. Mattigkeit wieder auf, legten sich dann aber während der folgenden Fahrt, auf der zudem auch der Flottillenarzt mit dabei war.
Was einem aber auch passieren konnte, soll folgendes Beispiel zeigen: Als der A-Träger, der mich beherbergte, gerade in der Werft beim Eindocken zu Arbeiten am Unterwasserschiff war, wurde ich von Land »ganz wichtig, dringend und eilig« ans Telefon gerufen. Da zu dieser Zeit aber keine feste Verbindung zwischen Boot und Dock bestand, winkte ich den Führer des Krans auf dem Dock heran, mir den Kran-Haken zu meinen Füßen herunterzulassen. Ich stellte mich dann mit einem Fuß in diesen Haken, hielt mich mit den Händen am Kran-Seil fest und ließ mich so auf das Dock schwenken!
Als ich aber so in einiger Höhe durch die Luft segelte, bekam ich doch einen großen Schreck vor allem über den eigenen gefährlichen Leichtsinn, denn auch für den holländischen Kranführer wäre es ein leichtes gewesen, mich durch »technisches Versagen« abstürzen zu lassen. Nun, er war wohl kein heimlicher Widerstandskämpfer, er setzte mich wohlbehalten wieder auf festen Boden. Außerdem hatte diese »Zirkus-Nummer« natürlich die Aufmerksamkeit einer auch großen Anzahl von Soldaten an Deck und auf dem Dock auf sich gezogen, die so zu Augenzeugen wurden und ihn – den Kranführer – vor gewagten Maßnahmen bewahrten. Der Ärger über meinen Leichtsinn saß mir allerdings noch etwas länger in den Knochen …

Vorbereiten auf die nächste Front

In Cuxhaven finde ich den U-Stab bereits an seinem neuen Arbeitsplatz vor. Er ist in zwei Baracken des Minensucherhafens zufriedenstellend untergebracht. Die Soldaten haben ihr Quartier in der Stützpunktabteilung der Sicherungsstreitkräfte bezogen. Bereits zu Kriegsbeginn hatte man für das Minensucherpersonal die Stützpunktkompanie (Heimat) des BSW aufgestellt. Sie wurde in der Fischhalle X im Fischereihafen unmittelbar neben dem Marinegelände einquartiert.
Cuxhaven ist schon seit dem Weltkrieg 1914–1918 der traditionelle Minensucher-Standort. Und die Stützpunktkompanie wurde Anfang 1944 zur 12. Marineersatzabteilung unter Korvettenkapitän Dr. Helmut Firgau als Kommandeur aufgestockt und dem 2. Admiral der Nordsee unterstellt. Diese Abteilung ist nun für unsere Unterbringung und Verpflegung zuständig.
Mit dem Eintreffen und Einrichten in Cuxhaven ist ein nur gut drei Monate dauernder, aber ununterbrochener Front-Einsatz der 8. A-Flottille beendet, wie wir ihn bei der Aufstellung der Flottille in Rotterdam nicht hatten voraussehen können. Bei der Kulmination der Einsätze Ende August ist er auch zu einem wahren Opfergang geworden, bei dem glücklicherweise die Personalverluste nicht so groß waren wie es zuerst nach der Zahl der Bootsverluste zu befürchten gewesen war. Erst während der Woche in der Werft in Rotterdam hatte ich Zeit, die Geschehnisse Revue passieren zu lassen und alles zu überdenken. Vorher hatten ständige Aktivitäten und immer neue Lagen, die Entscheidungen erforderten, einfach keine Zeit dazu gelassen, wenn man von den aktuellen Auswertungen und Gesprächen absieht.
Allen maßgeblich an diesen Einsätzen Beteiligten ist unmißverständlich klar und am eigenen Leibe spürbar geworden, was bereits mit dem Erscheinen der Amerikaner auf den Kriegsschauplätzen bzw. schon vorher durch ihre Material-Lieferungen herauszuanalysieren war, daß nun auch die Kämpfe an der Invasionsfront zu Lande wie auch zu Wasser –

ganz zu schweigen in der Luft! – durch die eindeutige materielle wie personell-quantitative Überlegenheit der Alliierten bestimmt wurden. Dagegen konnte auch noch so große Tapferkeit der Einzelnen wie auch taktisches Können der Führung auf die Dauer einfach nicht standhalten. So wie zu Anfang des Krieges die deutschen Panzer und die Luftwaffe die Entscheidungen in »Blitzkriegen« herbeiführten, so waren es jetzt die alliierten Luftstreitkräfte und das Material. Dabei wird noch außer acht gelassen, welche Auswirkungen auch das seit 1943 mögliche Entschlüsseln und damit Mitlesen des Funkverkehrs zwischen höchsten deutschen Führungsstellen und ihre Befehle an die Front gehabt hat.

Auch für die deutschen Seestreitkräfte im Westen war durch die alliierte Luftherrschaft das Gesetz des Handelns weitgehend auf den Gegner übergewechselt. Sie hatte uns von den Tages-Einsätzen wegen der hohen Verluste in die Nacht verdrängt, machten uns dann aber bald auch nachts dank neuer Techniken wie Radar das Leben schwer. Dadurch blieben wir selten unentdeckt und vermochten kaum noch Überraschungserfolge zu erzielen. Der Gegner konnte dagegen alle unsere Bewegungen auch bei Nacht verfolgen und darauf reagieren, was für uns zu manch bösen Überraschungen – und Verlusten – führte!

Doch nun ist unser »Kanalarbeiter«-Dasein für immer beendet. Als unseren neuen Einsatzraum hat man Norwegen eingeplant. Wir sind nunmehr dem Marineoberkommando (MOK) Norwegen in Oslo unterstellt und mit diesem nur über Fernschreiber verbunden. Truppendienstlich unterstehen wir der 5. SiDi unter Kapitän zur See Kurt Thoma, deren schwimmendes Hauptquartier – im Marine-Jargon »Stabsarche« – das in Cuxhaven vertäute Seebäderschiff HELGOLAND ist.

Die 5. SiDi ist nunmehr für alles zuständig, was zur Aufrechterhaltung des Dienstbetriebes – von der Besoldung bis zur Bekleidung und Ausrüstung, aber auch zur Instandhaltung unserer Boote notwendig ist. Dabei zeigt sich recht bald, daß wir »Flüchtlinge aus dem Westen« nicht unbedingt mit offenen Armen aufgenommen werden oder gern gesehen sind. Ich kann mir das frostige Klima nur dadurch erklären, daß bei den »Einheimischen« der durchaus verständliche Gedanke mitspielt, daß sie nun ihren materialmäßig im fünften Kriegsjahr ohnehin kleiner gewordenen »Kuchen« auch noch mit uns »hereingeschneiten« Leuten teilen müssen.

Kapitän Thoma selbst hat zwar als vormaliger Chef der 2. Minensuchflottille Fronterfahrung genug und ist außerdem Ritterkreuzträger. Aber in seiner Umgebung hat sich doch einiges breitgemacht, was der Frontsoldat als »Etappe« zu bezeichnen pflegt. Es gibt in Cuxhaven wohl einen ganzen Teil Schreibtischstrategen, denen wir »Frontschweine« unbequem sind. Man betrachtet uns mit gebotener Vorsicht, weil wir vielleicht zeigen könnten, wie manches besser, auf jeden Fall unbürokratischer zuwege gebracht werden kann. Vielleicht fürchtet man sogar, daß wir hier kurz über lang das Sagen haben möchten. Wir spüren die Distanz, die man zu halten wünscht, bei nahezu allen Kontakten mit den in Cuxhaven ansässigen Stäben, Dienststellen und Behörden – sei es in Form von höflichem Hinhalten, Desinteresse oder auch getarnter Ablehnung.

Die Entwicklung der Kriegslage hat natürlich die »Heimatfront« aufgeschreckt, sie fühlt sich stärker bedroht als früher. Man ist überall illusionsloser geworden und bringt unserer künftigen neuen Verwendung kaum Verständnis entgegen.

So ist es nur verständlich, daß wir alten BSW-Mannen soweit möglich, Verbindung untereinander aufnehmen und uns gegenseitig nicht nur unser Leid klagen, sondern auch nach Aushilfen sinnen und Erfahrungen sowie Tips und Ratschläge austauschen. Für mich gilt das in erster Linie im nicht weit entfernten Stade mit dem Chef der 4. R-Flottille, Kapitänleutnant Wilhelm Anhalt, bei dem ich 1940 als Fähnrich meine Bordzeit begonnen hatte und der dann zu meinem Förderer und echten Freund geworden ist. Im Sommer 1944 haben wir uns in Boulogne wiedergetroffen und anschließend oft im UK- und Funkverkehr unsere Einsätze nahe beieinander mitbekommen. Am 3. Juli 1944 ist er mit dem Ritterkreuz ausgezeichnet worden. Jetzt liegt er mit seinem U-Stab in Stade, während seine Boote bei Werften in der Nähe für die Verlegung nach Norwegen repariert und überholt werden.

So nutze ich jede Gelegenheit, beim Besuch unserer Boote in den Hamburger Werften die Bahnfahrt in Stade zu unterbrechen. Bei diesem Gedankenaustausch kommen wir letztlich zu der bitteren Feststellung, daß dies hier nicht mehr »unsere Marine« ist, nämlich die Marine, wie wir sie im Kanal – und ich auch im Schwarzen Meer – erlebt und ausgesprochen geliebt haben: Eine wahre »Band of Brothers« der Chefs und Kommandanten, die sich gut kennt, einander vertraut und für den Anderen mitdenkt und handelt, wenn es not tut. Das überträgt sich natürlich auch auf die Besatzungen sowie Stäbe und dürfte entscheidend zu den Erfolgen der »Kanalarbeiter« vier Jahre lang beigetragen haben.

Bei meiner Meldung beim Chef der 5. SiDi auf der HELGOLAND kommt es natürlich gleich zur Berichterstattung über die Situation und Anliegen der Flottille. In erster Linie geht es um die rasche Zuweisung von Werften für die Beseitigung der Gefechtsschäden an allen Booten, verbunden möglichst auch mit einigen Veränderungen und Umbauten aufgrund der in den letzten Wochen gewonnenen – schlechten – Erfahrungen, vor allem hinsichtlich der unzulänglich

verschweißten Schotten. Dabei kann ich auf die entsprechenden Anweisungen der Seekriegsleitung hinweisen, diese Arbeiten noch vor dem Abmarsch nach Norwegen in Deutschland durchführen zu lassen. Das Problem Werften wird an den zuständigen Divisions-Ingenieur mit der Maßgabe weitergegeben, daß es zusammen mit unserem Flottillen-Ingenieur besprochen werden soll, was auch sofort erfolgt.
Bei meinen weiteren Wünschen nach Ersatz für die Bootsverluste und die Zuteilung zumindest eines Funkmeß-Ortungsgerätes (FuMO) aufgrund der leidvollen Erfahrungen während der letzten August-Woche werde ich an das OKM (Oberkommando der Marine) in Berlin verwiesen und dazu mit den Namen der dort Zuständigen vertraut gemacht.
Flottilleninterne Hauptaufgabe ist in diesen ersten Wochen die Abwicklung der Personalverluste, d. h. die Unterrichtung der Angehörigen der Gefallenen, die in erster Linie durch die jeweiligen Kommandanten erfolgt bzw. – wenn diese in Gefangenschaft geraten oder gefallen sind – durch die Flottille, durch mich. Glücklicherweise hat der tüchtige Flottillen-Wachtmeister Brinkmann seine Kartei mit allen Anschriften bei der »Pleite« auf dem Bahnhof in Brüssel vorsorglich und in raschem Erkennen der Situation sowie der künftigen Bedeutung dieser Daten retten können. Daneben läuft die Anforderung neuen Personals zum Ausgleich dieser Verluste an.
Und nach dem Eintreffen der Boote melden diese dann auch ihre Anforderungen für Sachverluste und Ergänzungen, aber auch den laufenden Bedarf. Auch werden in erheblichem Umfang Neu-Einkleidungen der Besatzungen notwendig. Daneben muß das KTB nachgeschrieben werden, wobei wegen des Verlustes der dazu notwendigen Unterlagen auf den Gruppenführerbooten AF 98 und AF 103 die Daten aus den Logbüchern der anderen jeweils beteiligten Boote und durch Gespräche mit allen Kommandanten und anderen »Zeitzeugen« zusammenzutragen sind.
Als alle diese vorerst wichtigsten Dinge angelaufen und zum Teil auch rasch erledigt sind, fahre ich zusammen mit dem Flottillen-Ingenieur am 4. Oktober morgens via Hamburg nach Berlin mit Ziel OKM, verbinde diese Reise zugleich aber auch mit einem Besuch bei meinen Eltern. Nach dem Mittagessen dort will ich nach Verlesen des Wehrmacht-Berichtes schon das Radio wieder ausdrehen, als es heißt: »Auf Vorschlag des ObdM wurde das Ritterkreuz verliehen an ...« – was mich nun aber doch wegen etwaiger Bekannter interessiert und ich den Apparat weiter laufen lasse. Tief durchatmen muß ich dann aber, als ich weiter höre: »... dem Oberleutnant zur See Gerd-Dietrich Schneider, Chef einer Kampffähren-Flottille.« Während mir meine Mutter sofort um den Hals fällt, bin ich ehrlich überrascht, weil ich damit überhaupt nicht gerechnet habe und außerdem auch etwas skeptisch bin, daß es sich vielleicht trotz der ja zutreffenden Angaben um eine Namensverwechslung handeln könne. Außerdem irritiert mich die in diesem Fall unrichtige Bezeichnung »Kampffähren-Flottille«.
Nach einigem Überlegen rufe ich daher im OKM den Ordens-Referenten, einen Korvettenkapitän, an und schildere ihm meinen »Fall«. Er läßt sich von mir nur einige persönliche Daten und die Einheit nennen, um mir dann zu gratulieren, »denn Sie sind es!« Dann stutzt er aber doch und fragte, wo ich sei und von wo ich anriefe. Als ich ihm darauf sage: »Hier in Berlin bei meinen Eltern«, fragt er zurück: »Bleiben Sie länger hier?« Darauf erwidere ich: »Ja, wohl noch einige Tage.« Antwort: »Dann müssen Sie es doch schon hier tragen! Wo ist Ihre Einheit denn jetzt?« Die Auskunft verbinde ich mit der Frage »Hier tragen, wie das denn?« Antwort: »Passen Sie auf: Fahren Sie morgen in die Reichskanzlei in der Wilhelm-Straße und melden sich gleich im Parterre rechts im Sekretariat bei Frau Schmidt. Die rufe ich jetzt noch an, und dann lassen Sie sich morgen von ihr den Orden geben! Vor der dann wohl offiziellen Verleihung in Cuxhaven können Sie ihn dann ja wieder abnehmen.«
So schön, so gut. »Aber ich muß doch irgendeine Bestätigung haben, daß alles rechtens ist?« – »Schneiden Sie sich morgen aus dem ›Völkischen Beobachter‹ die Notiz von der Verleihung aus und legen sie diese in Ihren Truppenausweis.«
Mir scheint, der Herr hatte schon Erfahrungen mit dieser Praxis, und ich bin nicht der Erste, dem er diesen Weg weist.
Nach einer etwas unruhigen Nacht – nicht durch Fliegeralarm! – fahre ich mit doch etwas klopfendem Herzen am nächsten Vormittag mit der S-Bahn in die Stadt und suche in der von zwei SS-Posten unter Gewehr bewachten Reichskanzlei besagte Frau Schmidt auf, die mich schon beim Öffnen der Tür mit »Ah, da ist ja unser Mariner!« begrüßt und mir gratuliert.
Auch sie findet es ganz in Ordnung, daß ich diese Auszeichnung jetzt schon in Berlin und zu Hause tragen müsse. Dann greift sie in eine Schreibtisch-Schublade und holt die schwarze Ordenskassette heraus. »Oh je, bei den Heeres-Leuten mit ihren Uniform-Kragen ist das aber einfacher. Wie das die Marine mit ihrem Schlips macht, weiß ich gar nicht.« Ich habe aber schon mehrfach die Trageweise aus nächster Nähe gesehen und kann prompt helfen. Frau Schmidt schneidet ein um den Hals reichendes Stück von dem breiten schwarz-weiß-roten Ordensband ab, das wir durch die Schlaufe oben am Kreuz ziehen, dann zwischen Kragen und Schlips bugsieren und hinten mit einer Sicherheitsnadel schließen. Bevor ich mit der Kassette wieder gehe, drückt Frau Schmidt noch auf einen Klingelknopf

an ihrem Schreibtisch, »damit die beiden Posten wissen, daß sie gleich zu präsentieren haben« – was mir wenig später meinen ersten Präsentiergriff einbringt.
Wieder zu Hause, ruft mittags Wilhelm Anhalt aus Saßnitz von einem Besuch bei der 2. SiDi an, die dort »abwickelt«. Wie ganz beiläufig fragte er, ob wir uns morgen nicht in Berlin treffen könnten, vielleicht bei Admiral Ruge im Kriegsschiff-Neubau-Amt (K-Amt) im Shell-Haus am Tirpitz-Ufer, mit dem er zu sprechen habe. Von früheren Gesprächen weiß er, daß ich den dort zuständigen Admiral auch aufsuchen will.
Nach Festlegung der Uhrzeit frage ich ihn: »Wilhelm, hast Du schon Radio gehört?« Er schaltet sofort: »Ach, Du weißt es schon? Aber paß auf: Ich bringe Dir nämlich den hier gerade eingetroffenen Orden samt Urkunde mit und habe auch schon vorbereitet, daß Ruge ihn Dir morgen verleiht. Das ist Dir doch recht?«
Na klar ist es das, da Ruge von 1940 bis 1942 am Kanal als BSW mein und unser hochgeschätzter Befehlshaber war und zudem mit meinem Vater vom Ersten Weltkrieg her freundschaftlich verbunden ist, als beide in der 2. Torpedoboot-Flottille auf den großen Drei-Schornstein-Zerstörern als WO (Wachoffizier) fuhren.
Ich rufe dann den I. FloIng an und bitte ihn, am nächsten Vormittag auch dabei zu sein, ebenso meinen gerade auch auf Urlaub in Berlin weilenden Crewkameraden Günter Pest, mit dem ich 1942–1944 in der 3. R-Flottille eng zusammen war.
Auch Admiral Ruge ist am nächsten Tag in seiner herzlich-freundlichen Art sehr erfreut – wenn auch nur in ganz kleinem Kreise –, die Verleihung vornehmen zu können, zu der er auch sehr persönliche Worte findet, nachdem ich ihn daran erinnert habe, daß er mir fast auf den Tag genau vor drei Jahren in Dieppe schon das EK I an die Brust geheftet hatte. Und von Anhalt erfahre ich, daß auch Fregattenkapitän von Blanc, der

Links: Im Oktober 1944 wird dem Verfasser in Berlin das Ritterkreuz des Eisernen Kreuzes verliehen. Nicht anders als bei den Briten im Falle der Verleihung des adäquaten Victory Cross ist eine solche Auszeichnung in erster Linie eine Ehrung der gesamten Flottille und Anerkennung ihrer Leistungen.
Foto: Marine-PK Berlin

Unten: Nach Rückkehr des Flottillenchefs aus Berlin werden in Cuxhaven auch die Verleihungen von Eisernen Kreuzen an die Flottillenangehörigen vorgenommen.
Foto: Verfasser

mich ja für diese Auszeichnung vorgeschlagen hat, den Vorschlag von Anhalt gebilligt hat, daß er seinem alten »Fähnlein« die Auszeichnung überbringen würde. Mitte Mai 1944 war mir auf Vorschlag des Chefs der 3. R-Flottille das Deutsche Kreuz in Gold verliehen worden.
Mit einem gemeinsamen Mittagessen bei uns zu Hause und einer kleinen abendlichen Feier im Familienkreise klingt dieser für mich doch sehr bewegende Tag aus. Nicht zu vergessen ist ein Fliegeralarm mit Bombenteppichen, die mir einen neuen und nachhaltigen Eindruck von dieser Art der Kriegsführung und der erschreckenden Hilflosigkeit der Menschen – und dabei ja in erster Linie die Zivilbevölkerung mit Frauen und Kindern – dabei vermittelt. Stehe ich anfangs noch zum »Ansehen« vor der Tür zum Luftschutzkeller, verziehe ich mich aber rasch dorthin, als die ersten »Christbäume« am Himmel aufleuchten!
In der für Tegel zuständigen »Nord-Berliner Tagespost« vom 2. November

1944 ist unter dem Titel »Bei seiner Mutter in Tegel hörte er im Rundfunk von seinem Ritterkreuz« ein ausführlicher Artikel (natürlich im damals üblichen Stil) von dem Marine-Kriegsberichter Rolf Kröncke erschienen.
Am Nachmittag ruft aber auch aus Cuxhaven der Adjutant, Leutnant zur See Rösler, an, der mir im Namen des Unterstabes gratuliert, verbunden mit der Anfrage im Auftrage des Chefs der 5. SiDi, wann ich wieder in Cuxhaven sei, damit dann die Verleihung durch ihn neben Auszeichnungen auch für Angehörige der Flottille vorgenommen werden könnte. Ich informiere ihn über die Ereignisse bei Ruge und schlage vor, daß ich nach meiner Rückkehr die EK-Verleihungen an die Flottille dann selbst durchführen wolle.
Verständlicherweise beschäftigt mich diese überraschende Auszeichnung in diesen Tagen – und auch Nächten – innerlich intensiv, zumal ich selbst mit ihr nicht gerechnet habe. Auf der »Küstenklatschwelle« hatte es in Holland zwar lose Gerüchte gegeben, denen ich aber keinen Glauben schenkte und dadurch sogar eine Wette mit unserem Flottillen-Doktor verlor! Nun aber bin ich mir im klaren, daß ich den »Blech-Schlips« – wie eigentlich überwiegend in der Marine aufgrund ihrer Strukturen – stellvertretend und als eine Art »Aushängeschild« für die Leistungen der von mir geführten Soldaten erhalten habe. Denn auf deren Einsatz- und Kampfbereitschaft, aber auch Können, Mut ebenso wie Opferbereitschaft beruhten letztlich unsere Erfolge in den wenigen Wochen an der Kanal-Front, wobei ich durch die Teilung der Flottille gar nicht bei allen Einsätzen selbst führen konnte. Hinzu kommt aber auch, daß die Flottille gleich nach ihrer Aufstellung ohne die sonst übliche Ausbildungs- und Einfahrzeit praktisch »in den Kampf geworfen« wurde und unter diesen Bedingungen zusammenfinden mußte. Darüber hinaus mußte auch gelernt werden, mit einem für die meisten – mich eingeschlossen – neuen »Waffensystem« umzugehen, was dann auch, wie die Praxis gezeigt hat, gelungen ist. Leider erschwerte bzw. verhinderte sogar der aufgegliederte Einsatz der Boote das richtige Kennenlernen der Besatzungen und Flottillen-Angehörigen miteinander, so wie ich es vorher in der über mehrere Jahre seit 1939 gewachsenen 3. R-Flottille erlebt hatte. Dafür können unsere Besatzungen und auch der U-Stab jetzt nach dieser auch äußerlichen Anerkennung stolz auf ihre Zugehörigkeit zu dieser Flottille sein und gestärkt und mit Vertrauen den nächsten Einsätzen entgegensehen.
Und für mich persönlich ziehe ich die beruhigende Bilanz, wohl den von meinen Vorgesetzten mit meiner ungewöhnlichen Kommandierung für einen Dreiundzwanzigjährigen auf diesen Dienstposten verbundenen Erwartungen mit meinen allzu jungen Jahren entsprochen zu haben. Sicher ist diese Wertschätzung auch ein Grund mit gewesen, die doch mehr als die Hälfte geschrumpfte Flottille nicht wie andere Einheiten aufzulösen, sondern bald sogar mit in dieser Zeit rar gewordenen Neubauten zu »belohnen«.
Offiziell aus dem Führer-Hauptquartier mit Datum vom 4. Oktober 1944 stammt der Text: »Der Führer verlieh das Ritterkreuz an Oberleutnant zur See Gert-Dietrich Schneider, Chef einer Kampffähren-Flottille, der sich während der Invasion in zahlreichen Unternehmen gegen die Ostflanke der feindlichen Landungsflotte durch vorbildliche Tapferkeit und Draufgängertum auszeichnete und entscheidenden Anteil an den Erfolgen der Seekriegführung in diesem Teil des Kanals hatte. In ständigem Einsatz versenkte er mit seinen Kampffähren in zahlreichen harten Gefechten mit überlegenen feindlichen Seestreitkräften einen Zerstörer und ein Schnellboot, beschädigte einen Zerstörer und schoß fünf Flugzeuge ab. Durch einen starken feindlichen Sperriegel drang er mit einem Transport dringend benötigten Munitionsnachschubs unter mehrfacher Gefechtsberührung mit Zerstörern in den eingeschlossenen Hafen von Le Havre vor und vollbrachte mit der Rückführung seiner Flottille langsamer Kampffähren durch die Straße von Calais unter ständigen Jagdbomber-Angriffen, Fernkampfbeschuß und Gefechten mit feindlichen Schnellbooten eine hervorragende Leistung. Schneider ist am 25. März 1921 in Stettin geboren.«
Dazu wäre zu bemerken, daß sich die Versenkungen später anhand der Unterlagen nicht bestätigten, damals aber auf den Erkenntnissen des eigentlich eher zurückhaltenden deutschen B-Dienstes beruhten und daher offenbar auch vom BSW und der 2. SiDi übernommen wurden. Dafür kamen wir nach unseren Beobachtungen auf mehr, auf acht Abschüsse von Flugzeugen.
Nach dieser unbeabsichtigten »Einlage« geht es dann am 7. Oktober wieder an die Arbeit, an den eigentlichen Zweck dieser Dienstreise. Zusammen mit dem Flottillen-Ingenieur suche ich das aus Berlin nach den Luftangriffen in den Komplex »Koralle« in die Nähe von Bernau nördlich der Reichshauptstadt verlegte OKM auf. Bei den mir von Admiral Ruge anläßlich der Verleihung genannten und von ihm vorinformierten Referenten werden unsere Wünsche nach Ersatz-Neubauten und zusätzlichen Ausrüstungen aufgrund der Invasions-Erfahrungen wie zum Beispiel mit Funkmeßgeräten (Radar) sowie mit weiteren leichten Maschinenwaffen besprochen, eingehend begründet und notiert. Außerdem aber geht es auch hier – doppelt hält besser! – um die möglichst schnelle Zuweisung von Werften für die Instandsetzungs- und Umbau-Arbeiten, die ja mittlerweile einen umfangreichen vorbereitenden »Papierkrieg« wegen der erforderlichen, aber knapper gewordenen

Kapazitäten an Material und Personal erfordern. Auch dürfte die von uns immer wieder besonders betonte Überprüfung der Schweißnähte der Schotten und ihr wahrscheinliches Nach-Arbeiten einige zusätzliche Zeit erfordern. Von den Radar-Spezialisten lassen wir uns dabei auch über die »Beschaffung« des für diese Geräte notwendigen Fachpersonals informieren.
Bei diesen Verhandlungen, meist mit Gesprächspartner mit vielen »Kolbenringen« (Ärmelstreifen), zeigt sich schnell eine neue, durchaus günstige Wirkung meines Ritterkreuzes. Es kompensiert meinen nur kleinen Dienstgrad als Oberleutnant mit gerade zwei Ärmelstreifen und verhilft mir auch darüber hinaus zu einer indirekten, aber doch sehr nützlichen Aufwertung. So liegt es nahe, daß ich in der Folge gerne davon Gebrauch mache – im Interesse der Sache, um die es geht. Aufschub jeder Art ist ihr abträglich, die Kriegslage stellt uns das drastisch genug jeden Tag vor Augen.
Dennoch gelangen erst Mitte November jene Boote, die inzwischen in den kleinen Hafen Glückstadt verlegt wurden, nach Hamburg in die Werft. Geradezu verlockend zu Luftangriffen liegen nämlich in Cuxhaven häufig zu viele Marine-Fahrzeuge, besonders wenn die Sicherungsfahrzeuge wie Minensuch- und Vorpostenboote oder auch Sperrbrecher von Nordsee-Geleiten einlaufen, wird es doch sehr eng im Hafen. Die Distanz zu Glückstadt – auch noch mit der Elbe dazwischen – ist natürlich nicht gerade glücklich, aber die Flottille ist es inzwischen ja gewohnt, immer irgendwie getrennt und verteilt zu sein* …

Beim Aufarbeiten des liegengebliebenen und nachgereichten »Papierkrieges« lese ich in den regelmässigen »Marine-Verordnungsblättern« (MOV) von der Stiftung eines Kuban-Schildes für alle 1943 an den Kämpfen im dortigen Brückenkopf beteiligten Wehrmachtsangehörigen »zu Lande, in der Luft und zu Wasser« zusammen mit den Marine-spezifischen Verleihungsbedingungen. Da ich weiss, dass zu unseren A-Träger-Besatzungen etwa 40 bis 50 frühere MFP-Fahrer aus dem Schwarzen Meer gehören, für die diese ebenso wie für mich damals bei der 3. R-Flottille zutreffen, lasse ich eine entsprechende Antragsliste mit den notwendigen Daten anfertigen. Unser »Adju«, Leutnant Rösler als Breslauer legt sie bei einem Heimaturlaub dort der für die Verleihung zuständigen Stelle bei der Heeresgruppe A (Feldmarschall von Kleist) vor und bringt diese in der Marine ja äusserst seltene, am linken Oberarm getragene Auszeichnung mit, die ausser MFP-Fahrern nur noch Schnellboot-Leute sowie Angehörige der Donau-Flottille und der 3. A-Flottille – damals nur mit MAL – erhalten haben.

Mitte November erfahre ich, daß endlich auch die Arbeiten an jenen Booten angelaufen sind, die auf mehrere kleinere Werften Hamburgs verteilt werden mußten. Der Flottillen-Ingenieur nennt mir als vorgesehenen Fertigstellungstermin Ende Februar/Anfang März 1945.
Diesen Termin teile ich sofort dem MOK Norwegen in Oslo fernschriftlich mit. Von dort erfahre ich auf demselben Nachrichtenweg, daß unsere Flottille nachher dem Admiral Polarküste unterstellt und in Honningsvag stationiert werden soll.
Wir haben einige Mühe, dieses Nest in einem Atlas herauszufinden. Es liegt als kleiner Fähr- und Fischereihafen an der Südkante jener Insel Mageröy, auf der sich das Nordkap befindet, die nördlichste Ecke unseres Kontinents. Und eins wird uns klar: Diese nördlichste Insel Norwegens liegt unweit der jetzigen Hauptkampflinie. Die Ostfront ist seit dem Rückzug der deutschen Lappland-Armee und Räumung von Kirkenes in die unmittelbare Nachbarschaft des Nordkaps gerückt.
Wir machen uns den Spaß, durch Koppeln auf den Seekarten herauszufinden, wie lange unsere »Plattbugkreuzer« mit ihrer »rauschenden« Fahrt von acht oder gar nur sechs Knoten Fahrt dauern wird, und kommen zu dem Ergebnis, daß der Kriegsmarsch dorthin im günstigsten Fall drei Wochen in Anspruch nehmen wird.
In der Folgezeit besuche ich etwa alle zwei Wochen die Boote in Hamburg, was bei der Lage der Werften, den Entfernungen und Verkehrsverbindungen immer jeweils drei Tage erfordert. Zu den Booten bei den Werften Sietas und Holst gegenüber von Blankenese geht es zum Beispiel nur mit der Fähre über die Elbe. Zwei Boote liegen nördlich von Schulau beim Technischen Betrieb des Tonnenhofes, weitere am anderen Ende von Hamburg bei den Ottensener Eisenwerken. Beide Betriebe sind nur mit langen Fußmärschen von Bahnhöfen zu erreichen.
Ende November muß ich erneut im OKM-Lager »Koralle« – wegen unserer Wünsche – vorsprechen. Außerdem müssen Details geklärt werden, die sich nach Anlaufen der Werftarbeiten ergeben haben. Dabei stoße ich auf unerwartete »Schützenhilfe« durch Korvettenkapitän Reischauer, der unser letzter 1. Asto bei der 2. SiDi im Kanal und vorher ja schon 1941/42 dort mein Flottillenchef bei der 3. R-Flottille war.
Diese Reise verbinde ich noch mit einem Abstecher nach Heringsdorf auf der Insel Usedom zum BdSich (Befehlshaber der Sicherung). Diese ab Januar 1945 von Konteradmiral Lucht – vorher BSN (Befehlshaber der Sicherung der Nordsee) in Wilhelmshaven – geführte neue Stab untersteht wiederum dem Flottenkommando und ist seit November 1944 truppendienstlicher Vorgesetzter aller Sicherungsstreitkräfte

und für deren Ausbildung sowie Versorgung zuständig.*

---

*Diese Dienststelle wurde im Januar 1945 aufgelöst.

Dabei sind ihm auch verbliebene Aufgaben des ebenfalls im Herbst 1944 aufgelösten AdS (Admiral der Seebefehlsstellen) übertragen worden, in erster Linie die Belange der Landungs- und Artillerieträger-Flottillen.
Der BdSich hat jetzt ein Wort bei der Zuteilung von Neubauten und den von uns gewünschten konstruktiven Veränderungen auf den Booten mitzureden. Dabei ist inzwischen noch der Einbau von zwei 15-mm-Maschinen-Kanonen hinzugekommen.
Ende Dezember bestellt mich der BSN zur Meldung und Berichterstattung in sein Stabsquartier in Sengwarden bei Wilhelmshaven. »Kurz und schmerzlos« lautet meine wohl etwas respektlose Eintragung in mein Notizbuch über diesen Abstecher in einen völlig fremden, die ganze Zeit über auch unpersönlich bleibenden Kreis mit vielen »Kolbenringen«, in dem ich zum Beispiel während des Mittagessens in der Messe als junger Oberleutnant, erst dreiundzwanzigeinhalb Jahre alt, mit Ritterkreuz, Krim- und Kuban-Schild am linken Oberarm manchmal wie ein Exot angestarrt bzw. betrachtet wurde. Man läßt sich von mir erklären, wie es der Flottille ginge und was wir vorhätten. Danke, das war's denn auch!
Die Bahnfahrten werden übrigens jetzt zunehmend beschwerlich, dauern länger und werden auch gefährlich, da fast überall am Tage mit Tiefflieger-Angriffen – selbst auf der Strecke von Hamburg nach Berlin – gerechnet werden muß. Außerdem werden durch nächtliche Bombenangriffe, zum Beispiel in Hamburg, Bahnstrecken zerstört und Verbindungen unterbrochen, so daß mir einige Fußmärsche, auch mit Koffer in der Hand, quer durch Groß-Hamburg nicht erspart bleiben.
Es wird jedesmal neu zum Erlebnis, mit welcher Unverdrossenheit und permanenten Improvisationskunst, aber auch mit welcher organisatorischen Perfektion das Leben in der immer von neuem durch Luftangriffe heimgesuchten Millionenstadt weitergeht und mit welchem Tempo die Werften ungeachtet der Fliegerbedrohung weiterarbeiten. Bei der Großwerft Blohm & Voss verläßt alle paar Tage ein weiterer Neubau des U-Boot-Typs XXI seine Endmontagestätte. Diese großen, revolutionär neuartigen Unterseeboote sind echte Unterwasserschiffe, die der im Sommer 1943 zum Erliegen gekommenen »Wolfsrudel«-Taktik mit gruppenweise operierenden, aufgetaucht in die Geleitzüge einbrechenden und erst nach dem Torpedoschuß wegtauchenden U-Boote herkömmlicher Art, als nicht mehr zu ortende Großserie folgen. Die flächendeckend perfektionierte Ortungstechnik der Alliierten hatte die »Schlacht im Atlantik« unter hohen Verlusten für die deutsche Seite in eine Niederlage verwandelt. Die Achillesferse der U-Boote alter Art liegt in ihrer zu geringen Unterwassergeschwindigkeit, sie vermögen Geleitzügen damit nicht zu folgen. Die neuen Elektroboote vom Typ XXI sind schneller als jeder Geleitzug.
Auch die für uns zuständigen kleineren Werften werden immer von neuem in irgend einer Form in Mitleidenschaft gezogen, aber sie halten ihre Termine ein – auch bei unseren Artillerieträgern. Vor allem werden jetzt endlich die Schweißnähte in solider, guter Arbeit erneuert und haltbar gemacht.
Ehe man sich versieht, ist das Jahresende herangerückt. Und noch immer herrschen fast nirgendwo Resignation in Erwartung einer endgültigen Kriegsniederlage vor. Anscheinend hat sich die hart bedrängte Ostfront wieder stabilisiert. Nachdem die Rote Armee schon im Oktober im Gegenstoß wieder aus Memel hinausgedrängt werden konnte, hat die 4. Armee unter General Friedrich Hoßbach bis zum 25. November 1944 wider alle Regeln der Kriegskunst einen bedeutenden Sieg gegen die 3. Weißrussische Front unter General Tschernjakowskij errungen. Dabei blieben rund 1 000 zerschossene Sowjetpanzer und 300 Geschütze auf dem Schlachtfeld zurück. Die in die ostpreußischen Kreise Gumbinnen und Goldap eingedrungenen Sowjets sind geflohen. Natürlich wissen wir, daß den Alliierten die Invasion voll geglückt ist und daß der Druck auf die deutsche Westfront immer härter wird.
Es reißt uns natürlich alle hoch, als der Rundfunk am 16. Dezember 1944 verkündet: »Nach kurzer, aber gewaltiger Feuervorbereitung haben 17 deutsche Divisionen das Heft des Handelns an sich gerissen. Die 5. Panzerarmee unter General von Manteuffel hat in der Mitte der Angriffsdrohung einen tiefen Durchbruch erzielt und ist 80 Kilometer weit bis Rochefort und Marche vorgestoßen.« Die Ardennen-Offensive – sollte sie wirklich eine Wende einleiten?
Noch wissen wir nichts davon, daß dieser anachronistische Versuch einer Neuauflage des »Blitzkrieges« von 1940 letztlich zum Debakel wird, das dem deutschen Heer 90 000 qualifizierte Kämpfer kostet, dazu praktisch die Substanz seiner Panzerwaffe modernster Art, wertvolle Treibstoffmengen und Munitionsvorräte, die deutsche Luftwaffe jedoch 293 von ihren nagelneuen, technisch revolutionären, aber zweckentfremdet eingesetzten zweistrahligen Düsenjägern des Typs Me 262.
Unsere Stimmung beim Jahreswechsel 1944/45 ist seltsam diffus, die Grundstimmung eines gedämpften Optimismus überwiegt.
Den letzten Tag des Jahres verbringe ich im Tonnenhof Wedel des Wasser- und Schiffahrtsamtes Hamburg, in dessen technischem Betrieb zwei unserer Boote in Reparatur sind. Wie in einer Zuschauerloge erleben

wir den Angriff eines Bomberverbandes auf Hamburg mit, der über das uns gegenüberliegende Alte Land erfolgt. Natürlich kann ich nur hoffen, daß die bei der Werft J.J. Sietas an der Estemündung liegenden Artillerieträger ebenso unbehelligt bleiben wie unsere beiden Boote in Wedel.
Meine spätere Frau ist von ihrer Dienststelle in Kiel herübergekommen. Ich konnte sie im »Schulauer Fährhaus« einquartieren. Und da einer der beiden Kommandanten der Wedeler Werftlieger eine ausgesprochene »Betriebsnudel« ist, wird die Silvesterfeier im Kameradenkreis sogar ein bißchen unbeschwert-fröhlich.
Das neue Jahr 1945 wartet gleich mit einer guten Nachricht auf: Die Flottille erhält zwei Neubauten auch vom Typ »D3« aus Süddeutschland: AF 120 von der Werft SCHIMAG in Mannheim und AF 128 von der Bayerischen Schiffbau-Gesellschaft in Erlenbach am Main. Als wesentlicher Unterschied sind sie stärker bewaffnet mit zwei 10,5-cm-Geschützen. Sie sollen Ende Januar fertig und dann über den Rhein übergeführt werden. Auch die Besatzungen einschließlich der Kommandanten sind schon zur Bau-Belehrung an Bord und werden gemeldet: AF 120, Leutnant zur See d.R. Sanders, und AF 128, Oberleutnant zur See d.R. Sleko.
Aber auch die Bemühungen des Flottillen-Ingenieurs im Hinblick auf das künftige Einsatzgebiet im hohen, abgeschiedenen Norden um ein eigenes Werkstattschiff haben dank seiner Kenntnisse und Beziehungen zu »alten Freunden« im AdS-Bereich Erfolg: Der Flottille wird das Werkstattschiff D 242 zugeteilt. Dabei handelt es sich um einen von der Marine umgebauten und reich u. a. mit Drehbänken sowie anderem technischen Inventar gut ausgestatteter früherer Elbe-Kahn namens TRITON unter der Führung eines Marine-Steuermanns, mit einer Besatzung von zehn Soldaten und einer 2-cm-Flak bewaffnet. Anfang 1945 trifft der Neu-Erwerb von Hamburg kommend in Cuxhaven ein und wird vom stolzen FloIng vereinnahmt.
Als »Anhängsel« bringt er auch noch eine sog. »Flieger-Schwalbe« mit, ein Flugbetriebsboot vom Typ Fl. C, das er herrenlos irgendwo im Hamburger Hafen hatte liegen sehen. Diese sturmbootähnlichen Flitzer dienen bei den See-Fliegern dazu, die Besatzungen der Seeflugzeuge von Land zu ihren Maschinen zu bringen und später auch wieder abzuholen oder sie irgendwohin zu schleppen. Uns leistet das in Erinnerung an unsere Zeit als »Kanal-Arbeiter« mit dem Namen JABO bedachte Boot bald viele gute Dienste.
Aber damit sind die positiven Seiten des Januar 1945 auch schon »abgehakt«. Das Schicksal Deutschlands vollzieht sich auf eine furchtbare Weise: In der Nacht vom 12. zum 13. Januar tut sich an der Ostfront die Hölle auf: Anderthalb Stunden nach Mitternacht eröffnen auf einen Schlag furchtbarster Art Hunderte von Sowjet-Batterien aus dem Baranow-Brückenkopf, nördlich Krakau an der oberen Weichsel, ein fünfstündiges Trommelfeuer auf die Deutschen. Damit beginnt der Angriff von 161 Infanteriedivisionen, 15 Panzerkorps, einem Kavalleriekorps, 23 mechanisierten Verbänden und mehrerer Fliegerarmeen. Mit zwanzigfacher Übermacht setzt Stalin zum Todesstoß gegen Deutschland an. Der »spaltende Schlag« führt mit schrecklicher Schnelligkeit dazu, daß Ostpreußen von zwei Seiten umfaßt wird.
Die sowjetische Großoffensive läßt nur noch die eine Alternative übrig: Zu retten, was überhaupt noch zu retten ist – in erster Linie die in furchtbare Bedrängnis geratene Bevölkerung der Gebiete östlich der Oder. Jetzt beginnen jene dramatischen 125 Tage, die der Augenzeuge Fritz Brustat-Naval mit dem Titel seines bewegenden Buches als »Unternehmen Rettung« bezeichnet.
Flugkapitän Karl Born, Kommandeur der Seenotgruppe 81 in Bug auf Rügen, schreibt in seinem Buch »Rettung zwischen den Fronten«:

Als Werkstattschiff D 242 TRITON umgebauter ehemaliger Elbe-Kahn mit einer Besatzung von zehn Soldaten unter Führung eines Marine-Steuermanns. Foto: Verfasser

»Der Zusammenbruch der Ostfront war sicher. Jetzt kam es allein auf Umsicht und Kaltblütigkeit an, im dramatischen Großeinsatz aller verfügbaren schwimmenden Einheiten der deutschen Handelsflotte und Kriegsmarine, aber auch der seefahrenden Verbände der Luftwaffe und des Heeres – der Landungspioniere – soviele Flüchtlinge und Verwundete wie möglich nach Westen in Sicherheit zu bringen.«
Für unsere Flottille wird die neue Sachlage natürlich auf besondere Weise zum Schicksal. Uns ist sofort klar, daß wir unseren neuen Einsatz-Stützpunkt Honnigsvag »abschminken« können. Prompt tritt das Erwartete ein: Im Februar 1945 unterrichtet uns ein Fernschreiben der Seekriegsleitung, daß die Verlegung an allen anderen Fronten nicht unbedingt benötigter schwimmender Verbände in die Ostsee zur Beteiligung an der Rettung über See geboten ist. In erster Linie wird natürlich an die Landungsflottillen mit ihren für Evakuierungs-Ablandungen so wichtigen Marinefährprähme, aber auch an die zur Feuerunterstützung und Flankendeckung ebenfalls unentbehrlichen Artillerieträger gedacht.
Schon Ende Januar 1945 haben die Erörterungen und Aktivitäten auf den höchsten Führungsebenen der Marine eingesetzt. Dabei geht es anfangs um die zur Verstärkung der Ostfront – speziell des akut bedrohten oberschlesischen Kohlereviers – von Hitler befohlenen Verlegung von Heeresverbänden aus dem Kurland-Brückenkopf nach Ostpreußen und in den Raum Stettin-Swinemünde. Das erfordert nicht nur zusätzliche Transporttonnage, sondern auch Sicherungsfahrzeuge, zumal die Sowjets jetzt wieder mit U-Booten in der östlichen Ostsee auftreten, bald auch mit Schnellbooten von den zurückgewonnenen baltischen Häfen aus.
Die örtlichen deutschen Kräfte reichen für die neuen Aufgaben nicht aus. Man muß zum »Sondereinsatz Ostsee« auf Einheiten aus der Nordsee und aus Norwegen zurückgreifen. Das betrifft neben Marinefährprähmen auch Minensuch- und Räumboote, Vorpostenboote, Kriegsfischkutter, Schulfahrzeuge und Seeschlepper.
Neue Anforderungen bewirken wenig später die aus den von den Sowjets eroberten Gebieten Ostpreußens und Hinterpommerns einsetzenden und anschwellenden Flüchtlingsströme. Und das um so mehr, als durch den Vorstoß der Sowjets durch Pommern nach Westen in Richtung Oder die Landverbindung mit Ostpreußen und dem Raum Danzig zerschnitten wird und für alle Transporte nur noch der Weg über die Ostsee verblieb. Das wiederum führte zu erneuten Beanspruchungen der dem MOK Ost in Kiel unterstellten Verbände und am 30. Januar von der Skl. veranlaßten weiteren Verlegungen von MFP und Sicherungsstreitkräften aus Norwegen.

Auch im Frühjahr 1945 gibt es noch immer Artillerieträger mit der markant hohen Pagode, die sich auffällig von allen Neubauten des Typs D mit der Kommandobrücke im zweiten Drittel der Schiffslänge unterscheiden. *Sammlung Alfred Pratte*

Die Skl. stellt dazu fest: »Lage-Entwicklung hat zur Folge, daß Seetransportaufgaben für Ostraum ständig zunehmen und in steigendem Maße von weiter westlich gelegenen Häfen erfolgen müssen. Dadurch erhebliches Ansteigen Geleit- und Minensuchaufgaben. Gefahr Feindverminungen langer Seewege zwingt außerdem zu vorsorglicher Bereitstellung von MS-Streitkräften, damit Wegesperrungen in kürzester Zeit wieder freigeräumt werden können.«
Und im Vortrag des Heeres-Vertreters heißt es: »Der feindliche Aufmarsch und die Kampfhandlungen der letzten Tage ergeben die vermutliche Absicht des Feindes, die Linie Frankfurt/Oder – Stettin zu gewinnen, um unter gleichzeitiger Brückenkopfbildung auf dem Westufer der Oder die Absprungbasis für die spätere Operation auf Berlin zu schaffen. Hierfür stehen der russischen Führung fünf bis sechs Armeen zur Verfügung.«
Aufgrund der Landlage verlegen Anfang Februar Teile der Skl. von ihrem bisherigen Sitz im Komplex »Koralle« nördlich von Berlin zur Befehlsstelle Sengwarden bei Wilhelmshaven. Dönitz als ObdM verbleibt in der Nähe des Führer-Hauptquartiers. Etwas später wird dann auch die Verlegung des Kerns der Skl. nach Plön vorbereitet. Und am 17. Februar erkundigt sich das Heer nach dem Umfang der Seestreitkräfte, die im Fall eines feindlichen Durchbruchs zur Küste nördlich und ostwärts von Stettin für das Stettiner Haff und die untere Oder als Flankenschutz zur Verfügung gestellt werden könnten. Darauf MOK Ost: »Im Raum Swinemünde zur Zeit keine AFP (Artillerieträger) zur Verfügung. Zuführung von AFP aus Raum Admiral Skagerrak ist befohlen (5. A-Flottille). Anzahl und voraussichtlicher Zeitpunkt des Eintreffens wird mitgeteilt.«
Und zur Verstärkung in der Ostsee ist am 18. Februar sogar die Rede davon, aus Italien vom Ligurischen Meer 20 Marinefährprähmen und aus der Adria 15 Siebel-Fähren, die zum Teil noch in Bau sind, in die Heimat zurückzuziehen und dort fertigzustellen, womit Chef Skl. einverstanden ist.
Am 20. Februar kommt es dann zu der für unsere Flottille so wichtigen Entscheidung. Nachdem die Skl. dem MOK Nord noch einmal die dringende Prüfung weiterer Abgaben »unter Zugrundelegung strenger Maßstäbe« befohlen hat, verzichtet man in Oslo noch am gleichen Abend »vorübergehend« auf die Zuführung der Anfang März zu erwartenden neun Boote 8. A-Flottille und setzt außerdem zwölf Transport-Marinefährprähme aus dem Polarbereich sofort in Marsch. Darauf entscheidet die Skl., daß 8. A-Flottille nach Klarwerden der Boote (voraussichtlich ab Anfang März) vorübergehend MOK Ost einsatzmäßig unterstellt wird: Flottille für Durchführung und Sicherung Seetransporte nach näherer Anweisung MOK Ost einsetzen. Rückgabe baldmöglichst nach Entspannung Transportlage.
Hierzu meldet MOK Ost am 22. Februar, daß sämtliche Transport-Marinefährprähme aus dem Norwegenraum für Nachschubaufgaben des Heeres und Verwundeten- sowie Flüchtlingstransporte im Osten eingesetzt werden sollen. Die 8. A-Flottille will MOK je nach Schwerpunktlage auf der Oder oder zur Sicherung in der östlichen Ostsee einsetzen.
Ein an uns gerichtetes Fernschreiben der Seekriegsleitung macht unsere Unterstellung unter das MOK Norwegen offiziell wieder rückgängig.
Statt dessen wird die Flottille dem MOK Ost in Kiel zur Unterstellung bei der 10. SiDi in Swinemünde zugeteilt. Beide melden sich wenig später und fragen nach unserem Eintreffen, das sich mittlerweile auf Mitte März verschoben hat. Denn die ständigen Luftangriffe auf Hamburg – wenn auch in erster Linie gezielt auf die mit dem Bau der neuen Elektro-U-Boote vom Typ XXI und die neuartigen Küsten-U-Boote vom Typ XXIII befaßten – Werften haben auch die anderen in Mitleidenschaft gezogen und den Arbeitsablauf allein schon durch die vielen Unterbrechungen infolge der Alarme doch gelähmt und beeinträchtigt.
Mit der Dönitz-Order »Alles in die Ostsee!« verbunden ist auch eine Anweisung, die betreffenden Fahrzeuge nach Möglichkeit auch für Transportaufgaben wie zum Beispiel von Verwundeten herzurichten. Daraufhin entwickelt der FloIng mit seinen Technikern der Laufbahn II (Maschine) einen Verwundeten-Aufzug, der das »Beladen« bzw. den Transport ins Mannschaftsdeck einfacher und vor allem für Verwundete erträglicher machen soll. Nach den Gefechten im Kanal war es nämlich vorgekommen, daß Verwundete bis zum Einlaufen geschützt unter Deck untergebracht werden sollten bzw. mußten, das Verbringen dorthin aber Schwierigkeiten und vor allem zusätzliche Schmerzen bereitete. Denn hinter den an sich ja genügend großen und breiten Zugangspforten von den Seitendecks standen innen nur steile Steigleitern ins Deck zur Verfügung. Unsere Konstruktion sieht daher eine Trage vor, die zwischen vier Pfählen an ihren Ecken von der Höhe des Seitendecks an Taljen auf den Boden des Mannschaftsdecks gesenkt und umgekehrt auch angehoben werden kann. Da die entsprechenden Arbeiten jetzt aber nicht mehr in die Werftabläufe einzupassen sind, will der FloIng das mit seinen Mannen und dem Werkstattschiff durchführen.*

*Soweit ich später feststellen konnte, ist das aber nicht mehr auf allen Booten möglich gewesen.

Und in Erinnerung an die Abstellung der Besatzungen verlorengegangener Boote zum Erdeinsatz in den »Festungen« am Kanal werden für mögliche ähnliche Fälle auf dem Werkstattschiff D 242 einfache Landlafetten für jeweils ein 2-cm-Rohr gefertigt. Dabei handelt es sich um ein kräftiges Holzkreuz mit etwa 50 Zentimeter langen Armen und einem etwa 30 Zentimeter hohen »Pfeiler« in der Mitte mit oben einer drehbaren, gabelförmigen Lagerung aus Eisen für die Waffe, so daß sie im Liegen bedient werden kann. Um die Lafette beweglich zu machen, aber nicht tragen zu müssen, können an einem der Arme des Kreuzes in Führungen von der Seite kurze Achsen mit jeweils einem starken eisernen Rad von etwa 40 Zentimeter Durchmesser gesteckt werden. Mit kräftigen Bändern über die Schultern läßt sich die Lafette so einfach ziehen. Außerdem ist auch daran gedacht, die Werftliegezeit für eine kurze, aber intensive infanteristische Gelände-Ausbildung der Besatzungen zum Beispiel auf einem der nahen norddeutschen Truppenübungsplätze auszunutzen, damit sie im Ernstfall in einem etwaigen Erdeinsatz nicht ganz hilflos und ungeübt dastehen würden. Trotz vieler Bemühungen und Telefonate ist es aber leider nicht möglich, damit beim Heer zu »landen«. »Kein Personal, oder keine Zeit dafür«, lauten die absagenden Antworten.

Bei diesen dienstlichen Kontakten mit »Einheimischen« war mir erneut unser in den letzten Wochen immer wieder gewonnene Eindruck bestätigt worden, daß man häufig, wenn man sich auf solche Gespräche verlassen sollte, tatsächlich dann aber »verlassen« worden war! Andererseits hat diese Haltung für uns auch den Vorteil, daß in diesen Wochen in Cuxhaven uns kaum jemand mal dreinredet, daß wir wie auf einer Insel leben und alles mehr oder weniger nach unserem Gutdünken gestalten und erledigen können. Als sehr günstig erweisen sich dabei die noch immer große Zahl der in Brüssel »besorgten«, von der Luftwaffe zur Marine »übergelaufenen« Fahrräder. Denn die sind inzwischen in der Heimat absolute Mangelware und daher ein gut geeignetes, weil überall begehrtes Tauschobjekt. Dazu wurden sie gleich nach der Ankunft des Unterstabes in Cuxhaven vom I. Verwaltungs-Offizier erfaßt und unter Verschluß genommen.

Nachdem der Betrieb des Flottillen-Stabes wieder in Gang gebracht und die Beeinträchtigungen durch den Verlust vieler Unterlagen überwunden sind, mache ich mich an einen umfangreichen Erfahrungsbericht, um vor allem die bei unserem, wenn auch komprimierten Einsatz gewonnenen negativen Beobachtungen den zuständigen vorgesetzten Stellen aufzuzeigen, um daraus die notwendigen Schlüsse und Folgerungen ziehen zu können.

Zu den konstruktiven Änderungsvorschlägen dieses Berichtes gehören neben dem Wunschtraum nach einem Spitzbug an den Booten – statt des Plattbugs mit der zugesetzten Fährprähm-Landeklappe – die Schaffung eines zweiten Zugangs zum Maschinenraum. Auf einem unserer Boote war nämlich nach einem Torpedotreffer die achtere 8,8-cm-Kanone auf das einzige zum Maschinenraum führende Luk an Oberdeck gefallen. Es bereitete erhebliche Schwierigkeiten, die schwere Kanone soweit beiseite zu schaffen, daß die »Heizer« rechtzeitig aus dem sinkenden Schiff herauskamen. Wir lassen daher während der Werftliegezeit auf den Booten eine zusätzliche Schottür zum dahinterliegenden Wohnraum einbauen, was natürlich einen umfangreichen Papier-Krieg zur Genehmigung solcher Veränderungen erfordert.

Als nicht ideal und frontreif erwies sich auch die Antennen-Führung zum Mast achtern: Beim Schießen der 8,8-cm-Kaliber über weite Entfernungen mit großer Rohrerhöhung konnten nämlich die Antennen beim Schwenken der Kanone abgerissen werden, was aber »im Eifer des Gefechts« – und erst recht bei Nacht – nicht bemerkt wurde, das Führerboot aber von der lebenswichtigen Funkverbindung mit der SiDi abschnitt!

Als Lösung schlage ich einen an der Reling des kleinen »Balkons« hinter dem Ruderhaus angebrachten, schräg nach oben zeigenden, etwa drei Meter langen Ausleger mit einer kurzen Rah vor, an der künftig die Antennen enden, aber nicht mehr vom Geschützrohr berührt werden können. Auch diese Konstruktion wird während der Werftzeit realisiert.

Zu den für künftige Einsätze von A-Trägern notwendigen Einbauten gehören nach unseren Erkenntnissen neben dem besagten Radar-Gerät ein Echolot zur Unterstützung der Navigation, besonders bei den für unsere Boote in erster Linie in Frage kommenden küstennahen Einsätzen auf flacherem Wasser. Zum Glück wurde die zusätzliche Bewaffnung mit zwei 15-mm-Maschinenkanonen bereits genehmigt, nachdem solche Waffen bei den Gefechten im Kanal auch auf kurze Entfernungen eine wichtige Rolle gespielt haben. Schließlich plädieren wir – die einzelnen Punkte des Berichtes wurden vorher mit den Kommandanten, Technikern und anderen maßgeblich Beteiligten durchgesprochen und erörtert – für eine künftig bessere, ausreichende Ausstattung auch mit der Munition für unsere vier sog. »RAG« (Raketen-Abschußgeräte), an der es im Kanal leider gemangelt hatte. Dort konnten wir mit bestem Erfolg nur die »Düppel«-Munition zur Täuschung der Radar-Feuerleitung der britischen Fernkampf-Batterien um Dover nutzen. Ich hatte aber vorher bei der 3. R-Flottille im Schwarzen Meer sehr gute Erfahrungen mit dieser Waffe sowohl in Gefechten mit Kanonenbooten als auch bei der Abwehr von Schlacht- und Torpedo-Flugzeugen gemacht. Mit den 8,6-cm-Raketen konnten Sprenggeschosse mit der Ladung einer 15-cm-Granate, Leuchtgranaten sowie Drahtseilraketen mit bis zu 2 000 Metern Reichweite verschossen werden.*

---

*Die Drahtseile erwiesen sich als recht wirksame Fliegerabwehr, sie wurden von den Propellerflugzeugen besonders gefürchtet.

Ein Sowjet-Kanonenboot ist damals in der Straße von Kertsch durch einen Volltreffer in das Deckshaus auf etwa 500 Meter Entfernung regelrecht »umgelegt« worden!
Natürlich wird in dem Bericht auf unsere negativen Erfahrungen mit den Schweißnähten an den Schotten in den Seitentanks der Boote eindringlich hingewiesen und eine Überprüfung auch in anderen Flottillen empfohlen, um unliebsamen Überraschungen vorzubeugen.

Hamburger Intermezzo

Mitte März 1945 zeichnet sich nun aber doch bei einem erneuten Besuch der Boote auf den Hamburger Werften ein Ende der Liegezeit ab. Allerdings mischt sich dann noch ein Wermuts-Tropfen in den Becher: AF 101 wird erneut bei einem Luftangriff in den Ottensener Eisenwerken durch zwei Bombennahtreffer an der Außenhaut empfindlich beschädigt. Die neu notwendigen Arbeiten zur Beseitigung dieser Schäden u. a. mit Eindocken können nicht bis zur Fertigstellung und Verlegung der anderen sechs Boote nach Cuxhaven abgeschlossen werden, so daß AF 101 später zur Flottille nach Swinemünde nachkommen soll. Es wird inzwischen von Leutnant zur See d.R. Niehoff geführt.
Andererseits ist Anfang 1945 die Flottille mit einem ganzen Schwung junger Oberfähnriche zur See direkt von der Schule bedacht worden, so daß praktisch auf jedem Boot einer zur praktischen Bord-Ausbildung und als Kommandanten-Schüler (»Konfirmand«) einsteigen konnte. Darüber hinaus kann einer auch noch den Adjutanten vertreten, der durch eine Blinddarm-Operation ausgefallen ist. Offenbar ist die Zahl solcher Ausbildungsplätze auf den fahrenden Verbänden so geschrumpft, daß man auch uns dazu für wert hält.
Und da wir gerade bei den »Personalia« sind: Anfang 1945 konnte ich unserem 1. Flottillen-Ingenieur, Oberleutnant (Ing.) Arthur Muffler, die Beförderung zum Kapitänleutnant (Ing.) aussprechen. Muffler – Jahrgang 1904 – hatte schon in der Reichsmarine als Freiwilliger in der Laufbahn II (Maschine) begonnen und war dann nach Ausbruch des Krieges Leutnant (Ing.) sowie später Oberleutnant (Ing.) geworden und nun eben zum »Kaleu« dran. Das führte dazu, daß er mich als seinen Disziplinar-Vorgesetzten mit »Herr Oberleutnant« anredet, ich ihn aber weiter einfach mit »Muffler« ansprechen kann, nun aber auch das »Herr« dazusetze. Diese Unterschiede stören ohnehin in der Folge nicht unser gutes Verhältnis und Einvernehmen, wobei Muffler sich gerne als so etwas wie ein »väterlicher Freund« – er ist immerhin 17 Jahre älter als ich! – fühlt, wenn er in Stimmung ist, was bei ihm als Süddeutschem sehr

Oben: Auf das Urteil meiner einschlägig erfahrenen Offiziere ist Verlaß. Auf dieser in Cuxhaven entstandenen Aufnahme sieht man von links nach rechts die Kommandanten Budzinski, Bartelt (»Ärger Karl« = Ältester Kommandant), Stephan, Gerecke und Danicic.
Foto: Verfasser

Unten: AF 101 erlitt in Hamburg Bombenschäden und befindet sich noch in Reparatur. Gut ist auf diesem Foto der 2,5 cm starke Gürtelpanzer aus aufgesetzten Stahlplatten erkennbar.
Foto: Verfasser

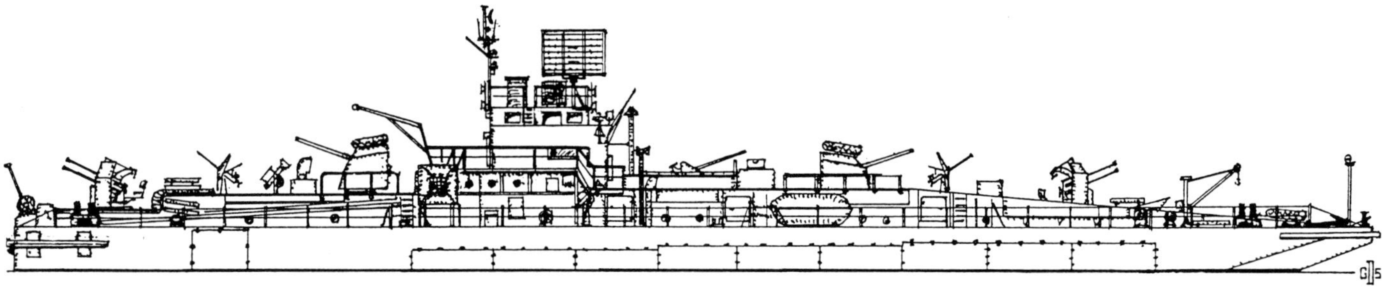

Oben: Führerboot AF 106 (Typ D 3, Verdrängung 285/335 t), ausgerüstet mit FuMO und FuMB. Bewaffnung 1945: 2 x 8,8-cm-L/35-U-Boot-Kanonen, 1 x 3,7-cm-L/30-U-Boot-Kanone/ halbautomatisch, 2 x 2-cm-Vierlinge 38 M, 2 x 1,5 cm-Luftwaffen-MK 151 MI, 4 x Raketenabschußgestelle (RAG) 8,6 cm. Bootsabmessungen: Länge 49,82 m, Breite 6,61 m, Seitenhöhe 2,75 m, Tiefgang 1,18 m/1,39 m. Antrieb 3 x 125-PS-Lkw-Diesel, Geschwindigkeit ca. 8 Knoten.
***Links:** Bereit für eine neue Front: Neben dem Flottillen-Ingenieur Kapitänleutnant Muffler und dem Flo-Chef in der Mitte von links nach rechts Leutnante und Oberleutnante Rösler, Bartelt, Niehoff, Gerecke, Hopp, Stephan, Danicic und Budzinski. Abbildungen: Verfasser*

schnell der Fall sein kann, entpuppt er sich auch als »Verehrer«! Er war von Anfang an beim AdS und den Fährprähmen, ist bestens mit dieser Materie vertraut und uns gerade dadurch außerordentlich nützlich, zumal ich ja in dieser Hinsicht ein ausgesprochener »Seiten-Einsteiger« war.
Mitte März zeichnet sich bei einem weiteren Besuch der Boote in Hamburg endlich das Ende der Werftliegezeit ab, die allzu deutlich die Auswirkungen des intensiven Bomben-Krieges der Alliierten gegen die deutsche Industrie ganz allgemein und die Werften in Norddeutschland speziell zu spüren bekommen hatten. Bei einer Kommandanten-Besprechung am 16. März auf AF 102 informiere ich die Kommandanten über die nächsten Planungen und all das, was mit unserer Verlegung in die Ostsee nach Swinemünde zusammenhing. Tatsächlich treffen dann auch eine Woche später die Boote nach und nach in Cuxhaven ein, wo mit Hilfe des Werkstattschiffes noch mehr individuelle Restarbeiten vorgenommen werden. Auch werden verwaltungsseitige Fragen mit dem U-Stab geklärt. Sein Personal wird dann für die Überfahrt, auf die Boote verteilt, eingeschifft. Praktisch ist damit nach langer, langer Zeit die Flottille endlich mal zusammen, – abgesehen von AF 101, das noch besagte Bombenschäden in Hamburg zu beheben hat. Auch besteht jetzt ausgiebig Gelegenheit, unsere von den Werften realisierten Wünsche zu studieren, an der Spitze die »Matratze«, das »Hohentwiel«-Funkmeßgerät auf dem neuen Führerboot AF 106. Für seine Bedienung mit extra an Bord gekommenem Spezialisten einer neuen Laufbahn ist noch Platz im gepanzerten Ruderhaus beim Funkraum gefunden worden. Alle anderen Boote haben das Funkmeß-Beobachtungsgerät »Naxos« mit Antennen-Gittern an allen vier Seiten der Reling am Peildeck erhalten. Mit ihm kann wenigstens festgestellt werden, ob das Boot vom Gegner geortet wird. Neu dann auch die beiden 150-mm-Maschinenkanonen auf dem Vor- und Achterschiff sowie gut arbeitende Magnet-Kompaßanlage mit Fernübertragung (MKF) nun auf allen Booten, nachdem bisher nur jedes zweite Rottenführer-Boot damit ausgerüstet war. Nicht zu sehen, weil am Plattbug ganz unter Wasser ist das neue Echolot als nützliche Navigationshilfe. Und schließlich ist die äußerliche Erscheinung durch den Wegfall des Mastes achtern und sein Ersatz durch den ausgesprochen elegant wirkenden Ausleger hinter dem Ruderhaus und den etwas verstärkten Signalmast auf dem Ruderhaus merklich verändert. Diesen lange ersehnten Zustand betrachte ich als ein schönes und passendes, vor allem aber verheißungsvolles Geburtstagsgeschenk, daß nämlich die »8. A« nun nach all dem, was sie durchgemacht hat, wieder als eine echte, wenn auch

kleiner gewordene Flottille dasteht. Nach der Auflösung vieler Einheiten im Westen im Herbst und Ende 1944 hatte ich mir im Stillen oft Gedanken gemacht, ob dies Schicksal nicht auch uns treffen würde. Dann ist dieser Kelch aber doch an uns vorübergegangen. Offenbar ist das eine Folge der Empfehlung des ObdM, die eingefahrenen und erprobten West-Flottillen nach der Rückführung und neuen Verteilung nicht auseinanderzureißen, sondern mit ihrem bewährten Personal nach Möglichkeit als kampfkräftigen Verband zu erhalten.

Kurs Ostsee

Nach meiner Abmeldung beim Chef der 5. SiDi und vorbereitenden Telefonaten mit dem Marine-Arsenal in Kiel, wo noch spezielle Restarbeiten an den Waffen, das Schleife-Fahren – zum Entmagnetisieren der Boote als Schutz vor Grundminen mit Magnetzündern – und vor allem das Munitionieren erfolgen mußten, wird am 31. März, um 12.00 Uhr, »Seeklar« befohlen. Mit dieser Uhrzeit soll auf der Unterelbstrecke bis Brunsbüttel die mitlaufende Tide ausgenutzt werden, zumal unsere Geschwindigkeit von acht auf schlappe sechs Knoten herabgesetzt ist wegen der »Radaddel-Boje«, die »Geräuschboje T« – (»GB Toni«). Sie muß als Vorsorge und Eigenschutz gegen Minen mit Geräusch-Zündung gefahren werden, denn die Seeschiffahrtsstraßen der deutschen Küsten werden ständig neu durch Minenflugzeuge mit Grundminen verseucht – Minen, die auf den Magnetismus der Schiffsrümpfe, und Minen, die auf die Schraubengeräusche ansprechen. Das Werkstattschiff schleppt JABO, unsere »Fliegerschwalbe«, die uns kurz vor dem Ablegen noch unerwartete Probleme bereitet hat. Das Flugbetriebsboot war durch irgendeine Unachtsamkeit längsseits vom D 242 im Hafen gesunken und mußte nun erst noch gehoben werden! Und der Zufall will es, daß uns auf dieser Fahrt »angehängt« ein Boot der neu aufgestellten 3. R-Flottille folgt.

Bei diesem Auslaufen »auf Biegen und Brechen« – anders ist nach alter Erfahrung eine Werftliegezeit nicht zu beenden! – ergab sich schon im Vorfeld ein neues Problem: Der FloIng hatte bei seinen Gesprächen mitbekommen, daß die von uns benötigten Dienststellen die Oster-Feiertage über (1. und 2. April) nicht zu arbeiten gedachten. Und das im fünften Kriegsjahr!

Weil das für uns praktisch ein Herumliegen der Boote im zudem – wie die beiden letzten Wochen deutlich gezeigt hatten – durch Luftangriffe stark gefährdeten Kieler Hafen bedeutet hätte, entschließe ich mich, am Ostersonntag Station im kaum gefährdeten Rendsburg am Kaiser-Wilhelm-Kanal zu machen, d. h. am heute so genannten Nord-Ostsee-Kanal.

Um aber auch unseren guten Willen zu zeigen und zugleich den Beweis für unsere einkalkulierte Feiertagsruhe in Kiel zu erhalten, lasse ich zwei A-Träger nach Kiel durchlaufen und folge mit den anderen vier am Montagnachmittag, um am Dienstag morgen mit allen Booten für die anstehenden und angeforderten Arbeiten in Kiel zur Verfügung zu stehen.

Nach dem Einschleusen in den Kanal in Brunsbüttel ergibt sich wieder ein Problem: Im Kaiser-Wilhelm-Kanal ist wegen Luftminen-Gefährdung auf einem Teilstück westlich von Rendsburg ein Minen-Geleit durch Einheiten der Sicherungs-Flottille Kiel vorgeschrieben, was nach einem genau festgelegten Fahrplan durchgeführt wird, zuletzt um 17.00 Uhr. Da wir mit unserer kümmerlichen Geschwindigkeit zu dieser Zeit aber nicht an Ort und Stelle sein können, geht es nun um eine Stunde Verschiebung. Dazu muß ich aber bis zum MOK Ost in Kiel telefonieren mit dem Erfolg, daß dann tatsächlich ein KFK (Kriegsfischkutter) mit Räumgerät auf uns wartet und bis Rendsburg geleitet. Bei allerdings scheußlichem Wetter »feiern« wir dort mit vier Booten so etwas wie Ostern, während die anderen beiden Boote unter Führung des ÄK mit dem Werkstattschiff und JABO auf dem Haken aber nach Kiel weiterlaufen und dort am nächsten Morgen tatsächlich überall vor verschlossenen Türen zu stehen. Bei dem mit MOK Ost notwendig gewordenen Telefonat habe ich den diensthabenden Lagezimmer-Offizier gleich über unseren Zwischenstop in Rendsburg »sicherheitshalber« und zur Vermeidung etwa späterer Vorwürfe informiert und keine Gegen-Order erhalten, da der Herr wohl die Kieler Verhältnisse kannte ...

Als ich dann am Ostermontag mit den vier Booten nachkomme und auch in der Wik an der Tirpitz-Mole in der Nähe des großen MOK-Bunkers bei den anderen Booten festgemacht habe, herrscht absolute Feiertags-Ruhe. Im Arsenal liegt »der Schlüssel noch unter der Matte«. Immerhin kann gleich mit der Munitions-Übernahme beim gegenüberliegenden Depot Kitzeberg begonnen werden. So habe ich Zeit, die üblichen und notwendigen Meldungen bzw. Antrittsbesuche beim nahen MOK, aber auch beim BdSich auf dem Wohnschiff BARBARA – einem holländischen Fahrgastschiff – in Friedrichsort zu machen. Umgekehrt besucht mich am Abend an Bord jetzt wieder auf AF 106 mein letzter Flo-Chef der 3. R-Flottille, Kapitänleutnant Klassmann, der dabei ist, in Kiel eine neue »3. R« mit neuen Booten aufzustellen.*

*Dieser Flottille wurde der Tender GAZELLE als Begleitschiff zugeteilt. Aber zum Kriegseinsatz in der Ostsee ist der neu aufgestellte Verband nicht mehr gekommen, der »Wettlauf mit der Zeit« war nicht mehr zu gewinnen.

Mit gewichtiger und wertvoller Unterstützung durch das MOK können die Abfertigung und Abwicklung der noch notwendigen Arbeiten an den Booten festgelegt werden. Besonders hilfreich erweist sich dabei Korvettenkapitän Waldemar (Waldi) Holst als Admiralstabsoffizier A1M beim MOK, mir noch gut bekannt aus meiner Zeit 1940/41 bei der 3. R-Flottille, als er Chef der benachbarten 4. R-Flottille in Boulogne war.
Holst bereitet auch meine Meldung beim Oberbefehlshaber des MOK Ostsee, Generaladmiral Kummetz, vor, zu der mich vorher ausgesprochen freundlich und fast kameradschaftlich sein Chef des Stabes, Konteradmiral von der Forst, in Empfang genommen hat.
Schon sehr schnell verspüre ich bei den folgenden Gesprächen einen deutlich anderen Ton als eben noch in Cuxhaven oder gar Wilhelmshaven. Es ist, als ob hier doch die nähere Front einen Einfluß hat.
Und dennoch empfinde ich auch hier dasselbe wie in den letzten Wochen bei vielen anderen Kontakten mit anderen Heimatdienststellen, wie wenig die Artillerieträger in der Marine und selbst in der Flotte und bei Offizieren bekannt sind. *»Was ist das? Nie gehört, geschweige denn gesehen …«*
Von Kummetz werde ich detailliert mit unserem künftigen Einsatz vertraut gemacht, verbunden mit einer entsprechenden Unterrichtung über die allgemeine »Große Lage« im Osten und speziell in der Ostsee. Sie ist gekennzeichnet durch das mit ihrer Großoffensive am 13. Januar 1945 begonnene stete Vordringen der Sowjets nach Westen. Die Rote Armee ist inzwischen weit auf deutsches Reichsgebiet vorgedrungen. Das hat auch die Marine in der Ostsee vor ganz neue Aufgaben gestellt, bei denen die »Rettung über See« der flüchtenden Zivilbevölkerung, aber auch der An- und Abtransport von Heeresverbänden die Hauptrolle spielen. Dazu kommt die Unterstützung des schwer kämpfenden und bedrängten Heeres durch die Artillerie der größeren Kriegsschiffe bis zu Schweren Kreuzern, aber auch von Zerstörern, Torpedo- und Minensuchbooten von See her. Außerdem geht es um die Sicherung der Geleite gegen verstärkt auftretende U-Boote und die Luftwaffe der Sowjets sowie die Versorgung, aber auch Ablandung abgeschnittener Einheiten und Evakuierungen vor der Räumung stehender Hafenplätze in Ostpreußen und Pommern östlich von Stettin. Immerhin befinden sich im Kurland-Brückenkopf noch zwei Armeen. Die Ostfront selbst verläuft schon seit Ende Januar streckenweise längs der Oder. Danzig ist Ende März besetzt worden, Königsberg Anfang April. In Ostpreußen hält neben den Brückenköpfen Pillau (bis 25. April) und Weichselniederung (bis zur Kapitulation) nur noch die abgeschnittene Halbinsel Hela als »Relais-Station« für die täglichen Flüchtlings-Abtransporte.*

*KTB Skl, Seite 455 A: Sie hält bis zur Kapitulation am 9. Mai 1945, um 0.00 Uhr stand.

Von einer Verwendung der 8. Artillerieträger-Flottille in der östlichen Ostsee, von der noch am 22. Februar im Zusammenhang mit dem Wechsel unserer Unterstellung vom MOK Nord zum MOK Ost die Rede war, fällt jetzt kein Wort mehr. Die damaligen Planungen sind durch die Entwicklung der Landlage überholt. Ein neuer gefährlich bedrohter Schwerpunkt ist im Raum Swinemünde/Stettin entstanden. Zudem sind in der östlichen Ostsee schon seit längerer Zeit zwei A-Flottillen im Einsatz: Die neue 3. A-Flottille mit Schweren und Leichten Artillerieträgern (SAT/LAT) vom Kümo-Typ sowie die 7. A-Flottille mit AF-Booten (Artilleriefähren) der Typen A bis C.
Tatsächlich fahren wir einem Kriegsschauplatz entgegen, der ganz neue Maßstäbe setzt. Die besonderen Verhältnisse des Abwehrkampfes an der unteren Oder sowie in den Haffs und Bodden bringen auf geringe Entfernung direkte Schußwechsel mit gegnerischen Artilleriestellungen und sogar Panzern mit sich. Kriegsschiffe greifen unmittelbar in Landkämpfe ein. Mir ist sehr wohl klar, was diese Einsätze mit sich bringen werden. Aber noch fehlen auch mir genauere Kenntnisse von dem, was andere, bereits an der Front stehende Artillerieträger zur Stunde »erleben« oder bereits hinter sich haben.
Mir ist bekannt, daß sich die von Jütland dorthin verlegte 5. Artillerieträger-Flottille bereits im Einsatz befindet. Sie war schon Ende Januar 1945 samt eingeschifftem Flottillenstab von Aalborg über Kattegat und Sund nach Swinemünde beordert worden. Die sieben A-Träger vom Typ C erhielten sofort den Auftrag, die mit Angriffsspitzen herangerückte Rote Armee an der unteren Oder vor dem Übersetzen nach Wollin und Usedom zu hindern. Der Verband lief geschlossen durch die Kaiserfahrt ins Stettiner Haff und von dort in die Dievenow, in den östlichen Arm des Oder-Mündungsdeltas. Bei der Stadt Wollin auf der gleichnamigen Insel bezogen die Boote ihre erste Feuerstellung, sie schossen zunächst ohne Vorgeschobenen Beobachter (V.B.) nach Karten. Aber die Lage zwang dazu, denn es waren sowjetische Panzer schon bis zum Marktplatz einzelner Kleinstädte unweit des Ufers vom Stettiner Haff vorgedrungen.
An einer Stelle gelang es der 5. A-Flottille, 14 oder 15 Panzer kampfunfähig zu schießen.
Der Oberleutnant zur See Werner Penner, Kommandant von AF 77, wird anschließend als Gruppenführer mit drei Artillerieträgern über die Dievenow stromabwärts zum Camminer Bodden geschickt, um in der Bischofsstadt Cammin Flüchtlinge aufzunehmen und nach Heidebrink auf Wollin überzusetzen. Gleichzeitig sollen die drei Boote

der von Heereskommandeuren geführten 3. Marineinfanteriedivision Feuerschutz geben. Sie steht im Kampf gegen die vordringenden Sowjets, die Cammin und die vorgelagerte Insel Gristow zu erobern versuchen.

Panzernahkampf an der Dievenow

Darüber berichtet Werner Penner: Bei Tage vollbringen die drei A-Träger den ersten Übersetz-Transport mit getreckten Flüchtlingen und flüchtenden Camminer Einwohnern über die sechs Kilometer lange Boddenstrecke bis zur Binnenseite des Ostseebades Heidebrink. Dann erhält Oberleutnant Penner einen Funkspruch des in Swinemünde mit seinem Stabsquartier ansässigen Kommandanten der Seeverteidigung Pommern, allgemein nur »Seekommandant« oder »Seeko« genannt: Penners Bootsgruppe soll sowjetische Panzer vernichten, die auf der Straße aus Richtung Greifenberg gegen Cammin vorrücken.*

*Auch Oberleutnant Penner könnte einen Roman über sein Schicksal in den Jahren 1942–1945 schreiben. Er war vorher bei der 3. Artillerieträger-Flottille im Schwarzen und Asowschen Meer eingesetzt und kam nach dem Frontwechsel Rumäniens auf die Seite der Sowjets unter abenteuerlichen Umständen mit seinem Artillerieträger auf der Donau kämpfend stromaufwärts bis nach Prahovo unterhalb vom Eisernen Tor. Dort gab es kein Weiterkommen mehr, der Artillerieträger musste, zusammen mit vielen anderen Einheiten, durch Selbstversenkung dem Zugriff des Gegners entzogen werden. Der Durchbruch durch die »Katarakten« in den Grossen Karpathen war nicht mehr möglich, weil dieser Abschnitt bereits in den Händen der Tito-Partisanen war. Zusammen mit Soldaten der Division »Brandenburg« und der 1. Gebirgsdivision schlug sich Penner monatelang durch die Bandengebiete durch und kam schliesslich nach zweimaliger Verwundung an Bord und an Land in Wien an und wurde, nach Lazarettaufenthalt in Baden bei Wien und kurzem Genesungsurlaub, nach Lemvig am westlichen Limfjord in Dänemark kommandiert. Er übernahm dort einen Artillerieträger der 5. A-Flottille als Kommandant, um gleich damit an die Ostfront »zurückzukehren«, diesmal im Mündungsdelta der Oder.

Die Vormarschstraße ist vom Bodden aus gut einzusehen, sie macht erst kurz vor Cammin einen Knick nach Süden und führt dann von Norden her in die etwas höher gelegene Stadt Cammin.
Die drei A-Träger der Gruppe Penner beziehen in geringem Abstand voneinander, mit dem Bug in Richtung Land, eine zum Teil durch Schilf getarnte Stellung.
Nach etwa zwei Stunden kommen die Panzer tatsächlich in Sicht. Penner erfaßt sie ganz klar durchs Fernglas, aber er traut seinen Augen kaum: Die Panzer haben sich in einen großen Flüchtlingstreck eingeschleust, den sie sozusagen als lebenden Schutzschild mißbrauchen. Jeweils einer Dreierreihe von Pferdefuhrwerken folgt ein mitfahrender Panzer. Das ist eine verteufelte Situation! Über Sprechfunk unterrichtet Oberleutnant Penner den »Seeko«-Stab, daß er die Panzer inmitten der Flüchtlingskolonne nicht angreifen könne.
Funkspruch zurück: »Die Sowjetpanzer sind ohne Rücksicht auf Flüchtlinge (!) zu bekämpfen!«
Penner begeht klar und wissentlich Befehlsverweigerung, er zieht seinen Verband vom Ufer zurück, allerdings schußbereit, mit Panzersprenggranaten in den Geschützrohren.
Die Sache wird noch ein Nachspiel haben, aber zunächst kommt es zu einer unverhofften Wende: Etwa 200 Meter vor dem Dievenow-Ufer schwenken die Sowjetpanzer aus und gehen dort in Stellung, während der Treck ohne sie nach Norden weiterzieht, nach Cammin.
Penner setzt sich sofort über Funk mit der 3. Marineinfanteriedivision in Verbindung, die einen Vorgeschobenen Beobachter mit guter Feindeinsicht vom Camminer Stadthügel aus vermittelt. Obwohl das bislang noch nie geübt wurde, klappt die Sache auf Anhieb: Penners Boote schießen aus etwa anderthalb Kilometern Entfernung über den Hügel hinweg, seitlich an den Häusern der Stadt und am Camminer Dom vorbei. Vier Panzer werden abgeschossen, den Rest knacken die Marine-Landkämpfer mit Panzerfäusten.
Dann ist wieder das Flüchtlings-Übersetzen an der Reihe. Dabei wird die Bootsgruppe von anderen sowjetischen Panzern beschossen. Das läuft jedoch ohne Verluste ab. Die Anbordnahme der Menschen geht im Schutz des Stadthügels und der wasserseitigen Stadtmauer vor sich. Draußen auf dem Camminer Bodden geraten die drei A-Träger voll in die Zielfernrohre der Panzer, die sich aber mit der Entfernung gehörig verschätzen und offenbar das bei uns übliche Gabelschießverfahren nicht kennen. Die Schüsse liegen samt und sonders zu kurz.
Unangefochten setzen die drei Artillerieträger die Übersetzfahrten bis in die Nacht hinein fort, sie holen sogar die letzten Verteidiger der Marineinfanterie aus Cammin heraus und erfahren von ihnen, daß die Gruppe Penner bei einem der späteren, notwendig gewordenen Schußwechsel – einfach auf das Mündungsfeuer zielend – zwei schwere Panzer vom Typ JOSEF STALIN zusätzlich »erledigen« konnten.

Penner im Wortlaut: »Unseren Artilleriebeobachter (V.B.) bekomme ich schwerverwundet zu mir an Bord sowie einen vierzehnjährigen schwerverwundeten Hitler-Jungen, der beim Anspringen eines Sowjetpanzers von der eigenen Sprengladung mitgetroffen wurde.
Zuletzt müssen wir noch auf die Soldaten der kleinen Boddeninsel (Gristow) warten, die über die teils von uns zerschossene Verbindungsbrücke zum hinterpommerschen Festland und zum Camminer Anleger gelangen.«
Anderntags bleiben wir bis auf einen abgewehrten Angriff eines LIGHTNING-Jagdbombers ungeschoren, da wir in Feuer-Lee, im Sichtschatten der Insel Gristow, nicht behelligt werden können. Allerdings bekommt mein »Rottenknecht«, Leutnant zur See Herpich, durch Granatsplitter mehrere kleine Lecks in den Heckspiegel seines Bootes, als wir versuchen, die Brücke zwischen Gristow und dem Festland endgültig zu zerstören. Durch Einnebeln gelingt es uns, den Sowjets zu entgehen.
Bald darauf werde ich durch »Funksprech« vom örtlichen Heeresbefehlshaber zwecks Lagebesprechung zum Wollin-Ufer der Dievenow befohlen.
Dort wird mir mitgeteilt, daß die in diesem Raum kämpfende 3. Marineinfanteriedivision nochmals einen Spähtrupp zur Insel Gristow hinüberschicken will. Dafür erbittet man noch einmal Feuerschutz. Im übrigen sei (auf Wollin) Heeresartillerie im Anmarsch, die künftig unsere bisherige Aufgabe übernehmen werde.
Zu der Besprechung wurde ich mit dem Bord-Dinghi, dem Beiboot meines Artillerieträgers, an Land abgesetzt. Zur Rückfahrt »schiffe« ich mich auf einem großen Ruderkahn ein, der den Marine-Spähtrupp, an meinem Boot vorbeifahrend, nach Gristow hinüberbringen soll.
Kaum sind wir vom Ufer entfernt, bricht ein Schneesturm los. Die Ruder (bei der Marine sagen wir »Riemen«) brechen, und da der Sturm uns auf das sowjetisch besetzte Ufer zutreibt, paddeln wir mit den schnell herausgerissenen Sitzbrettern (Duchten) und den wenigen unbeschädigt gebliebenen Riemen um unser Leben. Es wird dunkel, als wir endlich doch noch das westliche Ufer in Höhe eines verlassenen Gehöftes erreichen. Da der Kahn im Schilf steckenbleibt, kann ich noch einige Nichtschwimmer unter den Mitinsassen des Bootes bis in seichtere Uferbereiche an Land bringen, und zwar samt Waffen.
Total naß versuchen wir, uns auf dem Gehöft zu trocknen, was aber trotz vorhandenen trockenen Feuerholzes mißlingt. Wir haben keine trockenen Streichhölzer und kein Feuerzeug – und finden auch beim Herumsuchen keines. Also machen wir uns naß durch die Winterkälte auf den Weg zu jenem Ort, indem zuvor die Stabsbesprechung abgehalten wurde. Mit der Morselampe kann von dort unser Dinghi wieder herbeigeholt werden. Nach Rückkehr an Bord bringe ich dann meine Unterkühlung mit drei Aspirintabletten und einer halben Flasche Cognac wieder aus dem Körper heraus.*

---

*Nach heutigen Erkenntnissen der Mediziner war diese Maßnahme genau verkehrt, denn Alkohol erweitert die Gefässe. Die vermeintliche »Erwärmung« des Körpers durch Einnahme von Branntwein ist ein Trugschluss. Aber damals wusste man es noch nicht besser – man machte das in der Seefahrt ja schon immer so …

Bei der erwähnten Stabsbesprechung hat mir der örtliche Heeresbefehlshaber dringend geraten, baldmöglichst nachts durch den inzwischen von den Sowjets besetzten, nur etwa zehn Meter breiten Südzugang zur Dievenow-Mündung in die Ostsee aus dem mittlerweile entstandenen Kessel auszubrechen, andernfalls säßen wir auf der Dievenow hoffnungslos in der Falle.
Gesagt, getan. Unser Auftrag ist ohnehin erst einmal erledigt. Also setzen wir nordwärts zum Ausbruch durch die Dievenow-Mündung an. Dabei läuft jedoch mein Boot »auf Dreck«. Während es ein anderer Artillerieträger der Gruppe wieder freizieht, sind die Russen natürlich wach geworden. Sie bewerfen uns mit Handgranaten und schießen wild in unsere Richtung. Aus Erfahrung im Nahkampf beim Donaudurchbruch (bei Cernavoda und an anderen Stellen im August und September 1944) decken wir das feindliche Ufer derart mit unseren 2-cm-Vierlingen zu, daß sich die Russen so lange in voller Deckung halten, bis wir nach einer Flußbiegung »außer« Sicht sind. Und weil der Hafen von Dievenow-West noch feindfrei ist, legen wir dort – unmittelbar neben dem Dievenow-Ausgang zur Ostsee – zunächst an, natürlich abwehrbereit. Ich melde unseren Durchbruch zu diesem Platz über Sprechfunk nach Swinemünde.
Am Vormittag hören wir am gegenüberliegenden Ufer, wo der Wald fast bis zur Böschung reicht, lautes Motorengeräusch und Brechen von Bäumen. Kurz darauf erkennen wir drei zwischen den Bäumen herausrasselnde Panzer, die uns offenbar nicht sehen und sicherlich gar nicht damit rechnen, daß wir noch in diesem Hafen liegen. Es ist ausgesprochenes Glück für uns, daß die Panzer direkt auf uns zuhalten.
Ich kann den Richtschützen unserer 8,8-cm-Geschütze gerade noch zurufen »Nicht auf die Vorderfront, sondern auf den Turm zielen!« Das hören sie auch auf dem Nachbarboot mit. Und so werden mit »Salve Feuer!« alle drei Panzer aus weniger als 100 Meter Entfernung präzise getroffen (ein völlig neues »Seekriegsgefühl!«). Und nun hören wir nur noch das allmähliche Abnehmen weiterer Motorengeräusche. Wir haben offensichtlich eine Panzerspitze zur Umkehr gezwungen.
Was dann freilich geschieht, hätte wohl keiner von uns erwartet: Noch

am selben Vormittag erscheint Leutnant zur See Herpich, Kommandant AF 81, eins meiner Rottenboote, total aufgebracht bei mir an Bord und bittet mich in meine Kommandantenkammer. Dort händigt er mir ein Fernschreiben aus, das er aufgrund einer persönlichen Kuriernachricht selbst von der Fm-Stelle des nahegelegenen Seefliegerhorstes abholen mußte. Inhalt: »Oberleutnant zur See Penner ist sofort festzunehmen. Der Artillerieträgerverband hat sofort Swinemünde anzulaufen. Penner ist unbewaffnet dem Kriegsgericht bei Kommandanten der Seeverteidigung Pommern wegen Nichtausführung eines Befehls vorzuführen.«

Ich bin nicht weniger verdutzt als Leutnant Herpich. Aber ich übergebe befehlsgemäß meine Pistole und werde in meiner Kammer eingeschlossen. Mein I. Wachoffizier übernimmt die Befehlsgewalt an Bord, und der Verband läuft über See nach Swinemünde. Dort führt mich mein I.W.O., Leutnant zur See Polzin, zum Dienstzimmer des Seekommandanten, Kapitän zur See Johannes Rieve, der inzwischen noch drei, vier andere Stabsoffiziere hinzugezogen hat. Man erklärt mir, daß man mir vorwirft, die Sowjetpanzer in dem Flüchtlingstreck nicht sofort befehlsgemäß angegriffen und dann auch noch eigenmächtig den Camminer Bodden verlassen zu haben.

Zum ersten Vorwurf erwidere ich nur, daß meine Eltern, Nachbarn und Verwandten – wie alle Menschen aus dem Weichsel-Delta, meiner Heimat – mit Pferdefuhrwerk-Trecks auf der Flucht durch Hinterpommern nach Westen seien. Sie hätten sehr wohl sogar in diesem Treck vor Cammin sein können. Deshalb hätte ich nicht auf meine Eltern schießen können und dürfen.

Den zweiten Vorwurf kann ich dadurch entkräften, daß mir vom Heeresbefehlshaber auf Wollin persönlich mitgeteilt worden sei, daß wir zu einem noch günstigen Moment den Camminer Bodden verlassen sollten, weil wir sonst in der Falle säßen.«

»Grüner Tisch« und Frontrealität sind hier offensichtlich miteinander kollidiert. Aber das angedrohte Kriegsgericht löst sich wie ein Nebelschwaden auf.

Nach kurzer Beratung fragt mich der Seekommandant: »Haben Sie schon gegessen?«

Daraus kann ich entnehmen, daß ich wieder frei bin. Ich gestehe, daß ich vorher auf das Schlimmste gefaßt war und dann gar nicht mehr richtig zugehört habe. Ich merkte wohl gar nicht, daß alle Vorwürfe fallengelassen worden sind.« Soweit Oberleutnant Penners Aussage.

Nun ist also unsere 8. Artillerieträger-Flottille im Anmarsch auf diesen Kampfraum. Er fällt erkennbar aus jedem gewohnten Rahmen. Und noch liegen wir allerdings vor dem Weitermarsch dorthin in Kiel-Wik. An der dortigen Tirpitzmole sind unsere Boote das Ziel auffällig vieler Besucher, zumal wir dort dicht beim Nervenzentrum der Marine in der Ostsee liegen. Stabsoffiziere und auch mehrere Admiräle kommen mit unverhohlener Neugier heran. Endlich sehen sie mal einige von den »Plattbugkreuzern« mit eigenen Augen, von denen hin und wieder die Rede ist, zumeist fälschlich als »Kampffähren« bezeichnet.

Als nun am Dienstag, dem 3. April, unser Kieler Programm voll angelaufen ist und sich alle Boote auf den Kieler Hafen verteilt haben, gibt es schon am Vormittag »Vollalarm«. Daraufhin haben alle schwimmenden Einheiten schnellstens abzulegen und den Hafen Richtung Strander Bucht zu verlassen. So wälzt sich auch jetzt wieder eine ganze Mahalla von Schiffen aller Typen – so schnell jedes kann – durch die Förde, vorbei am Leuchtturm Friedrichsort, um sich draußen zu verteilen und auf »Entwarnung« zu warten. Bei diesem »Rennen« sind wir mit unseren langsamen Untersätzen eindeutig im Nachteil. Hinzu kommt, daß die meisten Boote weit drinnen in der Förde bei Werkstätten des Arsenals lagen. Außerdem wird das Wettrennen nach Auslösung des Alarms sehr schnell durch das Vernebeln der Förde zur Verschleierung vor den Bombenzielgeräten der Flugzeuge erheblich erschwert. Ich befinde mich dort auf AF 106, die glücklicherweise nicht so weit drinnen lag, auch gleich zügig in Fahrt kam und bin, als der erste Bombenteppich auf das Ost-Ufer und die Förde herabrauscht, schon fast in Höhe der Kaiser-Wilhelm-Kanal-Schleusen. Daher kommt der nächste Teppich, dem dann der als Wohnschiff in der Förde vor Anker liegende Hapag-Schnelldampfer NEW YORK zum Opfer fällt, nur noch knapp an uns heran. Trotzdem sehe ich schon alle unsere Pläne und Vorbereitungen zerschlagen und rechne mit dem Verlust weiterer Boote!

Doch siehe da: Aus dem Nebel taucht ein Boot nach dem anderen wieder auf. Ich gebe mit dem Morsescheinwerfer Order, auf AF 106 zu sammeln. Und da sehr bald »Entwarnung« gegeben wird, müssen wir nicht mehr zur Strander Bucht hinausfahren.

Da der Nachmittag als Arbeitstag ohnehin verloren ist, und ich von den Booten höre, daß sie alle Arbeiten noch hatten erledigen können und zum Teil auch schon auf der Rückfahrt zur Wik sind, laufe ich sicherheitshalber nicht dorthin zurück, sondern mache in Friedrichsort neben dem Führerschiff BARBARA des BdSich fest. So können wir mit unseren »lahmen Enten« beim nächsten Alarm recht schnell, sozusagen »eben um die Ecke«, aus der Förde in die Strander Bucht gelangen.

Dieser Tagesangriff der Amerikaner und die Bombenteppiche sind uns doch schwer in die Glieder gefahren. Es ist schon fast ein Wunder, daß die anderen Boote trotz der nahen Bombeneinschläge und Wasser-Fontänen rund um sie herum unbeschädigt geblieben sind. Im Westen waren wir von solchem Kriegs-Szenario verschont geblieben. Auch die Luftangrif-

fe auf Hamburg waren von den Besatzungen nicht so massiert wie hier gerade empfunden worden. Außerdem haben die Besatzungen dort immer rechtzeitig die vielen Luftschutzbunker aufsuchen können. Hier in Kiel, im fünften Kriegsjahr, erhielten wir soeben ganz drastisch den Eindruck von dem, was die Heimat, die Frauen und Kinder schon jahrelang unaufhörlich hatten ertragen müssen. Verständlich, daß dies Thema am Abend noch lange unsere Gespräche beherrscht!
Meine Vorsorge mit dem Liegeplatz-Wechsel ist voll berechtigt, denn schon am nächsten frühen Vormittag heulen wieder die Alarm-Sirenen. Diesmal sind wir aber binnen zehn Minuten in der Strander Bucht. Allerdings handelt es sich insofern um einen Fehlalarm, da keine Bomben fallen, so daß wir schon bald wieder in Friedrichsort festmachen und die Ausrüstungsarbeiten fortsetzen können.
In Friedrichsort komme ich mit dem »BdSich«, Konteradmiral Lucht, in einen fruchtbaren Gedankenaustausch.
Dazu gehört unter anderem auch sein Rat, daß wir als »Neulinge« uns wegen des Weitermarsches durch die Ostsee vom Chef der 1. Sicherungs-Flottille über alles Wissens- und Beachtenswerte informieren lassen sollen. Diesen Rat befolgen wir allzu gern.
Außerdem gibt es in Friedrichsort ein Wiedersehen mit dem früheren Kommandanten unseres AF 99, Leutnant zur See d.R. Wissgott, der schon im Juli 1944 als erster sein Boot vor Boulogne nach Jabo-Treffern verloren hat und jetzt dem Stab des BdSich angehört. Das damals schnelle Kentern dieses Bootes war der erste Anlaß für meine dann lang gehegte Sorge um die Stabilität unserer Boote, weil dieser Verlust auf das nicht ordnungsgemäße und vorgeschriebene Verschweißen der Nähte der Schotten in den Seitentanks zurückzuführen war, wodurch nach Treffern unter der Wasserlinie diese Tanks schnell vollliefen, statt dichtzuhalten, um das Boot weiterhin schwimmfähig bleiben zu lassen. Ähnliches ist später ja auch auf AF 100 festgestellt worden, und erst bei der Hamburger Werftliegezeit konnte diese tödliche Gefährdung beseitigt werden.
Am Donnerstag, dem 5. April, sind wir nun endlich klar zum Abmarsch. Vormittags füllen alle Boote noch ihre Brennstoff-Tanks auf, und dann wird auf einer Kommandanten- und Offiziers-Besprechung der geplante Ablauf der Fahrt nach Swinemünde durchgesprochen. Um die navigatorisch etwas schwierige Stelle bei der Netz- und Balkensperre Gedser – als Schutz der westlichen Ostsee mitsamt Kiel vor dem Eindringen sowjetischer U-Boote – auf Empfehlung der 1. Sicherungs-Flottille bei Helligkeit zu passieren, wird bei Sieben-Knoten-Marschfahrt vom Flottillen-Obersteuermann Ringnitz 18.00 Uhr als Auslauf-Termin errechnet, bei dem es auch bleibt.
Bei nur wenig bewegter See und etwas Wind von vorn geht es in der Marschformation »Toni gelb« gen Osten. Dabei lasse ich mich gleich nun auch in Fahrt über das Arbeiten und die Möglichkeiten des von mir so hartnäckig beschafften Funkmeß-Ortungsgerätes (FuMo) »Hohentwiel« informieren.

In »Radarfahrt« nach Swinemünde

Bei dieser praktischen Erprobung auf meinem Führerboot zeigt sich, daß das Gerät einwandfrei die jeweils zwei Seemeilen (3 600 Meter) weit auseinanderliegenden Tonnen des Zwangsweges als Echos voraus

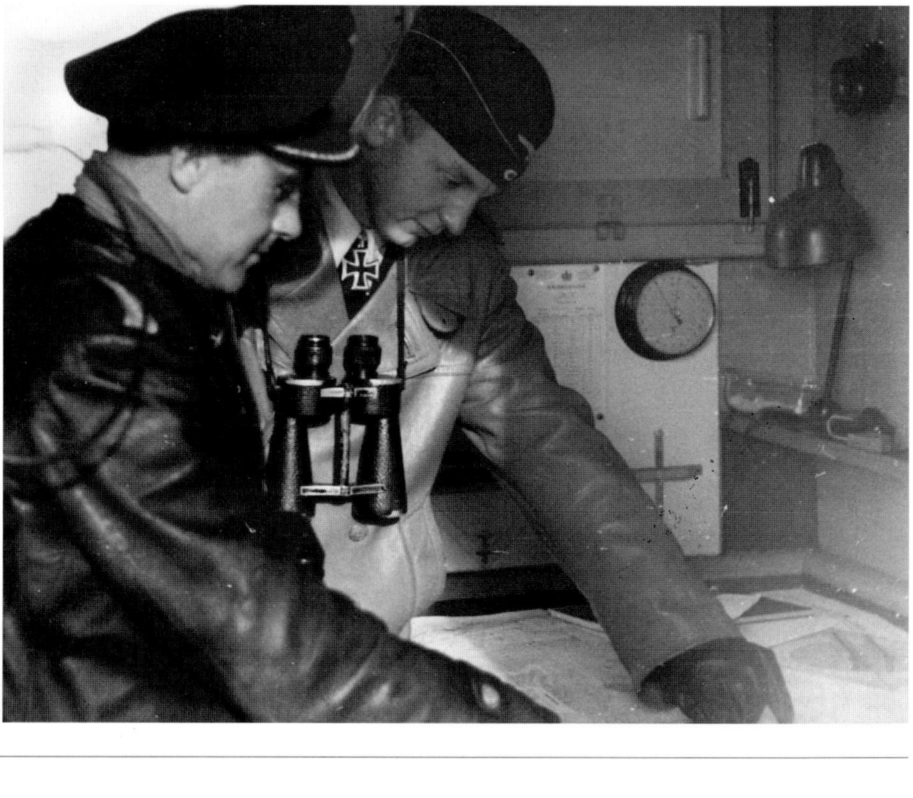

Im Kartenhaus des Führerbootes AF 106 werten Flottillenchef und Kommandant auf der Seekarte gemeinsam die Funkmeßortungen aus.
Foto: Verfasser

meldet bzw. erkennen läßt. Ist die Tonne dann auch optisch vom Ausguck auf der Brücke gesehen worden, sucht das Gerät die nächste. Das klappt bald ausgezeichnet und ist bereits bei dieser ersten Nachtfahrt eine wertvolle navigatorische Hilfe. Außerdem werden zwischendurch beim Schwenken der »Matratze« auch die Konturen der Küste beobachtet und Echos anderer Ziele wie zum Beispiel andere Schiffe registriert, wobei im Falle von »Gegenkommern« die spätere optische Kontrolle gut möglich ist. Auch kann ich nach achtern übersehen, ob die Flottille zusammengeblieben ist. Die Reichweite des FuMo beträgt etwa fünf Seemeilen (knapp zehn Kilometer).

Im Gegensatz zu den Nachkriegsgeräten mit der kreisenden Echo-Anzeige auf einem runden Bildschirm, auf dem die »Echos« aufleuchten und kurze Zeit sichtbar bleiben, werden im Frühjahr 1945 die Echos noch auf einer von Null bis 360 Grad gekennzeichneten waagerechten Leuchtröhre je nach Stellung der »Matratze«, der Antenne oben auf dem Ruderhaus, durch kurze Lichtblicke, auf der sog. »Zackenanzeige«, sichtbar. Dadurch ist zu erkennen, in welcher Richtung eine Ortung erfolgt. Gleichzeitig kann die Entfernung dieses erfaßten Objektes darunter auf der in der Marine üblichen Hektometer-Basis (hm = 100 Meter) abgelesen werden.*

---

* Die heutige Abkürzung »Radar« bedeutet »Radio Direction and Range Finder« = »Radio-Richtungs- und Entfernungsmesser«. Das Prinzip ist hervorgegangen aus dem deutschen Begriff »Funkmessgerät«. 1934 ist dem Nachrichtenmittel-Versuchskommando der Reichsmarine bei Pelzerhaken in der Neustädter Bucht die erste erfolgreiche Funkmessortung der Technikgeschichte gelungen.

Am nächsten Vormittag läßt die Sicht immer mehr nach und geht sogar in leichtem Nebel auf vielleicht 800 bis 1 000 Meter zurück. Jetzt ist das eine gute Chance, das FuMo echt zu testen und zu nutzen. Als dann auch noch ein Funkspruch das Seegebiet vor Sassnitz wegen neuer britischer Luftminen-Abwürfe in der letzten Nacht sicherheitshalber für jeden Schiffsverkehr solange sperrt, wie die Räumungsarbeiten dauern, ist uns dadurch der an sich geplante Weg nach Swinemünde verbaut. Mir als gebürtigem Stettiner, der vor dem Kriege alle Sommer-Schulferien an der Ostsee auf den Inseln zwischenWollin und Rügen verbracht hat und daher mit dieser Gegend gut vertraut ist, fällt gleich die Möglichkeit ein, sozusagen »hintenrum« nach Swinemünde gelangen zu können: Nämlich westlich an der Insel Hiddensee entlang, dann durch den Strelasund vorbei an Stralsund, dann weiter zum Greifswalder Bodden und von dort entweder an der Greifswalder Oie vorbei wieder in die Ostsee und nach Swinemünde oder aber weiter »hintenrum« auf dem Peenestrom vorbei an Wolgast ins Stettiner Haff und schließlich von Süden durch die Kaiserfahrt nach Swinemünde.

Unser Problem dabei ist momentan nur der Nebel, der die ohnehin sehr schmale Zufahrt zum Strelasund, den Gellen-Strom vor der Südspitze von Hiddensee, natürlich noch schwerer finden lassen wird. Und ringsherum ist überall gleich flaches Wasser!

Aber bestärkt durch die gerade gewonnenen positiven Erfahrungen mit dem »Funkmeß« will ich diesen praktisch zur Zeit auch einzigen offenen Weg nutzen, um nicht vor Anker liegend die Räumarbeiten vor Saßnitz abwarten zu müssen, sondern nach Swinemünde zu gelangen. Es steht auch kein anderer Hafenplatz in der Nähe zum Abwarten zur Verfügung. Entsprechend unterrichte ich per FT die 10. SiDi als unseren neuen »Brötchengeber« und drehe, nachdem von dort kein Einwand zurückgefunkt wird, auf dem Zwangsweg auf Kurs Süd bei der Ansteuerungstonne »Stralsund«, um die Westküste von Hiddensee – an unserer Backbord-Seite – zu passieren. Als wir wenig später den hohen Nordteil dieser Insel mit dem Leuchtturm Dornbusch als Echo im Gerät haben, bin ich schon beruhigter, aber spannend bleibt es doch! Ich bin nämlich in das im Ruderhaus eingerichtete Funkmeßschapp übergewechselt, um an Ort und Stelle zu sein. Denn es kommt jetzt darauf an, weiter auf dem Kurs zum Gellen zu bleiben. Als ich dabei zur Kontrolle mit der »Matratze« die Insel »abtasten« lasse, was sich in entsprechenden Echos auf der Grad-Richtungs-Anzeige zusammen mit der Entfernungsangabe reflektiert, kommt mir der Gedanke zu einer klassischen »Versegelungspeilung« in der terrestrischen Navigation, die ich auf R-Booten zur navigatorischen Führung und Kontrolle bei Minenräumaufgaben nahe der Küste früher öfter angewendet habe.

Dazu wird zuerst die Grad-Zahl der ersten Echos von der Nordspitze der Insel abgelesen und dann die, bei der das Radar-Echo am Südende von Hiddensee aufhört. Auch wenn die Insel dort sehr flach ist, funktioniert es. In Abständen werden diese Messungen wiederholt und mit der in dieser Zeit von uns zurückgelegten Distanz in die Seekarte »eingepaßt«, was unseren Standort ergibt. Dabei haben wir uns mittlerweile aber auch schon dem eigentlichen »Nadelöhr« auf dem Weg nach Stralsund, dem Gellenstrom in der Nordansteuerung, soweit genähert, daß wir nun mit dem Radar die dort liegende wichtige Tonne suchen – und auch finden können.

Die bei dieser Tonne notwendigen starken Kursänderungen ähnlich einer gestreckten S-Kurve werden den dicht auf Sichtweite aufgeschlossenen Booten bei ohnehin jetzt verminderter Fahrt per UK mitgeteilt, so daß auch an dieser etwas komplizierten Stelle die Verbindung nicht abbricht,

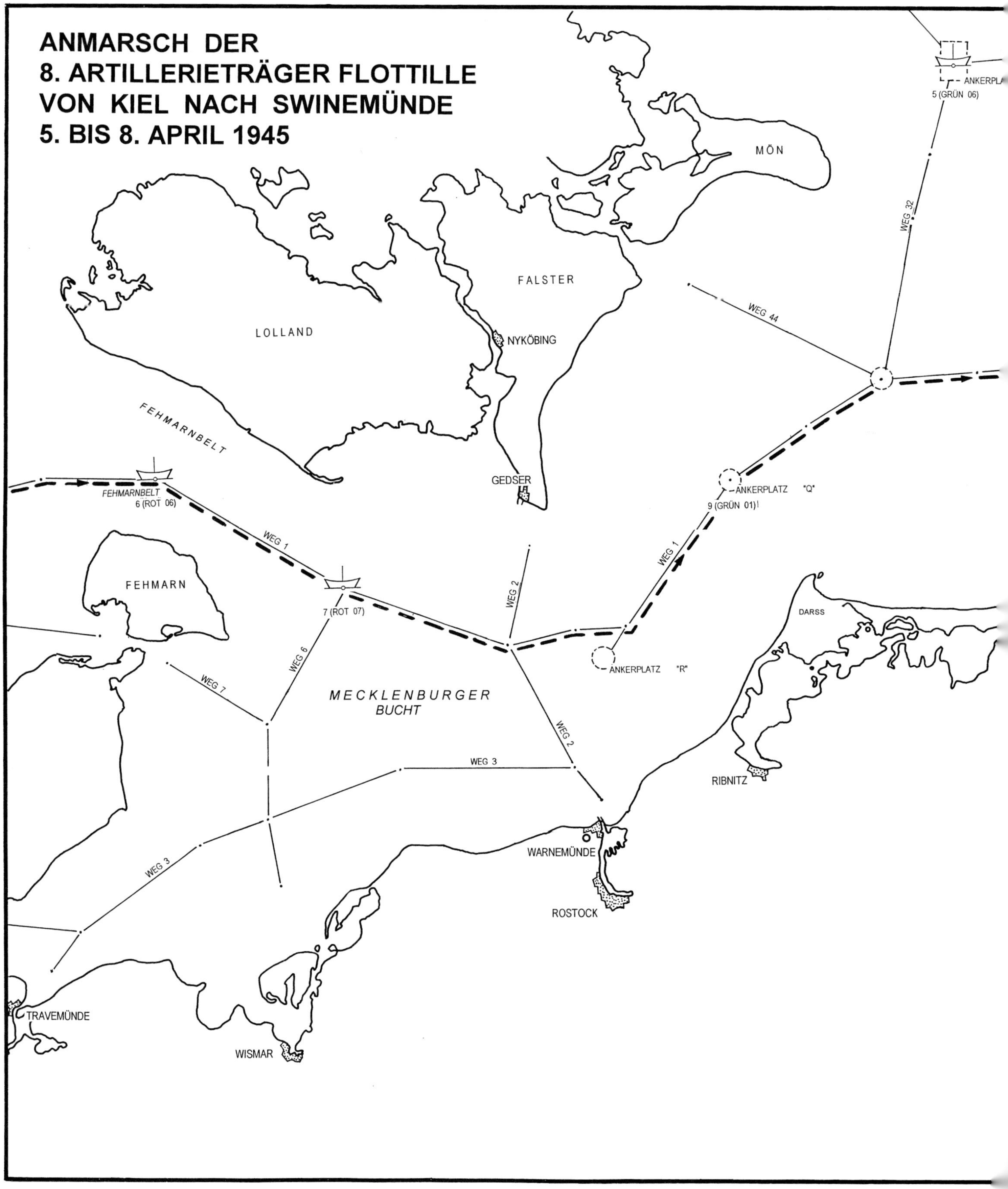
ANMARSCH DER
8. ARTILLERIETRÄGER FLOTTILLE
VON KIEL NACH SWINEMÜNDE
5. BIS 8. APRIL 1945
MÖN
FALSTER
LOLLAND
NYKÖBING
FEHMARNBELT
GEDSER
FEHMARNBELT
6 (ROT 06)
WEG 1
FEHMARN
7 (ROT 07)
WEG 2
WEG 6
WEG 7
MECKLENBURGER
BUCHT
WEG 2
WEG 3
WEG 3
ANKERPLATZ "R"
WEG 1
ANKERPLATZ "Q"
9 (GRÜN 01)
WEG 44
WEG 32
5 (GRÜN 06)
DARSS
RIBNITZ
WARNEMÜNDE
ROSTOCK
TRAVEMÜNDE
WISMAR

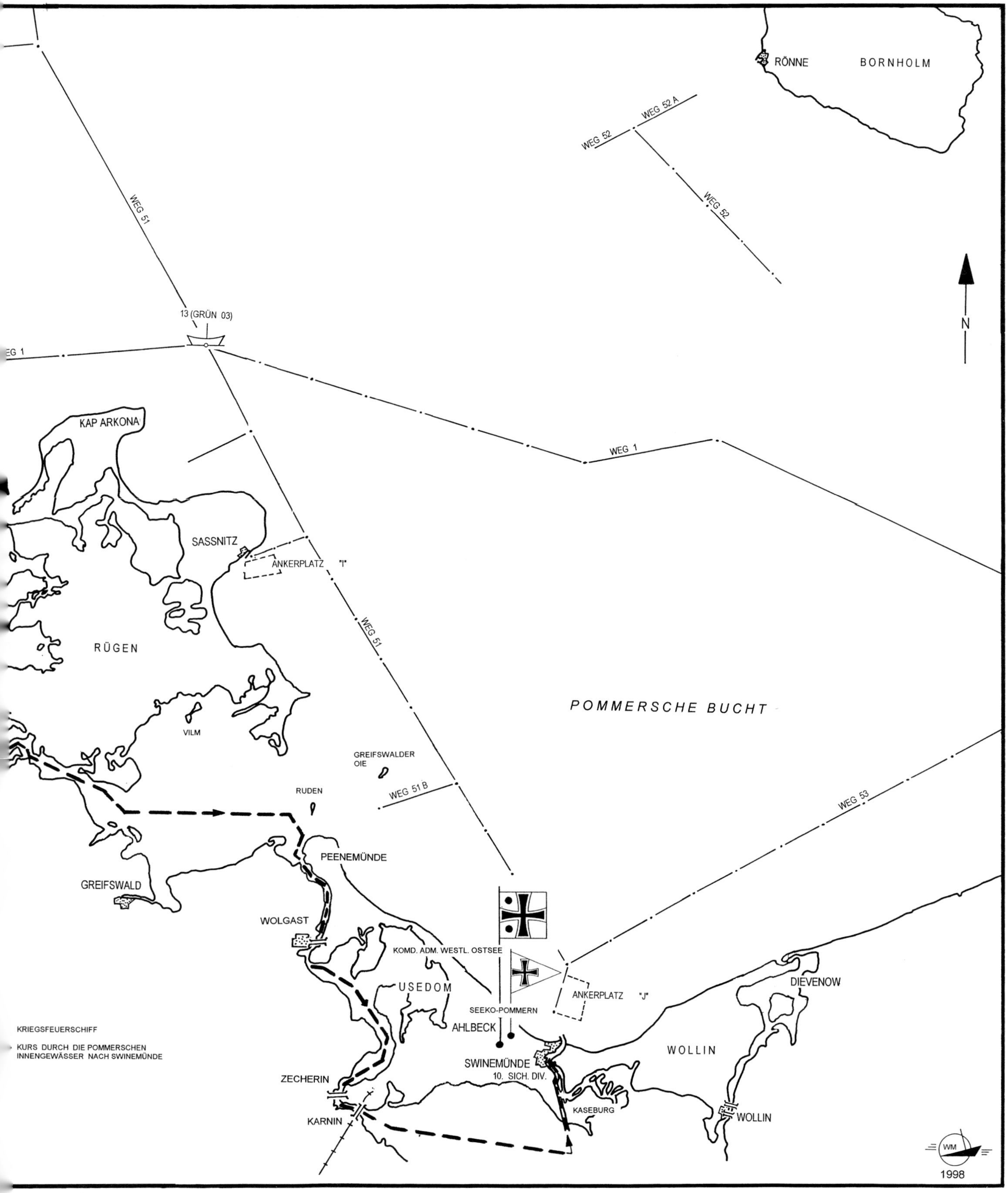
RÖNNE
BORNHOLM
WEG 52 A
WEG 52
WEG 52
WEG 51
N
13 (GRÜN 03)
EG 1
KAP ARKONA
WEG 1
SASSNITZ
ANKERPLATZ "I"
WEG 51
RÜGEN
POMMERSCHE BUCHT
VILM
GREIFSWALDER OIE
RUDEN
WEG 51 B
WEG 53
PEENEMÜNDE
GREIFSWALD
WOLGAST
KOMD. ADM. WESTL. OSTSEE
USEDOM
ANKERPLATZ "J"
DIEVENOW
SEEKO-POMMERN
AHLBECK
WOLLIN
KRIEGSFEUERSCHIFF
KURS DURCH DIE POMMERSCHEN INNENGEWÄSSER NACH SWINEMÜNDE
SWINEMÜNDE
10. SICH. DIV.
ZECHERIN
KARNIN
KASEBURG
WOLLIN
WM
1998

und wir nach ihrem Passieren Kurs auf die Stralsunder Hafeneinfahrt nehmen können, die wir auch bald per Radar »im Griff« haben. Dieser »navigatorische Leckerbissen« beweist mir übrigens einmal mehr die gute vorhergegangene Ausbildung der Schiffsführungen in der Handhabung ihrer ansonsten nicht einfachen »fahrbaren Untersätze«.
Wenig später können wir mit allen sieben Einheiten an der auch gerade freien langen Mole festmachen.
Immerhin ist auch jetzt die Sicht noch so eingeschränkt, daß wir von der etwas entfernten Signalstelle nicht bemerkt und angemorst werden.
Daher muß sich nach dem Festmachen ein Signalgast vom Führerboot auf den Weg und die Suche nach dieser Signalstelle machen, um dort die Einlaufmeldung der Flottille auf einem Zettel abzugeben!
Später bessert sich die Sicht, und ich unternehme mit einigen Kommandanten und Offizieren des U-Stabes einen kurzen Bummel in das ganz nahe und mir von meiner Rekrutenzeit im Winter 1938/39 her gut vertraute Stadtzentrum am Markt mit dem berühmten backstein-gotischen Rathaus. Leider ist der Eindruck von diesem kurzen Streifzug äußerst unschön, ja bedrückend, da die Straßen, Plätze und Häuser düster und fast wie ausgestorben wirken, obwohl dieser Teil der Stadt keine Zerstörungen vom alliierten Bombenangriff am 6. Oktober 1944 aufweist.
Man sieht an diesem Spätnachmittag kaum Menschen auf den Straßen, selbst auf dem früher so belebten großen und schönen Markt. Daher verzichten wir bald auf weitere Erkundungen und kehren an Bord zurück, wobei ich noch die Dienststelle des Hafenkapitäns aufsuche, um ihn über unsere Absicht zu informieren, am nächsten Morgen die Fahrt fortzusetzen. Auch fragen wir an, ob für diese nächste Etappe etwas zu beachten sei. Dazu muß zum Beispiel das Öffnen der »Ziegelgraben«-Klappbrücke des Rügendamms – zwischen Stralsund und der vorgelagerten Insel Dänholm – bestellt werden.
Hier kommt es am nächsten Morgen, am 7. April, zu einem unerwarteten und daher nachdenklich stimmenden Zwischenfall.
Während sich die Boote der Flottille mit langsamer Fahrt in Kiellinie zur angegebenen Zeit der Brücke nähern, gibt das Führerboot mit dem Typhon das zum Öffnen erforderliche Signal, da die Brücke noch nicht hochgeklappt und geöffnet ist. Als sich auch nach mehrmaligem Wiederholen des Signals noch immer nichts tut und die Boote gestoppt abwartend auf dem Strelasund treiben, gehe ich mit dem Führerboot auf Rufweite an das Brückenwärter-Haus heran und lasse per Flüstertüte an die bestellte Öffnung der Brücke erinnern. Der Wärter schüttelt jedoch nur mit dem Kopf, dreht sich um und verschwindet.
Inzwischen ist AF 106 aber langsam bis an das Brücken-Fundament bzw. die die Durchfahrt begrenzenden Dalben und Scheuerleisten herangetrieben.
Als sich daraufhin der Brückenwärter wieder sehen läßt, aber gleich erneut verschwinden möchte, bleibt mir nichts anderes übrig, als ihn nochmals zum sofortigen Öffnen der Brücke aufzufordern, andernfalls ich ihn wegen Behinderung eines kriegswichtigen Einsatzes gerichtlich belangen werde!
Das wirkt, denn nur wenig später hebt sich die Klappe der Brücke, und die Flottille kann den Weitermarsch nach Swinemünde antreten. Dabei passieren wir an Backbord-Seite zuerst die Insel Dänholm, auf der schon seit den zwanziger Jahren alle Marine-Offiziersanwärter ihre Rekruten- bzw. Grundausbildung erhalten hatten, darunter auch ich als Angehöriger der letzten Friedens-Crew 38 den Winter 1938/39 über.
Und etwas später sehen wir das vor der Rügenhalbinsel Drigge vor Anker liegende Segelschulschiff GORCH FOCK, was bei mir weitere Erinnerungen an die der Dänholm-Zeit folgende erste praktische Bordausbildung während einer Auslandsreise dieser Bark März bis Juni 1939 via Madeira über den Atlantik nach Trinidad und Port Castries auf St. Lucia weckte. Jetzt aber wirkt der elegante Dreimaster wie ausgestorben.*

*Ende des Monats ist er beim Näherkommen der Roten Armee an dieser Stelle von der Restbesatzung versenkt worden. Nach dem Kriege gehoben und wiederhergestellt, konnte ich viele Jahre später seine Planken bei einem Besuch in Bremerhaven unter dem Namen TOWARISCHTSCH, Schulschiff der sowjetischen Handelsmarine, wieder betreten.

Nach den ebenso überraschenden wie positiven Erfahrungen mit dem neuen Funkmeßgerät auf dem Führerboot AF 106 bei der Ansteuerung von Stralsund am Vortag wird mit ihm auch während der Weiterfahrt an diesem Tage wieder fleißig »gearbeitet«. Dabei geht es mir in erster Linie darum, mit dieser Neuerung für die kommenden Einsätze noch vertrauter zu werden, ihre Möglichkeiten weiter auszuloten und dabei auch ihre Grenzen zu ermitteln. Dazu bieten sich das schöne Wetter und die klare, weite Sicht dieses Tages förmlich an. Denn zum Beispiel beim Passieren des engen Strelasundes ostwärts von Stralsund und dann im weiten Greifswalder Bodden kann man mit einem schnellen Schritt aus dem Funkmeßraum auf der Brücke ins Freie jeweils die verschiedenen Konturen der Küste mit den entsprechenden, etwas unterschiedlichen »Echos« auf der Zackenanzeige vergleichen und darüber hinaus im Bodden auch die Reichweiten ermitteln. Dabei werden auch gleich die Entfernungen zu markanten Punkten als »Navigationshilfe nebenher« gemessen und verbunden mit der Grad-Peilung in der

Seekarte vermerkt. Selbst Kirchtürme nahe hinter dem Ufer werden erfaßt.
Schon vor dem Ablegen in Stralsund habe ich mich intuitiv für die Fahrt auch weiter »hintenrum« um Usedom über den Peenestrom, das Achterwasser, das Stettiner Haff und schließlich die Kaiserfahrt entschlossen und in der Auslaufmeldung die 10. SiDi in Swinemünde entsprechend unterrichtet, nicht ahnend, daß wir schon in gut drei Wochen wieder in diesen Gefilden – aber unter ganz anderen Umständen – sein werden! Landschaftlich ist die Fahrt bezaubernd, aber navigatorisch wird sie durch die allerdings nicht sehr tiefen und daher reich mit Tonnen markierten Fahrwasser sehr interessant und verlangt ständige Aufmerksamkeit. Dabei können auch weitere praktische Erfahrungen mit dem »Funkmeß« nicht nur beim Erfassen dieser Seezeichen, sondern auch von markanten Punkten an der Küste – auch bis ins Hinterland – gewonnen werden, die später von Nutzen werden sollen. Sie zeigen uns, was mit dem Gerät möglich und zu machen ist.

Oben: Im Greifswalder Bodden läuft die Flottille gestaffelt statt in Kiellinie weiter. Sie nimmt Kurs auf die Mündung des Peenestroms.
Foto: Verfasser

Mitte: Mit der »Matratze« seines HOHENTWIEL-Funkmeßortungsgerätes über der Brücke ist das Führerboot AF 106 unverwechselbar.
Foto: Verfasser

Unten: Hier ist das Funkmeßortungsgerät (FuMO) detaillierter zu sehen, außerdem erkennt man deutlich die auf allen vier Seiten des Peildecks angebrachten schleifenförmigen Antennen des NAXOS-Funkmeßbeobachtungsgerätes (FuMB 1) zur Feststellung etwaiger Ortungen durch den Gegner.
Foto: Verfasser

Unsere besondere Aufmerksamkeit ruft natürlich das Passieren von Peenemünde nach dem Eindrehen in die Mündung des Peenestroms hervor, nachdem ja seit dem Sommer 1944 durch den Einsatz der »Vergeltungswaffen« (V-Waffen) die vorher lange streng geheimgehaltene Rolle dieser Region als deren »Wiege« in der Öffentlichkeit bekannt geworden war. Auf die Passier-Entfernung von knapp 1 000 Metern können wir die inzwischen allerdings durch die alliierten Luftangriffe stark in Mitleidenschaft gezogenen oder sogar zerstörten umfangreichen Anlagen der Heereswaffenversuchsanstalt recht gut erkennen. Die Serienproduktion der V2-Raketen wurde aus Luftschutzgründen schon 1943 in unterirdische Stollen im Harz verlagert. Zuerst im Doppelglas und dann besser im starken Artillerieglas entdecke ich auf dem weiten Flugfeld der Luftwaffen-Versuchsanstalt gleich hinter dem flachen Strand und Deich merkwürdige Flugzeuge; Bomber, die auf dem Rücken ein FW-190-Jagdflugzeug tragen. (Einige Tage später erfahre ich beim Kommandanten der Seeverteidigung Pommern, daß es sich um sog. »Mistel-Gespanne« handelt. Diese werden von dem huckepack fliegenden Jäger aus gesteuert, wobei der mit Sprengstoff gefüllte Bomber darunter seine Motoren mitlaufen läßt. Er wird schließlich in einer Art Sturzflug gelöst und wie eine Lenkbombe auf besonders wichtige Punktziele, wie zum Beispiel die Brücken über die Oder, geleitet). Das Funkmeßnavigations-»Studium« wird den ganzen Tag über während der weiteren Fahrt auf dem wieder engeren und gewundenen Peenestrom, auf dem breiten Achterwasser und schließlich dem Stettiner Haff bis zum Erfassen der Leuchttürme längs der Kaiserfahrt fortgesetzt. Interessant sind dabei auch die Echos und das Erkennen der drei Brücken in Wolgast, bei Zecherin und Karnin. Noch ahnen wir nicht, welchen Wert diese »Schularbeiten« sehr bald für uns bekommen werden.

Wegen Nähe der östlich von Swinemünde im Bereich des rechten Ufers der Oder und ihres östlichen Mündungsarmes Dievenow – dem trennenden Sund der Insel Wollin gegenüber dem Festland – verlaufenden Ostfront und damit möglichen Aktivitäten sowjetischer Flieger ist auf jedem Boot ein 2-cm-Vierling als »Kriegswache« ständig besetzt und feuerbereit. Daneben wird das gute Wetter zu intensiver Ausbildung, wie Geschütz-Exerzieren, aber auch der Funker und Signalgasten genutzt. Im Gegensatz zu dem Ärger in Stralsund bereiten auf der weiteren Fahrt »durchs Land« die drei Brücken über die Peene in Wolgast, bei Zecherin und Karnin keine Schwierigkeiten. Sie werden prompt auf unser Anforderungssignal hin geöffnet. Besonders interessant unter ihnen die letzte und eindrucksvollste: Eine Eisenbahn-Hubbrücke, deren Mittelstück zum Passieren von Schiffen hochgezogen wird. Eine generell sehr seltene Bauart, die wir aber schon von Holland her kennen.*

*Bei unserem Marsch nach Swinemünde zeigt der Kalender den 7. April 1945. Niemand von uns vermag sich auszumalen, welche schicksalhafte Bedeutung diese drei passierten Brücken von Wolgast, Zecherin und Karnin vier Wochen später für uns haben werden!

Höchste Aufmerksamkeit der Luftraumbeobachter/Fliegerausgucks ist bei solchen Tagmärschen geboten.
Foto: Verfasser

Links: Das technische Meisterwerk der Karniner Brücke im noch unzerstörten Zustand (siehe dazu Text Seite 157).
Foto: Archiv Wolfgang Müller

Mitte: In Kiellinie passierte die 8. Artillerieträger-Flottille auf dem Weg zum Stettiner Haff soeben die durch Hochfahren des anhebbaren Mittelstücks geöffnete Karniner Eisenbahnbrücke.
Foto: Verfasser

Unten: Auf jedem Boot ist ständig eine 2-cm-Vierlingsflak besetzt und feuerbereit.
Foto: Verfasser

Nach Durchlaufen des breiten Achterwassers mit auf beiden Seiten landschaftlich schönen und friedlich daliegenden Ufern und dem Passieren der Karniner Brücke setzt sehr schnell die Dunkelheit während der Fahrt durchs Stettiner Haff ein. Zu allem Überfluß streikt auch noch kurz vor Erreichen der Kaiserfahrt in der Mitte des Haffs die Magnetkompaß-Fernanzeige (MKF) auf dem Führerboot, die gerade jetzt für die genaue Navigation in der nur schmalen Fahrrinne äußerst wichtig war. Per UK-Funk übergebe ich daher die navigatorische Führung an das nächste, auch mit einer MKF-Anlage ausgerüstete Boot, was bei der ausgesprochen »schwarzen« Nacht aber mit einigen Schwierigkeiten und Verzögerungen verbunden ist. Schließlich gilt es als bekannt, daß man beim Fahren im Verband auf den anderen Booten kaum mitnavigiert, sondern nur »hinterhertrottet«.

Als wir dann nach Norden in die Kaiserfahrt eindrehen, rauschen an uns mehrere Fahrzeuge mit Kurs Süden an uns vorbei. Es sind Boote der 5. Artillerieträger-Flottille auf der Fahrt nach Stettin.

Doch schnell sind unsere Formation und Ordnung wiederhergestellt, und wir steuern auf der mir aus Friedenszeiten ebenso wie meinem ÄK, dem Führerbootskommandanten, Oberleutnant zur See U. Bartelt – auch ein gebürtiger Stettiner –, gut bekannten Kaiserfahrt Swinemünde von Süden an. Ohne lange Suche nach einem Liegeplatz machen wir dort einfach bei dem in der Swine neben dem Eichstaden liegende Führerschiff REIHER der 10. SiDi in zwei Dreier-Päckchen fest und schlafen erst einmal aus.

Bei meiner Meldung beim SiDi-Chef, Fregattenkapitän Hugo Heydel, wird uns im Zuge der Einweisung besagter Eichstaden als Liegeplatz zugewiesen, während der U-Stab im nahen Ahlbeck einige Häuser – frühere Gäste-Pensionen – als Quartier erhält. Nach Verholen der Boote beginnt auch gleich der Umzug dorthin.

Nachdem das vertraute Personell-Familiäre – auf den ersten BSW, den späteren Vizeadmiral »Papa« Ruge zugeschnitten – innerhalb dieses Ver-

bandes infolge der militärischen Lage-Entwicklung seit dem Herbst 1944 »Geschichte« geworden war, komme ich jetzt hier im Osten überraschend wieder in die Obhut »alter« Bekannter im wahrsten Sinne des Wortes. Denn Heydel war als Kapitänleutnant mein erster Flottillenchef gewesen, als ich Anfang Mai 1940 wie alle Fähnriche meiner Crew zur praktischen Bord-Ausbildung zu seiner Flottille kommandiert wurde und er mir als neunzehnjährigem Oberfähnrich Mitte August 1940, wie eingangs schon geschildert, R 35 als Kommandant anvertraut hatte.
Bei der allgemeinen Einweisung und Unterrichtung teilt mir Heydel mit, daß die 8. A-Flottille truppendienstlich seiner 10. SiDi, einsatzmäßig aber dem Kommandanten der Seeverteidigung Pommern, – kurz »Seeko Pommern« – Kapitän zur See Johannes Rieve, untersteht, bei dem ich mich anschließend in Ahlbeck, nordwestlich von Swinemünde, melde.*

*Er kennt mich schon seit Anfang der Dreissiger Jahre, ein guter Freund meiner Eltern – seit unserer Zeit in Düsseldorf. Sein Sohn Hans-Otto, genannt Anno, etwas älter als ich, war mein Spielkamerad und später auch Oberleutnant zur See in meiner Nach-Crew 39 A. Als Rieve nach Reaktivierung in Kiel Dienst tat, wohnte ich während meiner Aufnahmeprüfungen für die Marine bei seiner Familie und besuchte sie auch später als Kadett und Fähnrich bei Liegezeiten und Aufenthalten in Kiel.

Bei diesem ersten Gespräch erhalte ich auch gleich den ersten Einsatzbefehl: Zwei Boote zur Verstärkung der 5. A-Flottille als Ersatz für bei ihr ausgefallene Boote beim nächsten Stettin-Einsatz in der folgenden Nacht. Diese Fahrten die Oder aufwärts, bei denen dann in der nächsten Nacht wertvolle Objekte wie

Einsatzmäßig untersteht unsere Flottille dem »Seeko Pommern«, Kapitän zur See Johannes Rieve, in Ahlbeck.
Foto: Privatalbum Familie Rieve

zum Beispiel Schwimmdocks nach Swinemünde geschleppt und von A-Trägern gesichert werden sollen, werden ohnehin vorerst unsere Hauptaufgabe sein.
Solche »Oder-Durchbrüche« – das Ost-Ufer des Flusses und des Stettiner Haffs ist bereits seit Anfang März feindbesetzt, das Oder-Fahrwasser höchstens 300 Meter breit – hat bisher die 5. A-Flottille durchgeführt. Seit März werden ihre Boote auf der Dievenow und im Stettiner Haff zur Sicherung des von den Sowjets nach Westen und an diese Küsten gedrängten Heeres im Raum Cammin sowie bei der Räumung der Oder-Brückenköpfe Stepenitz und am Papenwasser eingesetzt.
Eine weitere brisante Aufgabe dieser Flottille ergab sich bei der Räumung des eingeschlossenen Brückenkopfes Kolberg, aus dem Marinefährprähme und Flugbetriebsboote sowie Flottentorpedoboote 75 000 Menschen unter ständigem Beschuß durch die Sowjets herausholen mußten. Die Artillerieträger gaben Feuerunterstützung bei den »Ablandungen« der Fährprähme und gaben ihnen Geleitschutz beim Wegbringen der Flüchtlinge, sie brachten auch selbst Flüchtlinge aus dem Kolberger Hafen heraus.
Und bis Ende März folgten weitere Einsätze auf der Dievenow, im Stettiner Haff und auf der unteren Oder zur Entlastung des Heeres.
Alle Artillerieträger dieser Flottille gehören zum Typ A und sind wie unsere Boote mit zwei Geschützen 8,8-cm, einer halbautomatischen 3,7-cm und zwei 2-cm-Vierlingen bewaffnet, aber sie sind schneller als unsere Boote. Sie vollbrachten schon einige Stettin-Durchbrüche und Schleppzug-Sicherungen.
Für den ersten Einsatz unserer Boote in der Nacht vom 8. zum 9. April teile ich AF 104 und AF 107 ab. Zusammen mit drei Artillerieträgern der 5. A-Flottille werden – unter Führung von Korvettenkapitän Korpjuhn vom Stabe des »Seeko« – vier Schlepper nach Stettin geleitet. Kurz vor Mitternacht meldet AF 79 noch im Haff einen Ruderschaden und läuft nach Swinemünde zurück. Etwa eine Stunde später läuft der Schlepper LOUIS querab von Swantewitz auf Grund, kann aber eine halbe Stunde später von AF 107 freigeschleppt werden. Wieder eine Stunde später kommt er erneut bei der Einfahrt in den Oder-Nebenarm Enge Strewe fest und ist kurz nach 3.00 Uhr erneut mit Hilfe von AF 107 frei, doch hat sich der A-Träger durch eine Wrack-Berührung bei diesen Manövern vier Nieten-Lecks zugezogen. Sein Kommandant, Leutnant zur See Zeitler, berichtet außerdem von vereinzeltem Gewehr- und MG-Feuer bis zur Königsfahrt, einem anderen Oder-Nebenarm gegenüber von Ihnamünde. 5.25 Uhr macht der Verband bei der Hafenlotsen-Station in Frauendorf am Nordrand von Stettin fest.
Für den Rückmarsch mit der Überführung des Schwimmdocks »C« im Schlepp ist »Seeklar« um 21.00 Uhr befohlen worden. Zeitler registriert dabei lediglich »vereinzelt Gewehrfeuer und Leuchtkugeln von beiden

Seiten bis zur Engen Strewe« und meldet Festmachen in Swinemünde gegen 7.00 Uhr am 10. April.
Die anderen Boote der Flottille haben die erste Nacht in dem von der SiDi zugewiesenen Hafenbecken Eichstaden schlecht und recht verbracht. Zum einen ist dieser Hafenteil proppenvoll mit in großen Päckchen nebeneinander liegenden Schiffen, deren damit verbundene starke Gefährdung prompt ein Flieger-Alarm in der Nacht – wenn auch ohne Bomben-Abwürfe – unmißverständlich vor Augen führt. Da ein sonst übliches Auslaufen bei Vor-Alarm bei diesem Gedränge gar nicht möglich ist, bleiben nur die sehr dürftigen, über die vielen Boote auch nur auf sehr zeitraubenden Weise zu erreichenden Luftschutz-Einrichtungen an Land. Kein Wunder, daß da schnell das »West-Trauma« der alliierten Luftherrschaft über den Häfen am Kanal wiederkehrt!
Da uns während der Gespräche am nächsten Morgen bei der SiDi auf REIHER aber keine bessere Lösung geboten werden kann, entschließe ich mich nach einem Blick in die Karte, auf eigene Faust auf Suche zu gehen und fahre zusammen mit dem FloIng in einem Pkw zu dem kleinen Fischerhafen Kamminke am Südufer der Insel Usedom westlich neben der Kaiserfahrt. Von der Lage her eigentlich ideal für Stettin-Einsätze, erweist sich der Hafen beim »Lokaltermin« leider nicht nur als zu klein, sondern auch als zu flach. Ihm fehlt auch die notwendige Infrastruktur. Dafür haben wir anschließend um so mehr Glück mit unserer Suche bei dem noch in keiner Seekarte verzeichneten neuen Hafen Kaseburg, auf den wir in irgendeinem Gespräch aufmerksam geworden waren. Er liegt gleich östlich neben dem Abzweig der Kaiserfahrt vom Knie der Swine, die etwas weiter nördlich in den künstlichen Durchstich der nach Swinemünde weiterführenden Mellinfahrt übergeht. Mit Zugang auch von der Alten Swine ist hier nordwestlich der nahen Ortschaft Kaseburg für die Schnellbootlehrdivision vor wenigen Jahren ein kleiner, hochmoderner Hafen entstanden – geradezu maßgeschneidert wirkt er, auch für unsere Artillerieträger. Nach einer anderen Version ist er für die in Stettin fertiggestellten U-Boote angelegt worden, damit diese nicht nach ihren zahlreichen Probefahrten in der Ostsee von Swinemünde die gut 60 Kilometer die Oder aufwärts nach Stettin zur Bauwerft jedes Mal zurücklaufen mußten. Da aber in Swinemünde kein für sie geeigneter Platz zur Verfügung stand, wurde der Hafen Kaseburg neu geschaffen, wo dann die sich bei den Erprobungen ergebenden Restarbeiten an den U-Booten ausgeführt werden konnten. Eingebettet zwischen Bäumen verfügt dieser Kaseburger Marinehafen über Kajen, die in der Höhe dem Freibord unserer Boote genau entsprechen, sie sind aus Beton gebaut und bieten vier Liegeplätze an jeder Seite. Am Kopfende ist in der Mitte außerdem eine kurze Fingerpier mit einem weiteren Liegeplatz auf jeder Seite.
Das ist alles recht ideal: Auf den Kajen stehen Schuppen als Bootskammern und Lagerraum. Es existiert eine kleine Funkstation und sogar ein kleines »Revier« für unseren Flottillenarzt. Auch ein Arrestlokal ist vorsorglich vorhanden!
Die Hafenanlage liegt fast unmittelbar neben dem Ostanleger der kleinen, über die Kaiserfahrt pendelnden Kaseburger Fähre. Von ihrem Westanleger aus sind es sechs Kilometer bis zum Stadtrand von Swinemünde. Der Weg dorthin führt beiderseits durch Wald, auf der Wasserseite am weitläufigen Maschengitterzaun des außerhalb der Stadt untergebrachten Sperrwaffendepots entlang. Hausherr des Hafens ist zur Zeit der Chef der hier stationierten 5. Schnellbootflottille, Kapitänleutnant Hermann Holzapfel. Aber dessen S-Boote fahren von Bornholm aus Einsätze in der mittleren und östlichen Ostsee. Sie kommen deshalb gar nicht nach Kaseburg. Unsere Belegung dieses Hafens ist also unproblematisch, zumal sogar noch Platz für mindestens vier vielleicht doch mal irgendwann einlaufende Schnellboote über ist.
Und wozu haben wir immer noch eine kleine »Flotte« guter Fahrräder, mit denen die notwendige dienstliche Verbindung aufrecht erhalten wird ... Schließlich geht Ahlbeck in den Nordrand von Swinemünde über, so daß nur etwa fünf Kilometer Wegstrecke anfallen. Wenn für dienstliche Angelegenheiten zum Beispiel beim »Seeko« dort oder beim auch nicht weit entfernten Kommandierenden Admiral westliche Ostsee, Konteradmiral Schubert, gerade kein Pkw zur Verfügung steht, radeln wir stracks von Kaseburg nach Ahlbeck zu ihnen. Dort wurden dem U-Stab drei oder vier Villen – frühere Urlaubspensionen – in der Straße gleich hinter der Strandpromenade zur Verfügung gestellt.
In einer davon ist auch Platz für den »Papier-Krieg« und auch zum Übernachten – wovon ich Gebrauch mache, wenn Termine beim »Seeko« anstehen. Hier kann der 1. Verwaltungsoffizier sein Organisationstalent in der Praxis beweisen.
Da diese Fahrten zwischen Kaseburg und Ahlbeck durch Swinemünde führen, bekommt man dieses alte Ostseebad näher zu sehen. Auch hier hat der schwere Tagesangriff der Amerikaner am 12. März mit 650 Maschinen schreckliche Spuren hinterlassen und wahre Ruinenfelder geschaffen und entsprechend hohe Opfer unter der Zivilbevölkerung – vor allem unter den zu Zehntausenden die Stadt gerade passierenden Flüchtlingen aus dem Osten – verursacht. Schon am Morgen nach unserem Eintreffen haben uns die bei diesem Tagesangriff in der Swine versenkten Schiffe einen entsprechenden Eindruck vermittelt.
In der Stadt selbst sind die Straßen

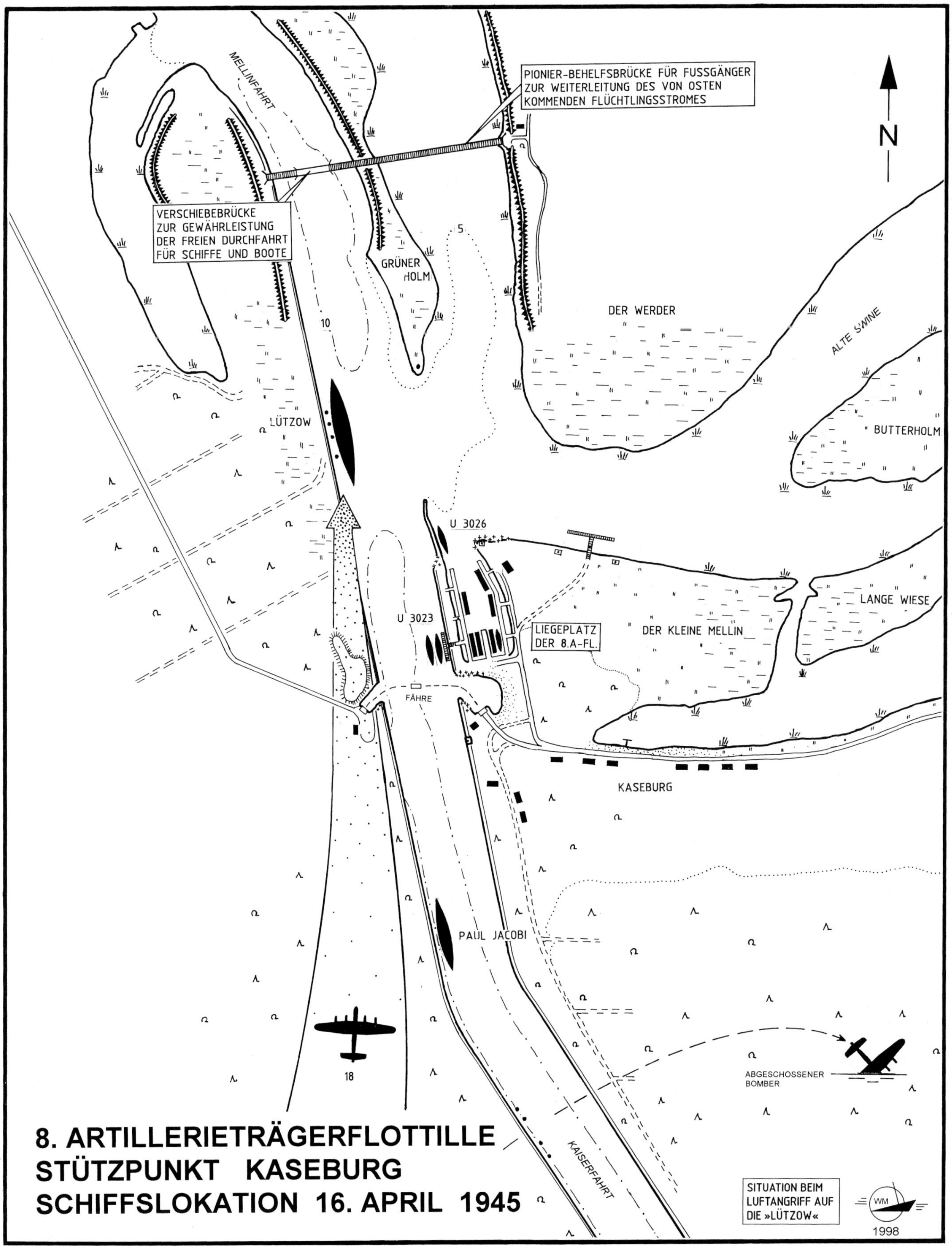

8. ARTILLERIETRÄGERFLOTTILLE STÜTZPUNKT KASEBURG SCHIFFSLOKATION 16. APRIL 1945

inzwischen vom Trümmerschutt geräumt und einigermaßen passierbar. Auf ihnen fließen ständig Flüchtlingsströme von Schiffen zum Bahnhof für den Weitertransport nach Westen. Sie stammen aber auch von Trecks aus dem Osten, die mit den Fähren von Osternothafen gegenüber von Swinemünde auf der Insel Wollin übergesetzt wurden. Und dazwischen sieht man aber auch auffallend viele, zum Teil recht heruntergekommen erscheinende Soldaten, überwiegend ohne Waffen und zum Teil auch von Frauen begleitet. Offenbar sind es Versprengte, die nördlich von Swinemünde wieder gesammelt werden. Authentische Veröffentlichungen sprechen von 32 Flüchtlingslagern in Swinemünde. Zur Zeit des Angriffs, bei dem über Mittag in einer knappen Stunde wegen dichter Wolken nur nach Radar-Ortung aus 5 000 Meter Höhe 1 609 Tonnen Sprengbomben abgeworfen wurden, sollen sich etwa 14 000 Zivilisten sowie rund 8 000 durchziehende Soldaten im Zielgebiet aufgehalten haben. Die genaue Zahl der Opfer konnte nie ermittelt werden.*

*Schätzungen sprechen von etwa 23 000 Toten, an die eine Gedenkstätte auf dem Golm südlich der Stadt erinnert, die zu DDR-Zeiten angelegt worden war.

Dem Angriff fielen 35 Schiffe und Boote zum Opfer, darunter als größtes das als Wohnschiff dienende Fracht-Fahrgastschiff CORDILLERA (12 049 BRT) der HAPAG. Außerdem wurden fünf R-Boote sowie 21 unfertige Kriegsfischkutter auf der Burmeister-Werft schwer beschädigt. Ähnlich wie schon 1944 im Westen bleibt auch unsere offizielle Unterrichtung über die allgemeine Lage und Entwicklung auf das Notwendigste und damit auf den eigenen, recht engen Bereich beschränkt, selbst für mich als Einheitsführer. Was tatsächlich hinter unserem »Horizont« läuft, ist jedoch höchst aufschlußreich. Beschränkt man sich auf unseren Einsatzraum, so hat zum Beispiel angesichts des unaufhaltsamen Vordringens der Roten Armee seit Beginn ihrer Großoffensive Mitte Januar 1945 an der Ostfront Großadmiral Dönitz als Oberbefehlshaber der Kriegsmarine (ObdM) am 20. Februar 1945 bei der Lage-Besprechung im Führer-Hauptquartier mit Nachdruck darauf hingewiesen, daß Stettin und Swinemünde das Rückgrat für die Versorgungsaufgaben der Kriegsmarine in der östlichen Ostsee bilden. Der Ausfall ihrer Häfen habe eine Behinderung dieser Transporte zur Folge, da sich ihre Umlaufzeit (bei Benutzung von Häfen weiter westlich) verdoppelt. Außerdem sei Swinemünde auch ein Stützpunkt für die Seestreitkräfte, und sein Verlust werden den Kampf gegen die Sowjets einschränken. Dazu kämen der Ausfall der U-Boot-Ausbildung bei Bornholm sowie der wichtiger Werften und Reparaturmöglichkeiten.

Nachdem die Sowjets seit dem 7. März an der Oder stehen und auch das Stettiner Haff erreicht und südlich von Stettin sogar einige Brückenköpfe über die Oder bei Greifshagen gebildet haben, weist Dönitz wieder bei einer Führer-Lage darauf hin, daß das Oder-Fahrwasser nördlich von Stettin nun nicht mehr bei Tage passiert werden kann.

Seit dem 10. März ist Hinterpommern weitgehend besetzt. Brückenköpfe bestehen nur noch auf dem Ostufer bei Berg-Dievenow, Langenberg sowie Altdamm nördlich und östlich von Stettin. Am 15. März greifen die Sowjets den Brückenkopf Altdamm an und gelangen auf die Höhen der Buchheide bei Podejuch, so daß sie Stettin und seine Oder-Brücken unter Artilleriefeuer nehmen können. Am 17. März müssen auch die Autobahn-Brücken südlich der Stadt gesprengt werden. Die Hauptkampflinie (HKL) verläuft nun längs der östlichen Oder-Arme Große Reglitz und Mönne zum Dammschen See! Am 19. März erlaubt Hitler die Räumung des Brückenkopfes bei Greifenhagen. Und am 29. muß auch der Brückenkopf bei Langenberg aufgegeben werden. Nach dem ab 1. April einsetzenden Beschuß des Hydrierwerkes Pölitz über die Oder hinweg fällt damit dort die Benzin-Produktion endgültig aus.

Am 1. April fordert der Chef der Seekriegsleitung den Oberbefehlshaber des Marineoberkommandos Ost auf, mit allen Mitteln zu versuchen, noch Schwimmdocks aus Stettin wegen der angespannten Docklage und neuer Verluste in Hamburg (durch Luftangriffe) herauszuholen. Daher sollen diese Docks auch nicht mehr zum Blockieren der Oder-Mündung verwendet werden. Ihr Abschleppen hat selbst auf die Gefahr der Versenkung an nicht beabsichtigten Stellen durch Feindbeschuß zu erfolgen.

Der 10. April steht für die vier in Swinemünde verbliebenen A-Träger und das Werkstattschiff voll im Zeichen der Verlegung in den Hafen Kaseburg und das dortige Einrichten mit Erkundung der sich bietenden neuen Möglichkeiten. Einsatzbereit sind jetzt AF 100 unter Leutnant zur See d.R. Schuster, AF 102 Oberleutnant zur See d.R. Stephan, AF 104 Leutnant zur See d.R. Budzinski, AF 106 Oberleutnant zur See d.R. Bartelt, AF 107 Leutnant zur See d.R. Zeitler und AF 109 Leutnant zur See d.R. Gerecke. AF 104 und AF 107 haben bereits – wie schon berichtet – mit zwei Booten der 5. A-Flottille eine »Tour« nach Stettin gemacht und sind am 10. April, morgens, wohlbehalten mit dem geschleppten DOCK C nach Swinemünde zurückgekehrt und dann zur Flottille in Kaseburg gestoßen. Für die nächste Nacht zum 11. April ist mit den anderen vier Booten und vier Schleppern wieder ein Stettin-Einsatz befohlen, um entsprechend höchster Weisung noch möglichst viele Schwimmdocks aus Pommerns Landeshauptstadt herauszuholen und zu retten.

Die »Große Lage« Anfang April 1945

Bevor mit der eigentlichen Chronik der 8. A-Flottille fortgefahren wird, erscheinen zum besseren Verständnis der folgenden Ereignisse als Ausgangspunkt und ein kurzer Überblick auf die »große« militärische Lage Ende März/Anfang April 1945 geboten. Im Westen ist u.a. Köln bereits am 6. März besetzt worden. Einen Tag später war einer US-Panzerspitze die Einnahme der unversehrten Rhein-Brücke bei Remagen geglückt, was zur Bildung des ersten Brückenkopfes auf dem Ostufer führte. Von ihm ging dann der weitere Vorstoß der Amerikaner nach Osten und Südosten aus. Im Osten war am 25. März Danzig von der 1. Weißrussischen Front (Armee) besetzt und die deutschen Truppen nach Gotenhafen (Gdingen) und dann auf die Halbinsel Hela zurückgedrängt worden. Ende März war auch nach schweren Kämpfen Ungarn und damit ein wichtiger Erdöl-Lieferant verlorengegangen. Königsberg mußte am 10. April kapitulieren. Auch in Schlesien wurde schwer gekämpft und war Breslau eingeschlossen. Östlich von Berlin mußte am 29. März Küstrin an der Oder aufgegeben werden. Am 6. April standen die Sowjets vor Wien, das am 13. April besetzt wurde. Die im Westen im sog. »Ruhrkessel« eingeschlossene Masse des deutschen Feldheeres unter Feldmarschall Model hielt sich bis zum 10. April. Unabhängig davon setzten die Alliierten im übrigen Reichsgebiet ihren Vormarsch nach Osten gegen nur noch vereinzelten und schwachen Widerstand fort.
Und wie sahen zu dieser Zeit die Führungsstrukturen der Marine in unserem Bereich, der mittleren Ostsee aus? Der Bereich des für unseren Einsatz zuständigen Seekommandanten Pommern reichte vom Darss bis zur deutsch-polnischen Grenze im Osten. Ihm unterstanden u.a. mehrere Abschnittskommandanten, der Hafenkommandant Swinemünde, Marine-Artillerie-Abteilungen und ab März 1945 das 3. Marine-Flak-Regiment in Swinemünde. Der Seeko wiederum war dem im November 1944 neu ernannten Kommandierenden Admiral westliche Ostsee, ab April 1945 Konteradmiral Günter Schubert mit Stabsquartier in Ahlbeck, unterstellt. Sein Wirkungsbereich reichte von der deutsch-dänischen Grenze bis zur deutsch-polnischen östlich von Leba einschließlich der Insel Bornholm.
Westlich vom Seeko Pommern »regierte« der Kommandant der Seeverteidigung Schleswig-Holstein und Mecklenburg in Kiel, ab April 1945 in Kappeln.
Weiter östlich war seit November 1944 der Kommandierende Admiral östliche Ostsee in Libau, ab Februar 1945 in Gotenhafen und dann auf Hela zuständig. Ihm wurden der Küstenbereich östlich der deutsch-polnischen Grenze bis Memel übertragen und neben Seekommandanten u.a. die 9. Sicherungsdivision unter Fregattenkapitän von Blanc nachgeordnet, ab Februar 1945 auf »Rugard« in Libau, dann Gotenhafen bzw. vor Hela.
Die für uns truppendienstlich zuständige 10. SiDi war Ende 1944 bei der Umgliederung der Befehlsverhältnisse im Küstenvorfeld der Ostsee für den Bereich Flensburg bis Rixhöft mit Sitz auf dem in Swinemünde liegenden Führerschiff REIHER gebildet worden. Sie gehört zum Befehlsbereich des MOK Ost und truppendienstlich zum Befehlshaber der Sicherungsverbände (BdSich). Ihr unterstanden u.a. die 12., 23. 31. und 36. Minensuchflottille, die 14. und 15. Räumboot-Flottille sowie Vorposten-, U-Jagd- und Sicherungs-Flottillen. Bei häufigem Wechsel mögen dazu auch noch andere Einheiten gehört haben.

Das Abschleppen von Schwimmdocks aus dem Osten war schon seit der immer deutlicher werdenden Bedrohung der dortigen Werften – zuerst in Königsberg – wiederholt ein Thema bei den Lagebesprechungen in der Skl. gewesen. In Stettin war dabei von sechs in Frage kommenden Docks die Rede, die aber auf Anweisung des ObdM zum Erhalt der Reparaturkapazitäten dort bleiben sollten. Daneben sollten aber doch auch schon vorsorgliche Maßnahmen für ihr Abschleppen getroffen werden. Da die Stettiner Werften zunächst weiterarbeiteten, hat man diesen Dock-Beschluß am 16. März erneut bestätigt, obwohl bereits an die Räumung der Stadt gedacht wurde. In der letzten März-Woche machte man sich bei der inzwischen nach Sengwarden bei Wilhelmshaven verlegten Skl. Gedanken über die Verblockung der Häfen Stettin und Swinemünde bis hin zu ihrem Verminen. Kaimauern sollen jedoch nicht gesprengt werden. Die Bemühungen, Docks aus Königsberg und Pillau in den Westen zu bringen, müssen aufgegeben werden, da keine geeigneten Schlepper zur Verfügung stehen. Schon am 2. März ist übrigens in Königsberg der unfertige Schwere Kreuzer SEYDLITZ gesprengt worden. Dann forderte aber am 29. März der Chef der Marine-Rüstung, daß wegen der unzureichenden Reparaturkapazitäten im Westen – in Kiel und Hamburg – mit allen Mitteln versucht werden sollte, die Schwimmdocks aus Stettin herauszuholen, was offenbar dann zu den Einsätzen unserer von Swinemünde und Kaseburg operierenden A-Träger aus geführt haben dürfte.
Für den nächsten Einsatz ist auf dem Führerboot – diesmal AF 102 – als mit solchen Fahrten und dem Fahrwasser bereits vertrauten »Einweiser«, der Oberleutnant zur See Werner Penner, Kommandant von AF 77 der 5. A-Flottille, eingestiegen. Außerdem sind auf dem Führerboot und AF 106 für die zweite Rotte je ein ziviler

Oder-Flußlotse eingestiegen. Als zur Einsatz-Besprechung vor dem Ablegen die vier Schlepper noch kurz bei uns im Hafen festmachen, gibt es eine freudige Überraschung, denn zu ihnen gehört auch der CHARLES NUNGESSER, der schon bei unseren Fécamp-Einsätzen 1944 mit von der Partie war und als »Helfer und Retter in der Not« unerschrocken eingegriffen hat, auch jetzt noch geführt von dem gleichen gescheiten Obergefreiten!

Das freudige »Hallo« und Schulter-Klopfen ist dementsprechend. Das Wiedersehen wird als gutes Omen für die Fortsetzung einer erfolgreichen neuen Zusammenarbeit gewertet.

Von Penner erfahren wir, wo er bei früheren Gelegenheiten beschossen worden ist, so daß wir uns entsprechend einstellen können, obgleich sich die Feuerstellungen ja auch geändert haben können. Auch weist er auf den möglichen regen »Übersetz-Verkehr« von Flüchtlingen mit Booten aller Art in den verschiedenen doch recht schmalen Fahrwasser-Strecken hin. Apropos, enges Fahrwasser: Weil das eigentliche, auch betonnte und tiefere Hauptfahrwasser südlich des Papenwassers bis Langenberg bzw. Ihnamünde immer sehr dicht in bis zu nur 200 Meter Entfernung vor dem bereits vom Gegner besetzten Ostufer der Oder verläuft, wird in die westlich daneben liegenden und dadurch weiter vom Gegner entfernten, aber nicht betonnten und auch nicht ganz so tiefen Nebenfahrwasser Enge Strewe und Enger Fetzling neben dem Dammschen Strom, dem dortigen Hauptfahrwasser, ausgewichen. Diese Route ist auch für die Rückfahrt mit dem Schwimmdock auf dem Haken der Schlepper vorgesehen und mit Erfolg mehrmals befahren worden.

Durchbruch nach Stettin

Wie schon im Kanal ordne ich strikte Feuer-Disziplin mit Ausnahme erkannter direkter Angriffe an. Wichtiger ist der Versuch, ohne Schußwechsel durchzukommen. Einmal bieten wir immer das bessere Ziel gegenüber dem an Land womöglich eingegrabenen Gegner, von dem nur das Mündungsfeuer zu erkennen ist, zum anderen sind bei einem Feuergefecht unsere Ausweichmöglichkeiten nicht nur durch die eigene Schwerfälligkeit beim Manövrieren, sondern erst recht durch das schmale und flache Fahrwasser begrenzt. Kommt es zum Schußwechsel, dann wird aufgrund der kurzen Entfernungen voll mit den Vierlingen gefeuert. An erster Stelle sollte aber stehen, vorwärts zu kommen. Daher wird der Verband bei Ausfällen auch durchhalten, besonders an den engen Stellen sich aber um Hilfe kümmern, Formation: Die Schlepper fahren zwischen den A-Trägern, NUNGESSER am Schluß.

Ab Haff sind alle Mann auf Gefechtsstationen, die Waffen geladen und gesichert.

Nach dem Ablegen noch in der Abenddämmerung gibt es beim Passieren der Kaiserfahrt diesmal einiges zu sehen, was bei unserer Ankunft die Nacht verhüllt hatte. Denn längs der ganzen Strecke zwischen dem bewaldeten Insel-Festland liegen an beiden Seiten Kriegsschiffe. Nicht nur mein altes Kadetten-Schulschiff (Linienschiff) SCHLESIEN, auf dem ich 1939 den Kriegsausbruch und dann die Feuertaufe bei Danzig erlebt habe, sondern auch einige Zerstörer und vor allem U-Boote von dem neuen großen Typ XXI, die aber überwiegend noch nicht voll frontreif sind.

Bei inzwischen völliger Dunkelheit und ruhiger Wetterlage durchläuft der Verband dann das von mehreren Leuchtturm-Paaren (Torfeuern) eingerahmte Fahrwasser durch das Stettiner Haff, von dem das Mündungsdelta der Oder abzweigt – nach Westen in Gestalt des Peenestroms, nach Osten in Gestalt der Dievenow. Die Swine als mittlerer und wichtigster

Kadettenschulschiff SCHLESIEN: Mit starker zusätzlicher Flakbewaffnung und moderner Funkmeßausrüstung liegt das schon 1906 gebaute Linienschiff zum Einsatz seiner vier 28-cm-Geschütze in der Kaiserfahrt bereit. *Foto: Verfasser*

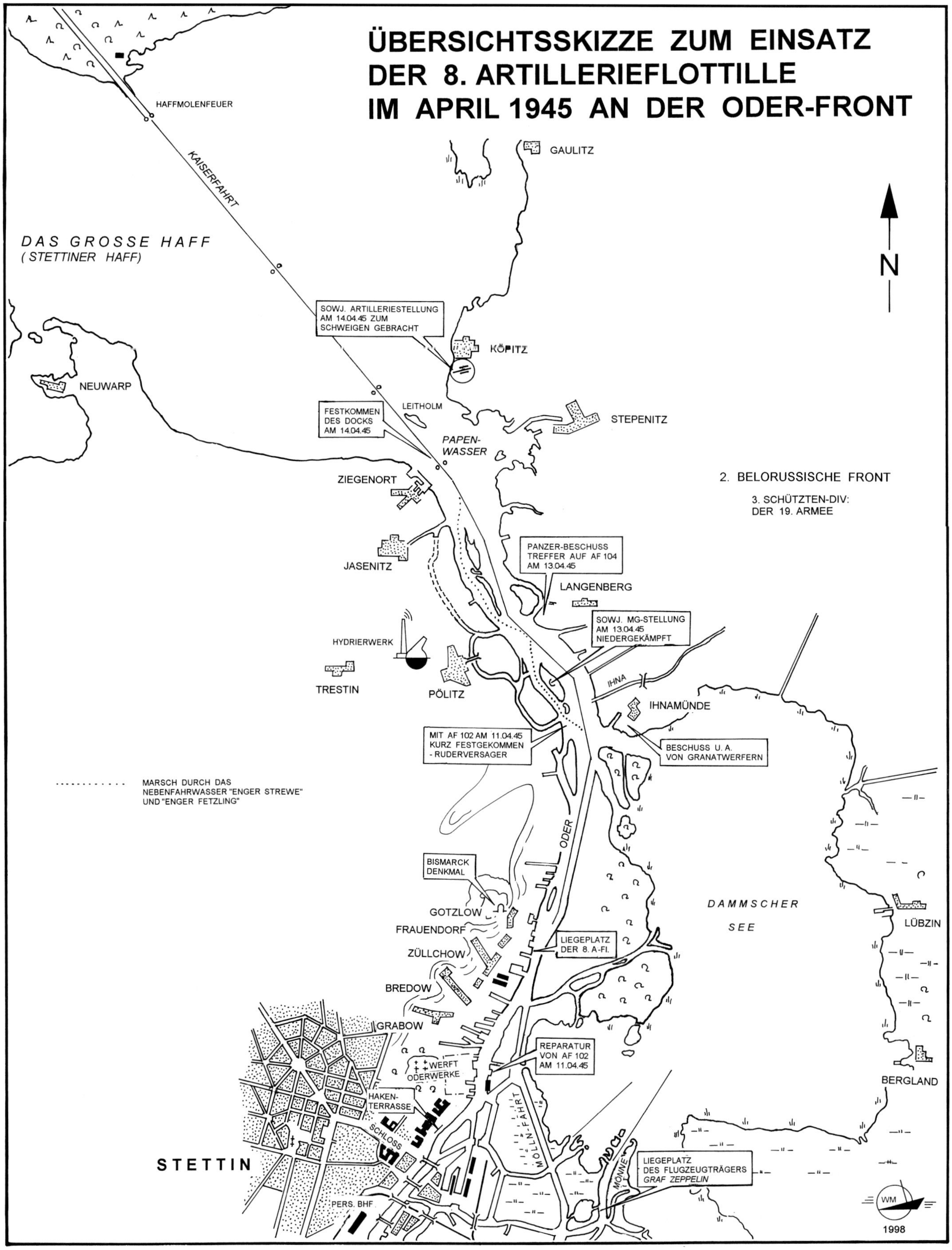
ÜBERSICHTSSKIZZE ZUM EINSATZ
DER 8. ARTILLERIEFLOTTILLE
IM APRIL 1945 AN DER ODER-FRONT
HAFFMOLENFEUER
KAISERFAHRT
GAULITZ
DAS GROSSE HAFF
(STETTINER HAFF)
N
SOWJ. ARTILLERIESTELLUNG AM 14.04.45 ZUM SCHWEIGEN GEBRACHT
KÖPITZ
NEUWARP
LEITHOLM
FESTKOMMEN DES DOCKS AM 14.04.45
STEPENITZ
PAPEN-WASSER
ZIEGENORT
2. BELORUSSISCHE FRONT
3. SCHÜTZTEN-DIV: DER 19. ARMEE
JASENITZ
PANZER-BESCHUSS TREFFER AUF AF 104 AM 13.04.45
LANGENBERG
SOWJ. MG-STELLUNG AM 13.04.45 NIEDERGEKÄMPFT
HYDRIERWERK
TRESTIN
PÖLITZ
IHNA
IHNAMÜNDE
MIT AF 102 AM 11.04.45 KURZ FESTGEKOMMEN - RUDERVERSAGER
BESCHUSS U. A. VON GRANATWERFERN
MARSCH DURCH DAS NEBENFAHRWASSER "ENGER STREWE" UND "ENGER FETZLING"
ODER
BISMARCK DENKMAL
DAMMSCHER SEE
GOTZLOW
FRAUENDORF
LÜBZIN
LIEGEPLATZ DER 8. A-Fl.
ZÜLLCHOW
BREDOW
GRABOW
REPARATUR VON AF 102 AM 11.04.45
WERFT ODERWERKE
BERGLAND
HAKEN-TERRASSE
SCHLOSS
MÖLLN-FAHRT
MÖNNE
STETTIN
LIEGEPLATZ DES FLUGZEUGTRÄGERS GRAF ZEPPELIN
PERS. BHF.
WM
1998

Mündungsarm des Deltas ist 1882–1886 durch den künstlichen Durchstich der Kaiserfahrt ersetzt worden, die seitdem als der Schiffahrtsweg von Swinemünde zum Stettiner Haff verwendet wird. Die gewundene, unberechenbar mäandernde Swine wäre für große Seeschiffe ungeeignet.
Auf der Brücke herrscht gespannte Aufmerksamkeit, steht doch ein Einsatz ganz neuer, bisher ungewohnter Art mit vielen Unbekannten bevor.
Auch ich empfinde wieder eine gewisse Spannung, wie ich sie ähnlich im Spätsommer 1942 gespürt habe, als ich bei der 3. R-Flottille als Kommandant von R 35 meinen ersten Durchbruch durch die auf ihrem Ostufer noch von den Russen besetzte Straße von Kertsch zwischen dem Schwarzen und Asowschen Meer fuhr. Auch jetzt kommt es mir wieder so vor, als ob man in ein großes, schwarzes Loch läuft, das man nicht kennt das aber voller Geheimnisse steckt! Dieses Gefühl ist hier aber deutlich ausgeprägter, wohl, weil die einschränkenden Ufer erheblich näher sind als in der breiteren Straße von Kertsch. Aber hier wie dort sind wir an schmale, ausgebaggerte Fahrwasser gebunden und haben kaum Ausweich-Möglichkeiten. Man muß zur Erfüllung der Aufgabe eben einfach durch! Beruhigend ist dabei nur, daß es andere vorher auch geschafft haben. Fünf Jahre Kriegseinsätze haben mich aber auch gelehrt, daß man immer für Überraschungen jeder Art gewappnet sein soll. Und über allen diesen Gedanken und Erinnerungen steht der Wille, sich auch dieser neuen Anforderung nach besten Kräften zu stellen und sie wie bei früheren Gelegenheiten zu bewältigen.
Auf der Brücke ist es jetzt ganz still, nachdem wir den Leitholm passiert haben, eine kleine, künstliche Insel mit einem Leuchtturm. Sie liegt vor dem Übergang ins Papenwasser. Hier kommt das Ufer des Haffs dem Oder-Fahrwasser näher. Obwohl nur niedrig, ist es nach und nach auch zu erkennen.
Ich sitze in der Backbord-Ecke vorne hinter dem Brückenpanzer neben dem starken Artillerie-Doppelglas, den Ultrakurzwellen-Funker und einen Signalgast bei mir, während der Kommandant neben mir mit einem Befehlsübermittler zur Seite das Boot nach den Anweisungen des Lotsen führt – wobei der Flottillen-Obersteuermann an der Seekarte mitkoppelt.
Die Nacht bleibt weiter ruhig, und erst weiter südlich vom auf der Ostseite liegenden Stepenitz in der Höhe vom linksufrigem Jasenitz, wo das Ostufer auf etwa 400/500 Meter heranrückt, sind ab und zu Leuchtkugeln zu beobachten. Sie gelten aber möglicherweise kleinen geruderten Fischerbooten voller Flüchtlinge, die vom Ost- zum Westufer unterwegs sind.
Werden sie vom Ausguck beim vorderen 2-cm-Vierling gemeldet, gibt es anfangs einige Minuten Unsicherheit, ob es sich nicht doch um Russen bei einem Übersetzversuch oder um Stoßtrupps handelt, Klarheit kann erst der Blick durchs Doppelglas beim Näherkommen verschaffen. Dann ist aber auch die Erleichterung der Flüchtlinge zu hören, die oft schon befürchtet haben, noch kurz vor dem rettenden Ufer abgefangen zu werden, was sie uns beim Passieren zurufen.
Wenig später beginnt der navigatorisch schwierigste Teil des Unternehmens, denn es muß das Hauptfahrwasser verlassen werden, weil es weiter südlich dicht und allzu risikoreich am feindbesetzten Ufer vorbeiführt. Statt dessen wird auf Höhe der Krampe-Mündung in die etwas weiter westlich verlaufende Enge Strewe eingedreht, die vom Hauptfahrwasser durch die mehrere hundert Meter breiten, aber ganz flachen und mit Schilf bewachsenen Inseln Großer Korf-Werder und Schmaler Werder abgetrennt ist. Hier heißt es nun, höllisch genau die Fahrwassermitte bei gleichzeitiger laufender Kontrolle der Wassertiefe mit dem Echolot zu halten. Gleichzeitig ist das eine Vorübung für die Rückfahrt mit dem Schwimmdock, das erheblich mehr Tiefgang als unsere Boote hat. Dabei ist dieser Oder-Arm an einigen Stellen höchstens 500 Meter breit. Das genügend tiefe Fahrwasser dürfte nur 100 bis 150 Meter Breite aufweisen.
Auf der Höhe von Pölitz im Westen und Langenberg im Osten muß dann aber doch wieder das Hauptfahrwasser, der Dammsche Strom, in etwa 500 bis 600 Meter Abstand vom feindbesetzten Ostufer über eine Strecke von nicht ganz einer Seemeile benutzt werden, bis dann erneut nach Westen in den etwas breiteren und wesentlich kürzeren Nebenarm, den Engen Fetzling hinter der Schilfinsel Mönchwerder, ausgewichen werden kann. Er führt zurück ins Hauptfahrwasser etwa bei der Zufahrt zum großen Dammschen See im Osten, den Camelstrom, wo das Ostufer dann rechtwinklig weit nach Osten abbiegt – und damit auch der gegnerische Bereich.
War die Fahrt bisher erstaunlich ruhig und ohne Zwischenfälle verlaufen, so gibt es ausgerechnet hier in dem glücklicherweise wieder breiteren Fahrwasser auf dem Führerboot einen Ruderversager. Nach der Kursänderung mit etwas Steuerbord-Ruder ins Fahrwasser läßt sich das Boot plötzlich nicht mehr auf den neuen Kurs bringen und halten, sondern dreht munter weiter – glücklicherweise – nach Steuerbord auf das Ufer zu! Und da mit der schwachen Motor-Leistung die Artillerieträger nur langsam zu stoppen sind und einen langen Bremsweg haben, setzt das Boot wenig später in einiger Entfernung vom Ufer in Höhe von Odermünde auf!
Wie verabredet lasse ich den Verband so kurz vor dem Ziel weiterlaufen in der Erwartung, daß AF 102 bei dem sachten Festkommen mit »Voll zurück« gleich wieder freikommen werde. Das ist aber nicht der Fall. Zudem scheint durch das starke

und entsprechend laute Arbeiten der drei Diesel der Gegner bei Ihnamünde aufmerksam geworden zu sein und beginnt, mit Granatwerfern die Gegend abzustreuen. Glücklicherweise liegen die Aufschläge aber noch weit entfernt. Da es aber zu dämmern beginnt, und die Einschläge bei dann besserer Sicht auf uns korrigiert werden können, wird die Situation doch etwas ungemütlich, zumal wir uns auch nicht wehren können, da keine Mündungsfeuer zu erkennen sind. Dafür hat dieses Schießen aber die anderen Boote aufmerksam gemacht, und der Älteste Kommandant auf AF 106, Oberleutnant zur See Bartelt, schickt vorsichtshalber – die UK-Verbindung ist wegen der inzwischen zu großen Entfernung abgebrochen – den Schlepper CHARLES NUNGESSER zurück. Da dieser mit seinem größeren Tiefgang aber nicht längsseits gehen kann, muß etwas mühselig und auch zeitraubend – dazu weiter unter Beschuß! – mit dem Beiboot eine Schleppverbindung ausgefahren werden. Dann aber kommt AF 102 gleich beim ersten Anlauf frei und setzt nun mit dem Schlepper längsseits den Rest der Fahrt fort. Längsseits bleibt NUNGESSER deshalb, weil die drei Ruder weiter in Steuerbord-Lage klemmen, und das Boot nur so vereint mit dem starken Schlepper auf Kurs gehalten werden kann.
Oberleutnant zur See Penner dirigiert uns dann zu dem bei diesem Unternehmen bisher üblichen Liegeplatz in Frauendorf am nördlichen Stadtrand von Stettin, wo sich unter anderem die Gollnow-Werke, die Portland-Zement-Fabrik und die Stettiner Ölwerke in der Nähe befinden, etwas weiter entfernt überragt vom Bismarck-Turm oberhalb von Gotzlow, in besseren Tagen ein beliebtes Ausflugsziel mit lohnendem Fernblick über das ganze Odertal bis über den Dammschen See nach Altdamm und zur Buchheide.
Und als wir dabei in nun wieder ruhigen, sicheren Gewässern meinen Geburtsort – übrigens sind auch die Oberleutnante Bartelt und Hopp gebürtige Stettiner! – ansteuern und beim Hellerwerden seine Ausläufer ausmachen können, wird mir plötzlich bewußt, daß meine doch etwas belastende Anspannung vom Vorabend mit einem Schlag verflogen ist, als das Unternehmen richtig »lief«. An ihre Stelle ist wie schon in ähnlichen früheren Situationen einmal mehr eine angestrengte Konzentration und Wachsamkeit, aber auch beruhigende Zuversicht getreten, von der ich nur hoffen kann, daß sie auch auf meine Umgebung ausstrahlt.
Wenig später werden wir am Liegeplatz schon von Kapitän zur See Wolfgang Kähler erwartet, vorher Kommandant des kurz vorher in Kiel gebombten Kreuzers EMDEN. Kähler ist jetzt Bevollmächtigter des Admirals westliche Ostsee in Stettin. Er ist mir vom Seekommandanten etwas schlichter als Hafenkommandant und Ansprechpartner für alle unsere Boote angehenden Belange während ihres Aufenthalts in Stettin, vor allem

Oben: Der nächtliche Durchbruch nach Stettin ist geschafft. Im Hintergrund der Bismarckturm von Gotzlow. Zwei A-Träger haben am Liegeplatz von Frauendorf festgemacht, mit dem Schlepper CHARLES NUNGESSER längsseits.
Foto: Verfasser

Rechts: Dieses verissene Foto zeigt AF 102 beim primitiven Notaufslip in Stettin – mit dem Heck voraus hochgezogen, damit die Ruderblätter zur Reparatur trocken stehen.
Foto: Verfasser

aber für die Vorbereitungen und Bereitstellung des beim Verschleppen nach Swinemünde zu sichernden Schwimmdocks aufgegeben worden. Nach meiner Meldung nimmt er mich mit zu seinem Gefechtsstand. Hier in der Nähe liegt auch ein Marine-Ausrüstungslager. Als besonders vordringlich trage ich Kähler die Untersuchung und Reparatur des Ruderschadens auf AF 102 vor, damit dieses Boot zum für die nächste Nacht befohlenen Abschleppen des Docks wieder einsatzbereit sein könne. Er läßt darauf auch sofort die entsprechenden, gar nicht so einfachen Maßnahmen anlaufen. Dabei wird auch bei einer kleineren Werft bzw. Reparaturbetrieb gegenüber auf dem Bredower Werder eine für A-Träger nach Größe und Tragfähigkeit passende Slip-Anlage ermittelt. Da aber alle Hafen- und Werftanlagen bereits zur Sprengung vorbereitet sind, müssen erst Pioniere zur Beseitigung dieser Ladungen organisiert und übergesetzt werden, außerdem für alle Fälle auch Taucher zu etwaigen Unterwasserarbeiten. Schließlich muß auch der bereits abgeschaltete elektrische Strom zur Werft für den Betrieb der Slip-Winden wieder zugeschaltet werden.
Das alles wird nicht zuletzt durch Kählers persönlichen Einsatz realisiert, so daß AF 102 gegen Mittag zum Slip verholt – Schlepper haben wir ja genug! – und dort mit dem Heck voraus hochgezogen und von einem Schlepper zusätzlich geschoben werden kann, bis das Heck mit der Ruderanlage trocken steht. Dabei zeigt sich, daß eines der Ruderblätter offenbar durch Berührung mit einem Unterwasser-Hindernis – vielleicht ein kürzlich bei den Absetzbewegungen bei Ihnamünde/Langenberg gesunkenes Fahrzeug – festgeklemmt worden ist. Glücklicherweise kann der Schaden schnell behoben und AF 102 – da andere Teile der Ruderanlage nicht in Mitleidenschaft gezogen sind – wieder einsatzbereit gemeldet und mit eigener Kraft zum Liegeplatz zurückgebracht werden.
Am Morgen habe ich mit Kähler auch schon das Programm für den Start zum Rückmarsch am Abend mit dem Dock besprochen, wofür er ja schon einige Erfahrungen mit »Vorgängern« besitzt, die ich natürlich gerne übernehme. Wichtig ist dabei für uns die Abstimmung auf die Uhrzeiten, zu denen wir beim Dock zur Aufnahme seiner Sicherung sein müssen. Dann sind natürlich seine Abmessungen, vor allem der Tiefgang von Bedeutung. Dieser liegt bei einer Länge von rund 100 Metern und zwölf Metern Höhe bei etwa vier Metern.
Kähler informiert mich auch, daß nach den Erkenntnissen der Feind-Aufklärung des Heeres bei den Sowjets die Verbände der 1. Weißrussischen Front an der unteren Oder unter Marschall Schukow – die durch Pommern zur Ostsee vorgestoßen sind – zur Zeit offenbar durch die 2. Weißrussische Front (Marschall Rokossowski) abgelöst werden, die bisher im Raum Danzig eingesetzt war und dort nach und nach frei werde. Die Schukow-Einheiten werden offenbar weiter südlich für den erwarteten nächsten Großangriff, die spätere »Berliner Operation« konzentriert. Da an dem von uns zu passierenden Ufer bisher polnische Verbände gelegen hätten, sei künftig mit kampferprobten und womöglich auch aktiveren Einheiten zu rechnen.
Stettin ist bereits am 20. März im Zuge der Kämpfe noch weiter östlich der Oder zur »Festung« erklärt worden, angesichts der tatsächlichen militärischen Stärke vor Ort mehr ein »Papiertiger«, zumal dann auch noch einigermaßen kampfstarke Verbände nach und nach zur Verstärkung des längs der gesamten Ostfront schwer bedrängten Heeres abgezogen wurden. Am gleichen Tag ist übrigens der Reichsführer SS, Heinrich Himmler, als Befehlshaber der Heeresgruppe Weichsel – im Ersten Weltkrieg war er Unteroffizier – von Hitler aus Enttäuschung über seine Erfolglosigkeit durch den fronterfahrenen Generaloberst Heinrici abgelöst worden. Sein Hauptquartier befand sich bei Prenzlau. Und an »unserem« Teil der Front steht die 3. Panzerarmee unter General von Manteuffel.
Stettins »Wasserfront« sichert am Westufer des Dammschen Sees eine Hafenschutz-Abteilung der Marine, speziell den auf dem Bredower Werder liegenden Stützpunkt der 4. Unterseeboots-Flottille, die aber schon ausgezogen ist, jedoch große Vorräte zurückgelassen hat. Um deren Bergung und Abtransport – wie auch von Material aus anderen Depots in der Stadt – bemüht sich Kapitän Kähler. Der Abtransport zu Schiff auf dem normalen Weg oderabwärts ist wegen der am Ostufer in Stellung gegangenen gegnerischen Artillerie und Panzer seit Anfang März nicht mehr möglich. Am 6. März wurde der Befehl erteilt, daß alle noch fahrklar in Stettin liegenden Schiffe nach Dunkelwerden den Ausbruch aus Stettin im Konvoi zu versuchen hätten. Nur in einem Geleitzug bestand noch eine gewisse Chance für das Gelingen.
Die Marine ließ an alle beteiligten Schiffe UK-Geräte verteilen, damit jederzeitige Kommunikation mit dem Geleitzugführer auf dem vorauslaufenden Sperrbrecher möglich war. Diesem folgte das zum »Kampfboot« umgerüstete Minensuchboot M 328, der letzte noch fertig gewordene Neubau der Stettiner Oderwerke. Hinter ihm fuhr der Fahrgastdampfer BERLIN mit 1 000 Personen an Bord, darunter 200 Stettiner Werftarbeiter, die für die Reparatur trefferbeschädigter Schiffe in Swinemünde benötigt wurden. Genau der Größe nach geordnet liefen im Kielwasser der BERLIN das Flaggschiff der Stettiner Eisbrecherflotte, der Dampfeisbrecher STETTIN, gefolgt von den Eisbrechern PREUSSEN, POMMERN und BERLIN. An Bord der Schiffe befanden sich an die Front zu bringende Volkssturmmänner sowie Flüchtlinge. Mit abgeblendeten Positionslaternen kam der Konvoi

So sieht derzeit der Flugzeugträger GRAF ZEPPELIN (33.550 ts) aus, der unter Tarnmatten versteckt am frontnahen Liegeplatz in der Mönne versteckt liegt.
Foto: Herbert Gröper, Hamburg

unangefochten bis auf die Höhe von Pölitz. Aber bei Schwabach/Schwankenheim waren, nur 100 Meter vom Fahrwasser entfernt, Geschütze der Sowjets in Stellung gegangen, die heftiges Feuer eröffneten. Alle an Bord befindlichen Zivilisten wurden in »Feuerlee«, auf der den Geschützen abgewandten Seite, im Schutz der Aufbauten in Deckung gebracht. Mit äußerster Kraft preschten die Schiffe durch die gefährliche Engstelle, wobei sich die Dampfschiffe geschickt durch Abstellen der Kesselgebläse in den nun entstandenen schwarzen Schornsteinqualm einnebelten. Die Schiffe mit Bordflak erwiderten das Feuer, während sie Zickzackkurse steuerten, soweit es das schmale Fahrwasser überhaupt zuließ. Und es grenzt an ein Wunder, daß der Geleitzug ohne schwere Treffer davonkam und Swinemünde erreichte. Die meisten Granaten der russischen Geschütze jaulten zwischen den Masten hindurch, es waren zu weit liegende Schüsse. Nur ein paar Garben von Panzer-MG peitschten in die Aufbauten.
Auch von Stepenitz schoß russische Panzerartillerie auf die Schiffe, aber dort war die Entfernung wiederum zu groß.
Soviel Glück der letzte deutsche Geleitzug, der den Stettiner Hafen verlassen mußte, auch gehabt hat: Seit der Nacht vom 6. zum 7. März ist das Hauptfahrwasser wegen der dort in Stellung gegangenen, inzwischen weiter verstärkten Geschütze der Roten Armee nicht mehr benutzbar. Die Front verläuft von dort nach Süden weiter längs der östlichen Oder-Arme Große Reglitz und Mönne – wo der unfertig gebliebene Flugzeugträger GRAF ZEPPELIN liegt – in einem Bogen von rund 65 Kilometer Länge zurück zur Oder bei Greifenhagen.
Bei unserem Aufenthalt in Stettin herrscht verhältnismäßige Ruhe in der schon seit neuen sowjetischen Angriffen gegen den Brückenkopf östlich der Stadt bei Altdamm am 15. März weitgehend von der Zivilbevölkerung sowie Ämtern und Behörden, Lazaretten und Krankenhäusern geräumten Stadt. Daher macht sie – wie ich beim nächsten Aufenthalt selbst bei einer Radtour feststellen kann – den Eindruck einer menschenleeren Geisterstadt. Verstärkt wird das noch durch die schweren Zerstörungen, die überall von den alliierten Luftangriffen verursacht wurden. Dazu belegen die Sowjets die Stadt und den Flugzeugträger mit Streufeuer aus ihren bei Podejuch aufgestellten, nur gut zehn Kilometer entfernten Geschützen. Wie Spötter behaupteten, soll ein Schuß immer genau um 12.00 Uhr den verbliebenen Stettinern als Zeitansage statt Radio dienen bzw. zeigen, was die Stunde geschlagen hat! Außerdem lassen sich auch Aufklärungsflieger über der Stadt sehen. Nach den neuen Angriffen mußten am 17. März bei der Verkleinerung des Brückenkopfes die Autobahn-Brücken über die Oder gesprengt und am 20. März der Brückenkopf ganz geräumt werden. Ein russischer Übersetzversuch zur Insel Leitholm im Haff östlich der Kaiserfahrt am 22. März konnte abgewehrt werden. Und am 25. März wurde bei Ziegenort der Turbinenfrachter LEDA (2 415 BRT) mit Flüchtlingen an Bord auf der Fahrt beim gewagten Versuch eines späten Durchbruchs von Stettin nach Swinemünde durch sowjetische Artillerie versenkt.
Auch wird berichtet, daß die Skl. am 10. März den Flugzeugträger GRAF ZEPPELIN – wohl unter dem Eindruck des Vorstoßes der Roten Armee zum Stettiner Haff und auf Stettin zu – im Fahrwasser zwischen Stettin und dem Papenwasser zu seiner Blockierung versenken lassen wollte, was aber nicht geschah.
Bei unserem morgendlichen Gespräch macht Kähler mir auch den Vorschlag, mit der Bergung der noch immer reichlichen Vorräte im Hafengebiet durch unsere Boote und ihre Besatzungen dank seiner offiziellen Erlaubnis beizutragen. Tatsächlich schwärmen dann die A-Träger nach dem Ausschlafen, versehen mit entsprechenden örtlichen Hinweisen, in die weiträumigen Hafen-Anlagen aus. Den Schwerpunkt bildet dabei natürlich der noch immer »gut sortierte« U-Boot-Stützpunkt und der MAUREB (Marineausrüstungs- und Reparaturbetrieb), wo Ausrüstungen und Ersatzteile aller Art wie Farbe eimerweise, Tauwerk, Leinen und Drähte, anderes Bootsmanns-Inventar, aber auch Werkzeuge, Schmieröle und Fette und Wer-weiß-noch-was alles auf die Boote gebracht wird, die ja über genügend Unterbringungsmöglichkeiten verfügen.
Ein Problem ergibt sich aber dabei daraus, daß die meist etwas älteren Bewacher des U-Boot-Stützpunktes

um ihre Sicherheit zu fürchten beginnen, da der Liegeplatz an einem Stichkanal von Osten her über den Dammschen See vom vielleicht gerade aufmerksamen Gegner eingesehen werden und Artillerie-Beschuß nach sich ziehen kann. Daher wird ein Zeit- bzw. Fahrplan aufgestellt, nach dem immer nur ein Boot dort auf dem vermeintlichen »Präsentier-Teller« liegt. Das klappt gut und hat den gewünschten Erfolg. Aber auch noch an anderen Stellen wandern »Schnäppchen« – wie man heute sagen würde – an Bord, so daß man insgesamt von einer ausgesprochen reichen »Ausbeute« sprechen kann. Ganz schlaue Rechner kommen schnell darauf, wie oft und lange wir unsere Boote zum Beispiel alle 14 Tage damit neu »pöhnen« – anmalen – können.
Auf dem Wachboot bleibt übrigens entgegen der sonstigen Gepflogenheit, im Hafen die Funkanlage auszuschalten, diese wegen der besonderen Lage in Stettin besetzt, um immer direkt in Verbindung mit dem Seeko bzw. Admiral westliche Ostsee für wichtige und eilige Meldungen zu stehen, aber auch die für den Rückmarsch wichtige Wettervorhersage empfangen zu können. Sie führt am späten Nachmittag zu der Erkenntnis, daß »Grünes Licht« für das Unternehmen gegeben werden kann. Nach dem Dunkelwerden legen die vier A-Träger mit Kurs oderabwärts ab, nachdem vorher noch nach der Kommandanten-Besprechung einschließlich der Schlepper-Führer und Lotsen einer unserer Funker mit einem UK-Sprechfunkgerät auf den Kopf-Schlepper übergestiegen ist. Das Dock selbst bleibt unbesetzt. Es liegt etwas weiter unterhalb, zum Teil gedeckt durch eine leichte Fluß-Biegung schon auf dem Haken von zwei Schleppern und fädelt sich quasi im »fliegenden Start« hinter den beiden ersten A-Trägern in die Kiellinie ein. Achtern hat bei ihm noch ein Steuerschlepper seine Trosse festgemacht, während ihm dichtauf der Vierte als »Stand by« folgt. Und dahinter kommen dann die anderen beiden Artillerieträger.
Unsere »Taktische Nummer Zwei« vor dem Dock hat Anweisung, mit Hilfe ihres Echolots vor allem in den etwas flacheren Nebenarmen so zu steuern, daß sie immer mindestens fünf Meter Wasser für den Tiefgang des Docks unter dem Kiel hat. Darauf achten wir aber auch schon auf dem Führerboot, um plötzliche unangenehme Überraschungen rechtzeitig zu vermeiden, denen dann womöglich nicht mehr ausgewichen werden kann und die das Dock festkommen lassen. Letzteres ist eigentlich unsere Hauptsorge während der Überführungen. Daher soll sich die Nummer Zwei auch nicht in Kampfhandlungen und Kurbeleien einlassen, sondern Kurs für die folgenden Kopfschlepper halten. Das klappt auch ganz nach Plan und Wunsch, so daß die Fahrt bis auf einige Leuchtkugeln und MG-Feuer-Stöße von Posten am Ufer ohne Störungen verläuft, und wir die Schlepper mitsamt Dock noch vor dem Hellwerden bei Kaseburg zur Weiterfahrt nach Swinemünde entlassen und selbst in unserem kleinen Hafen ausschlafen können.
Unübersehbar als »Zeichen der Zeit« für die weitere Entwicklung im Raum Stettiner Haff–Swinemünde, zudem auch noch ganz in der Nähe, sozusagen vor der Haustür gegenüber unseres Kaseburger Hafens, liegt bereits seit dem 8./9. April der Schwere Kreuzer LÜTZOW (11 700/ 15 900 Tonnen Wasserverdrängung), der von der Indienststellung 1933 bis Februar 1940 als Panzerschiff DEUTSCHLAND zum Begriff geworden ist. Und jetzt nach dem Verlust aller vier Schlachtschiffe und Kentern des Schwesterschiffes ADMIRAL SCHEER nach Bombentreffern in Kiel am 9. April wieder als kampfstärkste Einheit der deutschen Marine gilt.
An der gleichen Stelle und den gleichen Dalben hatte das 188 Meter lange und 29 Meter breite »Dickschiff« mit Diesel-Antrieb einen Monat vorher schon einmal gelegen, war dann aber wieder zur Unterstützung des Heeres mit seinen beiden 28-cm-Drillingstürmen und seinen acht 15-cm-Geschützen in die Danziger Bucht beordert worden, bis dort die Munition und der Treibstoff fast verbraucht waren. Dann verlegte man das »Westentaschen-Schlachtschiff« an den sich immer deutlicher abzeichnenden neuen Gefahrenpunkt zurück.
Am 18. März hat das Flottenkommando den Raum Stettin–Swinemünde als Schwerpunkt für die weitere Seekriegführung bezeichnet, »der für die Heeresunterstützung ein hohes Maß an Risiko rechtfertige«. Dementsprechend wurde LÜTZOW zusammen mit den Zerstörern Z 31 und Z 38 sowie dem Torpedoboot T 36 nach Swinemünde verlegt, während PRINZ EUGEN nach Kopenhagen ging.
Etwas weiter südlich in der Kaiserfahrt, mehr zum Stettiner Haff hin, liegt wie gesagt seit Anfang April – ebenfalls am Westufer – das frühere Kadetten-Schulschiff SCHLESIEN. Bereits 1908 in Dienst gestellt, hatte das Linienschiff u.a. 1916 an der Skagerrak-Schlacht, 1939 am Polenfeldzug und im März 1945 mit seinen beiden 28-cm-Doppeltürmen noch am Landzielbeschuß vor Zoppot teilgenommen.
Auf der Verlegung nach Swinemünde brachte das »aus Farbe und Tradition« zusammengehaltene »Plätteisen« – wie wir das Schiff 1939 liebevoll-respektlos gerne nannten – 1 200 zum Teil schwer Verwundete mit. Außerdem liegen verteilt in der Kaiserfahrt mehrere Zerstörer und U-Boote vor allem von neuem großem Typ XXI. Zum Teil macht sich darin – besonders bei den Überwasser-Einheiten – die zunehmende Brennstoff-Verknappung bemerkbar, die sich schon seit einiger Zeit auch in den Beobachtungen und Aufzeichnungen der Skl. niederschlägt. Praktische

Folge ist die offizielle Angabe am 11. April im KTB, daß Flotten- und Sicherungsstreitkräfte wegen Brennstoffmangels in bestimmtem Umfang stillgelegt werden. Am gleichen Tage wird nun auch die Abgabe der 2. A-Flottille aus der Nordsee an MOK Ost vorgeschlagen, sobald die 1. A-Flottille wieder einsatzbereit ist. Die 2. A-Flottille bleibt aber bis dahin in der Nordsee, da der Einsatz der Vorpostenboote durch Kohlenmangel beeinträchtigt ist, aber die Flußmündungen und Übersetzverkehre gesichert werden müssen.
Und während am folgenden Tage eindringlich darauf hingewiesen wird, daß die Kriegsmarine die Aufgabe habe, den Kampf auf dem Wasser so lange wie möglich fortzusetzen, zum Beispiel bei der Sicherung von Nachschub-Transporten sowie zur Unterstützung von Heeres-Operationen, ergeht am 13. April die Anweisung, daß alle Sicherungsstreitkräfte für mindestens eine Fahrstrecke von 200 Seemeilen Brennstoff an Bord haben sollen und diesen Bestand nicht unterschreiten dürfen.
Aus der Sicht der 8. A-Flottille ist in diesem Zusammenhang zu bemerken, daß ich in der ganzen Zeit unseres letzten Einsatzes nie etwas von Brennstoff-Versorgungsproblemen für die Diesel unserer Boote gemerkt bzw. überhaupt davon gehört habe. Trotzdem bleibt dieses Thema aber auf der Tagesordnung, denn laut Skl. böten sich für diese Stillegung die Inseln (in der westlichen Ostsee) sowie die Schlei u. a. an. Und direkt werden dann für die 5. S-Flottille Swinemünde und für die 1. S-Flottille der Greifswalder Bodden sowie Lauterbach/Greifswald für die aus Hela abzuziehenden R-Boote genannt.
Die beiden S-Flottillen sind schon im Februar/März nach längerem Hin und Her über das Für und Wider aus dem Westen und aus Norwegen in die Ostsee verlegt worden, um den zunehmenden Aktivitäten sowjetischer S-Boote vor dem Kurland-Brückenkopf und Hela besser Paroli bieten zu können, wo bis dahin nur die 2. S-Schul-Flottille unter Kapitänleutnant H.H. Klose sich seit Herbst 1944 mit den Sowjets herumschlug und dabei wiederholt erfolgreich war. Ebenso ist die noch in der Neu-Aufstellung begriffene 2. R-Flottille von Norwegen in diesen Raum umdisponiert worden. Darüber hinaus befaßte man sich auch intensiv mit dem Ausbau und stärkeren Schutz auf der geographisch ja sehr günstig gelegenen Insel Bornholm zur Nutzung als Marinestützpunkt mehr als bisher. Auch wurde sogar von der Skl. geprüft, ob es möglich ist, 20 in Italien in Bau befindliche MFP ebenso wie 15 Siebel-Fähren nach Deutschland zu bringen und hier fertigstellen zu lassen. Außerdem wurden von der 3. Transport-Flottille auf dem Rhein im Februar zwei MAL (Marine-Artillerie-leichter) in die Ostsee abgezogen.
Außer den schon genannten Zerstörern halten sich in diesen Tagen u. a. PAUL JACOBI, Z 33 sowie Z 39 in den Swinemünder Gewässern auf. Und in der Nähe des REIHER liegt auch der Tender HELA mit dem Flottenchef, Vizeadmiral Wilhelm Meendsen-Bohlken, an Bord. Bei unserem Hafen Kaseburg »gleich um die Ecke« hat außer den schon erwähnten Zerstörern ab 17. April vorübergehend Z 34 an einer kleinen Pier an der Alten Swine am Nordufer des »Kleinen Mellin« festgemacht. Er fiel durch ein großes Loch an Backbordseite achtern auf, das am 15. April kurz vor Mitternacht ein Torpedo sowjetischer Schnellboote auf Hela-Südreede verursacht hatte. Da dabei auch beide Maschinen ausgefallen waren, wurde der Havarist am 16. April von T 36 zusammen mit M 241 nach Swinemünde geschleppt. Ein Crewkamerad an Bord war ein guter Grund, mir den Schaden »vor Ort« mal anzusehen. Der Zerstörer konnte aber provisorisch wieder fahrbereit gemacht werden und führte sogar noch Anfang Mai Landziel-Beschießungen durch.

Die gesicherte Treibstoffversorgung unserer Flottille ist für den 2. »Flolng«, Leutnant (Ing.) Sannemann, erfreulich. In diesem Punkt braucht seine immer wieder bewiesene Findigkeit zur Lösung technischer Probleme nicht strapaziert zu werden. Seine MFP-Einsätze im Schwarzen Meer haben ihn zum Meister von Reparaturkünsten auch mit unzulänglichen Mitteln gemacht, was er besonders während der Zeit in Fécamp bewies. *Foto: Verfasser*

Nicht unerwähnt bleiben darf aber auch die zur Entlastung der durch Flüchtlingsströme und versprengte Soldaten überbelasteten Fähren über die Swine zwischen Osternothafen auf Wollin und Swinemünde auf Usedom von Pionieren erbaute Behelfsbrücke über die Mellin-Fahrt, etwas nördlich der LÜTZOW in Richtung Swinemünde zum »Großen Holm« und weiter östlich zum »Werder«. Zum Passieren größerer Schiffe konnte ihr entsprechend breites Mittelstück ausgeschwommen werden. Am 10. März soll sie von einem U-Boot gerammt worden sein, konnte aber schnell repariert werden. Auch eins unserer aus Stettin geholten Schwimmdocks soll beim Passieren der Durchfahrt »angeeckt« sein, was aber auch nicht den laufenden Verkehr über die Brücke einschränkte. Wenn ich zu Besprechungen nach Swinemünde mußte, konnte ich mit unserer Flieger-Schwalbe JABO bequem unter und zwischen ihrer Konstruktion durchfahren.
Schon bei meiner telefonischen Einlaufmeldung von Kaseburg aus beim Seeko war mir andeutungsweise mitgeteilt, daß wir gleich in der nächsten Nacht – vom 12. zum 13. April – wieder mit vier Booten und Schleppern zur Abholung des nächsten Schwimmdocks nach Stettin vorstoßen sollen, um die dunklen Nächte – es herrscht gerade Neumond – noch zu nutzen. Nach Ausschlafen den Vormittag über legen wir dann in etwas gewechselter Zusammenstellung der Boote gegen 21.00 Uhr wieder ab, wobei ich auf AF 106 als Führerboot eingestiegen bin. Auch diesmal verläuft die Fahrt anfangs wieder ohne Zwischenfälle, so daß ich Zeit habe, mich nach den Erfahrungen mit dem Funkmeßgerät beim letzten Einsatz in den neu befahrenen Gewässern zu erkundigen. Entsprechend habe ich vorher den Kommandanten angewiesen. Dabei geht es vor allem um die Beobachtungen beim Einlaufen in das engere Papenwasser und das rechtzeitige Erkennen nicht nur der Tor-Feuer (Leuchttürme) beiderseits der Fahrrinne im Stettiner Haff und bei der Insel Leitholm, sondern auch des dann näher kommenden Ufers und der flachen, nur mit Schilf bedeckten und größtenteils auch überfluteten Inseln zwischen Fahrwassern weiter oberhalb. Tatsächlich hat das Gerät in allen Fällen reagiert und Echos angezeigt.

»Toter Mann« im Papenwasser

Im oberhalb vom Papenwasser enger werdenden Fahrwasser setzt schließlich MG- und Pak-Beschuß ein. Als die Pak = Panzerabwehrkanonen mit dem vorderen 8,8-cm-Geschütz bekämpft werden sollen, gibt es eine Überraschung. Offenbar in Erinnerung an die Zeiten im Kanal, wo auf dem Führerboot mit der vorderen »Acht-Acht« vor der Brücke nur Leuchtgranaten geschossen werden durften, ist die Kanone wohl »wie gehabt« bei Herstellung der Gefechtsbereitschaft wieder in alter Gewohnheit mit einer Leuchtgranate (LG) geladen worden. Als nun »Feuer frei« gegeben wird, hängt auf einmal hinter dem gegnerischen Ufer ein LG-Fallschirm! Sofort setzt das Feuer der Sowjets aus, was wir uns nur so erklären können, daß sie die LG für eine von einem Flugzeug abgeworfene Leuchtbombe halten und darauf »toten Mann« spielen, um nicht entdeckt zu werden. Und wir sind um eine Erfahrung reicher, wie man sich vielleicht gegnerisches Feuer mit dieser »Kriegslist« vom Leibe halten könne, wenn es mal brenzlig wird.
Bis auf Leuchtkugeln und wieder von Ost nach West mit Kähnen übersetzende Flüchtlinge bleibt es aber auf der 65 Kilometer langen Fahrt bis Stettin ruhig.
So bekomme ich Zeit und Gelegenheit, wieder mehrfach ins Funkmeßschapp der Kommandobrücke zu verschwinden und die Umgebung – soweit sie im Dunklen erkennbar ist – sowie die Seekartenangaben mit der Zackenanzeige der Braunschen Röhre zu vergleichen. So ruhig wie in dieser Nacht wird es kaum jemals wieder zugehen. Wir müssen damit rechnen, bei künftigen Fahrten trotz fehlender Sicht im »Blindflug zu Schiff« diesen »Engpaß« zurücklegen zu müssen.
Diesmal kommen wir so gut durch, daß wir schon um 2.30 Uhr in Frauendorf festmachen und uns sogar einigermaßen ausschlafen können.
Während morgens die anderen drei Artillerieträger zu Erkundungen im Hafenbereich starten, laufe ich mit AF 106 direkt ins Stadtzentrum und mache vor der imposanten Hakenterrasse fest, die Oberbürgermeister Haken in 500 Meter Länge auf den alten Festungswällen Stettins errichtet hat. Sie zählt zu den schönsten deutschen Terrassenanlagen. Ihre Natursteinstützmauern, Freitreppen und Aussichtspavillons werden von zwei prachtvollen Bauten überragt, die zum Glück erhalten geblieben sind. Es handelt sich um das Regierungsgebäude im Backsteinstil der niederländischen Neo-Spätrenaissance und um das Museum der Stadt Stettin, das von einer 54 Meter hohen Kuppel überragt wird.
Es ist fast gespenstisch, jetzt wieder am Dampfschiffs-Bollwerk vor der Hakenterrasse festzumachen. Es ist verwaist und menschenleer wie die Umgebung. Wie anders ging es hier früher zu, wenn – wie ich aus eigener Erinnerung weiß – in Friedensjahren die Bäderdampfer der Reederei I.F. Braeunlich nach Swinemünde, Rügen und Bornholm abfuhren und die Fahrt auf diesen charakteristischen weißen Dampfern den Beginn der Großen Ferien signalisierte.

Das Flottillenwappen der 8. A-Flottille mit dem Igel und »Ick bün all hier«, dem die Besatzungen auch nachträglich ein Ritterkreuz verliehen haben.
Foto: Verfasser

Und nun liege ich hier mit einem Kriegsschiff im eingeschlossenen Stettin, dessen Fall eine Frage der Zeit ist … Es ist ein Wiedersehen mit der Heimatstadt, das doch zum Nachdenken zwingt.
Ich mache jetzt dasselbe wie mein Stettiner Landsmann Ulli Bartelt, der Kommandant von AF 106: Jeder von uns schnappt sich eins der aus Brüssel mitgebrachten Fahrräder und strampelt auf altvertrauten Wegen durch die ausgestorbene Stadt. Dabei finde ich die Wohnung meines Großvaters verschlossen. Es fällt mir schwer, sie nicht aufzubrechen, zumal ich weiß, daß meine Mutter unser gesamtes Familiensilber »der Bomben wegen« von Berlin hierher nach Stettin ausgelagert hatte. Aber das war eine Milchmädchenrechnung, denn Stettin wurde 1944 von fünf schweren Luftangriffen heimgesucht! Doch das Haus blieb stehen … Mit dem Fahrrad erreiche ich auch die Wohnungen von Bekannten und Schulfreunden, die aber – wenn nicht gebombt – alle verlassen sind. Es sind deprimierende Eindrücke, die diese Geisterstadt bietet. So zieht es mich schnell wieder in meinen vertrauten Bordalltag zurück – freilich nicht, ohne daß ich vorher ein weiteres Mal den unvergeßlichen Rund- und Ausblick von der Hakenterrasse über die Oder nach Osten in mich aufnehme. Dieser Blick führt jetzt in Richtung Front!
Dank des guten Wetters ist nicht nur der massige Rumpf des Flugzeugträgers GRAF ZEPPELIN am Westufer der Großen Reglitz zu übersehen. Er ist von Tarnnetzen überzogen und wirkt wie eine riesige Zigarrenkiste. Alles in allem bietet der Ausblick eine Ruhe vor dem Sturm, eine Szenerie gespannten Verharrens.
Nachdem auch Bartelt – mit ähnlichen Eindrücken wie ich – an Bord zurückgekehrt ist, geht er mit seinem Boot auf »Hafenrundfahrt«, die auch zu neuen und nützlichen Vorräten an Bord verhilft. Auf einem der Boote ist diesmal auch einer der Flottillen-Ingenieure mitgekommen, um als Fachmann vor allem die Schätze im U-Boot-Stützpunkt und benachbarten MAUREB zu durchstöbern und für uns geeignete Dinge an Bord bringen zu lassen.
Nicht in unserem Sinne ist es allerdings, daß bei diesen Aktionen auch Alkoholika – darunter hochprozentiger Wodka! – in Flaschen und Demijohns von unseren »Lords« gefunden wurde. Die Kommandanten werden darauf erst im Laufe des Tages durch Fälle entsprechender Trunkenheit an Bord aufmerksam und reagieren angesichts des Einsatzes am gleichen Abend kurz entschlossen damit, daß alle aufgefundenen Behältnisse mit dem »Stoff« sofort an Oberdeck zerschlagen werden! Dafür wartet Kapitän Kähler am Liegeplatz mit einer anderen »Ladung« für die Boote auf: Auf höhere Weisung hin sollen wir von seinen Leuten längs der Oder, zum Beispiel bei Wassersport-Vereinen, aufgetriebene Segelboote und ähnliches mit nach Swinemünde bringen, die dann vom Heer an der Dievenow-Front oder übers Stettiner Haff bei Übersetz-Unternehmen oder auch Aktionen des neu geschaffenen »Werwolf« hinter der Front des Gegners eingesetzt werden sollen. Tatsächlich ist eine ganze Menge auch schöner Boote zusammengekommen, die dann auf den A-Trägern auf dem Backbord-Seitendeck »in Feuer-Lee« gestaut werden.
Als die nachmittägliche Wettervorhersage für die kommende Nacht von auffrischenden nordöstlichen Winden spricht, mache ich Kähler auf damit verbundene mögliche Probleme für unsere Schlepper aufmerksam. Nach Rückfrage beim Seeko besteht man aber auf Durchführung, um die noch nach Neumond verbleibenden günstigen dunklen Nächte zu nutzen.
Also wird wie vorgesehen am Freitag, dem 13. (!) nach Einbruch der Dunkelheit, gegen 21.00 Uhr, wieder abgelegt. Unser Geleit formiert sich etwas weiter unterhalb auf der Oder. Ein Lotse befindet sich auf dem Führerboot, der andere auf dem direkt vor den Schleppern mit dem großen SCHWIMMDOCK XXI.
Dabei passieren wir noch die als Wohnschiff für U-Boot-Leute nach Bombentreffern versenkte USAMBARA, und den schwimmenden aber unfertig gebliebenen Neubau MARIENBURG, gebaut für den »Seedienst Ostpreußen«.*

---

*Dieser 6 200 BRT grosse Neubau lief erst im Krieg vom Stapel. Seine Ausrüstung musste wegen anderer Vordringlichkeiten für die Kriegsdauer zurückgestellt werden. 1953 wurde das Schiff als LENSOVIET in Wismar fertiggebaut.

An diesem Abend werden wir schon beim Passieren von Ihnamünde beschossen. Und beim Eindrehen in den Engen Fetzling ist auf 500 bis 700 Meter Entfernung MG-Mündungsfeuer auf der Südspitze des vom Hauptfahrwasser östlich daneben trennenden Mönchwerder zu erkennen, einer ganz flachen, größtenteils wasserbedeckten Schilf-Insel. Offenbar haben sich dort Russen eingenistet, was ja auch nicht verwundern dürfte. Denn nach unserem Anmarsch in der vergangenen Nacht liegt es ja auf der Hand, daß wir auch wieder auslaufen und hier passieren müssen. Vielleicht zeigt sich darin auch schon die größere Kampferfahrung der neu eingerückten Truppen der 2. Weißrussischen Front. Da aber auch in diesen Tagen im Raum Stettin zahlreiche Agenten aus der Luft abgesetzt wurden – auch Angehörige des nach der Niederlage bei Stalingrad Anfang 1943 von Gefangenen und Überläufern der Wehrmacht gebildeten, die Rote Armee unterstützenden »National-Komitées Freies Deutschland«, die in deutschen Uniformen in die Stadt eingesickert sein sollen – ist davon auszugehen, daß die örtliche Führung der Sowjets über die Verhältnisse und Vorgänge auf der deutschen Seite unterrichtet ist und entsprechend reagieren kann. Und in unserem Fall dürften auch die Vorbereitungen und Bereitstellungen für die Schwimmdock-Überführungen nicht unbemerkt und unerkannt geblieben sein.

Wie gesagt, zeigt sich das schon bald nach Anlaufen unseres Schleppzuges. Pech für die Sowjets mit ihren MG im Schilf des Mönchwerders ist nur, daß sie viel zu früh – wohl in der bekannten Entfernungs-Verschätzung bei Dunkelheit oder durch das gefährlich klingende tiefe Brummen unserer Motoren – das Feuer eröffneten, das zudem hoch über unsere Köpfe hinweg zwitschert ...

Dabei fällt auf, daß die Geschosse keine Leuchtspur, sondern statt dessen einen nur von hinten erkennbaren Leuchtpunkt zeigen. Als dann am vorderen Vierling das Mündungsfeuer erkannt und nach »Feuer frei« gefragt und »Feuererlaubnis« gegeben wird, genügt je ein Magazin aus den vier 2-cm-Rohren, um die MG-Stellung in einer Gischt von Aufschlägen zum Schweigen zu bringen.

Andererseits ist der Schußlärm aber auch das Alarm-Signal für die Sowjets am Ostufer des Dammschen Stromes unterhalb von Ihnamünde. Denn auch bei unserer Fahrt durch den Engen Fetzling – und dabei etwas gedeckt durch den Mönchwerder – hält das Abfeuern von Leuchtkugeln an, wohl, um die Vorgänge auf dem Wasser erkennbar zu machen. Das führt sogar dazu, daß wenig später bei unserem zwangsläufigen Eindrehen in das Hauptfahrwasser näher beim Ostufer südlich von Langenberg dort dicht am Wasser wohl am Tage errichtete Heuschober angesteckt werden, um die Gegend zu erhellen.

Nach der ersten gelungenen Überraschung genügen aber einige Lagen mit unseren 8,8-cm-Geschützen, um diese Brandfackeln zerstieben und erlöschen zu lassen.

Trotzdem setzt dabei sofort ein heftiger Beschuß aus den verschiedensten Waffen ein. Dabei wähnen wir, auch hinter dem Deich aufgefahrene T-34-Panzer beobachten zu können, von denen nur der Turm mit der Kanone über die Deichkrone hinausragt, und der Panzer selbst so gut geschützt bleibt. Für Panzer spricht auch ein Treffer im ungepanzerten Aufbau über dem Maschinenraum auf AF 104. Granatsplitter verwunden dort zwei »Heizer«, Angehörige des Maschinenpersonals, leicht.

Am Aufschlagsort ist ein Loch von genau 76 Millimetern nachzumessen, während das Loch beim Austritt auf der anderen (Backbord-)Seite einen erheblich größeren Durchmesser aufweist.

In diesem Feuerwechsel, der uns dann auch schnell zu unserer »Kriegslist« mit den Leuchtgranaten übers Hinterland – mit Erfolg! – zurückgreifen läßt, schaltete sich wenig später auch die eigene 8,8-cm-Flakbatterie bei Pölitz ein, die ja auf am Tage erkannte Ziele eingeschossen ist.

Im Hinterland, wird weiter östlich auch eine stärkere Detonation beobachtet, als ob dort durch Weitschüsse unserer »Acht-Acht« möglicherweise ein Munitionslager per Zufall getroffen worden ist.

Deutlich abgeschwächt und in erster Linie mit leichten Waffen hält der Beschuß auch beim Passieren der Engen Strewe an. Er wird von uns nur erwidert, wenn Ziele klar erkannt sind. Besonders wirkungsvoll werden dabei die Feuerstöße aus den Vierlingen. Lebhafter wird es, als wir bei Gnageland wieder zurück in das Hauptfahrwasser wechseln. Dabei wird auch das Krampe-Oberfeuer dicht östlich neben der Fahrrinne vom Gegner umgeschossen.

Mit dem Schwimmdock »auf Schiet«

Mehr Sorge bereitet mir aber der bereits deutlich stärker werdende Wind aus Nord-Ost. Ausgerechnet jetzt, wo er sich über das breiter werdende Papenwasser und das Große Haff entfalten kann, wirkt er auf das Dock mit der großen »Segelfläche« seiner doch bis etwa zehn Meter hohen Seitenwände deutlich ein. Dessen Abdrift hinter den beiden immer mehr vorhaltenden Kopfschleppern ist auch in der Dunkelheit nicht zu übersehen. Zur Unterstützung wird daher der als »Eingreif-Reserve« hinterher fahrende vierte Schlepper an die Backbord-Seite des Docks zum Gegendrücken beordert, um den Schleppzug innerhalb der ja nicht sehr breiten Fahrrinne zu halten. Glücklicherweise hört nach dem Passieren von Stepenitz der Beschuß von Land auf, so daß wir uns ganz auf den Schleppzug konzentrieren können. Dafür frischt aber der Wind immer mehr zu einem richtigen Sturm vom Haff her auf, was natürlich auch die

Fahrtgeschwindigkeit unseres Geleit-Objektes immer mehr herabsetzt. Diese Schleich-Fahrt bereitet selbst unseren A-Trägern Schwierigkeiten, sich dabei auf Kurs zu halten. Tatsächlich kommt durch Vertreiben das Führerboot gegen 3.20 Uhr – um diese Zeit waren wir beim vorigen Mal bereits wieder in Kaseburg »zu Hause« – unweit der beiden Torfeuer 4 querab Ganserin südlich vom Leitholm fest. AF 107 scheitert mit dem Versuch, AF 106 freizuschleppen. Das gelingt danach jedoch dem herbeigeholten Reserveschlepper.
Das Dock selbst ist derweil langsam weitergeschleppt worden, kann dann aber bei dem weiter zunehmenden Wind nicht gehalten werden und gerät querab von Ziegenort an der Westseite der Fahrrinne mit seinem Tiefgang von rund vier Metern fest. Alle Versuche der vier Schlepper, den Koloß wieder in Bewegung zu setzen, bleiben ohne Erfolg. Ich halte mich mit AF 106 dabei gut auf der Luvseite in der Nähe auf und schicke die beiden anderen AF zum Leitholm, zum Festmachen dort an einem kleinen Anleger, um nicht auch sie in Gefahr des Vertreibens und Festkommens im engen Fahrwasser zu bringen. AF 107 kommt gegen 4.30 Uhr wieder frei und meldet Schraubenschäden, so daß ich das Boot nach Swinemünde zur Reparatur entlassen muß.
Als es inzwischen langsam hell wird und von den Schleppern auch noch die Hiobs-Botschaft kommt, daß alle ihre Schlepptrossen gebrochen sind und auf dem Dock sogar einige Poller herausgerissen wurden, bleibt mir nichts anderes mehr übrig als das Einstellen der Bergungsversuche – jedenfalls zunächst.
Wir müssen nach Kaseburg zurücklaufen, um die Artillerieträger nicht auch noch unnötig den Tag über dicht vor der feindbesetzten Küste zu gefährden. Zudem habe ich von Penner gehört, daß sich die 5. A-Flottille wiederholt mit Sowjetbatterien bei Köpitz am Ufer des Haffs, etwas weiter nördlich, herumgeschossen hat. Und beim Seeko ist mir sogar gesagt worden, daß dort neuerdings eine 17-cm-Batterie in Stellung gegangen sei, die bis hinüber nach Wollin bzw. Usedom zum Südende der Kaiserfahrt reiche.
Beruhigend ist nur, daß der Wind weiter kräftig aus Nord-Ost bläst und damit das Dock auf der »deutschen« Seite des Fahrwassers festhält. Wir können nur hoffen, daß es so bleibt, und der Wind nicht umspringt. Denn mir ist klar, daß wir uns am Abend das Dock mit stärkeren Schleppern und neuen Trossen holen und in Swinemünde abliefern werden.
Schon beim Festkommen des Docks habe ich mit FT-Kurzsignal den Seeko über unsere »Panne« unterrichtet. Wohl als Reaktion darauf kann ich jetzt, als wir uns zum Abmarsch formieren, die schnelleren Schlepper für sich allein vorauslaufen lassen.
Weiter nördlich, an der Einfahrt zur Kaiserfahrt, stellen wir zwei Schwere Artillerieträger (SAT) vom Kümo-Typ fest, die wohl als Auffangstellung und artilleristische Rückendeckung für uns gedacht sind, aber nicht näherkommen, sondern dort »auf und ab stehen«, wie man das als Mariner nennt.
Ich habe mit meiner Gruppe den Leitholm etwa eine Seemeile hinter uns gelassen und den zurückbeorderten AF 107 wieder bei uns, als wir gegen 6.20 Uhr von Köpitz her Abschüsse hören und kurz darauf etwas achteraus und fast 1 000 Meter ab auch vier mittlere Aufschläge sahen; – glücklicherweise keine 17-cm-, sondern wohl eher 7,6-cm-Granaten.
Da auf AF 106 wieder mit dem Funkmeßgerät gearbeitet und seit dem Papenwasser vorsorglich ständig die Entfernung zum gegnerischen Ufer gemessen und dementsprechend als Grundeinstellung an die 8,8-cm-Geschütze – mit UK auch an die anderen Boote – weitergegeben wird, liegt unsere Feuer-Erwiderung mit allen acht Geschützen sofort gut. Da die nur am Mündungsfeuer zu erkennende Batterie südlich des Ortes unter Bäumen hinter dem Deich schnell erfaßt wurde, liegt bereits unsere dritte Salve deckend, und es kann zu einem kurzen Wirkungsfeuer mit Sprenggranaten übergegangen werden, unter dessen Aufschlägen das Ziel schnell verschwindet und verstummt.
Das gegnerische Feuer liegt nie näher als 500 Meter in einer sehr langsamen Salvenfolge. Um so eindrucksvoller dagegen ist der Blick nach achtern auf die in Kiellinie und gut 100 Meter Abstand folgenden drei A-Träger, die ihre »schweren Stücke« fast als Breitseiten und in schnellem Salventakt »lösen«! Schon nach nur fünf Minuten kann ich »Halt – Batterie halt« geben, da der Gegner offenbar niedergekämpft ist und sich nicht mehr rührt.
Die restliche Weiterfahrt verläuft ohne besondere Vorkommnisse, und wir können kurz nach 9.00 Uhr wieder in Kaseburg festmachen, nachdem wir uns vorher – diesmal am Tage – alle in der Kaiserfahrt liegenden größere Marine-Einheiten recht gut anschauen konnten.
Noch am späten Vormittag wird in Ahlbeck beim Seeko die für die nächste Nacht vorgesehene Bergung des Docks besprochen. Da der Sturm im Laufe des Tages weiter abflaut, sind die Aussichten günstig, wenn uns von der »anderen Seite« kein Strich durch die Rechnung gemacht wird. Entsprechende Nachrichten liegen aber bisher nicht vor. Außerdem sollen uns für die Bergung sicherheitshalber zwei stärkere Schuchmann-Schlepper, neue Trossen und entsprechendes Fachpersonal mitgegeben werden.
In Ahlbeck suche ich bei dieser Gelegenheit den Admiral westliche Ostsee auf. Verbunden mit meiner offiziellen Meldung und Vorstellung will der mir schon von seiner Tätigkeit beim Admiral Schwarzes Meer in Simferopol bekannte A I, Korvettenkapitän d.R. Sigmann,

nach unserem von ihm auch offensichtlich mit Freude registrierten Wiedersehen nicht nur über die »Panne« mit dem Dock, sondern in erster Linie mit mir über die Situation und Verhältnisse in Stettin und meine entsprechende Beurteilung sprechen. Dank meines vorsorglichen Hinweises vom Vortag aus Stettin auf die nicht gerade günstige Wettervorhersage ist weder hier noch vorher beim Seeko auch nur eine Andeutung eines Vorwurfes wegen des Festkommens des Docks zu hören. So nehme ich auch von Sigmann einmal mehr das Gefühl mit, in ihm bei Bedarf einen verständnisvollen Gesprächspartner zu haben, dem man vor allem nicht fremd ist.
Sonnabend abend, am 14. April, ziehen wir noch vor Einbruch der Dunkelheit mit einer Menge Schlepper und zur artilleristischen Sicherung auch mit allen sechs A-Trägern los zu dem vor Ziegenort festgeratenen Dock. Die Wetterlage hat sich ausgesprochen günstig entwickelt. Der Wind ist fast eingeschlafen, weht aber weiter leicht von Nord-Ost und dürfte damit das Dock weiter an der westlichen Fahrwasserkante festhalten. »Vor Ort« lasse ich die anderen fünf Artillerieträger wieder am Leitholm in Sofort-Bereitschaft festmachen, um ihnen das ebenso schwierige wie auch gefährliche Gestoppt-Liegen während der Bergungsarbeiten in dem engen Fahrwasser zu ersparen.
Als wir uns dem unverändert am alten Platz liegenden Dock nähern – inzwischen ist dunkle Nacht –, sehen wir dort Gestalten, die laut und aufgeregt rufend zu einem längsseits liegenden Boot laufen. Ehe sie aber ablegen können, sind wir – natürlich mit schießbereiten und gesenkten Vierlings-Rohren – am Dock und bei ihnen. Durch Zuruf wird schnell geklärt, daß es deutsche Landser aus Ziegenort sind, die uns des Motorengeräusches wegen für Schwimmpanzer der Sowjets gehalten haben und sich schnell in Sicherheit bringen wollten. Sichtlich beruhigt erklärt mir ein Feldwebel, daß ihn sein Kompaniechef am Morgen mit einem Dutzend Soldaten mit einem Boot zur Sicherung zum etwa 1 000 Meter vor ihrer Nase liegenden Dock als »Besatzung« und Sicherung geschickt habe. Man hat offenbar am frühen Morgen die Abschleppversuche sowie dann unser Feuergefecht vor Köpitz beobachtet und daraus den richtigen Schluß gezogen, daß es sich um ein eigenes deutsches Dock handele, das erst einmal geschützt werden müsse. Vielleicht war diese Einheit in Ziegenort auch schon von den vorhergegangenen Dock-Verschleppungen her mit diesen Einsätzen vertraut und wußte Bescheid.
Die eigentliche Bergung des Docks bereitet dank der günstigen Wetterlage den stärkeren Schleppern überhaupt keine Schwierigkeiten. Es kommt gleich beim ersten Anschleppen frei und läuft nach Swinemünde ab, gefolgt von unseren sechs A-Trägern. Auch die Russen rühren sich in dieser Nacht nicht. Schon gegen Mitternacht sind wir wieder in Kaseburg.*

*Das Dock soll dann allerdings auf der Weiterfahrt nach Swinemünde in der Mellin-Fahrt beim Passieren mit der dazu geöffneten Pionier-Behelfsbrücke kollidiert sein und sie etwas beschädigt haben, was aber nicht zu ihrem Ausfall führte.

Für den Abend ist ein erneuter Stettin-Einsatz befohlen worden, allerdings nur mit zwei Booten, da diesmal lediglich ein Ponton abgeschleppt und gesichert werden soll. Dazu teile ich AF 102 mit Oberleutnant zur See Stephan und AF 107 mit Leutnant zur See Zeitler ab. Nach dem Ablegen kurz nach 21.00 Uhr treffen sie ohne Zwischenfälle bereits um 2.50 Uhr in Stettin ein, suchen über Tag wieder den U-Boot-Stützpunkt auf – und nach »Schnäppchen« ab – und treten gegen 21.20 Uhr den Rückmarsch mit dem Ponton an. Auch er verläuft ohne besondere Vorkommnisse, so daß die beiden Artillerieträger gegen 6.00 Uhr, am 17. April, wieder in Kaseburg festmachen.

»Tallboys« rauschen herab

Dort habe ich am Vortag, am 16. April, nachmittags, den Chef der 10. SiDi, Fregattenkapitän Heydel, zum Wachbootskaffee auf AF 106 gebeten, wo eine entsprechend geräumige Gästekammer zur Verfügung steht, in der ich auch bei Einschiffungen »wohne«. Heydel ist gegen 16.00 Uhr bei uns eingetroffen und hat sich zuerst den A-Träger zeigen und erklären lassen. Während wir anschließend auch mit den anderen Kommandanten und Offizieren des Unterstabes zusammensitzen, ertönen kurz nach 17.00 Uhr die Flieger-Alarmsirenen, worauf wir auf die Brücke wechseln, um »die Lage zu peilen«, ob etwa der Hafen verlassen werden müßte. Das Vernebeln der in vielleicht 400 Meter Entfernung liegenden LÜTZOW hat gerade erst begonnen und verdeckt daher den Schweren Kreuzer noch nicht. Dafür ist das typische Motorengeräusch der Bomber zu hören.
Bald sind diese auch bei strahlend blauem Himmel in großer Höhe von 4 500 bis 5 500 Metern zu erkennen: 18 Viermotorige vom Typ LANCASTER in loser Formation hintereinander. Um die Maschinen herum sieht man die Detonationswolken der Flak, in erster Linie von den Zerstörern und der SCHLESIEN in der Kaiserfahrt stammend, aus deren Richtung die Bomber von Süden her anfliegen. Dabei wird auch einer abgeschossen, der beim Ort Kaseburg aufschlägt, was wir

5,6 t schwere TALLBOY-Riesenbomben, wie sie ein halbes Jahr zuvor das Schlachtschiff TIRPITZ bei Tromsö vernichtet haben, rauschen in unserer nächsten Nachbarschaft auf die LÜTZOW herab.
Foto: Imperial War Museum

aber wohl wegen der Bäume neben unserem Hafen nicht bemerken können. Eine Beteiligung am Abwehrfeuer entfällt für uns, da unsere 8,8-cm-Geschütze nicht über die dazu notwendige Erhöhung verfügen und unsere anderen Waffen nicht über die erforderliche Reichweite.
So bleibt uns nur die Rolle der »Zuschauer aus der ersten Reihe«!
Dabei sind deutlich die großen, acht Meter langen und 5,4 Tonnen schweren Spezialbomben vom Typ »Tallboy« (Großer Bengel) im Sonnenschein blitzend zu erkennen, die sich nach dem Lösen vom Flugzeug zuerst einige Male überschlagen, ehe sie in die Fall-Parabel übergehen.
Wenig später verschwindet die LÜTZOW unter wahren Wasserbergen der Bombenaufschläge.
Insgesamt werden bei dem nur wenige Minuten dauernden Angriff sieben »Tallboys« sowie mehrere 250-Kilo-Sprengbomben abgeworfen.
Als sich die Gischt und der Rauch der Detonationen verziehen, ist die LÜTZOW achtern bereits deutlich tiefer gesackt und hat Schlagseite nach Backbord. Und besonders auffallend ist wohl, daß durch eine streifende kleinere Bombe das große Funkmeßgerät auf dem Vormast mitsamt E-Meßhaus und darüberliegendem Toppstand abgeschlagen wurde.
Tatsächlich ist das Schiff voll nur von zwei der 250-kg-Bomben getroffen worden, die zum Glück beide Blindgänger waren!
Alle »Tallboys« sind neben das Schiff gefallen, davon einer allerdings als Nahtreffer achtern an Backbord-Seite, der durch ein etwa zehn Meter langes Leck einen so starken Wassereinbruch hervorrief, daß das Heck auf Grund setzte, und der Kreuzer darüber hinaus nicht mehr schwimm- und fahrfähig ist.
Andere »Große Bengel« haben gewaltige Trichter in der feuchten Wiese neben dem Schiff verursacht und das ganze Schiff – vor allem an Backbord-Seite – mit einer Schlammschicht überschüttet. Viele aufgewirbelte Steine der Uferböschung haben zu Verletzungen geführt. Insgesamt hat der Angriff zwölf Tote und 18 Verwundete gefordert.
Als nach dem Donnern und Getöse wieder eine zuerst ungewöhnlich wirkende Ruhe einkehrt, ist auch unser Wachboots-Kaffee damit unfreiwillig beendet.
Heydel kehrt in Eile auf sein Führerschiff REIHER nach Swinemünde zurück, um für etwa notwendige Folgeaktionen bereitzustehen. Dort meldet übrigens auch der Flottentender HELA einen Nahtreffer.
Wir überlegen, was wir tun und wie wir vielleicht helfen könnten.
So fahre ich mit unserem JABO und unserem Flottillenarzt hinüber zur LÜTZOW, deren Achterschiff inzwischen noch weiter abgesackt ist und zum Teil unter Wasser steht. Wir steuern das Fallreep etwas vorlicher an Steuerbord-Seite an. Als ich auf seine Podestplatte springe, gibt diese unter meinem Gewicht nach und

schneidet unter, da der vom Oberdeck her haltende Takel offenbar von Splittern durchschlagen ist. Dabei versinke ich bis zum Schritt im Wasser, ehe ich mich an der Reling des Fallreeps hoch auf seine untersten Stufen ziehen kann und dann mit einer »Wasserspur« an Deck gelange. Unser gewarnter Doktor klettert gleich etwas höher auf das Fallreep und kommt so trockenen Fußes an Bord. In dem Wirrwarr hin- und herlaufender, durch Befehle über Lautsprecher dirigierter Matrosen finde ich den Wachhabenden Offizier und biete ihm unsere Hilfe an, verbunden mit der Frage, was wir für sie und das Schiff und seine Besatzung tun können. Nach einigen Rückfragen und Erkundigungen höre ich, daß man die Lage im Griff habe und eine Hilfe durch uns nicht benötigt werde. Also kehren wir nach »unserem« Kaseburg zurück, wo die Ereignisse der letzten knappen Stunde natürlich noch lange für Gesprächsstoff sorgen.
Beim vorhergegangenen Wachboots-Kaffee mit dem SiDi-Chef wurde die sonst in einer solchen Runde immer recht lockere Stimmung diesmal aber von der Nachricht im mittäglichen Wehrmachtsbericht überschattet, daß am frühen Morgen die Sowjets an der Oderfront östlich und auch weiter südlich von Berlin zum erwarteten Großangriff angetreten seien und das Heer in schweren Abwehrkämpfen stünde. Wir alle sind uns im klaren – selbst wenn es nicht so deutlich auch gesagt wurde –, daß vom Erfolg der Großoffensive gegen Berlin endgültig der Ausgang des Krieges und damit das Schicksal Deutschlands abhängen wird.
Und daß es nach der schon seit einigen Monaten bekannten Forderung der Gegner nach bedingungsloser Kapitulation als Voraussetzung für eine Waffenruhe für uns Soldaten nur noch darauf ankäme, bis zum – wenn auch bitteren – Ende weiter unsere Pflicht und Aufgaben nach besten Kräften zu erfüllen.

Noch als Wrack »kämpft« die LÜTZOW weiter

Aus späteren auch britischen Veröffentlichungen über den Angriff geht hervor, daß die Sowjets offenbar ihre britischen Verbündeten um Ausschaltung des durch seine Feuerkraft beim Landbeschuß »unliebsamen« Schweren Kreuzers ersucht haben, nachdem er bei Swinemünde dazu quasi in Stellung gegangen war. Tatsächlich war dann auch der Spezial-Kriegsschiffs-Bekämpfungsverband der Royal Air Force schon vor dem 16. April, am 13. und 15. mit der 617. Bomber Squadron vom Fliegerhorst Woodshall Spa in Lancashire Richtung Swinemünde gestartet, hatte aber die Angriffe wegen dichter Wolkendecke abbrechen müssen, da bei diesen Spezialbomben das Ziel genau anvisiert werden muß. Beim Anflug in 7 000 Meter Höhe war jedesmal auch ein Jagdschutz mit zwölf Maschinen dabei, die erst eine Viertelstunde vor dem Ziel den Verband zur Heimkehr verlassen mußten. Zur Täuschung der deutschen Abwehr war beim Anflug ein Kurs auf Berlin gewählt worden, von dem erst kurz vorher über Vorpommern nach Norden abgedreht wurde. Außer dem einen Abschuß wurden einige andere Maschinen durch Flak-Treffer beschädigt, konnten aber zum Horst zurückkehren.
In den Unterlagen der Skl. schlägt sich der Angriff wie folgt nieder: 16. April »17.15–17.55 Uhr Angriff von 80 (?) LANCASTER, LIBERATOR und MUSTANG (Jagdflugzeuge) in drei Wellen auf Swinemünde mit Ziel LÜTZOW und SCHLESIEN. LÜTZOW drei Treffer, einer nah. Schwerer Wassereinbruch, Heck auf Grund. Sieben Grad Krängung, achtern noch ein Meter Freibord. Bombe am Mast detoniert. Dabei Entfernungs- und Funkmeßgerät ausgefallen. Ein Blindgänger-Durchschlag durchs ganze Schiff. Vier Tote und 20 Verletzte. Tender HELA Nahtreffer. Ein Abschuß sicher, einer fraglich.«
Einen Tag später wird wie folgt ergänzt: »Schiff voll Wasser mit rund 1 800 Tonnen. E-Anlage unklar. Ruderanlage ausgefallen. Betrieb Motorenraum Backbord 2 wird geprüft. Pumpendampfer längsseits. Taucher angefordert. SA (Schwere Artillerie) kein Einsatz durch Stromausfall. Turm A beschränkt einsatzfähig. MA (Mittel-Artillerie) klar zum freien Schießen mit 60 Schuß. Munitionskammern unter Wasser. Turm B bis Kartusch-Plattform unter Wasser.
Zwei 10,5-cm-Geschütze unklar. Je eine 2-cm, 4-cm und ein Vierling ausgefallen. Torpedo-Anlage (auf dem Achterschiff) unklar und wohl nicht wieder klar zu kriegen. Funkanlage (FT) ausgefallen. Sieben Tote, 14 Vermißte und 13 Verletzte« (In Wirklichkeit zwölf Gefallene. D.Verf.).
In den nächsten Tagen kann das Schiff abgedichtet und durch Lenzen aus der Schräglage wieder aufgerichtet werden. Auch können ein E-Werk und der Hilfskessel den Betrieb wieder aufnehmen und beide Blindgänger entschärft werden. Für den anstehenden Landziel-Beschuß wird der vordere 28-cm-Drillingsturm ANTON sowie die Steuerbord-MA mit drei 15-cm-Geschützen klargemacht. Alle Flakwaffen werden abmontiert und zum Teil auf den Zerstörer Z 33 und Z 34 eingebaut. Mit großen Teilen der Besatzung (514 Mann) wird für den Erdeinsatz – zusammen mit Besatzungsteilen anderer Einheiten – das »Flotten-Flak-Regiment« aufgestellt, das mit weiteren Leichten Flugabwehrgeschützen der LÜTZOW, auf Lkw montiert, bei Neubrandenburg in die Kämpfe gegen die Rote Armee verwickelt wird.➛

Aber der vordere Drillingsturm mit seinen drei 28-cm-Geschützen wird endgültig wieder gefechtsklar gemacht und greift am 28. April über eine Entfernung von 42 Kilometer hinweg in die Abwehrkämpfe gegen eine bei Pasewalk angreifende sowjetische Panzerbrigade, später auch noch gegen sowjetische Übersetzversuche über die Dievenow ein. Ebenso feuern die intakt gebliebenen 15-cm-Geschütze der LÜTZOW mehrfach nach V.B.-Anweisungen auf gegnerische Bereitstellungen an der Dievenow. Ein Wrack kämpft also weiter, bis es am 3. Mai – nach Verschießen der gesamten 28-cm-Munition – vor den heranrückenden, bereits bei Kaseburg gelandeten Sowjets klar zur Selbstsprengung gemacht werden muß. Insgesamt hat die als Wrack weiterkämpfende LÜTZOW noch 350 Granaten vom Kaliber 28-cm verfeuert – mit einem Geschoßgewicht von 105 Tonnen – und viele hundert 15-cm-Granaten.

Daneben gibt es aber auch – von der eigenen Propaganda fleißig genährt – die Meinung, daß die westlichen Alliierten den Sowjets nicht halb Deutschland überlassen werden, und daß es daher nach einem Sieg über die Wehrmacht zu einer entsprechenden Aktion zusammen mit dem Westen kommen dürfte, um die Sowjets wieder in ihre Grenzen zurückzudrängen. Damit verknüpft wird der Gedanke, mit den Resten der Wehrmacht im Norden, vor allem der Marine nach Dänemark und notfalls auch nach Norwegen auszuweichen und auf den – erhofften – Konflikt zwischen den Alliierten zu warten.
Auf eine solche Entwicklung hat bereits vor zwei Tagen Reichspropagandaminister Goebbels als wahrer »Meister seines Fachs« nach der Nachricht vom Tode des US-Präsidenten Roosevelt am 12. April hingewiesen. Dazu zog er sehr geschickt die Geschichte mit dem Beispiel im Siebenjährigen Krieg heran. Damals war im Jahre 1762 dem militärisch schwer bedrängten »Alten Fritz« der Tod seiner Erzfeindin, der russischen Zarin Elisabeth, zu Hilfe gekommen. Denn ihr preußenfreundlicher Nachfolger Zar Peter III. ließ sofort die Feindseligkeiten einstellen, so daß Friedrich der Große den Rücken frei bekam und den Feldzug sowie Krieg doch noch siegreich beenden konnte. Mit dem Hinweis auf eine jetzt ähnliche Situation weckte Goebbels raffiniert und unermüdlich neue Hoffnungen und rief Wehrmacht und Volk, nicht ohne Erfolg, zum Durchhalten auf.
Ständig nährt er jetzt die Hoffnung, daß es doch noch – auf politischer Ebene – zu einer Wende kommen werde, denn militärisch ist Deutschlands Lage durch das ständige Vorrücken auch der West-Alliierten immer bedrohlicher geworden, so daß der Fall Berlins mit Sicherheit das Ende bedeuten wird.
Solche Gedanken offen auszusprechen ist praktisch unmöglich. Es wird als »Zersetzung der Wehrkraft« unerbittlich geahndet. Dasselbe gilt für die Feststellung, daß der bisher wohlweislich genährte Glaube an eine Kriegswende dank neuartiger »Wunderwaffen« einem Trugschluß gleichkommt.
Unbestreitbar ist, daß es solche geradezu revolutionär neuen Waffen gibt, aber es wird immer deutlicher klar, daß der Wettlauf mit der Zeit nicht mehr zu schaffen ist, um wenigstens einen Verhandlungsfrieden mit den Westmächten herausschlagen zu können.
Zurück zu Goebbels: Nach Roosevelts Tod hat er pathetisch formuliert: »Mein Führer, ich beglückwünsche Sie! ... Das Schicksal hat Ihren größten Feind geschlagen. Gott hat uns nicht verlassen. Ein Wunder ist geschehen ... Es steht in den Sternen geschrieben, daß die zweite Hälfte des April für uns die große Wende bringt. Heute ist Freitag, der 13. April. Es *ist* der Wendepunkt«.
Die Realität ist leider anders: Tatsächlich stehen die Briten bereits bei Winsen an der Luhe und Geesthacht an der Elbe und eine Angriffsspitze der U.S. Army weiter südlich ebenfalls schon an diesem Fluß.
Nach Rückkehr unserer Boote aus Stettin ist für unsere Flottille eine kleine Atempause angesagt. Offensichtlich ist man auf den für uns zuständigen Führungsebenen dabei, die Entwicklung im Großraum rund um Berlin richtig zu analysieren. Außerdem laufen, für uns nicht bemerkbar, recht intensive Vorbereitungen für das Halten des »Verteidigungsbereichs Swinemünde«, aber daneben auch für seine Räumung, falls sie durch die Lage erzwungen werden sollte. Zu diesem Verteidigungsbereich gehören alle Einheiten und Anlagen auf den Inseln Usedom und Wollin unter Zuständigkeit des »Seekommandanten«, d.h. des Kommandanten der Seeverteidigung Pommern für den Marineteil.
Bei einer der Besprechungen mit den zuständigen Einheits-Chefs in diesem Bereich mache ich Kapitän zur See Rieve den Vorschlag, angesichts der zunehmenden Bedrohung Stettins rechtzeitig den noch dort liegenden fahrunklaren Flugzeugträger GRAF ZEPPELIN dem sowjetischen Zugriff zu entziehen und ihn nach Swinemünde schleppen zu lassen.
Nicht nur mein Blick von der Hakenterrasse auf dieses von Tarnmatten verhüllte Schiff hat mich auf diesen Gedanken gebracht, sondern dasselbe bewirkten anschließend geführte Gespräche und Diskussionen mit meinen Kommandanten.
Im Grund müßte das Herausbringen des Flugzeugträgers wohl möglich sein, denn unsere erfolgreichen Verschleppungen der recht großen, ungefügen Schwimmdocks haben

ja die Machbarkeit bestimmter Dinge erwiesen. Aber wir sind uns darin einig, daß der Flugzeugträger GRAF ZEPPELIN wegen seines größeren Tiefgangs immer das Hauptfahrwasser der Oder benutzen müsse. Dabei wird er an mehreren Stellen dem gegnerischen Beschuß auf kurze Entfernung ausgesetzt sein. Deshalb wird der Einsatz beider A-Flottillen empfohlen, die mit ihrer vereinten, hohen Feuerkraft das Niederkämpfen der Geschütze und Panzer der Sowjets gewährleisten dürften.
Ein großes Problem dürfte jedoch die Bereitstellung des Trägers für die Verschleppung darstellen, der ja vorher von seinem bisherigen Liegeplatz direkt an der »Front« aus der Mönne bzw. Großen Reglitz herausgeholt werden müßte. Selbst bei Nacht würde ein solches Vorhaben den Sowjets am anderen Ufer nicht verborgen bleiben. Sie würden mit hoher Wahrscheinlichkeit alles aufbieten, um den Deutschen das Unternehmen unmöglich zu machen.
Als ich meinen Vorschlag unterbreite, weiß ich allerdings noch nichts davon, daß der Flugzeugträger gar nicht mehr schwimmt, sondern durch Fluten seiner Unterräume bewußt auf Grund gesetzt worden ist!
Als die Sowjets am 8. März das östliche Südufer des Stettiner Haffs erreicht hatten, befaßte sich auch die Skl. mit dem Schicksal des Flugzeugträgers GRAF ZEPPELIN, das ja verständlicherweise eng mit dem der zur Festung erklärten Stadt Stettin zusammenhängt. Dabei schlug die Seekriegsleitung vor, den Träger bei drohender Feindbesetzung unterhalb von Stettin auf der Oder an geeigneter Stelle des Fahrwassers bis zum Papenwasser zu versenken und so zu zerstören, so daß die Durchfahrt dadurch nachhaltig gesperrt wird.
Das alles erübrigte sich jedoch, als sich am 23. März herausstellte, daß das Schiff nach Herausnehmen wichtiger Maschinenteile an seinem alten Liegeplatz geflutet wurde.
Kapitän Kähler weist daher nun darauf hin, daß ein Wiederheben und Verholen des Schiffes unter Einsatz von Bergungsmitteln und Spezialisten zwar möglich erscheine, jedoch vom Feindverhalten abhängig sei. Immerhin liegt der Träger ja nur 300 bis 400 Meter hinter der Hauptkampflinie (HKL)!
Eine Woche später hat man die Hebung des Schiffes tatsächlich eingeleitet, um es als Blockschiff im Papenwasser oder vor dem Leitholm versenken zu können. Aber am 31. März erweist sich die Hebung des Schiffes als eindeutig unmöglich. Es mußten deshalb andere Sperrmaßnahmen auf der unteren Oder ins Auge gefaßt werden. Dazu gehörte die schon am 30. März durchgeführte Versenkung des dänischen Fischereischutzbootes HENDRIK GERNER bei der Pölitzfahrt-Abzweigung. Auch plante man die Versenkung des Afrikadampfers USAMBARA ostwärts des Kranichwerders am Babbinstrom, und noch weiter nördlich davon des Rumpfes des noch unfertigen Seedienst-Ostpreußen-Neubaus MARIENBURG.
Zur Auslösung dieser Zerstörungs- und Verblockungsmaßnahmen wurde Kapitän Kähler die Befugnis erteilt, den Zeitpunkt im Einvernehmen mit dem Festungskommandanten festzusetzen.
Mein Vorschlag hinsichtlich GRAF ZEPPELIN ist also gegenstandslos geworden. Er wäre es auch durch andere Umstände, die nun plötzlich eingetreten sind: Die Großoffensive an der Oderfront hat begonnen: Stoßrichtung Berlin.

»Seekrieg« auf dem Main

In die wenigen Tage des Abwartens und der »Ruhe vor dem Sturm« fällt noch ein überraschender Besuch: Bei mir meldet sich der Kommandant von AF 128, einem der beiden uns zu Jahresbeginn zugeteilten Neubauten von der Bayerischen Schiffbau-Gesellschaft in Erlenbach am Main, Oberleutnant zur See d.R. Sleko. Wir haben von diesen Booten – außerdem von dessen Schwesterschiff AF 120 (Leutnant zur See d.R. Sanders) – zuletzt in Cuxhaven anläßlich ihrer Indienststellung im Februar/März gehört. Da ihre Überführung rheinabwärts seit der Gewinnung eines Brückenkopfes bei Remagen durch die Amerikaner am 8. März nicht mehr möglich war, habe ich im OKM angeregt, ob nicht ein Transport »über Land« ähnlich wie vorher schon von Fährprähmen durch Frankreich von der Seine in die Saône und weiter ins Mittelmeer möglich wäre. Die Antwort war aber negativ; nicht nur wegen technischer Probleme, sondern auch weil einfach nicht mehr in die Situation passend und durchführbar. Damit mußten wir die Hoffnung auf eine wertvolle Verstärkung der Flottille leider begraben. Beide Boote blieben daher in Süddeutschland und wichen nachher beim Näherkommen der U.S. Army auf dem Main stromaufwärts aus.
Oberleutnant Sleko berichtet interessanterweise, bei Hanau habe am 25. März eine zu niedrige Brücke die Weiterfahrt auf dem Main gestoppt. Etwas später wurde eine vorfühlende Panzerspitze der Amerikaner auf der am Mainufer verlaufenden Straße zu deren Überraschung von einem der beiden 10,5-cm-Geschütze des Artillerieträgers AF 128 unter direkten Beschuß genommen. Mehrere Panzer wurden vernichtet und damit der Vormarsch der amerikanischen Armee an dieser Stelle gestoppt. Die Panzerformation hätte sich gewiß nicht träumen lassen, im bayerischen Mainfranken, tief im Binnenland, durch ein deutsches Kriegsschiff solche Verluste zu erleiden!

Wie in solchen Fällen bei den Amerikanern üblich, forderte ihr verantwortlicher Einheitsführer erst einmal Luftunterstützung zur Ausschaltung des unerwarteten, gefährlichen Gegners an. Der Artillerieträger-Kommandant ahnte wohl, was der Gegner nun im Schilde führte und verholte unter ein »schützendes Dach« – er legte sich unter eine Mainbrücke. Aber es war eine Frage der Zeit, wann diese Brücke gesprengt werden mußte. So war das gleich »ein Abwasch«: Ohne Personalverluste gelang die ohnehin unvermeidlich gewordene Selbstversenkung des Artillerieträgers, indem man einfach die Brücke auf ihn herabfallen ließ. Seine Besatzung schlug sich zur Küste durch, und Oberleutnant Sleko besucht uns nun auf dem Weg zu einem neuen Kommando.
Das Schicksal des zweiten auf dem Main abgeschnittenen Artillerieträgers AF 120 ist ebenfalls bemerkenswert, aber auch tragischer: »Ein Verwaltungszug der Mainzer Schutzpolizei gelangte – sogar unter Mitnahme der Familien – auf einem ›kleinen Kanonenboot‹ (gemeint ist der Artillerieträger, d. Verf.) von Rothenfels bis Zellingen-Retzbach mainaufwärts. Eine gesprengte Brücke, zwar im Wasser liegend, aber zum Teil noch auf den Brückensockeln hängend, versperrte am 26. März den weiteren Weg. Der Main führte zudem noch Niedrigwasser, und der Kommandant versuchte, mit dem Handlot die günstigste Stelle zum Durchfahren zu erkunden. Plötzlich berührte die Kommandobrücke des Bootes den Brückenbogen und schob diesen vom Sockel. Brückentrümmer stürzten auf das Boot, es gab Schwerverletzte. Die Weiterfahrt war gestoppt«.[*]

---

[*]Wörtliche Wiedergabe des Berichtes von Heinz Leiwig in seinem Buch »Finale 1945 Rhein-Main« über die letzten Tage in Mainz vor dem Einmarsch der Amerikaner und die Evakuierung der Behörden und Dienststellen. Das Buch erschien 1985 im Droste-Verlag, Düsseldorf)

Zwangsläufig hatten wir die Ereignisse auf dem Main vor Sletkos Besuch aus den Augen verloren, wir waren mit einer Vielzahl anderer Probleme und eigener Sorgen konfrontiert. Aber jetzt haben wir Klarheit darüber erlangt, daß bereits am 12. März 1945 der Admiralquartiermeister (Skl/QU) in der Lagebesprechung mitgeteilt hatte, daß durch die endgültige Sperrung des Rheins infolge der angelsächsischen Landoffensive nunmehr jene Landungsfahrzeuge, die am Rhein gebaut wurden, für die Kriegsmarine ausfallen.[*]

---

[*]Es handelt sich um je sechs Artillerie-, Minen-MAL und MNL (Marine-Nachschubleichter) mit je 217 Tonnen bei 38,4 Metern Länge, sowie 5,2 Meter Breite, die beiden letztgenannten konstruktiv an die MAL angelehnt, aus neun bahnverladefähigen Sektionen zusammengesetzt, auch flussgängig und mit Bugrampe. Von 32 in Auftrag gegebenen MNL wurden nur zwölf bis März/April 1945 bei Krupp in Rheinhausen fertiggestellt).
Die sechs Artillerieträger sollten an den OB West gegeben werden, da sie möglicherweise auf dem Rhein noch mit Erfolg eingesetzt werden könnten. Für die sechs Minen-MAL und sechs MNL bleibt nur übrig, sie zu zerlegen und über die Autobahn im Landtransport an ihren Bestimmungsort zu expedieren.
Von diesen Überlegungen »höheren Orts« war mir damals weder in Cuxhaven noch später in Kaseburg etwas bekannt geworden ...

Bis zu diesem Zeitpunkt wurden sie nach ihrer Fertigstellung stromabwärts und weiter über die Nordsee bzw. das Wattenmeer ihren Flottillen zugeführt.

In den Spannungstagen angesichts der nun ins Rollen gekommenen sowjetischen Großoffensive kreuzen vier sogenannte Sonderführer, Offiziere mit einem vorläufig verliehenen Dienstgrad, von einer Marine-Propagandakompanie bei uns auf. Ihre Einheit ist in Gotenhafen vor dem Fall der Hafenstadt aufgelöst worden, so daß diese Kriegsberichter nun eine Bleibe suchen. Da sie quasi als »Morgengabe« ein starkes BMW Motorrad mit Beiwagen zu bieten haben, offeriere ich ihnen einen Unterschlupf bei uns, zumal wir genügend Platz an Bord für sie und auch ihr Krad haben, das uns im übrigen vielleicht noch mal von Nutzen sein könnte und zu einer gewissen Motorisierung und damit Beweglichkeit verhilft. Es findet auch Platz auf einem der Vorschiffe und etwas Schutz durch eine Segeltuchplane. Irgendein nicht mehr nachvollziehbarer Hinweis – oder auch eine Empfehlung – von dritter Seite muß die PK-Leute zu uns ins recht abgelegene Kaseburg geschickt haben.
In den Tagen der »Stille vor dem Sturm« müssen zwei Artillerieträger abwechselnd am Südende der Kaiserfahrt nachts sogenannte »Hafftor-Wache« gehen. Neben dem im Westen vorgelagerten Flachwassergebiet Woitziger Haken schieben sich die beiden Molen des Kaiserfahrtausgangs ins Stettiner Haff vor, überragt von zwei Torfeuern als deutliche Markierung. Die Heeresführung ist besorgt, daß die Sowjets übers Haff Landungsversuche aus dem Raum Köpitz unternehmen und vielleicht sogar an der Südküste von Usedom, am Kleinen Haff, Fuß fassen könnten. Sie könnten von solchen Brückenköpfen aus die weiterhin feste deutsche Verteidigung des Wolliner Dievenow-Ufers von hinten bedrohen.
Diese Besorgnis der Heeresoffiziere nehme ich nicht auf die leichte Schulter, denn ich habe ähnliche »überholende Landungen« der Sowjets 1943 bei der Räumung des

Kuban-Brückenkopfes miterlebt, zum Beispiel westlich von Anapa auf der Halbinsel Taman.
Die beiden Artillerieträger liegen also nächtens bei den Kaiserfahrt-Torfeuern vor Anker in Sofortbereitschaft und kehren mit Hellwerden wieder nach Kaseburg zurück.
Am 19. April werde ich zu einer Lagebesprechung der Flottillenchefs zum Admiral westliche Ostsee nach Ahlbeck bestellt. Dabei geht es um die Rolle der Marine bei der Verteidigung von Usedom und Wollin mit dem weiterhin wichtigen Hafen Swinemünde als Relaisstation zu den deutschen Brückenköpfen weiter östlich – auf Hela, in der Weichselniederung und in Kurland. Die überragende Rolle von Swinemünde bei der Versorgung dieser Brückenköpfe ist schon geographisch bedingt, denn von Swinemünde aus ergeben sich die kürzesten Seedistanzen dorthin. Das ist umgekehrt auch der Grund für die Tatsache, daß Swinemünde zum wichtigsten aller Anlandungshäfen für Flüchtlinge aus den Räumen Ost- und Westpreußen sowie Hinterpommern wurde.
Bis zum 17. April wurden dort nicht weniger als 579 000 Menschen von den Transportern und Lazarettschiffen an Land gesetzt, um zumeist per Bahn westwärts weiterzureisen. Und zur Zeit kommen noch immer neue Flüchtlinge in die Hafenstadt, teils über See, zum Teil auch noch übers Stettiner Haff aus den bedrohten, noch nicht vom Gegner besetzten Örtlichkeiten der unteren Oder.
Für den Admiral westliche Ostsee ist klar, welche Bedeutung die Feuerunterstützung des Heeres bei den Abwehrkämpfen beiderseits von Wollin durch Landzielbeschuß von seiten der Artillerieträger erlangen kann, wie das ja schon im März bei den Einsätzen der 5. A-Flottille auf der Dievenow der Fall war.
Mit dem Angriff der Sowjets am 20. April auch südlich von Stettin entsteht eine brisante neue Situation, denn die Rote Armee hat mit großem Munitions- und Materialeinsatz Brückenköpfe auf dem linken Oderufer bilden können. Das konnte bei hin- und herwogenden harten Kämpfen nicht verhindert werden.
Jetzt zeichnet sich immer deutlicher ab, welche Gefahr damit auch für Usedom besteht. Kurz über lang wird der Gegner zum Peenestrom vordringen, der diese zweitgrößte deutsche Insel vom Festland trennt und der damit zur neuen, zweiten Frontlinie der Festung Swinemünde mit den Kampfräumen Wollin–Usedom werden dürfte.

Kein »Vorbeimogeln« mehr

Und ich werde auch mit der Tatsache konfrontiert, daß meiner Flottille außerdem noch weitere Stettin-Einsätze bevorstehen. Sie werden immer schwieriger sein. Man gibt uns unverblümt zu verstehen, daß beim Einlaufen in die untere Oder jetzt ganz besondere Vorsicht geboten sei. In einer der letzten Nächte seien dort deutsche Vorposten auf einem der vor Pölitz liegenden Werder von sowjetischen Stoßtrupps ausgeschaltet worden. Es wird uns künftig nicht viel nützen, uns durch Nebenarme der unteren Oder am sowjetisch besetzten rechten Oderufer vorbeimogeln zu wollen.
Und mir wird bewußt, daß wir uns auf den schwerbewaffneten A-Trägern gegen handstreichartige Enterversuche eigentlich kaum richtig wehren können. Was nützen uns respektable Geschützkaliber, wenn die erforderlichen Nahkampfwaffen wie Maschinenpistolen und Handgranaten fehlen! Auch die MK auf dem »Balkon« hinter dem Ruderhaus haben ja nur ein begrenztes Schußfeld! Es gibt also eine neue Form von Bedrohung, an die wir bisher kaum gedacht und für die wir keine Gegenmaßnahmen eingeleitet haben. Wie gering ist unser Freibord, wie leicht können wir durch ganze Rudel plötzlich aus dem Schilf hervorbrechender Sturmboote angefallen und geentert werden!
Kapitän zur See Rieve spricht mir zwar jene »Fortüne« zu, die sich der Alte Fritz von allen seinen Offizieren im Krieg gewünscht hat. Ich stelle freilich in Zweifel, daß »Fortüne« allein genügt und gebe das Rieve auch zu verstehen.
Und so ist es bezeichnend, daß unser nächster Einsatzbefehl für die Nacht vom 21. auf den 22. April zum Durchbruch nach Stettin mit dem Vermerk verbunden wird, eine *unnötige Gefährdung* unserer Boote sei zu *vermeiden*, weil sie weiter zur Verfügung stehen müßten …
Bei Telefonaten vor dem Ablegen erfahre ich aus dem Lagezimmer, daß diesmal kein Schwimmdock zum Abschleppen anstünde, sondern daß mehrere kleinere Objekte herauszuholen seien.
Bei Einbruch der Dunkelheit verlassen wir »wie gehabt« mit vier A-Trägern und einer Reihe von Schleppern unseren Kaseburger Hafen mit Kurs Süd. Aber die Dämmerung läßt sich diesmal allzu viel Zeit, die Nacht bleibt ungewöhnlich hell. Ich kann unseren doch recht langgestreckten Verband bis zum Schlußschiff überblicken. Das ist kein gutes Zeichen. Bei solchen Sichtverhältnissen scheidet jedes Überraschungsmoment aus, der Gegner kann sich beizeiten auf einen heißen Empfang derer vorbereiten, die ihm ins offene Messer laufen.
Nach intensivem Abwägen von Für und Wider, gemeinsam mit dem Kommandanten des Führerbootes, fasse ich den Entschluß, das Unternehmen abzubrechen und auf Gegenkurs zu gehen, solange das im Papenwasser die Breite des Fahrwassers noch zuläßt. Weiter stromaufwärts würde ein Drehen unserer

schwerfälligen »Panzerkreuzer« nur mit mühseligen Vor- und Rückwärts-Umsteuerungen unserer Motoren möglich. Dabei böten wir eine besonders gute Zielscheibe, zumal die Manöver auch nicht zu überhören sind. Und Leuchtkugeln aus der Gegend um Köpitz sowie nervöse MG-Salven vom Ufer zeigen uns, daß die Sowjets unseren Verband erkannt haben und sich auf dessen Bekämpfung während des kompliziertesten Teils der Fahrt beizeiten vorbereiten dürften. Wir laufen also ohne Zwischenfälle nach Kaseburg zurück. Meine Rückmeldung im Lagezimmer beim Seeko und die Begründung meines Umkehrens werden anstandslos und ohne weitere Fragen oder gar Vorwürfe entgegengenommen.
Nicht einzuordnen sind allerdings im Zusammenhang mit diesen Oder-Durchbrüchen Aufzeichnungen im KTB der Skl, die nicht mit den Unterlagen unserer Flottille sowie persönlichen Aufzeichnungen übereinstimmen. So ist in der »Lage« vom 22. April, 8.00 Uhr, aufgeführt u. a., daß der Durchbruch eines Geleits von vier AF mit zwei Kohlen- und drei Getreidekähnen in der Nacht zum 20. April von Stettin nach Swinemünde starke Feindtätigkeit auslöste. Bei Feuerüberfällen auf Sowjet-Stellungen längs der Oder von Langenberg bis Krampe drei Flächenbrände. Ein Großverband und Muni-Lager Langenberg explodiert. Gegner schoß mit Infanterie-Waffen und etwa 20 Pak. Erstmalig russische Einzelraketenwerfer beobachtet. AF 104 zwei leichte Unterwassertreffer. Absicht Nacht zum 21. April: Fünf Schlepper, ein Kahn und vier AF Swinemünde–Stettin. Dabei Kampfauftrag Feuerunterstützung Heeresunternehmen zur Säuberung Nordteil Schmaler Werder. Durchbruch Schlepper erstmalig wegen Feindlage nicht gelungen. Führerboot mit Chef 5. A-Flottille in Einfahrt Enge Streve durch Maschinenschaden ausgefallen und quergeschlagen, treibt ohne Ruderwirkung im Bereich heftigen Feindbeschusses im Raum Krampe. Bei Abschleppversuch AF 81 Treffer 8,8-cm in und unter Wasserlinie. Mehrere Verwundete. Weitere Durchführung Unternehmen wegen zu großem Zeitverlust nicht mehr möglich.
Und am 23. heißt es: »Bisher noch nicht gelungen, schwachen Feind im Nordteil Schmaler Werder zu vernichten. In Nacht zum 22. Artillerie-Einsatz der AF zur Beseitigung gelandeten Feindes zusammen mit Heer beabsichtigt.« Weiter am 24.: »Auf Schmalenwerder gelandeter Feind auch im Nordteil durch Gegenangriffe zusammengedrängt. An Haff- und Dievenow-Front ruhiges Feindverhalten.« Dann am 25.: »Abschleppaufgaben Stettin–Swinemünde infolge verstärkter Feindabwehr und ungünstiger Mondphase eingestellt. Möglichkeit Abschleppens Kohle und wichtiger Lebensmittel von Stettin nach Eintreten günstiger Mondphase erneut geprüft.«
Nicht zusammen paßt dabei die Erwähnung vom zu unserer Flottille gehörenden AF 104 beim Einsatz vom 19. zum 20. April, da *keine* Boote der 8. A-Flottille im Einsatz waren und von einem Treffer auf AF 104 dabei nichts bekannt ist. Allerdings hat nur dieses Boot schon in der Nacht zum 14. April beim Rückmarsch mit Dock XXI einen Treffer erhalten, den einzigen überhaupt während aller unserer Oder-Einsätze! Möglicherweise handelt es sich bei der Skl-Lage um eine verspätete Durchgabe dieses Einsatzes.
Aber auch der nächste Einsatz zum 21. April ist mysteriös, da wir, die »8. A«, in dieser Nacht nach Stettin sollten, ich aber wegen zu großer Helligkeit durch Mondschein im Papenwasser kehrtgemacht habe. Und danach sind nach unseren Beobachtungen von Kaseburg aus keine A-Träger mehr nach Stettin gelaufen … Auch wäre es absurd, in der gleichen Nacht auch noch die 5. A auf die Oder zu schicken.
Uns ist nach der Rückkehr noch eine kurze Galgenfrist gegeben, die einige Boote für längst fällige, kleinere Reparaturen bei der Klotzwerft nutzen. Ich selbst ergreife die Gelegenheit zum Aufarbeiten des Papierkrieges beim Unterstab in Ahlbeck und zum Kurzbesuch beim Seeko zwecks näherer Unterrichtung über die sich ringsum entwickelnde, »wenig schöne« Lage.
Und jetzt sehe ich es in aller Deutlichkeit mit eigenen Augen: Die Verbände der 2. Weißrussischen Front unter Marschall Rokossowski haben in unaufhörlichem, von Fliegern und Panzern massiv unterstützten Angriff ihre am 20. April gebildeten Brückenköpfe am Westufer der Oder zwischen Stettin und Schwedt ständig, wenn auch nur langsam, erweitern können und stehen seit dem 22. April auch am Südrand der pommerschen Landeshauptstadt Stettin.
Auch weiter südlich haben die Sowjets der 1. Weißrussischen Front unter Marschall Schukow im Rahmen ihrer Berlin-Offensive mit Spitzen den Raum Oranienburg erreicht. Damit beginnt sich im Norden von Berlin eine Umfassung der Reichshauptstadt abzuzeichnen, was natürlich die volle Aufmerksamkeit des Oberkommandos der Wehrmacht zur Folge hat und zum Abzug weiterer Kräfte von der immer noch so genannten Heeresgruppe Weichsel bzw. ihrer 3. Panzerarmee zur Entlastung Berlins führt.
Am 24. April gelingt den Sowjets der befürchtete Frontdurchbruch durch die Randow-Stellung südwestlich von Stettin mit Stoßrichtung auf die Mecklenburgische Seenplatte. Damit vollzieht sich erkennbar die vollständige Umfassung und endgültige Einschließung Stettins. Wegen der in der »Festung« unzureichenden Verteidigungskräfte und -möglichkeiten wird am 25. April nachmittags die Räumung und Aufgabe der Stadt für den nächsten Tag befohlen. Zur gleichen Zeit ist auch die Einschließung Berlins vollendet. Hitler erklärte

kurz zuvor, die Stadt nicht verlassen zu wollen.
Da mittlerweile auch die Amerikaner und die Russen bei Torgau zusammengetroffen und der Nord- und der Südraum der vom Gegner noch unbesetzten Teile Deutschlands damit voneinander abgeschnürt sind, ernennt Hitler den Oberbefehlshaber der Marine, Großadmiral Dönitz, zum Oberbefehlshaber in Norddeutschland, während sich Reichsmarschall Göring in die vornehmlich auf dem Papier stehende »Alpenfestung« und damit nach Süddeutschland abgesetzt hat.
Die Räumung Stettins soll so durchgeführt werden, daß seine Besatzung am 26. April in Richtung Pasewalk–Anklam abzuziehen hat. Am Vorabend läßt Kapitän zur See Kähler den Flugzeugträger GRAF ZEPPELIN durch Sprengung von Wasserbomben im Bereich der Maschinenanlage weitmöglich unbrauchbar machen und die beschädigt in Stettin zurückgebliebenen Frachter HANNA CORDS, FRIEDRICH GEISS, RUHR, ROSE und VIADRA sowie verschiedene kleinere Fahrzeuge als Blockschiffe vor den einzelnen Hafenbecken versenken und die Verladeanlagen sprengen.
Von der Zivilbevölkerung bleiben etwa 10 000 Menschen in der Geisterstadt zurück, während sich am 26. April die Heereseinheiten der Festung ebenso wie die Korpsgruppe unter Oberst von Ledebur aus dem Raum Pölitz, unter Bildung immer neuer Sperriegel, in Etappen südlich des Haffs zur Peene zurückziehen. Dort soll eine neue »Anklam-Stellung« zum Aufhalten des Gegners gebildet werden.
Wie in vielen ähnlichen Fällen schon vorher hilft auch jetzt bei der Räumung von Plätzen wie Ueckermünde und Neuwarp die sogenannte Haff-Kampfgruppe unter Oberleutnant zur See Adolf Elf – dieses Familiennamens wegen im Jargon der Truppe »Kampfgruppe 11« genannt, ausgestattet mit Flugsicherungsbooten, Zollkreuzern, Polizeibooten, Motorjachten und Kuttern.
Schon Wochen vorher hat man als Reaktion auf das Näherrücken der Roten Armee den »Verteidigungsbereich Swinemünde« unter Generalleutnant Ansat gebildet und rechtzeitig erste Maßnahmen zur Sicherung vor allem des besonders bedrohten Dievenow-Ufers auf der Insel Wollin, aber auch des auf der Seeseite der Dievenow-Mündung immer noch existenten Brückenkopfes Berg Dievenow getroffen.
Dazu gehörte auch der Ausbau einer Verteidigungs- sowie einer Auffangstellung für Alarm-Einheiten, die als Festungs-Regimenter aus dem Personal der Waffenschulen und der Besatzungen stillgelegter oder versenkter Schiffe gebildet werden sollten. Natürlich sind auch die vorhandenen Batterien der Marine-Artillerie längs der Küste fest in die Abwehrpläne einbezogen. Dazu gehören die drei weitreichenden 17-cm-Geschütze der »Plantagen-Batterie« bei Ostwine, die auch schon im März in die Kämpfe an der Dievenow-Front eingegriffen hat und die auch im Endkampf einsetzbaren großkalibrigen Geschütze der Marine-Flakabteilungen sowie die 28-cm- und 15-cm-Geschütze der auf Grund liegenden LÜTZOW. Die Artillerieträger der beiden A-Flottillen kommen als mobile Einheiten hinzu. Insgesamt halten sich im Verteidigungsbereich rund 30 000 Soldaten auf. Darunter befinden sich freilich viele junge, kaum ausgebildete und weitgehend im Landkampf unerfahrene Marineangehörige.
Als ich vom 25. zum 26. April beim U-Stab in Ahlbeck nächtige, erlebe ich aus nächster Nähe einen recht heftigen Luftangriff der Sowjets auf Swinemünde mit. Bei der darauffolgenden Morgenlage reagieren unsere Befehlshaber mit einiger Aktivität. Das Heer versucht zwischen Vorpommern und Mecklenburg eine die Städte Stralsund, Rostock und Wismar schützende, an das natürliche Hindernis der Peene angelehnte Verteidigungsstellung aufzubauen, die bereits erwähnte »Anklam-Stellung«. Zu ihrer Unterstützung wird jetzt die 8. A-Flottille aus Kaseburg wegverlegt. Da auch der Peenestrom und der Greifswalder Bodden von ihr zu schützen sind, denkt man zunächst daran, den kleinen Vorhafen Greifswald-Wiek als unseren neuen Stützpunkt zu nutzen. Er wird allerdings dazu erst von einem unserer Offiziere erkundet werden müssen.
Die Verlegung unserer Flottille hat noch einen zweiten Hintergrund. Es handelt sich um die vom Wehrmacht-Führungsstab unter Generaloberst Jodl verfügte vorsorgliche Einleitung einer stufenweise vorzunehmenden Räumung des Verteidigungsbereichs samt Aufgabe des Brückenkopfes Dievenow-Berg, der Inseln Wollin und Usedom. Sie ist bereits im Stab von Generalleutnant Ansat unter dem Decknamen »Knobelbecher« ausgearbeitet worden. Sie soll binnen sechs bis acht Tagen nach Erteilen des Stichworts abgewickelt werden.
Gleich am Morgen nach meiner Teilnahme an der Morgenlage in Ahlbeck kann ich meine Offiziere unter strikter Geheimhaltung über die jüngste Entwicklung informieren. Ich verbinde das mit der Auflage, sich sofort Gedanken über die erneute Verlegung des U-Stabes zu machen, damit bei eventuellem Eingang des Räumungs-Stichwortes dessen Abmarsch sichergestellt wird. Die Verladung auf unsere Boote sowie auf das Werkstattschiff dürfte auch dabei schnell und reibungslos möglich sein und damit die beste Methode darstellen.
Vom MOK Ost in Kiel liegt eine Mitteilung vor, daß der 8. A-Flottille die beiden Marine-Artillerie-Leichter MAL 37 und MAL 38 sowie – von der Sperrschule in Sonderburg – die beiden älteren Räumboote R 21 und R 22 zugeteilt und nach Swinemünde in Marsch gesetzt werden. Diese Verstärkung können wir gut gebrauchen, sind mir doch die von

uns als »Malchen« titulierten MAL mit der starken Bewaffnung von gemeinsamen Schwarzmeer-Einsätzen her gut bekannt.

Aber Theorie und Praxis sind bei der jetzigen Kriegslage doch zweierlei: MAL 37 erweist sich recht bald als »Karteileiche«, denn das Boot ist bereits am 6. März beim Luftangriff auf Sassnitz südlich des dortigen Hafens versenkt worden!

Bis auf den Koch, der nicht mehr aus den Räumen herauskommen konnte, vermochten sich alle Besatzungsmitglieder einschließlich des Kommandanten, Leutnant zur See Dörr, schwimmend zu retten. Das Schwesterboot MAL 38 hatte mehr Glück, es überstand den Luftangriff.

Beide Boote wurden von der Klotzwerft in Swinemünde erbaut, ihre Besatzungen aus der Personalreserve zusammengestellt. Nach dem Einbau von Minenschienen in Stettin fand dann im Dezember 1944 in den Gewässern vor Swinemünde die erste Minenwurf-Erprobung statt. Beim Luftangriff vom 6. März 1945 auf Sassnitz befanden sich die beiden Boote auf dem »Marsch« zum Sperrwaffen-Erprobungskommando Kalundborg, Sassnitz war also nur angelaufener Zwischenhafen. Nach dem Verlust des Schwesterbootes wurde MAL 38 für längere Zeit für Verwundete eingesetzt, die von Transportern auf Sassnitz-Reede zum Lazarettzug-Weitertransport in die Stadt Sassnitz verbracht werden mußten. Der Marschbefehl für Kalundborg war gegenstandslos geworden. Eine Zeitlang wurde MAL 38, wie mir sein Kommandant, Leutnant zur See d.R. Kurt Block, berichtete, auch für Verwundetentransporte von der Ostfront nach Lauterbach/Rügen eingesetzt, bevor nun der neue Marschbefehl zu meiner Flottille aktuell wurde. In Kaseburg kann ich das Boot noch persönlich begrüßen, während wir auf die beiden angekündigten Räumboote R 21 und R 22 leider vergeblich warten. Sie kommen nie bei uns an.

Mein Crewkamerad Herbert Lohmann wird am 26. April als neuer Flottillenchef der 5. A-Flottille »vorgestellt«, die er aber nach Absprache mit seinem Vorgänger Cordes im Hinblick auf die Lage nicht mehr übernimmt.

Konteradmiral Schubert, der Admiral westliche Ostsee, sperrt bereits jetzt den Hafen von Swinemünde für das Anlaufen von Flüchtlingsschiffen aus dem Osten. Sie werden nach Westen oder nach Dänemark weitergeleitet. Zugleich werden in Zusammenarbeit mit dem Seeko Schiffsraum und Spezialgerät für den etwaigen Abtransport der Heeresverbände aus dem Verteidigungsbereich bereitgestellt. Es ist abzusehen, daß eine solche »Ablandung« nachher nicht nur über die Hafenanlagen vorgenommen werden kann, sondern an mehreren Stellen vom offenen Strand aus erfolgen muß.

Die warnenden Anzeichen für die beabsichtigte Ausschaltung Swinemündes durch die Sowjets sind unverkennbar. In der Nacht zum 27. April fliegen sie von 3.30 Uhr bis 4.30 Uhr einen weiteren, ungewohnt heftigen Luftangriff auf die Stadt. Die A-Träger in Kaseburg bleiben dabei unversehrt, aber sie erleben eine unangenehme Nacht. Gemäß Vorschrift sind sie beim Fliegeralarm sofort ausgelaufen und haben sich auf die recht breite, nahegelegene Alte Swine verteilt. Dort werden sie ganz unerwartet mit überraschend vielen Bombeneinschlägen in nächster Nähe bedacht. Kein Mensch hat uns klargemacht, daß man auf der Alten Swine – außerhalb der Swinemünder Hafenanlagen eine Scheinanlage eingerichtet hat, die u. a. mit blinkenden Lichtern den Bombenschützen lohnende Ziele vortäuschen soll! Das ist in dieser Nacht voll gelungen, doch zum Leidwesen der Boote meiner Flottille! Aber die ernste Lage an der Heeresfront ist wichtiger als dieser Vorfall aufgrund einer Informationspanne.*

Natürlich sind uns exakte Vergleichszahlen für die Stärkeverhältnisse auf der deutschen und sowjetischen Seite noch nicht bekannt. Aber wir

*Der Historiker Dr. Axel Klätte, gebürtiger Anklamer, berichtet in seiner 1990 herausgegebenen Broschüre »Die Kampfhandlungen in Vorpommern und Mecklenburg«, nach Auswertung sowjetischer Quellen, dass die deutsche 3. Panzerarmee über das XXXXVI. Panzerkorps, das XXXII. Armeekorps und das Oderkorps mit nur neun Verbänden, auf die noch die Bezeichnung »Division« zutraf, verfügte. Grosse Teile ihrer Reserveverbände, vor allem SS-Einheiten, wurden ihr nach Beginn der Offensive gegen Berlin entzogen. Die Personalstärke der 3. Panzerarmee, zu der auch die 1. und die 3. Marine-Infanterie-Division gehörten, wird mit etwa 105 000 Mann angegeben. Dazu kamen 224 Panzer und Sturmgeschütze, 1 850 Geschütze und Granatwerfer, ferner Teile der 1. Fliegerdivision, deren Maschinen aber grossenteils wegen Kraftstoffmangels nicht fliegen konnten!
Demgegenüber konnte die 2. Belorussische Front 314 000 Mann, 6 712 Geschütze und Granatwerfer sowie 951 Panzer und Selbstfahrlafetten zum Einsatz bringen, die von der 4. Luftarmee mit 1 368 Kampfflugzeugen unterstützt wurden. Die sowjetischen Bodenkräfte verteilten sich auf die 2. Stossarmee mit sechs Divisionen, die 65. Armee mit neun Divisionen und das 1. Garde-Panzerkorps, die 70. Armee mit neun Schützendivisionen und dem 3. Garde-Panzerkorps, die 49. Armee mit acht mechanisierten Korps und die 19. Armee mit vier Divisionen (die ab 25. April zur 2. Stossarmee trat). Insgesamt standen den Deutschen 33 Schützen- und mehrere Panzerdivisionen gegenüber.

wissen sehr wohl, daß jetzt »der Helm noch fester geschnallt werden« muß. Denn dieser Tatsachen sind wir uns nach der neuesten Lageauswertung bewußt:
Mit zwei frischen Korps der bislang zurückgehaltenen 2. Stoßarmee dringen die Sowjets mit anhaltender Wucht recht schnell in Richtung Pasewalk und Prenzlau vor, was logischerweise zum Überflügeln der »Anklam-Stellung« im Westen führen muß.
Auf deutscher Seite stehen den Russen nur noch überwiegend abgekämpfte Einheiten gegenüber, die größtenteils auch noch ihre schweren Waffen eingebüßt haben. Und weil sich damit auch die Gefahr des Abschneidens von Usedom/Wollin abzeichnet, soll nun stufenweise die Räumung Swinemündes vorbereitet und realisiert werden.
Der am Tage vor dem Angriff von Marschall Rokossowski an seine Truppen erlassene Kampfaufruf kann als ein interessantes Dokument gewertet werden, das den von der Stalin-Zeit geprägten Geist und Haß wiedergibt: »Tödlich verwundet hat sich die faschistische Bestie blutend in die Tiefe ihrer Höhle zurückgezogen. In dieser Stunde müßt ihr eure gesamte Kampfkraft, euren ganzen Haß gegen die deutschen Unholde einsetzen. Gebt den faschistischen Henkern den Todesstoß! Schreitet vorwärts wie Recken, sowjetische Helden. Auf euch wartet der Sieg! Unter dem Banner Lenins und Stalins, unter der Führung Stalins vorwärts zur endgültigen Vernichtung des Feindes! Tod den deutschen Eroberern!«

Neue Front am Peenestrom

Noch am 27. April erhält die 8. A-Flottille den erwarteten Befehl zur Verlegung in Richtung Greifswalder Bodden, als erste Etappe auf der Fahrt dorthin vorerst bis Wolgast. Dort sollen die Artillerieträger dem Heer Feuerunterstützung geben, wenn sie angefordert wird. Auch sollen die Boote die Westküste der Insel Usedom vor etwaigen Übersetzversuchen der Sowjets über den Peenestrom und etwaigen Landungen auf der Insel schützen. Dafür ist die Gruppe Bartelt mit AF 106, 104, 107 sowie AF 109 vorgesehen, während AF 100 und AF 102 unter Oberleutnant Stephan in Kaseburg als Bereitschaft und eventuelle »Feuerwehr« für unvorhergesehene Ereignisse an den Küsten und Ufern von Wollin und Usedom, in diesem Fall vom Stettiner Haff her, verbleiben. Nach wie vor muß ja mit Übersetzversuchen auch dort gerechnet werden. Ich selbst werde zur Koordinierung der Einsätze vorerst vom Seeko einbehalten, der mit seinem Stab auf entsprechende A-Träger-Fachberatung angewiesen ist. Ich folge der Flottille erst nach, sobald es die Lage erlaubt bzw. erfordert.
Übrigens gibt es jetzt wieder »Arbeit« auch für die 5. A-Flottille, weil die Sowjets in den letzten Tagen an der Dievenow-Front ebenfalls wieder aktiv geworden sind. Sie greifen erneut die immer noch von den Deutschen gehaltene Insel Gristow an, die sie nach langem Ringen am 27. April auch besetzen können. Jetzt ist im Bereich der Dievenow-Mündung wieder die Artillerie der 5. A-Flottille gefragt. Die A-Träger müssen durch Landzielbeschuß dem kämpfenden Heer Feuerunterstützung geben. Der Ausfall der Schlüsselstellung Gristow macht das notwendig.
Meinen eigenen Kommandanten gebe ich vor dem Auslaufen aus Kaseburg genaue Einweisung. Und dabei trifft ein zusätzlicher Befehl vom Seeko ein: Die Gruppe Bartelt soll nach dem Verlassen der Kaiserfahrt zunächst die beiden südlichen Brücken über den Peenestrom bei Karnin und Zecherin sichern, vor allem gegen

Die drei Usedom-Brücken

Die drei die Insel Usedom mit dem vorpommerschen Festland verbindenden, für ihre Versorgung sowie Wirtschaft bis hin zum Fremdenverkehr lebenswichtigen Brücken gewannen in den letzten Wochen des Krieges auch noch eine strategische Bedeutung beim Vordringen der Roten Armee und wurden dadurch noch »militärische Objekte«. Jüngste von ihnen ist die nördlichste bei Wolgast, die im Juni 1934 fertiggestellt werden konnte. Bei 250 Metern Länge lag sie sechs Meter über der Wasseroberfläche und verfügte in der Mitte über eine 130 Tonnen schwere, 18 Meter lange Klappe, die in eineinhalb Minuten elektrisch geöffnet werden konnte. Als Reserve diente ein Dieselmotor, doch ließ sich die Klappe auch im Handbetrieb von sechs Mann (in dann allerdings 50 Minuten) öffnen. Vorher hatte es hier schon seit der Zeit der Pommern-Herzöge Fährverbindungen gegeben. Durch den Verkauf von Peenemünde erhielt Wolgast 1933 endlich die Mittel zum Bau der Brücke, die schon seit Ende der zwanziger Jahre durch den zunehmenden Verkehr mit der Insel Usedom immer dringlicher geworden war.
Die gleichen Gründe hatten einige Jahre vorher auch zum Bau der Zecheriner Straßenbrücke geführt, was sich auch in ihrem Namen »Usedomer Bäderbrücke« widerspiegelte. Auch sie ersetzte bis 1280 zurückzuverfolgende Fähren zur Verbindung von Landstraßen auf beiden Seiten des Peenestroms. Diese aus fünf je 60 Meter langen Unterbauten bestehende Brücke konnte im Mai 1931 für den Verkehr freigegeben werden. Ihre Klappen-Öffnung in der Mitte be- ➤

trug 20 Meter. Auch diese Brücke konnte bei Bedarf manuell geöffnet werden.
Das jüngste, technisch interessanteste Verbindungsbauwerk zwischen dem Festland und der Insel Usedom war die etwas weiter südlich, zum Stettiner Haff hin gelegene Karniner Eisenbahnbrücke. Ihre Vorgängerin machte schon 1876 die Inbetriebnahme der bei Ducherow von der Strecke Berlin–Anklam–Stralsund abzweigenden Bahnverbindung nach Swinemünde möglich. Die vor Karnin 500 Meter breite Peene war vorher durch Dämme auf beiden Seiten auf 360 Meter eingeengt worden. Die gleich lange Brücke verfügte über ein drehbares Mittelstück und war bereits vorsorglich für den späteren zweigleisigen Verkehr ausgelegt. Für den Bau dieser neuen, über Swinemünde bis nach Heringsdorf weitergeführten Strecke spielten auch militärische Gründe mit Blick auf den Kriegshafen Swinemünde eine Rolle. 1911 wurde die Strecke auf Usedom weiter nach Norden bis zur Endstation »Wolgast-Fähre«, gegenüber der Stadt Wolgast neben der Straßenbrücke, verlängert.
Ende der zwanziger Jahre erforderten die rasch weiter wachsenden Verkehrsanforderungen und die Entwicklungen im Bahnwesen den Bau einer leistungsfähigeren Karniner Brücke. Für sie wurde eine ganz andere technische Lösung mit einem wie ein Fahrstuhl anhebbaren Mittelstück mit einer Durchfahrthöhe von 28 Metern für das Passieren von Schiffen gewählt. Es handelte sich im Prinzip um eine Hubbrücke, wie es sie auch in Hamburg und in den Niederlanden gab.
Die neue Brücke wurde ohne Unterbrechung des laufenden Verkehrs errichtet und Ende 1933 fertiggestellt. In ihrem 38 Meter hohen Mittelteil konnte das anhebbare Mittelstück mit Hilfe von Motoren und Gegengewichten für eine Durchfahrtbreite von 15,6 Meter hochgefahren werden. Es gab für jedes Gleis einen eigenen Hubteil, doch wurden im Normalbetrieb beide gekuppelt und gemeinsam bewegt. Die Hub- bzw. Senkzeit der je 134 Tonnen schweren Fahrbahnen, die jetzt von D-Zügen mit 100 km/h statt vorher mit 45 km/h passiert werden konnten, betrug zwei Minuten.
Die Karniner Brücke gilt auch heute noch als technische Meisterleistung und ist außerdem zu einem in der Landschaft imposanten Bauwerk geworden, was auch heute noch – nach der Sprengung ihrer Seitenteile am 29. April 1945 – für den hochragenden Mittelteil mitsamt den beiden in Hochstellung blockierten Hubteile zutrifft. Dieser Torso steht unter Denkmalschutz. Während die beiden anderen Straßenbrücken nach dem Kriege wiederhergestellt wurden – die Wolgaster 1997 noch einmal in nun vergrößerter Form – war das für die Karniner Brücke trotz weitgestreuter Bemühungen und wirtschaftlicher Begründungen bisher noch nicht möglich.

etwaige Luftangriffe der Sowjets. Über diese Brücken strömen aus den Räumen Stettin und Ueckermünde zurückgehende Heeresverbände auf die Insel Usedom, weil ihnen nunmehr der weitere Rückzug auf dem Festland verlegt ist. Dazu gehört in erster Linie die Divisionsgruppe unter Oberst von Ledebur, die schon vor einiger Zeit von der Dievenow über die Insel Wollin und von dort aus mit Hilfe der Marine übers Stettiner Haff in den Raum Pölitz zur Sicherung des dortigen Hydrierwerks gelangt war und sich nun auf die »Anklam-Stellung« zurückziehen wollte, was aber nicht mehr gelang. Die vier Boote der Gruppe Bartelt verlassen Kaseburg nach Einbruch der Dunkelheit gegen 23.00 Uhr und laufen durch das Haff westwärts zur Peene, wo sie gegen 5.00 Uhr eintreffen. AF 106 und AF 104 übernehmen den Flak-Schutz der Eisenbahn-Hubbrücke Karnin, AF 107 und AF 109 den für die etwas nördlichere sogenannte »Bäder-Brücke« Zecherin, eine normale Straßenbrücke. Über beide Bauwerke ziehen sich bereits Heereseinheiten zurück, »zumeist ohne Waffen und mit Panjewagen«, wie der Kommandant AF 109, Leutnant Gerecke, beobachtet. Hier verläuft der Sonnabend, der 28. April, noch ohne Feindberührung und »ohne besondere Vorkommnisse«.
In den Lage-Meldungen des Heeres ist erstmalig von »Auflösungserscheinungen in der Truppe« die Rede.
An diesem 28. April verlegt die Heeresgruppe Weichsel ihr Stabsquartier weiter zurück nach Güstrow.
Daneben entspannt sich ein heftiger Streit zwischen Jodl und Heinrici. Während Letzterer jetzt auch Swinemünde räumen will, um die dortigen Soldaten zu retten, lehnt Keitel das vorerst strikt ab. Heinrici hatte bereits am 25. April Dönitz zur »Auflockerung« in Swinemünde geraten, da der Bereich durch das Vordringen der Sowjets gefährdet sei. Dönitz will aber die Lage noch abwarten und Swinemünde als von der Marine dringend benötigten Hafen so lange wie möglich nutzen. Diese Zwistigkeit führt am 28. April kurz vor Mitternacht zur Absetzung von Heinrici durch Keitel. Als seinen Nachfolger bestimmt er General von Manteuffel, der aber in Anbetracht der Lage nicht die Führung seiner 5. Panzerarmee abgeben kann, so daß General von Tippelskirch mit der Führung der Heeresgruppe beauftragt wird, bis Generaloberst Student, bisher Oberbefehlshaber der 1. Fallschirmjäger-Armee in Nordwestdeutschland, eingetroffen ist. Auch die »Große Lage« am Vormittag des 28. April beim Seekommandanten in Ahlbeck steht entsprechend der allgemeinen militärischen Entwicklung im Zeichen wichtiger

Entscheidungen. So erfahren wir, daß der Admiral Westliche Ostsee dem MOK Ost in Kiel den Verzicht auf Swinemünde als Basis und Zwischenstation für Flüchtlingstransporte sowie Versorgungsfahrten nach Hela und Kurland und für Seestreitkräfte wegen der zu Ende gehenden Einsätze zur Unterstützung des Heeres von See aus gemeldet hat, da ein anderer Ablauf dieser Aufgaben geregelt werden konnte. Das hat für den Seeko zur Folge, daß auch er in seinem Bereich die vorbereiteten Maßnahmen zur Evakuierung des Verteidigungsbereiches Swinemünde auf Wollin und Usedom anlaufen läßt.

Brückensprengung nur nach Vorgabe

Als der Berichterstatter des Heeres nach der Darstellung der jüngsten Entwicklung an den näher rückenden Landfronten erklärte, daß nach Überführung der letzten Heereseinheiten vom Festland auf die Insel Usedom wegen des nachstoßenden Feindes die drei Brücken über die Peene gesprengt werden sollen, horche ich auf und mache darauf aufmerksam, daß zwischen diesen Brücken u.a. noch vier meiner A-Träger operieren, denen auf keinen Fall der Weg durch diese geplanten Sprengungen abgeschnitten werden dürfe. Da ich von unserem Anmarsch Anfang April her durch dieses Gebiet auch die drei Brücken kenne, fordere ich, daß sie unbedingt und in jedem Falle nur in geöffnetem Zustand gesprengt werden dürfen! Dazu müßten bei den Straßenbrücken in Wolgast und bei Zecherin das Mittelstück über der Fahrrinne vorher geöffnet und aufgerichtet und bei der Karniner Eisenbahn-Hubbrücke das Mittelstück soweit hochgezogen werden, daß unsere A-Träger unbeeinträchtigt darunter passieren können. Das heißt, daß nur einer von den oder auch beide festen Seitenteile der Brücken gesprengt werden dürfen.

Kapitän zur See Rieve stimmt sofort meinem Vorschlag zu und erteilt dem auch anwesenden Höheren Pionierführer den strikten Befehl, dafür zu sorgen, daß die Sprengungen – wenn sie notwendig werden – nur in dieser Weise durchgeführt werden dürfen, um den A-Trägern das Verlassen des Achterwassers zwischen diesen Brücken nach Beendigung ihrer Aufgaben entweder nach Süden durchs Stettiner Haff nach Swinemünde oder nach Norden vorbei an Wolgast und Peenemünde zum Greifswalder Bodden und weiter zur Ostsee zu ermöglichen.

Es darf auf keinen Fall zum Verlust dieser durch ihre Kampfkraft für die kommenden Aufgaben ja in erster Linie zur Unterstützung und Sicherung des Heeres wichtigen Schiffe kommen! Daher machte er den Pionieroffizier auch persönlich für die korrekte Durchführung der Sprengungen verantwortlich, bei denen es keine Pannen geben dürfe. Dieser sagt auch die entsprechenden Befehle an seine für die Sprengungen zuständigen Einheiten zu.

Nach der Lage informiere ich gleich die Offiziere unseres U-Stabes, daß nunmehr auch seine Verlegung jederzeit befohlen werden kann und dazu die entsprechenden Maßnahmen getroffen werden müssen. Dazu habe ich beim Seeko vereinbart, daß diese Einschiffungen einfachheitshalber an der nahen Ahlbecker Seebäder-Brücke auf unser Werkstattschiff erfolgen könne, das dort Personal und Inventar übernehmen kann, wenn es soweit ist.

Die Spitzen des 108. Schützenkorps und des 8. Garde-Panzerkorps der Sowjets erreichen am 28. April Ducherow südlich von Anklam, wo die Bahnlinie nach Swinemünde von der Hauptstrecke nach Anklam, Greifswald und Stralsund abzweigt.

Unabhängig von der Anweisung des Seeko zur Durchführung der vom Heer geplanten Sprengung der drei Peene-Brücken bemerken die Kommandanten der »vor Ort« die beiden Brücken sichernden A-Träger bereits Vorbereitungen für die Sprengungen. Sie nehmen darauf Verbindung mit den zuständigen Führern der Sprengkommandos auf und weisen sie auf die besondere Bedeutung für die Boote hin, die bei einer regulären Sprengung dann in einer »Mausefalle« sitzen würden. Und sie erklären dasselbe wie ich: Unbedingt müssen vorher die Mittelteile der Brücken geöffnet bzw. angehoben werden.

Doppelt genäht hält besser, wie sich glücklicherweise wenig später zeigt ...

Weiter westlich stoßen die Sowjets an diesem 28. April in Richtung Neustrelitz, Altentreptow und Friedland gegen die sich nur noch in hinhaltend

Nach Verschrotten der beiderseitigen Zufahrtbrücken ist von der Karniner Eisenbahnbrücke nur das Mittelstück mit den hochgefahrenen Hubteilen übriggeblieben. Es steht unter Denkmalschutz und erinnert noch heute an die damaligen Ereignisse. *Foto: Margarethe Reisinger*

verteidigend zurückgehenden deutschen Verbände vor. Ihnen ist die Bildung einer durchgehenden Frontlinie nicht mehr möglich.
In Ahlbeck herrschte an diesem Tag, wohl als Folge der anlaufenden Räumung, »viel Aufregung, verbunden mit einer Anzahl von Falschmeldungen«, wie ich in meinem persönlichen Notizbuch eintrage.
Da am frühen Morgen der Sturm der Sowjets auf Anklam begonnen hat, steht die »Morgen-Lage« beim Seeko ganz im Zeichen der zu erwartenden Folgen, wenn diese an sich auch zum Verteidigungsbereich Swinemünde gehörenden Stadt verlorengehen sollte. Damit müsse aber nach Ansicht der vortragenden Vertreter des Heeres angesichts der dortigen Kräfteverhältnisse durchaus gerechnet werden. Anschließend ist mit dem weiteren Vorstoß der Sowjets nicht nur in Richtung Swinemünde, sondern vor allem auch über Wolgast zu dem ja besonders interessanten Raketenzentrum Peenemünde an der Nordspitze von Usedom zu rechnen.
Daher soll ich nun dort den Einsatz meiner vier A-Träger zur hinhaltenden Verteidigung von Wolgast in Zusammenarbeit mit dem dortigen Kampfkommandanten leiten und daneben auch auf der unteren Peene bis Peenemünde etwaige Übersetzversuche verhindern. Zur Verstärkung sind dorthin bereits die Boote AF 75 und AF 77 unter Oberleutnant Penner von der 5. A-Flottille entsandt worden, die mir dort dann unterstellt werden.
Warum nicht die zu unserer Flottille gehörenden AF 102 und AF 100, die ja in Kaseburg in Bereitschaft liegen, dafür vorgesehen werden, kann ich nicht feststellen. Auf diese Weise würde die Flottille wieder zusammenkommen …

Die Gruppe Bartelt erhält am 29. April frühmorgens per Funk den Befehl zum Weitermarsch. Daß Bartelt noch weiter Greifswald als Ziel ansieht, geht aus dem FT hervor, mit dem er um 8.00 Uhr den Befehl des Seeko bestätigt: »Heeres-Division bis auf Brückenkopf Karnin über die Brücke abgesetzt. Gehen mit vier AF und drei MFP (Marinefährprähme) Greifswald.«
Wohl um die Sicherung des nach dem Fall von Anklam und das weitere Vordringen der Sowjets in Richtung Greifswald bedrohten Wolgast zu verstärken, antwortet der Seeko mit Kr Blitz »Nicht Greifswald. Wolgast nördlich Brücke bleiben und verteidigen.«
Nachdem die Gruppe gegen 11.45 Uhr in Wolgast eingetroffen ist, wird sie aber gegen 14.00 Uhr wieder nach Zecherin zurückbeordert, weil dort Übersetzversuche der Sowjets befürchtet werden. Daher müssen die am Morgen im Raum Kamp an Bord genommenen Flüchtlinge – vor allem Frauen und Kinder – wieder von Bord, was zu erschütternden Szenen führt!
Gegen 18.30 Uhr ankern die Boote wieder vor Zecherin, wo – wie auch bei Karnin – die Brücken inzwischen, wie angeordnet und von uns verlangt, mit geöffnetem bzw. hochgefahrenen Mittelteil zum Passieren gesprengt worden sind. Es bleibt aber den Rest des Tages ruhig, und vom Gegner ist noch nichts zu sehen.

Gegen Mittag werde ich erneut zum Seeko bestellt, nachdem ich bei der Morgen-Lage schon über die – wie es heißt – »vorübergehende« Umdisponierung der Gruppe Bartelt unterrichtet wurde. Kapitän Rieve sieht nun schon jetzt nach den neuesten Meldungen in Kürze den Einsatz-Schwerpunkt bei Wolgast, was ja auch bereits aus seinem letzten FT an Bartelt hervorgeht. Zur Vermeidung der »Mausefalle« sollen unsere vier A-Träger die Verteidigung nördlich der Wolgaster Brücke durchführen, um notfalls auch im eigenen Interesse noch rechtzeitig nach Norden ausweichen zu können. Auch AF 100 und AF 102 sollen, sobald es die Lage erlaubt, nachgeführt werden.
Zur Durchführung dieser Aufgabe – die Gruppe Bartelt soll nunmehr im Laufe des 30. April wieder nach Wolgast verlegen – schickt Rieve mich am frühen Nachmittag mit einem Kübelwagen nach Wolgast, damit ich dort den Einsatz aller sechs AF in Absprache mit dem Kampfkommandanten führen und die Verteidigung der Stadt unterstützen kann.
Im Hinblick auf die weiter zurückweichenden Verbände der Heeresgruppe Weichsel wird jetzt von unserer Verlegung nach Wieck bei Greifswald abgesehen. Falls wir keine anderen Befehle erhalten, rät mir Rieve, nach Erledigung unserer Aufgabe die Greifswalder Oie anzulaufen. Er rechnet offenbar mit einem baldigen Ende des Krieges. Und wie es in den letzten Wochen für

Diesen Anblick bietet die Zecheriner Straßenbrücke nach der Sprengung: Die hochgefahrene Brückenklappe gibt weiterhin die Durchfahrt frei.
Foto: Archiv Wolfgang Müller

die Marine um die Sicherung der Flüchtlinge aus dem Osten vor den Sowjets beim Transport in den Westen ging, heißt es jetzt, nachdem diese Transporte nicht mehr Swinemünde anlaufen, sondern nach Schleswig-Holstein und Dänemark geleitet werden, auch noch die Räumung von Usedom und Wollin mit Swinemünde erfolgreich durchzuführen.
Vor der Abfahrt nach Wolgast lasse ich mich noch kurz nach Kaseburg bringen, um die dort vorerst verbleibenden Kommandanten sowie die Teile des U-Stabes über die neue Lage zu informieren. Dabei kann ich auch den gerade mit MAL 38 eingetroffenen Kommandanten Leutnant zur See d.R. Block begrüßen und mir seinen »fahrbaren Untersatz« ansehen. Er soll bei der Evakuierung unseres Werkstattschiffs und der Verlegung nach Lauterbach an der Südküste Rügens am Greifswalder Bodden sichern, falls er nicht anderweitig benötigt wird.
An der Front hat – was uns aber im einzelnen noch nicht bekannt ist – am 29. April der Angriff der Sowjets auf Neubrandenburg begonnen, das im Laufe des Tages besetzt wird, ebenso wie das stärker umkämpfte und u.a. von Besatzungsangehörigen des Schweren Kreuzers LÜTZOW verteidigte Weitin etwas weiter nördlich, womit nun auch die improvisierte deutsche Verteidigungslinie in der Tollense-Niederung durchbrochen wurde. Auch die Verteidigung von Templin und Lychen scheiterte, die Einheiten der 3. Panzer-Armee sind zum Teil ungeordnet auf dem Rückzug. Sie sehen ihre Aufgabe eigentlich nur noch darin, den Abfluß der zahlreichen Flüchtlingstrecks nach Westen vor den nachdrängenden Sowjets zu sichern. Die Heeresgruppe muß ihren Gefechtsstand wegen sich nähernder Sowjet-Panzer nach Schönwald bei Schwerin zurückverlegen. Und das OKW weicht aus dem Raum Fürstenberg nach Dobbin bei Waren aus.
In Berlin tobten zu dieser Zeit schon schwere Straßenkämpfe, wie wir dem täglichen Wehrmachtsbericht im Rundfunk entnehmen konnten. Am 29. April hat die Rote Armee die Wilhelmstraße erreicht und ist damit bereits ins Regierungsviertel vorgedrungen. Entlastungsangriffe von Nordwesten und Westen haben nicht den gewünschten Erfolg und schlagen nicht durch. Vielmehr müssen die deutschen Einheiten sogar zur Abwehr übergehen.
In Wolgast melde ich mich beim Kampfkommandanten, einem Major, auf seinem »Gefechtsstand« und stelle ihm die Artillerie unserer A-Träger für die Verteidigung der Stadt zur Verfügung. Aber man sieht in der Stadt erste weiße Fahnen an einigen Häusern. Zugleich fallen mir noch immer nach Westen passierende Flüchtlinge auf. Sichtlich nervös und wohl auch überfordert antwortet der mir nicht wie ein Troupier erscheinende Major: »Verteidigt wird nicht! Dazu fehlen mir die Kräfte und Mittel.«
Als ich ihn auf den entsprechenden Befehl, der mir ja vom Seeko im Namen von Generalleutnant Ansat als Kommandeur des Verteidigungsbereiches Swinemünde erteilt worden ist, hinweise, antwortet er ausweichend erneut mit der Frage: »Womit denn? Morgen muß die Stadt daher geräumt werden!«
Immerhin erfahre ich, daß am Stadtrand im Westen Heereseinheiten mit Schwerpunkt an der Reichsstraße R 111 in Stellung liegen, auf der die Sowjets erwartet werden. Während dieser etwas mühseligen Gespräche erscheinen mehrere Offiziere auf dem Gefechtsstand, die ich am Gold an ihren verstaubten Uniformen als Mariner erkenne. Ein Korvettenkapitän oder Kapitänleutnant meldet sich mit einem Marine-Infanterie-Bataillon und fragt anschließend: »Wo sind unsere Verteidigungsstellungen?«, was dem Major mit kurzem Blick zu mir sichtlich peinlich ist, er aber – wohl, weil ihm im Augenblick nichts anderes übrig bleibt – klären will.
Unter den sichtlich erschöpften Marine-Offizieren entdecke ich meinen Crewkameraden, Oberassistenzarzt Dr. Burkhard Schlosshauer, den Bataillonsarzt. Von ihm erfahre ich, daß seine Einheit an der Oder bei Pölitz eingesetzt war und seit vier Tagen von dort ständig zu Fuß auf dem Rückmarsch ist. Ich erkläre ihm die Lage und gebe ihm den Tip, daß am nördlichen Stadtrand in der Spitzenhörner Bucht drei Marinefährprähme am Ufer liegen, die Landeinheiten abtransportieren sollen, denen der Rückzug über die Brücke nach Usedom nicht mehr gelingt. Ihr Ziel ist dann auch Lauterbach auf Rügen. Tatsächlich gelangt Dr. Schlosshauer dann am nächsten Tag nach Sassnitz weiter und von dort per Schiff wohlbehalten in den Westen.
Mit dem Major verabrede ich noch, daß wir bei Auftauchen und Annäherung der Sowjets – auch bei Nacht – sofort durch Melder und Schießen von roten Leuchtkugeln benachrichtigt werden sollen. Darüber hinaus werde ich ihn am nächsten Morgen wieder aufsuchen und mich über die Lage informieren. Auf der Rückfahrt über die Peene-Brücke zu den auf der Usedomer Seite am Anleger der Wolgast-Fähre liegenden beiden A-Träger der 5. A-Flottille erkundige ich mich noch sicherheitshalber auf der Brücke bei den die dortige Sprengung vorbereitenden Pionieren, ob sie die Anweisung zur vorherigen Öffnung tatsächlich erhalten haben, was sie bestätigen. Sie handeln auch danach. Dann steige ich auf AF 77 bei Oberleutnant zur See Penner ein, den ich schon bei der Ankunft kurz über meine Überlegungen informiert habe.
Am Morgen des 30. April mache ich mich wieder auf den Weg zum Gefechtsstand des Kampfkommandanten, wobei mir auffällt, daß jetzt an fast *jedem* Haus eine weiße Flagge hängt … Zur örtlichen Lage vor der Stadt mit einem ebenen und freien, etwa vier Kilometer breiten

Die Geschützbedienungen »aller Kaliber« der vor Zecherin und Wolgast postierten A-Träger stehen an den schußbereiten Waffen.
Foto: Verfasser

Gelände bis Pritzier, wo die R 111 aus dem Wald herauskommt, ist nichts Neues zu vermelden. Man hört aber, daß Anklam nach schweren Kämpfen von den Sowjets besetzt werden konnte. Das dürften die letzten Kämpfe um eine Stadt in dieser Region gewesen sein.
Die Sowjets setzen anschließend ihren Vormarsch auf der R 109 in Richtung Greifswald fort und liefern sich dabei Gefechte mit deutschen Nachhuten. Daher muß jetzt mit ihrem Erscheinen auch vor Wolgast gerechnet werden.
In diesem Fall erbitte ich – wie schon für die letzte Nacht vorgeschlagen – um sofortige Unterrichtung, damit wir mit unseren weiterreichenden 8,8-cm-Geschützen (Heeresartillerie ist nicht vorhanden) versuchen können, den Vormarsch aufzuhalten bzw. wenigstens für Unruhe beim Gegner zu sorgen, um Zeit zu gewinnen.
Zur wirkungsvolleren Feuerleitung schlage ich vor, mit einem der tragbaren UK-Sprechfunk-Geräte von Bord eine Verbindung zu einem »Vorgeschobenen Beobachter« am Stadtrand zur Lenkung unseres Feuers herzustellen. Von unseren A-Trägern aus ist nämlich keine Einsicht in dies Gelände möglich, da es von der Silhouette der Stadt verdeckt ist.
Diesen Vorschlag lehnt der Major aber überraschend »als zu kompliziert« ab, worauf ich ihn frage, wozu man uns denn überhaupt hierher geschickt habe, was er mit einem resignierenden Achselzucken beantwortet. Aber wenigstens sichert er zu, uns bei Annäherung der Sowjets gleich zu informieren. Dazu sage ich ihm noch, daß wir nach meiner Rückkehr an Bord wegen möglicher Luftangriffe ablegen würden, um beweglich zu sein, uns aber in Rufweite vor dem Usedomer Ufer beim Anleger der Wolgast-Fähre aufhalten werden.
Tatsächlich erscheint am späten Vormittag ein Melder am Ufer und ruft uns zu, daß der »Iwan« mit Spitzen an der R 111 langsam und vorsichtig aus dem Wald heraus vorfühle. Wir haben uns inzwischen an Bord überlegt, wie wir auch ohne Unterstützung vom Heer in diesem Fall unserem Einsatzbefehl entsprechend tätig werden können. Dabei ist mir folgende Idee gekommen:
Die beiden A-Träger hängen sich im Päckchen nebeneinander mit einer an Bord zurückgeführten, leicht und auch schnell zu lösenden Leine an eine der dort größeren Fahrwasser-Tonnen, was wegen der nur geringen Strömung der Peene keine Probleme bereiten dürfte. Diese Position läßt sich mit Peilungen genau in der Seekarte festlegen. Zieht man von ihr mit einer Linie die Schußrichtung zur R 111 vor dem Waldrand und mißt dann den Winkel zum Wolgaster Kirchturm, mußte mit dem Abschwenken des Geschützes um diese Grad-Differenz der Zielraum getroffen werden können. Die Entfernung von gut sechs Kilometern ist ja aus der Karte zu entnehmen und an den Geschützen einzustellen. Außerdem ist ein Schießen nur mit der gleichen Einstellung nicht vorgesehen. Es kam also nur noch auf den Versuch und die Umsetzung in die Praxis an!
Dem Melder trug ich daher auf, dem Major zu übermitteln, daß wir mit unseren 8,8-cm-Geschützen über die Stadt hinweg ein Streu-Feuer auf dies Gebiet legen werden.
Während wir entsprechend in Abständen unsere »schweren Stücke lösen«, sind südlich hinter der Brücke Schießereien mit leichten Waffen zu hören. Und wenig später erscheinen aus dieser Richtung mit hoher Fahrt zwei Flugbetriebsboote der Luftwaffe, sogenannte Flieger-B-Boote (FLB), die unter der noch geschlossenen Brücken-Mitte hindurchlaufen können und dann bei uns längsseits gehen. Unter der Führung der Oberleutnante zur See Adolf Elf und Bernd Bosse gehören sie zur besagten »Kampfgruppe Elf«. Sie kommen aus Neuwarp am Kleinen Stettiner Haff, das sie vor zwei Tagen bei der Räumung von Ueckermünde, mit Flüchtlingen an Bord in Richtung Achterwasser verlassen hatten.
Jetzt sind sie bei Hohendorf südlich von Wolgast auf dem dort nur sehr schmalen Peenestrom von Sowjets hinter dem Ufer beschossen worden, konnten aber dank ihrer

Geschwindigkeit ohne Schäden passieren und atmen hier bei uns erst einmal tüchtig durch!
Per FT melde ich dem Seeko ihr Eintreffen bei uns, worauf er die Boote mir einsatzmäßig unterstellt, was sich in der Folge als sehr nützlich erweist und eine Art Ersatz für die ausgebliebenen beiden R-Boote darstellt.
Meine A-Träger der Gruppe Bartelt haben die beiden Boote auf dem Achterwasser nicht gesehen, woraus ich schließe, daß diese wohl weiter südlich noch zu neuen Aufgaben festgehalten worden sind. FT von ihnen darüber liegen mir allerdings nicht vor. Schweigen kann aber auch positiv gewertet werden ...
Im Laufe des Vormittags gehen zahlreiche Heeressoldaten geordnet in kleinen Gruppen und mit Waffen über die Brücke zurück und beziehen in ihrer Nähe auf dem Usedomer Ufer, vor allem nach Süden, Verteidigungsstellungen. Verstärkt werden sie dabei von den auf der Insel stationierten Kräften. Umgekehrt passieren aber noch immer auch Flüchtlinge die Brücke stadteinwärts. Wir fragen uns, wie weit diese Unglücklichen wohl kommen werden, die doch hoffen – womöglich schon seit Ostpreußen oder Hinterpommern – noch vor den Sowjets in den Westen zu gelangen.
Zur Stunde wird Greifswald vom Ritterkreuzträger Oberst Petershagen, dem Stadtkommandanten, kampflos übergeben, um die Zerstörung der Stadt mit ihren vielen historischen Bauten zu verhindern und ihr das Schicksal der schwer zerstörten Stadt Anklam zu ersparen. So kann die 2. Stoßarmee gleich ihren Vormarsch auf Stralsund fortsetzen, während gegen die Insel Usedom offenbar weniger energisch vorgegangen wird.
Beim Abwarten auf der Peene – nur unterbrochen von mehreren Granatwerfer-Einschlägen hinter der Brücke auf der Usedom-Seite – erhalte ich von den weiter am Ufer gegenüberliegenden Marinefährprähmen einen Blinkspruch. Er stammt von meinem Crewkameraden Jürgen Korn. Er ist mit einer Einheit der Marine-Infanterie von der Oder-Front in den letzten Tagen fleißig marschiert und fragt nach Möglichkeiten für den Abtransport seiner Männer, wozu ich ihm empfehle, sich an die uns gegenüberliegenden MFP zu halten.
Inzwischen haben sich diese Marinefährprähme mit Landsern gefüllt und laufen nach Lauterbach ab. Schießereien vor der Stadt sind nicht zu hören. Von zurückgehenden Infanteristen erfahren wir aber, daß die bei Pritzier erschienenen Sowjets wohl als Folge unserer 8,8-cm-Einschläge, deren Herkunft sie nicht feststellen konnten, sicherheitshalber erst einmal verhalten haben und in Deckung gegangen sind. Dadurch erhalten unsere »Verteidiger« Zeit und Luft, sich ungestört zurückzuziehen, wie es der Major angekündigt hatte.
Am frühen Nachmittag ruft uns ein Offizier vom Ufer zu, daß die Stadt nunmehr geräumt sei und die Brücke gesprengt werde. Ich kann mir eine gewisse Anspannung nicht verkneifen. Selbst als sich, wie gefordert, das Mittelstück langsam aufrichtet und dann noch etwas zitternd senkrecht stehenbleibt, durchzuckt mich plötzlich der Gedanke: ›Wenn jetzt nach der Sprengung die seitlichen Anschlüsse der Fahrbahn abreißen, kann sich dann das aufgerichtete Mittelstück überhaupt halten, oder kippt es ins Fahrwasser?‹
Diese Spannung verschwindet erst, als sich der Staub der Sprengung verzogen hat, und das Mittelstück – immer noch etwas schwankend – doch stehengeblieben ist und mir wie eine Schwur-Hand vorkommt.
Da sich damit unsere Aufgabe zur Hilfe der Verteidigung von Wolgast erledigt hat und es auch gegen jede militärische Vernunft spricht, sich auf diesem engen und dazu noch flachen Fahrwasser mit einem dabei alle Vorteile besitzenden Gegner mit fraglichem Erfolg herumzuschlagen, steht nun die Sicherung von Peenemünde an. Schon am frühen Nachmittag habe ich die beiden FLB-Boote stromabwärts zur Aufklärung geschickt, ob weiter nördlich womöglich Sowjets vorgedrungen seien und unseren Rückweg verlegen. Oberleutnant Elf kehrt aber mit der Meldung »Die Luft ist rein« zurück. Nachdem wir dann noch bis in den späten Nachmittag auf etwaige Nachzügler am Ufer gewartet haben und auch der letzte MFP abgelaufen ist, gehen wir nach Absetzen des entsprechenden FT an den Seeko auf Kurs Peenemünde.
Auf der Peenestrom-Fahrt flußabwärts ist im Westen in weiter Entfernung Kampflärm mit Geschützfeuer und Detonationen zu hören. Auch werden wir von aus Richtung Greifswald kommenden sehr tief fliegenden Einmotorigen mit Stern-Motor überflogen, die einige an Bord als Typ FW 190 erkannt haben wollen. Da sie auch schwarz-weiß-rote Kokarden gesehen haben wollen, werden als Piloten Angehörige des von Moskau initiierten »Nationalkomitees Freies Deutschland« vermutet. Die Flugzeuge tauchen so schnell über den Baumspitzen nahe am Ufer auf, daß sie von uns kaum genau auszumachen und auch nicht zu bekämpfen, umgekehrt aber auch nicht zu Angriffen auf uns in der Lage sind.
Im kleinen, nördlichsten Hafen I von Peenemünde herrscht bei unserem Einlaufen Hochbetrieb, denn die Reste des dortigen Personals der Luftwaffe – zusammen eine noch immer stattliche Menge von einigen hundert Leuten! – macht sich im wahrsten Sinn des Wortes »mit Sack und Pack« auf Kähnen hinter Schleppern, Motorbooten, Yachten und anderen Fahrzeugen aller Art auf den Weg nach Lauterbach, so daß das weitläufige Gelände hinterher nahezu menschenleer wird. Mit den beiden Kommandanten unternehme ich eine Runde und bin beeindruckt von dem Ausmaß der allerdings durch frühere Luftangriffe weitgehend zerstörten Werkshallen unter einem dichten Baumbestand.

Dieser Inspektions-Rundgang zeigt mir aber, daß in den zerbombten und ausgeräumten Hallen, Labors und Prüfständen nicht nur der Luftwaffen-Erprobungsstelle, sondern auch der Heereswaffen-Versuchsanstalt sowie in den demontierten und verwaisten Raketen-Startstellen nichts mehr an Wert für die Sowjets vorhanden ist, weil alles Wichtige schon früher abtransportiert wurde. Es sei denn, die Russen wollen sich mit dem »Ruhm Eroberung der Fertigungsstätten der deutschen (V-)Vergeltungswaffen bzw. Weltraumraketen« schmücken!
Dieses Trümmerfeld womöglich noch verteidigen zu müssen, erscheint mir angesichts des Risikos, dabei vielleicht Besatzungen und Boote zu verlieren, alles andere als gerechtfertigt und vertretbar ...
Die beiden FLB-Boote schicke ich nach Lauterbach weiter, damit sie dort ihre zahlreichen Flüchtlinge abgeben und dadurch wieder voll einsatzfähig werden können. Dabei sollen sie dem Kommandanten des MAL 38 übermitteln, er möge zusammen mit unserem Werkstattschiff in den kleinen Hafen der Greifswalder Oie kommen, wo die Flottille sich sammeln wird. Über Nacht lege ich den anderen A-Träger als Wache auf den Strom vor Peenemünde, damit er uns bei etwaigen unliebsamen Überraschungen vom nahen Festland rechtzeitig alarmieren kann. Auch AF 75 bleibt in Sofort-Bereitschaft und hält die Funkanlage besetzt. Die Nacht bleibt aber ruhig, und wir können zu unserer eigenen Verwunderung ausschlafen.
Im Wehrmachtsbericht an diesem 30. April heißt es unter anderem (also zu den Ereignissen am Vortag): »Das heroische Ringen um das Zentrum der Reichshauptstadt Berlin hält mit unveränderter Heftigkeit an. In erbitterten Häuser- und Straßenkämpfen halten Truppen aller Wehrmachtsteile, Hitlerjugend und Volkssturm den Stadtkern ... Zwischen Berlin und der Ostsee hat sich die Front in der Linie Kremmen–Neustrelitz–Neubrandenburg–Anklam (?) zusammengeschlossen.«
Unter dem Druck der Ereignisse an der Front hat nun auch Feldmarschall Keitel vom OKW den Befehl zur Räumung von Swinemünde erteilt, der dann gleich am späten Nachmittag von Dönitz weitergegeben wird. Der Großadmiral läßt auch den Seekrieg gegen die Gegner im Westen einstellen – in erster Linie mit U-Booten –, um weiterhin alle verfügbaren Kräfte im Osten zur Rettung der flüchtenden Zivilbevölkerung einsetzen zu können. Dieser Gedanke bestimmt auch die Kommandeure des Heeres, die nur noch hinhaltenden Widerstand leisten lassen – zur Deckung der Flüchtlingsbewegungen und um gleichzeitig diese und ihre Truppen nach Westen in den Schutz der sich von dort nähernden Verbände der West-Alliierten zu bringen.

Das Drama um AF 106

Am 1. Mai werde ich morgens per FT vom Seeko unterrichtet, daß mich ein Kradfahrer (mit Motorrad-Beiwagen) zu einer wichtigen Besprechung nach Ahlbeck abholen wird. Dort erreicht mich noch vor der stark beschickten Lage-Besprechung die Hiobs-Botschaft, daß am späten Nachmittag des Vortages Bartelts Führerboot AF 106 beim Marsch nach Wolgast kurz vor Erreichen der Stadt zwischen Ziemitz auf Usedom und Hohendorf bzw. Negenmark auf der Festlandseite festgekommen ist und nach vergeblichen Abschleppversuchen im Feuer sowjetischer Einheiten vom nahen Ufer geräumt werden mußte. Man kann das Boot nur noch vom Usedom-Ufer her verteidigen. Ich bin natürlich wie vom Donner gerührt und stelle bei meinen sofortigen Recherchen fest, daß ich den darüber informierenden Funkspruch am Abend des Vortages auf AF 75 trotz besetzter Funkstation nicht erhalten habe! Er lautete: »21.15 Uhr von AF 107 an Seeko Pommern und Chef 8. A-Flottille: Wiederholte Abschleppversuche AF 106 unter starkem Pak- und Aribeschuß ergebnislos. AF 104 Treffer, zwei Schwerverwundete.«
Ergänzend erfahre ich, daß die drei AF nach Abbruch der Abschlepp-Versuche die Nacht über vor Krummin einsicht- und beschußsicher vor Anker gegangen sind, um die Bergungsversuche in der nächsten Nacht fortzusetzen. Fremde Hilfe mit Schleppern kann dazu nicht mehr gestellt werden, wir sind also ganz auf uns angewiesen.
Bei der Besprechung in Ahlbeck geht es um die Details der Räumung von Wollin und Usedom mit Swinemünde, die nicht nur über den Hafen, sondern auch über den Strand auf beiden Inseln zu erfolgen hat. Dabei soll natürlich der Hafen so lange wie möglich für die Einschiffungen genutzt werden. Erst wenn das nicht mehr möglich ist, ist auf die anderen Stellen auszuweichen. Entscheidende Voraussetzungen für den Erfolg dieser Aktion »Knobelbecher« ist es, den Gegner mit hinhaltender Verteidigung so lange wie möglich von den Einschiffungsstellen fernzuhalten. Für den Ablauf dieser Operation ist vom Stab des Verteidigungsbereichs zusammen mit dem Seeko und Admiral westliche Ostsee ein genauer Zeit- bzw. Fahrplan aufgestellt und die notwendige Tonnage bereitgestellt worden.
Für uns bedeutet das, daß für die Bergung von AF 106 nur noch die nächste Nacht zur Verfügung steht, da anschließend nicht mehr die Sicherheit von Fahrzeugen auf dem Achterwasser gewährleistet ist bzw. mit der völligen Sperrung der beiden »Ausgänge« bei Karnin und Wolgast gerechnet werden muß. Daher

verabrede ich mit dem Lagezimmer-Asto, daß ich auf der Rückfahrt in Krummin mit den Kommandanten die Lage »vor Ort« besprechen und sie über die neuen Planungen unterrichten werde. Dazu soll er sie über Funk unterrichten und sie in gut einer Stunde auf den in der Karte erkennbaren kleinen Anleger dieses Fischerdorfes zum Treffen mit mir bestellen. Und inzwischen ist von AF 75 die Nachricht eingelaufen, daß dieses Boot wegen Beschusses vom gegenüberliegenden Freest unter schützendem Nebel von AF 77 aus Peenemünde auslaufen mußte und nun etwas weiter unterhalb auf der Peene Wache hält. AF 75 soll sich in Fliegerhorst-Nähe aufhalten, um mich dort – nach der Besprechung in Krummin – abzuholen.
Vorerst soll mit den beiden Booten der 5. A-Flottille noch der Greifswalder Bodden überwacht und die Südküste Rügens gegen etwaige Übersetzversuche der Sowjets abgeschirmt und gesichert werden. Und der Seeko bestätigt, daß meine Flottille die Greifswalder Oie zum Sammeln beibehält.
Im verlassen wirkenden kleinen Dörfchen Krummin warten am kleinen Hafen schon meine drei »Kapitäne«. Oberleutnant Bartelt liegt mit seinen Mannen bei Ziemitz auf der dortigen Steilküste und bewacht mit ausgebauten 2-cm-Kanonen auf Landlafetten sein nahes, gestrandetes Boot. Nachdem mir geschildert worden ist, wie es dazu kam, erörtern wir weitere Bergungsversuche. Letztlich bleibt aber nichts anderes übrig, als mit Einbruch der Dunkelheit erneut ein Abschleppen mit den anderen A-Trägern zu versuchen. Besonders erschwerend kommt hinzu – und das hat womöglich auch das Festkommen bewirkt –, daß durch den anhaltenden Ostwind der Wasserstand auf dem Strom erheblich gesunken ist, so daß AF 106 noch knapp innerhalb des mit Bojen bezeichneten Fahrwassers aufgelaufen ist und festsitzt! Aber was noch schlimmer ist: Sollte auch dieser erneute Bergungsversuch scheitern, muß AF 106 aufgegeben und gesprengt werden, damit die anderen drei Boote noch bei Dunkelheit das Nadelöhr bei Karnin passieren können, weil ihr Durchbruch nach Norden, vorbei an Wolgast, noch riskanter ist, da dort mit Sowjets ganz dicht am Fahrwasser zu rechnen ist.
Die Berichte von Gerecke und Zeitler erklären, wie es zum Drama um AF 106 kam: Die vier Boote der Gruppe Bartelt AF 106, 104, 107 und AF 109 hatten die Nacht zum 30. April über zur Verhinderung sowjetischer Übersetzversuche nördlich der Zecheriner Straßenbrücke unbehelligt vor Anker gelegen. Um 10.00 Uhr gingen sie ankerauf und liefen nach Wolgast zurück.
Dabei wurden sie per FT um 11.20 Uhr wieder zurück nach Kamp nördlich der schon gesprengten Karniner Hubbrücke beordert, um dort vom Heer auf Usedom auf dem gegenüberliegenden Festland beobachtete Ansammlungen des Gegners zu bekämpfen, der offenbar einen Übersetzversuch vorbereitet. Diese Ziele werden durch AF 106 und AF 104 von 12.20 bis 12.30 Uhr mit den 8,8-cm-Geschützen beschossen. Anschließend geht die Gruppe wieder auf Kurs Wolgast.
Auf der Höhe von Hohendorf wird gegen 15.45 Uhr geankert, da auf der in diesen Ort führenden Straße Sowjet-Einheiten mit Lkw, Artillerie und Pak beobachtet werden. Sie werden mit den »Acht-Acht«-Geschützen unter Feuer genommen. Dabei kommt AF 106 um 17.20 Uhr unerwartet am südwestlichen Rand des Fahrwassers nördlich Negenmark fest.
Beide Kommandanten nehmen an, daß Bartelt eine bessere Schußposition suchte, aber nichts von dem niedrigeren Wasserstand auf der Peene wußte. Und die Position liegt genau auf der Zwei-Meter-Linie am Rande des Fahrwassers (der Tiefgang der AF beträgt normal im Durchschnitt 1,80 Meter).
AF 104 und AF 107 begannen sofort mit Abschlepp-Versuchen, wobei AF 109 den Feuerschutz übernahm. Inzwischen waren an dem nur höchstens 400 Meter entfernten Ufer mindestens zwei sowjetische Pak in Stellung gegangen, die sofort das Feuer auf die drei dicht beieinander liegenden Boote eröffnen und auch Treffer auf AF 104 erzielen. Mit den 2-cm-Vierlingen können die Pak-Bedienungen dann aber niedergehalten und zum Deckungsuchen im nahen Gebüsch gezwungen werden. Durch Einnebeln der Abbergungsversuche können auch weitere Treffer verhindert werden.

Mit Panzersprenggranaten wird von AF 109 bei Negenmark ein sowjetischer T-34-Panzer abgeschossen.
Foto: PK Marine

AF 109 entdeckt bei Negenmark einen T-34-Panzer, der offensichtlich den Einsatz leitet. Er wird mit Panzersprenggranaten abgeschossen. So können die Abschleppversuche bis zum Einbruch der Dunkelheit fortgesetzt werden, sie bleiben aber ohne Erfolg und müssen abgebrochen werden. Die drei AF ankern um 21.00 Uhr nordöstlich unter Land in der Krumminer Wiek vor Neeberg. Dort wird mit Oberleutnant Bartelt das weitere Vorgehen besprochen mit dem Ergebnis, daß man im Morgengrauen die Bergungsversuche fortsetzen wolle.
Daß erst jetzt der Funkspruch über das Festkommen von AF 106 abge-

setzt wird, dürfte auf der Hoffnung beruht haben, das Boot schnell mit eigenen Kräften wieder freizubekommen. Auch wird wohl Bartelt mit diesen Arbeiten – zudem unter Feindbeschuß – genug um die Ohren gehabt haben und nicht an einen Funkspruch gedacht haben. Oder der ist bei mir wirklich nicht gelandet ...
Bei unserer Besprechung wird auch an ein Leichtern von AF 106 gedacht, doch werden dazu doch keine Möglichkeiten gesehen.
Fremde Schlepperhilfe können wir als Illusion betrachten. Als Schlepper mit einigermaßen stärkeren Motoren wären nur die beiden Boote der Gruppe Elf in Fragen gekommen. Die aber hätten dazu die an Bord befindlichen Flüchtlinge absetzen müssen. Außerdem sind sie längst auf dem Marsch nach Lauterbach.
Kurz nach 1.00 Uhr am 1. Mai gehen die drei A-Träger ankerauf und setzen die Abschleppversuche fort, die wieder von AF 109 gesichert werden. Da der anhaltende Ostwind das Wasser noch weiter aus der Peene hinausdrückt, »klebt« AF 106 trotz allem fest am Grund, so daß die Versuche gegen 3.00 Uhr auch wegen der Gefährdung der anderen Boote bei zunehmender Helligkeit erneut abgebrochen werden müssen. Bartelt hatte seine Besatzung nach dem Auflaufen wegen ihrer Gefährdung auf dem für die Sowjets wie eine Zielscheibe liegenden Boot – die Peene ist an dieser Stelle von Ufer zu Ufer keine 1 000 Meter breit – von Bord gehen und auf dem etwa zehn Meter hohen, durch Gebüsch und Bäume gute Deckung bietenden Steilufer in Stellung gehen lassen. Wie schon berichtet, hat er ausgebaute 2 cm-Kanonen mitgenommen, um notfalls Feuerschutz geben zukönnen. Die Sowjets zwingen im Laufe des Tages deutsche Fischer, sie in Kähnen vom Festland zum Havaristen zu rudern. Als das von den Mannen von AF 106 bemerkt wird, gibt es zuerst einige Aufregung und Betroffenheit, da bei einem Beschuß doch die deutschen Fischer mit gefährdet würden! Doch wird schnell eine Lösung gefunden: Man setzt Einzelfeuer mit Vollgeschossen dicht neben die Kähne! Das wird tatsächlich den gedeckt am Boden der Kähne liegenden »Iwans« nach kurzer Zeit doch zu ungemütlich und zu riskant, zumal die meterhohen Wassersäulen der gut gezielten Aufschläge zeigen, daß die deutschen Geschütze auch die Kähne treffen könnten. Daher wurde schnell abgedreht und das Abenteuer nicht mehr wiederholt.
Besonders tragisch war im Zusammenhang mit den Bemühungen um AF 106 der Tod des Signal-Obergefreiten Kleine von AF 107. Ihn hatte sich am Vorabend Bartelt von Zeitler ausgeliehen, wohl als Ersatz für einen ausgefallenen eigenen Signäler. Als der nach seiner Abmeldung vor dem Umsteigen noch etwas herumdruckste und von Zeitler gefragt wurde, was denn los sei, meinte er mit stockender Stimme: »Dann bin ich morgen tot, Herr Leutnant.« Tatsächlich ist er bei den nächsten Bergungsversuchen – wieder unter Feindbeschuß – gefallen und nach der Räumung des Bootes als letzter Kriegstoter unserer Flottille auf dem Steilufer am Peenestrom vor Ziemitz beerdigt worden.
Nach meiner Besprechung mit den Kommandanten in Krummin am späten Nachmittag des 1. Mai unternehmen ihre Boote gegen Mitternacht noch einmal einen Versuch, AF 106 freizubekommen, der aber auch wieder fehlschlägt. So bleibt Bartelt nichts anderes übrig, als sein Boot aufzugeben und vorher in Brand zu setzen und weitmöglich zu sprengen. Seine Besatzung gelangt auf dem Landweg nach Swinemünde.
Vor Krummin steigt später auf den jetzt von Leutnant Gerecke auf AF 109 geführten Booten ein Adjutant vom Seeko mit dem Befehl ein, auf der Fahrt nach Swinemünde den Hafen von Lassan auf dem Festland zu beschießen, um die dort liegenden Fischerboote zu vernichten, damit sie nicht zum Übersetzen zur Insel Usedom benutzt werden können. In der vorhergegangenen Nacht soll es bereits solche Versuche weiter südlich gegeben haben, die aber wegen fehlender Übersetz-Mittel gescheitert seien.
Diese Beschießung wird am 2. Mai zwischen 1.15 Uhr und 1.30 Uhr auf kurze Entfernung wirkungsvoll durchgeführt. Daß die Sowjets tatsächlich in Lassan sind, wird vorher den Besatzungen durch die Schreie der im Ort bedrängten deutschen Frauen unüberhörbar klar und deutlich!
Da bei der Weiterfahrt Richtung Haff auch damit gerechnet werden muß, daß sich Sowjets inzwischen im festlandseitigen, gesprengten Brückenteil der Eisenbahn-Hubbrücke eingenistet haben, wird diese Brücke bei Karnin mit »Schleichfahrt« angesteuert. Kurz davor legt AF 109 mit dem vorderen 2-cm-Vierling einen Feuerüberfall auf den landseitigen Brückenpfeiler. Da aber keine Gegenwehr erfolgt, droht offenbar auch kein sofortiger Übersetzversuch. Auf der Fahrt durchs Haff weiter unbehelligt, machen die Boote gegen 7.30 Uhr in Kaseburg fest.
AF 109 bringt den Adjutanten zum Seeko nach Swinemünde zurück.
Als ich in der Abenddämmerung mit dem Beiwagen-Krad wieder in Peenemünde eintreffe, ist der Hafen tatsächlich leer, doch liegen die beiden A-Träger dicht vor dem Fliegerhorst-Ufer im Fahrwasser. Von einem noch besetzten Flakstand am Rande des Flugfeldes, auf dem bereits überall Fliegerbomben für die Sprengung verstreut liegen, mache ich mich durch Lichtzeichen bemerkbar und werde dann auch nach einiger Zeit mit dem Dingi an Bord von AF 75 geholt. Ich muß gestehen, daß mir in der Zeit bis dahin doch recht mulmig ist, so in ungewohnter, vor allem ungeschützter Umgebung – dazu noch am Nordende der Insel Usedom, vielleicht schon mit den Sowjets in der Nähe – zu sein.
Nach der Information Penners über die neuen Befehle und die allgemeine

Lage erfahre ich umgekehrt von ihm, daß er einen Befehl erhalten hatte, gegenüber von Peenemünde in Freest und Kröslin liegende Fischerboote mit Panzerfäusten und Handgranaten zu zerstören, damit sie nicht zum Überqueren der Peene benutzt werden könnten. Dieser Befehl ist wegen unerwartet starker Abwehr nicht durchführbar – wohl zum Glück für die dortigen Fischer.
Abends teilt der Rundfunk unter Falschangabe des wahren Sachverhalts Hitlers Tod mit.
Immerhin beruhigend an dieser Meldung ist für uns, daß durch die Berufung unseres »Bosses« Dönitz an die Spitze des Vaterlandes eine Gewähr dafür gegeben sein dürfte, ein politisches Chaos zu vermeiden.
Dönitz unternimmt tatsächlich sofort Schritte zur Einstellung der Kampfhandlungen, zumindest im Westen. Gleichzeitig versucht er, Zeit für die Rettung mehrerer zehntausend weiterer Flüchtlinge und Soldaten aus dem Osten zu gewinnen. Tatsächlich gelingt eine zweistufige Kapitulation, mit vier Tagen Zeitgewinn.
Im Wehrmachtsbericht an diesem 1. Mai 1945 heißt es u. a.: »In Mecklenburg richtet sich der Hauptstoß der bolschewistischen Übermacht gegen den Raum zwischen der Müritz und Demmin ... Teilkräfte des Gegners drehten nach Nordosten ab und versuchten vergeblich, über die Peene-Enge östlich Anklam überzusetzen. Von Osten her gegen die Dievenow-Enge geführte Durchbruchsversuche brachen verlustreich für die Bolschewisten zusammen ...«
Tatsächlich gelingt das Halten der Front noch weiterhin, was vielen tausend Flüchtlingen das Entkommen nach Usedom ermöglicht.
Stralsund wird am 1. Mai vormittags kampflos von den Sowjets besetzt. Die Sprengung der Ziegelgrabenbrücke des Rügendamms verhindert vorerst ihren Übergang auf die Insel Rügen, deren Kampfkommandant aber zur Übergabe aufgefordert wird. Durch Taktieren verzögert er die Übergabe der Insel jedoch bis zum Morgen des 5. Mai. Diese Frist ermöglichte die Räumung der Plätze Lauterbach und Sassnitz. Vom letztgenannten Hafen können noch zwei große Geleitzüge nach Dänemark abgehen, was mindestens 10 000 Soldaten vor der sowjetischen Gefangenschaft bewahrt.

Panzerabschuß samt Scheune

Am 2. Mai »stehen wir« – wie es im Marine-Deutsch heißt – befehlsgemäß »im Greifswalder Bodden auf und ab«. Das heißt, wir patrouillieren im Abstand von etwa fünf Kilometern vor seiner Südküste. Die im Laufe des Vormittags aus Lauterbach zu uns stoßenden beiden Flugbetriebsboote lasse ich auch einen »Schlag« weiter nach Westen in Richtung Greifswald machen, wo sie aber nur auf zur Südküste Rügens fahrender Kleinfahrzeuge mit Flüchtlingen stoßen.
Verschiedentlich werden unsere A-Träger auch von Sowjet-Flugzeugen überflogen. Erschütternd aber sind in diesen Stunden die letzten Funksprüche von Marine-Funk- und Signalstationen weiter westlich: »Feindliche Panzer vor der Tür. Wir schalten ab. Es lebe Deutschland ...«
Unsere fast friedensmäßig ruhige und langsame Fahrt wird plötzlich durch einen scharfen Knall gestört, dem Sekunden später ein zweiter folgt, der sich als ein Granateneinschlag etwa 500 Meter nach Land zu herausstellt! Auf der Brücke greifen sofort alle zu den Doppelgläsern und suchen die flache Küste bei Kreisendorf östlich von Lubmin ab. Dann knallt es auch schon wieder, aber der Aufschlag liegt beruhigend weit entfernt von uns. Inzwischen sind alle Waffen besetzt und in Richtung Land geschwenkt, geladen und gesichert. Und beim dritten Abschuß wissen wir auch, woher er kommt: Nicht schlecht ausgedacht, denn es dürfte ein Sowjet-Panzer sein, der in einer Scheune steht, deren Tor nur so weit geöffnet ist, daß sein Kanonenrohr und die Zieloptik herausschauen!
Sofort schwenken die Geschütze in die richtige Richtung zum Ziel, das auch AF 75 per UK-Sprechfunk mitgeteilt wird, so daß nach Einstellung der Entfernung aus der Seekarte zurückgefeuert werden kann. Fast wie auf der Schiffsartillerie-Schule (SAS) wird die Scheune mit zwei weiteren Schüssen »eingegabelt«, so daß auf Panzersprenggranaten übergewechselt wird. Die nächsten drei Granaten sitzen voll im Ziel und lassen die Scheune auseinanderfliegen, aus der dann nur noch schwarzer Rauch emporsteigt.
Per FT wird der Seeko über diesen Panzerabschuß unterrichtet.
Bei strahlendem Sonnenschein und angenehm frischem Wind vergeht der Tag ohne weitere Vorkommnisse.
Am Nachmittag erkennen wir von Norden kommend den Marine-Artillerie-Leichter MAL 38 mit unserem Werkstattschiff TRITON. Mit beiden treffen wir uns dann vor der Peene-Mündung südlich der kleinen Insel Ruden und laufen mit Kurs Nordost weiter zu der in der offenen Ostsee vor Usedom liegenden kleinen Insel Greifswalder Oie. Das habe ich bereits im Funkspruch über den Panzerabschuß dem Seeko angekündigt. Ein Grund dafür war seine Information an mich, daß die beiden AF 100 und AF 102 aus Kaseburg zur Oie unterwegs seien.
AF 100 hatte noch im Haff ein Gefecht mit Panzern durchgestanden, von denen zwei abgeschossen werden konnten. Nachdem am 2. Mai den Sowjets mit einem Bataillon der 321. Schützendivision in der 2. Stoßarmee bei Wolgast der Übergang auf die Insel Usedom gelang, konnten sie sich angesichts des unerwartet zähen

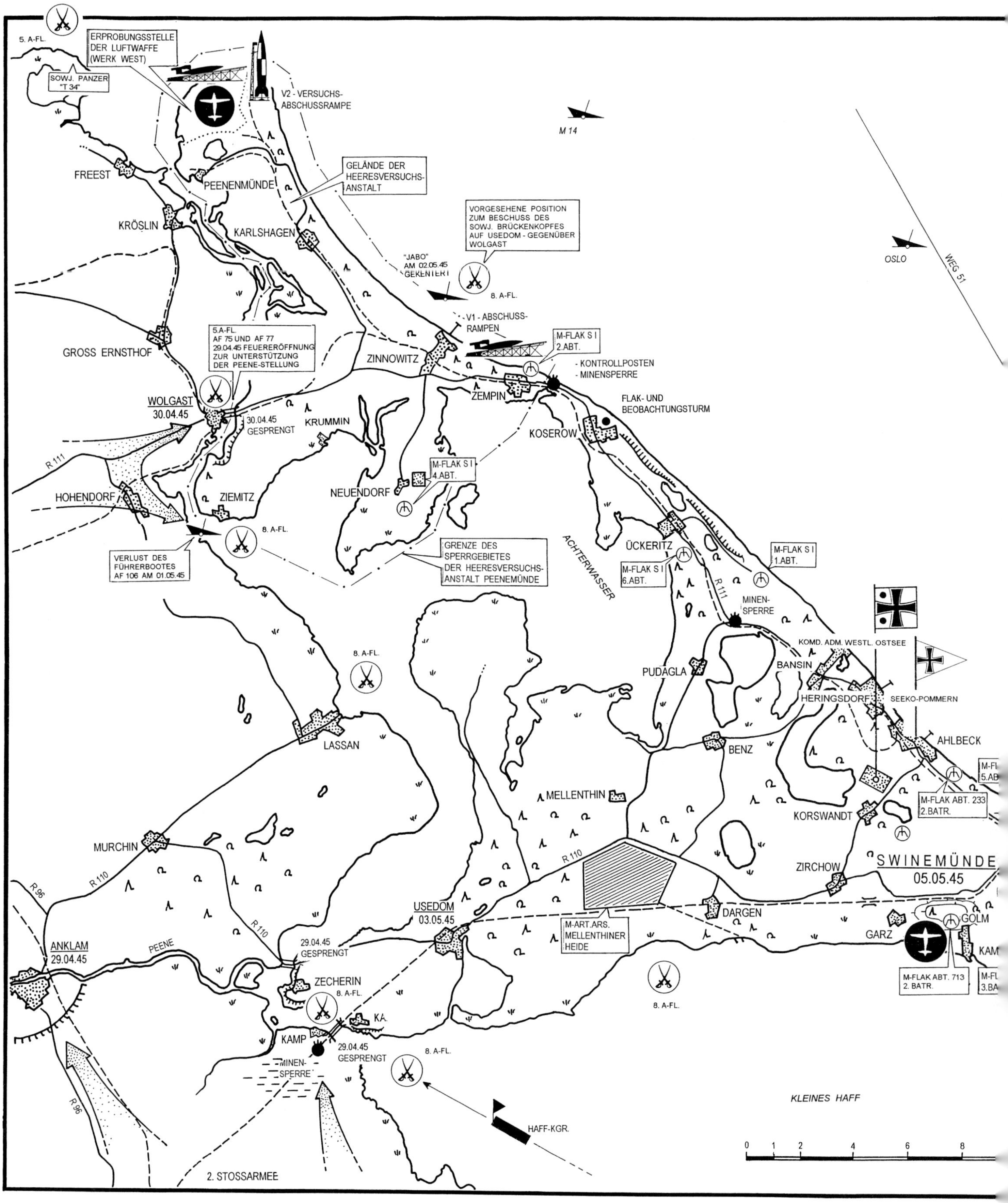

5. A-FL.
ERPROBUNGSSTELLE DER LUFTWAFFE (WERK WEST)
SOWJ. PANZER "T 34"
V2 - VERSUCHS-ABSCHUSSRAMPE
M 14
FREEST
PEENEMÜNDE
GELÄNDE DER HEERESVERSUCHS-ANSTALT
KRÖSLIN
KARLSHAGEN
VORGESEHENE POSITION ZUM BESCHUSS DES SOWJ. BRÜCKENKOPFES AUF USEDOM - GEGENÜBER WOLGAST
"JABO" AM 02.05.45 GEKENTERT
8. A-FL.
OSLO
WEG 51
V1 - ABSCHUSS-RAMPEN
GROSS ERNSTHOF
5.A-FL. AF 75 UND AF 77 29.04.45 FEUERERÖFFNUNG ZUR UNTERSTÜTZUNG DER PEENE-STELLUNG
ZINNOWITZ
M-FLAK S I 2.ABT.
- KONTROLLPOSTEN
- MINENSPERRE
ZEMPIN
WOLGAST 30.04.45
30.04.45 GESPRENGT
KRUMMIN
FLAK- UND BEOBACHTUNGSTURM
KOSEROW
R.111
M-FLAK S I 4.ABT.
HOHENDORF
ZIEMITZ
NEUENDORF
8. A-FL.
ACHTERWASSER
GRENZE DES SPERRGEBIETES DER HEERESVERSUCHS-ANSTALT PEENEMÜNDE
VERLUST DES FÜHRERBOOTES AF 106 AM 01.05.45
ÜCKERITZ
M-FLAK S I 6.ABT.
M-FLAK S I 1.ABT.
R.111
MINEN-SPERRE
KOMD. ADM. WESTL. OSTSEE
8. A-FL.
PUDAGLA
BANSIN
HERINGSDORF
SEEKO-POMMERN
LASSAN
BENZ
AHLBECK
MELLENTHIN
M-FLAK ABT. 233 2.BATR.
KORSWANDT
MURCHIN
R 110
SWINEMÜNDE 05.05.45
ZIRCHOW
R 96
R 110
USEDOM 03.05.45
DARGEN
GOLM
GARZ
M-ART.ARS. MELLENTHINER HEIDE
ANKLAM 29.04.45
PEENE
29.04.45 GESPRENGT
ZECHERIN
8. A-FL.
M-FLAK ABT. 713 2. BATR.
8. A-FL.
KAMP
29.04.45 GESPRENGT
8. A-FL.
MINEN-SPERRE
R 96
KLEINES HAFF
HAFF-KGR.
0 1 2 4 6 8
2. STOSSARMEE

VERTEIDIGUNGSBEREICH SWINEMÜNDE APRIL / MAI 1945

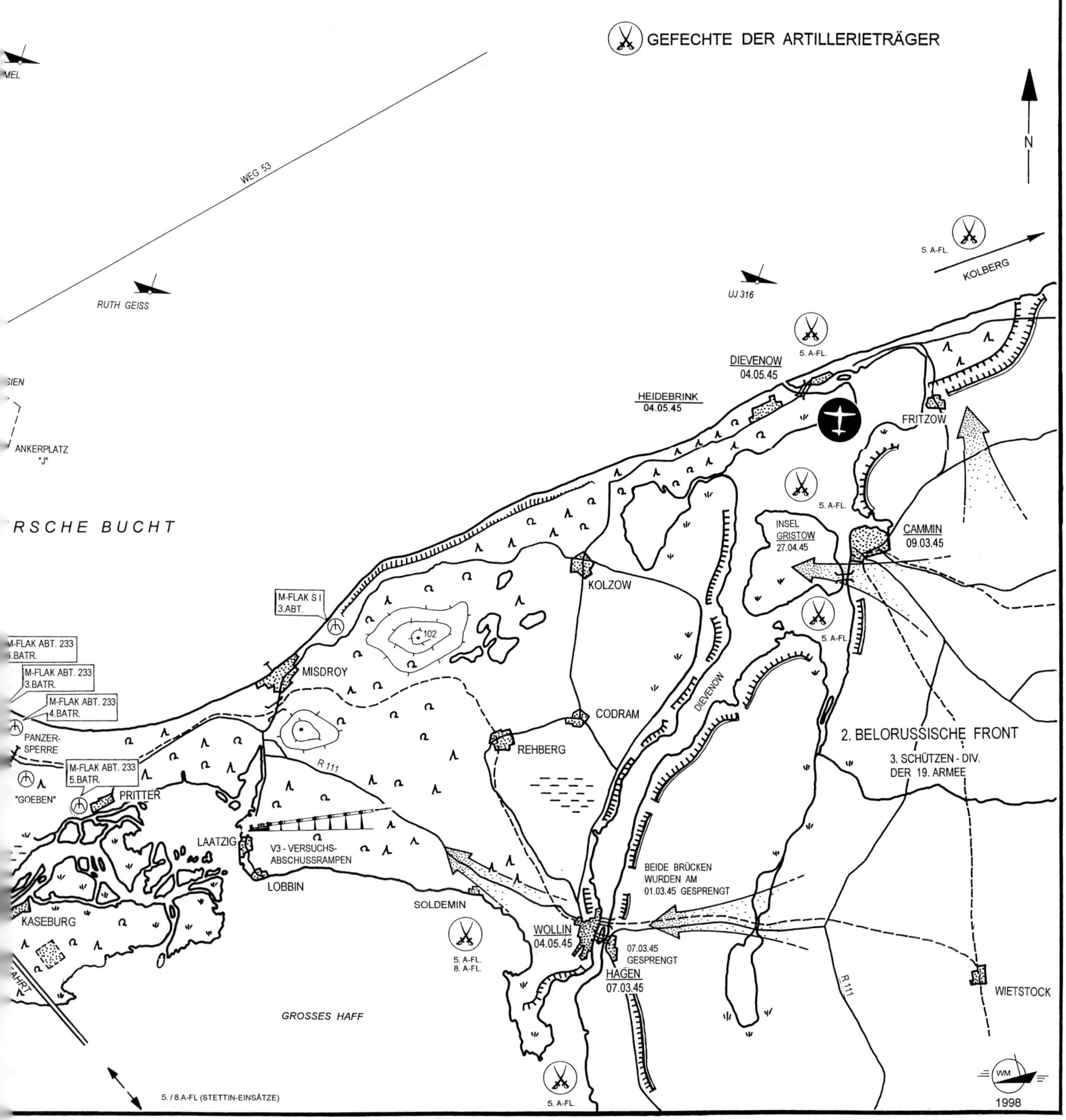

deutschen Widerstandes auf der Insel nur in einem kleinen Brückenkopf beim Inselbahnhof Wolgast-Fähre halten. Jetzt sollen die beiden A-Träger der Kaseburger Nachhut – AF 100 und AF 102 – ohnehin auf dem Weg zum Sammelpunkt Greifswalder Oie – den Inselverteidigern artilleristische Unterstützung leisten und von einer Ostsee-Position nördlich Zinnowitz über die Insel hinweg mit ihren 8,8-cm-Geschützen den sowjetischen Brückenkopf am Peenestrom beschießen.
Leutnant zur See Schuster hat beim Verlassen von Kaseburg mit seinem AF 100 sogar eine zehn Meter lange Schute in Schlepp genommen, die in Swinemünde mit Munition unserer Kaliber vollgeladen wurde, damit wir für die Fortsetzung der Kämpfe ausreichend munitioniert sind. Oberleutnant Stephan nahm mit seinem AF 102 unseren JABO in Schlepp, damit jederzeit von einer auf der Wasserfläche bezogenen Feuerstellung aus ein Vorgeschobener Beobachter (V.B.) zur Feuerleitung mit diesem Motorboot an Land gebracht werden könne. Aber dazu ist es nicht mehr gekommen, weil JABO im Seegang umschlug, wobei auch das tragbare Funkgerät für den V.B. mit auf Tiefe ging.
Im Hafen der Greifswalder Oie steige ich auf AF 102 um und stehe damit endlich wieder auf vertrauteren, um nicht zu sagen »heimischen« Planken. Die beiden Artillerieträger bleiben in Bereitschaft, um nun am nächsten Tag die angeforderte Beschießung durchzuführen, wobei die V.B.-Frage auf eine andere Weise zu klären ist – auch ohne JABO und das »abgesoffene« Funkgerät. Man entschließt sich dann jedoch »höheren Ortes«, diesen Artillerieeinsatz den 28-cm-Geschützen der SCHLESIEN zu übertragen. Diesem »Plätteisen« wird die Aufgabe zum Verhängnis, denn am 3. Mai, um 3.01 Uhr, läuft das Linienschiff beim Ansteuern der vorgesehenen Schießposition südlich der Greifswalder Oie auf eine Grundmine. Mit einem Leck am Bug wird der Skagerrak-Veteran vom Zerstörer Z 38 über den Achtersteven zur Reede von Swinemünde verholt. Dort gerät das schwer gepanzerte Schiff infolge der großen Menge eingedrungenen Wassers auf Grund. Das Schiff wird zweimal das Ziel von Fliegerangriffen, bevor es gesprengt und in Brand gesetzt werden kann. Chancen für die Abbergung gibt es nicht mehr. Der nun erneut aufgegriffene Plan, am 3. Mai mit AF 102 und AF 100 sowie nun auch MAL 38 die Beschießung des sich langsam ausweitenden Brückenkopfes der Sowjets gegenüber von Wolgast – sie haben Verstärkungen nachgezogen – durchzuführen, muß erneut wegen zu stark gewordenen Seegangs aufgegeben werden.
Ein genaues Schießen ist beim Dümpeln der Boote nicht möglich. Gerade das liegt aber im Interesse der eigenen Einheiten, die nicht weit weg von den Sowjets entfernt in Stellung liegen.
Wieder müssen die Flugbetriebsboote ein Boot voller Flüchtlinge im Greifswalder Bodden bergen und sie nach Lauterbach bringen. Das Boot hat nach Beschuß durch sowjetische Jabos Verwundete.
Im kleinen Hafen der Oie finden wir übrigens neben einer Schwimmramme ohne Antrieb den kleinen vollbeladenen Marinetanker PEENE (242 BRT) sowie zwei Kriegsfischkutter (KFK) einer auf Bornholm stationierten Minensuchflottille vor. Die Boote stehen unter Führung eines Leutnants. Deren Flottille unterhält auf der Greifswalder Oie einen kleinen Stützpunkt mit einer Funkstelle, die von zwei jungen Marine-Nachrichtenhelferinnen besetzt ist.
Da keine neuen Befehle kamen, verläuft der Tag unwirklich ruhig, wenn man an die Situation ringsherum denkt! Nur ab und zu überfliegen Sowjet-Kampfflugzeuge in größerer Höhe den Raum, auf dem Rückweg von der Front in Mecklenburg zu ihren inzwischen nach Hinterpommern nachgezogenen Feldflugplätzen.
So bleibt für uns Zeit, die Insel zu durchstreifen, wobei wir am Strand den Rumpf einer V2-Rakete entdecken, die wohl als Versager nach dem Abschuß in Peenemünde hier abgestürzt ist.
AF 75 und AF 77 von der 5. A-Flottille werden zu ihrer Flottille nach Swinemünde befohlen.
Ganz anders geht es an diesem 3. Mai dagegen bei den Kaseburger Booten her! Da Stoßtrupps der 86. Schützendivision am 2. Mai abends die Bildung eines kleinen Brückenkopfes beim vom 6. Insel-Bataillon verteidigten Karnin gelungen ist, werden AF 104 und AF 107 sofort alarmiert und laufen kurz nach Mitternacht durch die Kaiserfahrt nach Süden und das Kleine Haff wieder Richtung Achterwasser. Auf der Fahrt noch durch die Dunkelheit zeigen sich auf AF 107 Störungen an der MKF-Anlage, die durch Berührungen am Vortage mit an der Hubbrücke herunterhängenden Starkstromkabeln herrühren dürften und ein ungenaues Steuern verursachen.
Weil dann auch noch Nebel aufkommt, muß zwei Seemeilen vor Karnin geankert werden. Als es wieder aufklärt, kann ein erneuter Übersetzversuch eines Stoßtrupps mit rund 20 Mann abgeschlagen werden. Um 6.45 Uhr gehen die Boote »ankerauf« und nehmen um 7.20 Uhr zwei in der Nähe der Brücke liegende Beton-Schuten, auf denen sich sowjetische Beobachter mit Granatwerfern eingerichtet haben, unter gut beobachtetes Wirkungsfeuer. Nach dem Niederkämpfen dieser Gegner setzt man sich etwas ab und wartet die weitere Entwicklung vor der Einfahrt zum Usedomer See ab. Dazu ankern die A-Träger von 8.10 bis 10.05 Uhr. Als die Sowjets wieder aktiv werden, eröffnen AF 104 und AF 107 gegen 10.10 Uhr erneut das Feuer auf die Beton-Schuten, die zahlreiche Treffer

erhalten. Außerdem wird ein gut zu leitendes Wirkungsfeuer auch auf dahinter liegende Pak-Stellungen und Floß-Ansammlungen in den Kamper Wiesen gelegt. Dabei liegt die Karniner Brücke ständig unter schwerem eigenen und feindlichem Artilleriefeuer.
Weil die Munition zur Neige ging, müssen die A-Träger das Feuer gegen 10.25 Uhr einstellen und sich absetzen, zumal beim Gegner keine Aktivitäten mehr zu beobachten sind.
Die Boote bleiben aber in der Nähe und ankern etwas weiter östlich in einer Bucht bei Gummin bzw. Stolpe. Dabei werden sie kurz nach 14.00 Uhr von fünf Schlachtflugzeugen vom Typ IL 2 mit Bordwaffen angegriffen. Das konzentrierte Abwehrfeuer zwingt die Flieger zu ungezielten Bomben-Abwürfen.
20 Minuten später wird ein erneuter Angriff von vier »Schlächtern« und zwei Jägern mit Bomben und Bordwaffen abgeschlagen. Die Boote gehen danach »ankerauf« und treten den Rückmarsch nach Swinemünde an, wobei sie starke feindliche Luft-Tätigkeit und weitere Angriffe mit Bomben und Schlachtfliegern erleben. Außerdem werden sie noch gegen 16.00 Uhr aus dem Raum Neuwarp mit Pak und Artillerie beschossen. Das Feuer wird kurz mit den »Acht-Acht« erwidert.
Die geringen Wassertiefen im nördlichen Kleinen Haff und der weit nach Süden ins Haff ragende »Woitziger Haken« mit weniger als zwei Meter Wassertiefe erzwingen einen Kurs, der bis auf etwa fünf Kilometer an die Festland-Spitze nördlich von Neuwarp heranführt, bevor nach Nordosten zur Einfahrt der Kaiserfahrt abgedreht werden kann. Dazu kommt wenig später ein weiterer Angriff von Schlachtflugzeugen, der aber auch rechtzeitig abgewehrt werden kann und wie die vorhergegangenen Luftangriffe und der Ari-Beschuß ohne Schäden auf den Booten bleibt. So machen AF 104 und AF 107 um 16.30 Uhr unversehrt wieder in Kaseburg fest.
AF 109 wird zu einem Feuerunterstützungseinsatz am Austritt der Dievenow aus dem Stettiner Haff befohlen. Das von Leutnant Gerecke geführte Boot muß jedoch zunächst neue Munition übernehmen und erlebt am 3. Mai während dieser Übernahme in Swinemünde einen heftigen Luftangriff, der dort schwere Schäden im Hafengebiet anrichtet. Doch hat das Boot Glück und kommt ungeschoren davon. Anschließend läuft es in die Alte Swine und vorbei an Lebbin auf Wollin ins Große Haff, zusammen mit einem anderen Fahrzeug. Schon in der Alten Swine erfolgt ein Angriff von fünf IL-2-Schlachtflugzeugen, den Gerecke aber als »halbherzig« und daher ohne Wirkung bezeichnet. AF 109 erzielt bei der Abwehr deutlich viele Treffer, die aber keine Wirkung zeigen. Kein Wunder: Man hat im Swinemünder MAZA (Marine-Artillerie-Zeugamt) Übungsmunition ausgegeben! Weiter östlich im Haff wird dann über längere Zeit mit den 8,8-cm-Geschützen Störfeuer in Richtung Wollin geschossen.
Am Vortage haben nämlich die Sowjets nun auch an der Dievenow-Front an der Ostseite der Insel Wollin die schon lange erwartete Offensive begonnen. Sie können nach einem schweren Trommelfeuer südlich Wollin übersetzen und bei Gaulitz einen Brückenkopf bilden. Hart umkämpft ist dort wegen seiner guten Beobachtungsmöglichkeiten der Galgenberg. Von der Ostsee her unterstützen die Zerstörer Z 38 und Z 39 mit ihrer Artillerie die schweren Kämpfe des Heeres, das auf der Insel nur zwei Infanterie-Regimenter mit schwachen Reserven sowie einige Batterien und auch Flak gegen das 134. Schützenkorps der 19. Sowjet-Armee aufbieten kann. Unterstützung gibt es aber auch nochmals von der 15-cm-Mittelartillerie der LÜTZOW und den drei 17-cm-Geschützen der »Plantagen«-Batterie. Außerdem werden von der LÜTZOW auch noch restliche 28-cm-Granaten zur Dievenow-Front verschossen.
Die Sowjets haben ihre Angriffe auch mit schweren nächtlichen Luftangriffen auf den Raum Swinemünde vorbereitet. Ihre 4. Luftarmee meldete 157 Nachtstarts und den Abwurf von 14 Tonnen Bomben.
AF 109 macht gegen Abend wieder in Kaseburg bei AF 107 fest. AF 104 ist zur Reparatur von Schäden bei den Gefechten im Zusammenhang mit AF 106 nach Swinemünde gegangen und hat dabei auch die Besatzung des aufgegebenen AF 106 an Bord genommen.
Leitgedanke für Dönitz als neuer Reichspräsident ist es, so viele Deutsche wie möglich davor zu bewahren, den Sowjets in die Hände zu fallen. Er ist daher bemüht, zumindest gegenüber den Sowjets die Kapitulation um mehrere Tage hinauszuzögern, strebte aber gleichzeitig Waffenstillstands-Vereinbarungen mit den Briten bei Feldmarschall Montgomery für den nordwestdeutschen Raum an. Der verlangt nach einigem Zögern auch die Einbeziehung der Niederlande und Dänemarks sowie die unversehrte Übergabe von Waffen und Kriegsgerät einschließlich der Kriegs- und Handelsschiffe. Die Flüchtlingstransporte aus dem Osten dürfen aber weiterlaufen. Dönitz bleibt nichts anderes übrig als zuzustimmen. Er ordnet ein Verbot der Waffenvernichtung sowie die sofortige Einstellung des U-Boot-Krieges an.
Die Waffenruhe im norddeutschen Raum wird am 5. Mai 1945, 8.00 Uhr deutscher Sommerzeit, in Kraft treten.
Von alledem bekamen wir natürlich nichts mit, wir sehen weiterhin die Sicherung der Räumung von Swinemünde und der beiden Inseln Usedom und Wollin als unsere Aufgabe an. Auf der Insel Wollin drängten die Sowjets nach der Besetzung der Stadt Wollin gegen hinhaltenden Widerstand des langsam zur Ostseeküste bzw. Swinemünde zurückgehenden Heeres weiter vor. Dabei

verschießt die LÜTZOW ihre letzten 54 schweren Granaten. Auch die Zerstörer können mit Feuer auf die Landenge südlich Misdroy den Gegner noch eine Weile aufhalten. Die Einschiffung der Heereseinheiten ist schon in den letzten Tage sehr sorgfältig und umfangreich von den Landungspionier-Einheiten des Heeres vorbereitet worden.*

*Leider liegen offizielle Aufzeichnungen darüber nicht vor oder sind verlorengegangen. In seiner Dokumentation »Das Landungswesen in Deutschland seit 1900« hat aber Randolf Kugler mit Hilfe von Zeitzeugen versucht, diese Einsätze zu rekonstruieren und damit die hervorragenden Leistungen dieser »seefahrenden Landser« gewürdigt und vor allem vor dem Vergessenwerden bewahrt. Dabei handelte es sich um Einheiten von Landungs- und Sturmboot-Pionieren, die zum Teil schon vorher bei Kolberg, auf der Oder und Dievenow, im Haff und Papenwasser Flüchtlinge wie auch Soldaten häufig in letzter Minute abgeholt und gerettet hatten, dabei selbst aber auch Verluste hatten hinnehmen müssen.

Jetzt haben die Pioniere mehrere Landungsbrücken zwischen Zinnowitz und Bansin sowie zwischen Misdroy und Swinemünde gebaut, außerdem in beiden Bereichen sogenannte »Seeschlangen« postiert, zwischen 75 und 180 Meter Länge schwimmende Landungsgeräte an der freien Küste, sogar mit einer Fahrbahn für rollendes Gerät. Dazu kommen Sturmboote verschiedener Typen in großer Anzahl, Pionier-Landungsboote und natürlich auch Marinefährprähme. Erstere werden vor allem als »Zubringer« zu den in einigem Abstand vor der Küste wartenden Transportern genutzt, oder sie holen letzte Nachhuten aus zurückgebliebenen Brückenköpfen ab oder – wie bei Wolgast – auch Nachzügler.
Am 4. Mai wechseln AF 107 und AF 109 wegen zunehmender und den ganzen Tag anhaltender sowjetischer Luftangriffe – man hat offenbar die angelaufene Räumung erkannt und will sie stören – in die an beiden Seiten baumbestandene Kaiserfahrt über und versuchen sich mit Strauchwerk und Geäst zu tarnen.
Am Nachmittag werden die Boote – AF 104 ist weiterhin in der Werft in Swinemünde – aber doch dreimal mit Bordwaffen, jedoch ohne Nachdruck und kaum gezielt – angegriffen. Im Osten ist verstärkt näherkommender Kampflärm zu hören. Dort holen Pionier-Sturmboote unter dem Feuerschutz von A-Trägern der 5. A-Flottille vom Großen Haff her eine bei Soldemin am Südwest-Ufer der Insel Wollin abgeschnittene Kampfgruppe des Heeres ab. Trotz starken Beschusses beim An- und Abmarsch von den Lebbiner Kalkfelsen kann das Unternehmen ohne Verluste durchgeführt werden. Unabhängig davon setzen die Sowjets auf der Insel ihren Vormarsch mit kräftiger Luftunterstützung fort, der aber doch so verlangsamt werden kann, daß die Einschiffungen über den Strand wie geplant durchgeführt werden konnten.

Verteidigung auf Zeitgewinn

Auch auf Usedom ist es die vordringlichste Aufgabe der Frontverbände des Heeres, den Vormarsch der Sowjets aus ihren Brückenköpfen im Norden gegenüber von Wolgast und im Süden bei Karnin so lange wie möglich aufzuhalten. Günstig dafür ist im Hinblick auf die besonders artilleristisch schwachen deutschen Kräfte die Landenge Zempin-Koserow, die von einem Marine-Bataillon verteidigt wird. Hinter dieser Schutzstellung erfolgen den ganzen 4. Mai über die Einschiffungen über den Strand oder die Seebrücken und »Seeschlangen« zu den draußen wartenden Transportern. Die gleiche Hinhalte-Taktik ist auch im Süden in der Landenge bei Usedom in einer Zwischenstellung bei Stolpe durch das Insel-Bataillon 6 möglich, das nach Erfüllung dieser Aufgabe mit dem letzten Güterzug (!) nach Swinemünde gelangt und dort an Bord des

Ablandungen vom offenen Strand zwischen Misdroy und Swinemünde, Zinnowitz und Bansin retten Tausende von Soldaten vor sowjetischer Gefangenschaft. Im Bild Artillerieträger vom Typ D.
Foto: MOK Ostsee

DRECHTDIJK geht. Auch der Zivilbevölkerung ist es freigestellt, mit den Soldaten die Inseln zu verlassen, doch wird davon nicht viel Gebrauch gemacht.
Swinemünde und die Reede davor – sie ist voller Schiffe – liegen den ganzen Tag über unter rollenden Angriffen sowjetischer Flieger mit Bomben und Bordwaffen, wobei nach sowjetischen Angaben mehr als 100 Flugzeuge verschiedener Typen 135 Einsätze fliegen. Im Gegensatz zu ihren höheren Erfolgsmeldungen werden dabei das Artillerie-Schulschiff HEKTOR und der kleine Flakjäger HUMMEL versenkt. Das Schicksal ereilt auch das Flottentorpedoboot T 36, das in der vorhergegangenen Nacht schon durch einen Grundminentreffer schwer angeschlagen wurde und nun nach zwei Bombentreffern und Verlusten unter der Besatzung durch Bordwaffen-Beschuß aufgegeben und gesprengt werden muß.
Drei weitere Marinefahrzeuge und zwei Handelsschiffe werden ebenfalls zu Totalverlusten. Auch der in der Kaiserfahrt südlich von Swinemünde nach dem britischen Luftangriff am 16. April fahrunklare, auf Grund sitzende Schwere Kreuzer LÜTZOW wird in der Nacht zum 4. Mai gesprengt.
Aufgrund des starken gegnerischen Drucks an den Landfronten entschließen sich Generalleutnant Ansat als Kommandeur des Verteidigungsbereiches Swinemünde und der »SeeKo« Kapitän zur See Rieve, die Räumung schon im Laufe des 4. Mai – und nicht wie ursprünglich vorgesehen bis zum 5. Mai – durchzuführen, zumal ausreichender Seetransportraum zur Verfügung steht. Dazu ergeht um 12.00 Uhr der Befehl, alle Waffen, die nicht mitgeführt werden können, sowie alles Gerät zu zerstören und sich zu den laut »Knobelbecher« vorgesehenen Einschiffungsplätzen zu begeben, was auch ohne besondere Probleme und Zwischenfälle durchgeführt werden kann. Diese Stellen an der Küste wurden bis zum Abend mit den letzten Granaten gesichert und abgeschirmt.
Der auf der Greifswalder Oie postierte Teil unserer Flottille liegt an diesem 4. Mai weiter in Bereitschaft, doch der erneute Versuch, der Infanterie vor dem Wolgaster Brückenkopf Artillerie-Unterstützung zu leisten, wird aufgegeben, weil die Front dort inzwischen in Bewegung gekommen ist und nicht mehr genau festgelegt werden kann. Dafür werden aber unsere beiden FLB-Boote mit der Abholung einer etwa 100 Mann starken Einheit auf der Insel Ruden in der Einfahrt zum Greifswalder Bodden beauftragt. Sie sollen dabei auch die Besatzung der Flak-Stände rund um den Flugplatz Peenemünde mitnehmen, aber die haben sich schon nach Süden abgesetzt.
Auf der Oie werden wir Zeugen der lebhaften Aktivitäten der Sowjet-Luftwaffe. Als dabei ein Verband auch mal die Insel anfliegt, haben wir mit der alten Kanal-Taktik, sich nicht durch – zu frühes – Abwehrfeuer zu verraten und womöglich erst auf sich aufmerksam zu machen, wieder Erfolg und bleiben unbehelligt.
Im Laufe des späten Nachmittags geht der Funkspruch mit dem Befehl zur Räumung der Oie und zum Abmarsch nach Kopenhagen ein. Dabei sollen wir noch den Oie-Hafen »sperren« und so auslaufen, daß wir bei Hellwerden das Kap Arkona an der Nordostspitze der Insel Rügen passieren. Auch die beiden KFK werden zu ihrer Flottille nach Rönne auf Bornholm beordert. Unsere Versuche, die beiden Nachrichten-Helferinnen davon abzubringen, sich quasi in die »Höhle des Löwen« zu begeben, nämlich in russische Hände zu fallen, bleiben fruchtlos. Unser Angebot, sie mitzunehmen und nach Westen zu bringen, lehnen sie ab, weil sie »ihren Befehl ausführen müssen«. Nibelungentreue in hoffnungsloser Lage.
AF 107 und AF 109 haben in der Kaiserfahrt den Tag über keine Schiffsbewegungen mehr beobachtet und erhalten ebenfalls am Nachmittag den Befehl zum Auslaufen nach Kopenhagen. Sie legen dazu gegen 21.30 Uhr ab, wobei AF 109 das andere Boot in Schlepp nehmen muß, da es Schwierigkeiten mit der Maschinen hat – vermutlich infolge einer Störung im Kühlwasser-System. Dabei machen die beiden Boote in der Dunkelheit noch in Osternothafen gegenüber von Swinemünde fest, da dort eine große Zahl Heeressoldaten auf Mitnahme wartet. Als je Boot rund 300 Landser an Bord genommen worden sind, meldet AF 107 gegen 22.30 Uhr die Maschine auch wieder klar. Gleichzeitig werden vom Osten her – auf der Insel Wollin – bereits deutlich die Geräusche näherkommender Panzer gehört! Im Bereich der an vielen Stellen brennenden Stadt und des Hafens sehen beide Kommandanten zu dieser Zeit keine Schiffe mehr, dafür sichten sie aber nach Passieren der Molenköpfe zahlreiche kleine Boote, die vor allem mit Soldaten besetzt sind, die nach Möglichkeit auch noch an Bord genommen werden.
Schon etwas früher hat das Gros des Evakuierungsverbandes unter dem Führer der Zerstörer, Vizeadmiral Kreisch, auf Tender JAGD u. a. mit den Zerstörern Z 34, Z 38 und Z 39, dem Torpedoboot T 33 sowie den Minensuchbooten M 203 und M 444 als Sicherung von fünf Transportern den Marsch nach Kopenhagen angetreten. Dazu kommt aber noch eine ganze Reihe anderer kleinerer Einheiten wie die Schnellboote S 60 und S 127, Räumboote der 14. R-Flottille und andere mehr. Nicht zu vergessen sind die zahlreichen MFP, die in erster Linie Heeressoldaten am Strand oder an Stegen bzw. Brücken an Bord genommen haben. Außerdem werden auch hier wieder noch bis Mitternacht Nachzügler und Versprengte von Pionier-Sturmbooten abgeholt.

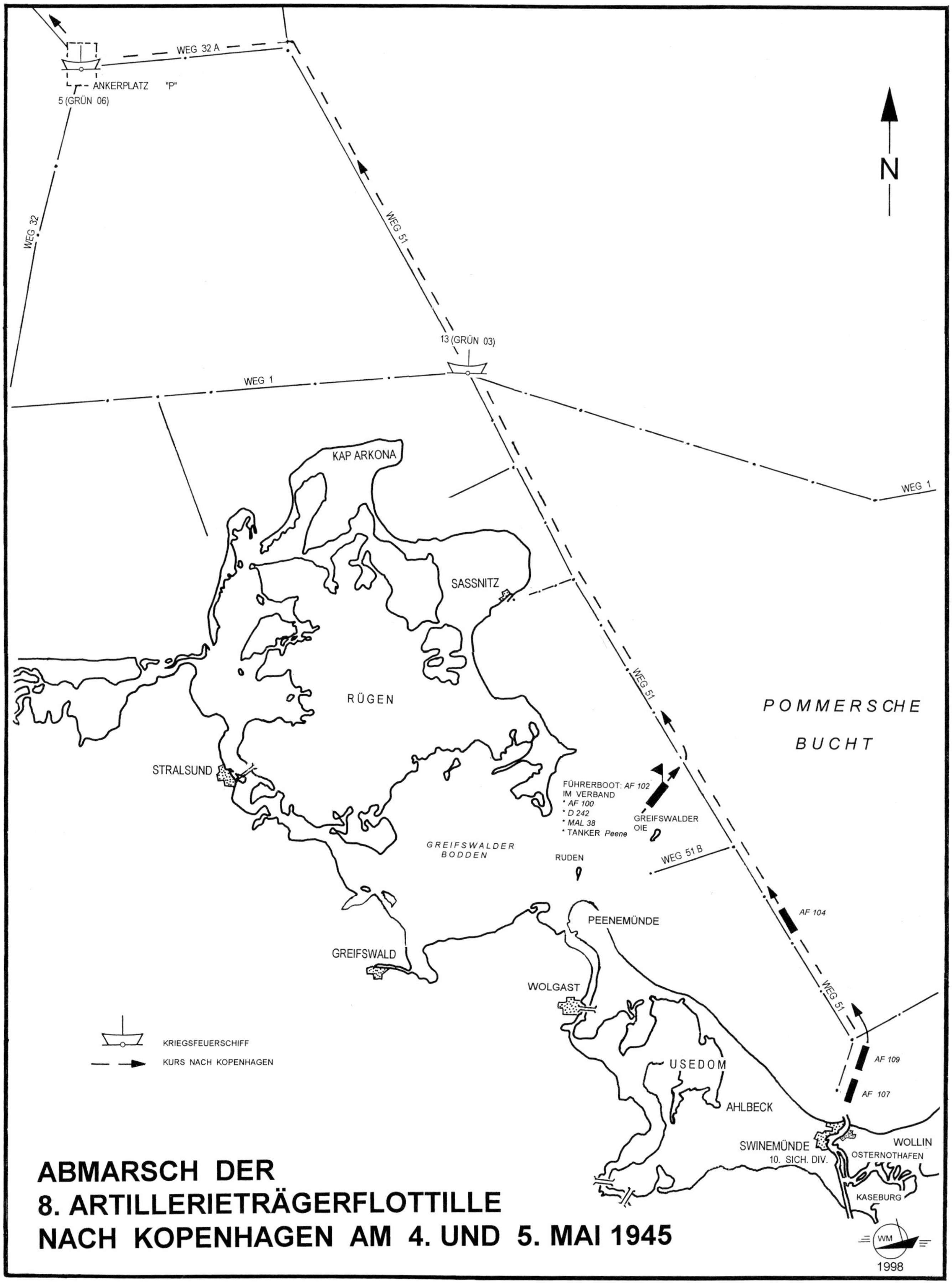

ABMARSCH DER
8. ARTILLERIETRÄGERFLOTTILLE
NACH KOPENHAGEN AM 4. UND 5. MAI 1945

Operation »Knobelbecher«

Während bei den Vorbereitungen und detaillierten Planungen der Operation »Knobelbecher« von rund 30 000 Soldaten im Verteidigungsbereich ausgegangen wurde, zeigt sich jetzt bei der Verwirklichung, daß sogar 35 000 Personen in Sicherheit gebracht werden müssen. Aber es zeigt sich auch, daß selbst im 6. Kriegsjahr und unter ungünstigen Umständen und Voraussetzungen angesichts gewaltiger Überlegenheit des Gegners dank fähiger Planer – in guter Tradition deutscher Generalstäbler – bei allem Chaos ringsherum entschlossene und standfeste Truppenführer der deutschen Wehrmacht solch eine schwierige Aufgabe mit vollem Erfolg lösen können. Die Aktion »Knobelbecher« paßt daher gut zu der berühmteren, weil bekannter gewordenen Aktion »Rettung über See«, in der seit Anfang 1945 bis Kriegsende weit mehr als zwei Millionen Menschen – in erster Linie Flüchtlinge und Zivilpersonen – aus den deutschen Ostgebieten vor der Roten Armee über die Ostsee nach Westen in Sicherheit gebracht wurden.

Für den befohlenen Marsch nach Kopenhagen verlassen wir gegen 22.00 Uhr den kleinen Hafen auf der Greifswalder Oie. Zu seiner Blockierung wird die Schwimmramme in der ohnehin recht engen Einfahrt versenkt. Während wir – AF 102, AF 100 mit der Schute voll Munition im Schlepp sowie MAL 38, die beiden FLB-Boote, das Werkstattschiff TRITON und der Tanker PEENE – bei ruhiger See und guter Sicht abgedunkelt auf dem Zwangsweg 51 östlich der Insel Rügen nach Norden ablaufen, geht der Funkspruch ein, der die Waffenruhe gegenüber den Briten ab 5. Mai, 8.00 Uhr, ankündigt.

Auch wenn wir aufgrund der Entwicklung in den letzten Tagen damit rechnen mußten, trifft uns diese Nachricht doch tief!

Die Stimmung auf der Brücke wird sehr einsilbig, die Gespräche werden auf das Nötigste beschränkt.

Jeder hängt seinen Gedanken nach, wie das nun alles weitergehen wird.

In dem uns in See in der Nacht vom 4. zum 5. Mai über die kurz bevorstehende Waffenruhe unterrichtenden Text des Funkspruchs ist auch kein Hinweis auf den Bereich ihrer Gültigkeit enthalten. Es handelt sich nur um eine militärisch knappe Information und Anweisung. An eine Teil-Kapitulation denken wir noch gar nicht, wir wissen ja nichts von solchen Möglichkeiten.*

*Wie wir heute wissen, hatte Montgomery bei den Verhandlungen darauf bestanden, auch die deutschen Streitkräfte in Holland und Dänemark in das Kapitulationsgebiet aufzunehmen. Komplizierter stellte sich seine Forderung nach Einbeziehung auch aller Schiffe in die Niederlegung der Waffen dar, doch gewann Generaladmiral von Friedeburg bei diesen Gesprächen, nachdem er auf die deutsche Dringlichkeit zur Fortsetzung der Abtransporte vor allem über die Ostsee hingewiesen hatte, den Eindruck, dass Montgomery in dieser Angelegenheit »kein Unmensch« sei, aber Wert darauf lege, dass keine Zerstörungen oder Versenkungen von Kriegsschiffen im Kapitulations-

Oben: *Luftaufnahme der vor dem Greifswalder Bodden, zwischen den Inseln Usedom und Rügen liegenden, Greifswalder Oie, dessen kleiner Hafen (vorne) letzter Liegeplatz der 8. A-Flottille im Kriege war.* *Foto: Michael Welder*

Rechts: *Überfüllte Marinefährprähme und Artillerieträger voller abgelandeter Soldaten. Die Bilder entsprechen jenen bei der Krimräumung im Vorjahr 1944.* *Foto: Willi Kamphenkel*

raum erfolgten. So schöpfte Dönitz aus Friedeburgs Berichterstattung die Hoffnung, dass es zumindest möglich sein werde, die bereits in See befindlichen Schiffe weiter nach Westen laufen zu lassen.
Dönitz war dabei aber auch klar, dass die geforderte Auslieferung der Kriegsschiffe gegen gute Traditionen unserer wie auch der Marinen aller anderer Nationen verstossen würde. So hatte bekanntlich nach dem Ersten Weltkrieg die deutsche Marine durch Versenkung der Flotte in Scapa Flow versucht, diesem Ehrengesetz gerecht zu werden. Daher müsse Dönitz jetzt zur Rettung ungezählter Deutscher, wie es aus seinen Erinnerungen »Zehn Jahre und zwanzig Tage« hervorgeht, die Übergabe der Schiffe anordnen, auch um eine Wiederaufnahme der alliierten Luftangriffe zu verhindern. Denn Montgomery hatte, als er von der deutschen Übergabe-Absicht erfuhr, die Luftangriffe sofort einstellen lassen. Dementsprechend erteilt Dönitz dem OKW den Befehl, die Vernichtung von Waffen zu verbieten, und der Chef der inzwischen auch in den Raum Flensburg-Mürwik verlegten Skl. erhält die Anweisung, das für die Versenkung von Schiffen vorgesehene Stichwort »Regenbogen« nicht in Kraft treten zu lassen.
Aus persönlicher Sicht muss ich hierzu bemerken, dass ich bis dahin nie etwas von diesem Stichwort und seiner Bedeutung gehört hatte, obwohl es seit Anfang des Krieges existierte und eigentlich allen Einheitsführern bzw. Kommandanten bekannt sein sollte! Als daher am 5. Mai der Funkspruch »Stichwort Regenbogen nicht in Kraft« auch bei uns einging, herrschte auf der Brücke von AF 102 betretenes Schweigen, denn keiner wusste damit etwas anzufangen. Ehe ich aber die sicherlich peinliche Rückfrage »Was ist Regenbogen?« absetzen konnte, traf schon ein neuer aufklärender Funkspruch ein: »Versenkung deutscher Kriegsschiffe laut ›Regenbogen‹ auf keinen Fall durchführen, da dann mit Repressalien für das deutsche Volk gerechnet werden muss. Alte Ehrbegriffe gelten in diesem Fall nicht. Dönitz.«

Ich muß in diesem Zusammenhang betonen, daß wir in diesen schwierigen und auch kritischen Stunden vorzüglich und umfassend durch zahlreiche Funksprüche über die ganz neue Situation und die damit verbundenen Notwendigkeiten sowie Hintergründe informiert werden, was mir – und sicher anderen auch – die Führung ganz entscheidend erleichtert. In unserer Fähnrichs-Ausbildung sind wir zwar gut auf unseren »Beruf« vorbereitet worden, – nicht zum Lehrstoff gehörte damals aber das Verhalten bei und nach einem verlorenem Krieg bzw. bei einer Kapitulation!
In der Morgendämmerung dieses geschichtlich denkwürdigen 5. Mai 1945 passiert unser Verband an Backbord-Seite Sassnitz auf der Insel Rügen, über dessen Hafen gerade die letzten Evakuierungen der Insel, auch über See, in Richtung Dänemark vor sich gehen.
Mit zunehmender Helligkeit sind auf unserem Kurs gen Norden um uns überall in die gleiche Richtung laufend Schiffe aller Typen und Größen zu erkennen, die aus der Pommerschen Bucht kommen und mit abgelandeten Soldaten besetzt, zum Teil sogar überfüllt sind. Viele schließen dank höherer Geschwindigkeit nach und nach an unseren kleinen Verband in Marschformation »Toni Gelb« heran. Dazu gehören auch mehrere Marinefährprähme, auf denen die Soldaten dichtgedrängt stehen.
Von unseren Swinemünder A-Trägern AF 107 und AF 109 liegt mir ein Funkspruch mit ihrer Auslaufmeldung vor, aus der ich schließen kann, daß sie im Abstand von etwa zwei Stunden hinter uns folgen. Der A-Träger AF 104, der noch am 3. und 4. Mai in Swinemünde Reparaturen von den Kämpfen bei Wolgast durchführen ließ, hat schon am späten Nachmittag des 4. Mai Swinemünde zusammen mit anderen Einheiten verlassen können.
Zum Zeitpunkt der Waffenruhe gegen 8.00 Uhr stehen wir etwa querab vom Kap Arkona. Dort wird der aus Swinemünde mitgeschleppte, mit Munition als »eiserne Reserve« beladene Leichter mit einigen Schüssen aus der 3,7-cm-Kanone in die Wasserlinie versenkt, da er nun ja überflüssig geworden ist und den Verband ohnehin nur noch behindern würde.
Wenig später passiert uns voraus in gut zwei Seemeilen Entfernung von Nordwest kommend – aus Kopenhagen – mit Kurs Ost und hoher Geschwindigkeit ein für diese Zeit ungewöhnlich großer Geleitzug, ein ungemein beeindruckendes Bild, wie ich es in dieser Form in meiner ganzen Marine-Zeit nie gesehen habe – allenfalls beim Kanal-Durchbruch von SCHARNHORST, GNEISENAU und PRINZ EUGEN im Februar 1942, den ich damals vor Boulogne erlebte.
Heute aber, am 5. Mai, frühmorgens vor Kap Arkona, handelt es sich aber um ein Schnell-Geleit mit Kurs Hela, bestehend aus den Schiffen CEUTA, ISAR, LINZ, NAUTIK, POMPEJI und dem zum Kadettenschulschiff umgestellten Hilfskreuzer HANSA, gesichert von den Zerstörern HANS LODY, FRIEDRICH IHN, THEODOR RIEDEL und Z 25 sowie den Flottentorpedobooten T 17, T 19, T 23 und T 35, zu denen später bei Bornholm noch T 28 stößt. Sie können noch am späten Abend desselben Tages vor Hela weitere 43 000 Soldaten vor dem Zugriff der Sowjets retten und nach Dänemark bringen.*

---

*Ein gleicher Einsatz erfolgt auch noch am 7./8. Mai, so dass die Zahl

Bis zuletzt sind in der Weichselniederung auch Artillerieträger beim Rettungseinsatz. Sie bringen Soldaten und Flüchtlinge zu den vor Hela ankernden Transportern. Das Foto zeigt einen von ihnen nach Fliegerangriff brennend. AF 21 von der 3. A-Flottille, rechts im Bild, fährt noch immer mit »Pagode« wie auch andere Boote der »7. A«.   Foto: Adolf Hermann

der Geretteten buchstäblich in den letzten Minuten auf 65 000 bis 70 000 kommt!

Beim Betrachten dieses seltenen »maritimen Schauspiels« kommt mir ganz unwillkürlich der Gedanke: »Warum das alles eigentlich noch? Jetzt herrscht doch Waffenruhe, die bei der militärischen Lage Deutschlands praktisch das Ende des Krieges bedeutet?«
Daß die allgemeine Kapitulation der deutschen Wehrmacht – aber an der Ostfront – erst am 9. Mai, 0.00 Uhr in Kraft treten wird, ist uns allen noch nicht bekannt.*

*Erst später wurde bekannt, dass die Briten mehr oder weniger stillschweigend das Weiterlaufen dieser Rückhol-Transporte bei den Verhandlungen über die Teil-Kapitulation im Norden gebilligt hatten. Und das mit ihr verbundene An- und Festhalten aller Schiffe in den deutschen und dänischen Häfen wird damit umgangen, dass die deutschen Kriegs- und Handelsschiffe in diesen Tagen nicht mehr in die Häfen einlaufen und festmachen, sondern auf Reede ihre »menschliche Ladung« an andere Schiffe abgeben und dann zur nächsten Rettungsaktion auslaufen, solange dafür noch Zeit zur Verfügung steht. Tatsächlich befanden auch wir uns damals in einer Art »Grauzone« ...

Viel »Fortune« gehabt

Bei diesem Sinnieren ziehe ich unwillkürlich auch eine ganz persönliche Bilanz, bei der ich an mir heruntersehend feststelle, daß ich diesen ganzen in den letzten Jahren zum Lebensinhalt gewordenen »Schlamassel« von den ersten scharfen Schüssen 1939 vor Hela, dann in Dänemark, Norwegen, den Niederlanden, Belgien sowie in Frankreich an der Kanalfront, weiter im Schwarzen Meer bis hin zum Kaukasus und schließlich wieder im Kanal bei der alliierten Invasion und nun hier in meiner Heimat, dem »abgebrannten Pommernland«, von kleinen Schrammen abgesehen, unbeschadet überstanden habe! Dabei kommt mir auch gleich die erst vor wenigen Tagen zitierte und mir zugesprochene »Fortune« wieder in den Sinn, bis ein Funker zur Vorlage eines Funkspruches an mich herantritt und mich in die rauhe Wirklichkeit zurückruft! In den nächsten Stunden unserer von schönem, ruhigem Wetter begünstigten Fahrt ins Ungewisse sorgen zahlreiche weitere Funksprüche dafür. Sie enthalten in erster Linie weitere Verhaltensmaßregeln und Anordnungen der Westalliierten, aber auch Anweisungen für Kontakte mit deren Vertretern sowie Informationen über die Situation und Einschätzungen der weiteren Entwicklung. Gerade letztere führen dazu, daß sie nach dem höheren Geheimhaltungsgrad »Schlüssel M Offizier« verschlüsselt sind und nur von Offizieren nach entsprechenden Unterlagen – zweifach – entschlüsselt werden dürfen.
In meiner bisherigen Marinezeit habe ich solche Fälle höchstens zwei- oder dreimal erlebt. Darunter das erste Mal als frischgebackener Oberfähnrich auf R 38, als Leutnant Anhalt als Kommandant mir diese Aufgabe als Lehrstück übertrug, nachdem er mich entsprechend unterwiesen hatte.
Das gleiche Verfahren wende ich jetzt auf AF 102 an, indem ich den Kommandanten zusammen mit dem »Oberfähnrich zur Einweisung« an die Schlüssel-Maschine schicke. Ich muß in diesem Zusammenhang wiederholen, daß die mit diesem komplizierten Entschlüsseln verbundenen Unbequemlichkeiten weit mehr durch daraus resultierende gute und umfassende Informationen in dieser für uns doch ganz neuen und unbekannten Situation aufgewogen werden. Erleichtern sie den Kommandanten wie auch mir die Führung gerade in diesen ersten kritischen Stunden wesentlich und tragen damit auch zur reibungslosen Weiterführung des Bord-Betrie-

bes und Dienstablaufes ohne Zwischenfälle und Reibereien oder Problemen mit den Besatzungen bei.
Als wir gegen Mittag südlich von Trelleborg bei Punkt Grün 05 bzw. 16 nach Westen auf den Weg 32 abgebogen sind und kurz vor dem Feuerschiff »Grün 06« mit Kurswechsel auf Nordwest zur Süd-Einfahrt des Sunds zwischen Schweden und den dänischen Inseln stehen, trifft zum Beispiel auch mit »Schlüssel M Offizier« die Anweisung »An Alle« ein, die (inzwischen) russisch besetzte Ostseeküste nicht mehr bei Tage in Sichtweite zu passieren.
Das liefert natürlich schnell auf der Brücke und dann auch unter der Besatzung neuen Gesprächsstoff für die schon in den letzten Wochen geführte und von der politischen Führung auch geschickt angeheizte Diskussion über den nahe bevorstehenden Bruch zwischen den West-Alliierten und den Sowjets. Und als konsequente Folge dessen wird ein Zusammengehen der Westmächte mit den Deutschen erträumt, um Europa »vor den Bolschewisten«, wie es zeitgenössischer Sprachgebrauch ist, zu bewahren.
Schon vor dem Kurswechsel auf Nordwest ist an Backbord voraus eine Kette von Fahrzeugen aller Art – darunter sogar ein Schwimmkran im Schlepp – zu erkennen, die offenbar aus Mecklenburger Häfen wie Rostock oder Warnemünde, aber vielleicht auch noch aus Stralsund und Plätzen an der Westecke Rügens geflüchtet sind und nun auch nach Norden streben. Dabei halten sich auch viele wohl wegen fehlender Navigationsmittel nicht einmal an den von Minen abgesuchten Zwangsweg, sondern fahren weit entfernt davon »quer über den Acker«. Durch diese Verstärkungen kommt es auf dem letzten Stück des Weges zum Ankerplatz »Drogden Reede« südlich von Kopenhagen zu einem dichten Getümmel.
Dieser Ankerplatz ist schon von weitem durch die ungewöhnlich große Ansammlung von Schiffen und Fahrzeugen aller Art und Größen zu erkennen, die offenbar hier angehalten und versammelt werden, um nicht in Kopenhagen einzulaufen und damit »in die Falle zu geraten«.
Schon beim Näherkommen werden wir von einem Zerstörer mit seinem starken Scheinwerfer angerufen und mit dem Führerboot in seine Nähe zur Meldung beim Admiral westliche Ostsee, Konteradmiral Schubert, befohlen.
Dabei handelt es sich um den vor Hela am 15. April auf der Südreede durch einen sowjetischen S-Boot-Torpedo beschädigten Z 34, zu dem ich auf Rufweite herangehe und meinen Verband dem Admiral westliche Ostsee (AwO) melde. Der Admiral spricht uns seine Anerkennung für die Leistungen in den letzten Tagen aus und gibt mir den Befehl, gleich den Marsch nach Westen nach Flensburg fortzusetzen, etwaige Zivilpersonen jedoch hier an Handelsschiffe abzugeben und dann die Anweisung einzuhalten, nicht bei Tage an der russisch besetzten Mecklenburger Küste vorbeizulaufen. Darauf ja schon vorbereitet, erwidere ich, daß ich den Weg zwischen den dänischen Inseln nach Flensburg wählen werde, dazu aber noch auf die von Swinemünde kommenden drei A-Träger meiner Flottille warten werde, womit man einverstanden ist.
Als diese drei Boote zusammen mit einigen anderen der 5. A-Flottille eintreffen, setze ich mich mit den Meinen über UK-Funk in Verbindung und teile ihnen die Absicht mit, den Marsch nach Deutschland entsprechend Befehl des AwO unverzüglich fortzusetzen.
Da nach Einbrechen der Dunkelheit das Gedrängel an Schiffen noch dichter geworden ist, schalte ich auf AF 102 – erstmalig überhaupt! – die rote Führerlaterne im Top ein, um von meinen Booten erkannt und angesteuert zu werden, wobei sich AF 102 langsam auf »Heimat-Kurs« in Fahrt setzt. Schon nach kurzer Zeit muß ich aber einsehen, daß mein Vorhaben nicht gelingt, nicht zuletzt wegen der durchgehenden Anspannung und Belastung der Besatzungen einschließlich der Kommandanten in den letzten Tagen. Sie sind einfach physisch am Ende. So bleibt mir nur übrig, über UK den Booten Order zum Ankern in meiner Nähe zu erteilen und auf weitere Befehle zu warten. Dazu wähle ich eine Stelle abseits von den anderen Ankerliegern.
Nach dem ausgiebigen Ausschlafen stelle ich befriedigt fest, daß sich alle meine »Igel« dicht um AF 102 an ihren Ankern wiegen. Im Laufe des Vormittags kommen die Kommandanten in ihren Dingis zu einer Lage-Besprechung an Bord, bei der die Swinemünder »Kapitäne« auch schildern, wie es ihnen inzwischen ergangen ist. Gerecke, der Kommandant von AF 109, weiß zu berichten, daß sie nach dem Auslaufen in Swinemünde in der Morgendämmerung vor sich einen größeren Schiffsverband sahen, darunter auch Boote der 5. A-Flottille. Vor Rügen wurde sein Boot noch von einer sowjetischen IL 2 angegriffen, die aber im starken Abwehrfeuer schnell abdrehte. Der Angriff verwunderte nicht, denn mit den Sowjets herrschte zu dieser Zeit noch keine Waffenruhe.
Gegen Abend überholt ihn Kapitän zur See Rieve auf einem R-Boot und ruft uns zu: »Ausspreche Anerkennung, gut gemacht!«*

*Rieves Sohn Hans-Otto sagte mir 1995, dass sein Vater nach dem Kriege in einem Gespräch mit ihm über die damaligen Ereignisse die 8. A-Flottille als »sein bestes Pferd im Stalle« bezeichnet habe.

Wir halten »schwimmenden Kriegsrat« ab. Er erweist sich für mich als äußerst lehrreich. Denn auch die Kommandanten haben sich natürlich in den letzten Stunden intensiv mit unserer neuen Lage beschäftigt. Daher können einige mir jetzt, gestützt auf ihre früheren zivilberuflichen Erfahrungen und Kenntnisse, interessante Analysen und Perspektiven aufzeigen. Dazu solle man sich in die Situation der Sieger versetzen, denen plötzlich riesige deutsche Bestände zugefallen sind. Es läge doch auf der Hand, als erstes zur Bestandsaufnahme eine Inventur aufnehmen zu lassen. Dazu muß ein Stop aller Bewegungen und Verlagerungen ihrer »Kriegsbeute« – einschließlich aller Schiffe – verfügt werden, um eine möglichst genaue Erfassung zu erzielen.

Für uns folgern wir daraus, daß unbedingt versucht werden sollte, vorher in einheimische Gewässer zu gelangen. Ein Festhalten im Ausland kann hinsichtlich der Besatzungen und der persönlichen Habe bei womöglicher Beschlagnahme der Boote und Ausweisung bzw. Internierung oder Gefangenschaft sehr negative Folgen haben (wie sich später an einigen Beispielen auch zeigt). Wir sind uns in dieser Runde einig, die ganz offiziell gewährte Chance des Verlegungsbefehls nach Flensburg zu nutzen. In der Heimat dürfte alles sicher ganz anders aussehen …

Daraufhin lasse ich durch einen Winkspruch »WdL« (Weiter durch die Linie) über verschiedene dazwischenliegende Schiffe dem AwO und dem Seeko meine Absicht übermitteln, den gestern abend befohlenen – aber wegen Erschöpfung der Besatzungen und die sich wegen der Dunkelheit lang hinziehende Abgabe der von Swinemünde mitgebrachten Soldaten an Frachter – Abmarsch der Flottille zwischen den dänischen Inseln nach Flensburg heute nachmittag gegen 16.00 Uhr anzutreten.

Hier auf Drodgen-Reede ist die 8. A-Flottille übrigens endlich mal wieder komplett, wenn man von unserem in Hamburg »verlorenen Sohn« AF 101 absieht.*

Mit in unserem Kreis ist übrigens auch Oberleutnant Bartelt, der mit der Besatzung seines gesprengten AF 106 von Swinemünde von AF 104 mitgenommen worden war. Unser »Seeklar 16.00 Uhr« wird so gewählt, damit wir am nächsten Morgen noch bei Dunkelheit vor dem Grønsund zwischen den Inseln Møn und Falster – gegenüber vom Darß in Mecklenburg – stehen, um sein navigatorisch schwieriges und flaches Fahrwasser dann mit beginnender Helligkeit zu passieren. Als wir kurz vor 16.00 Uhr »ankerauf« gehen, hat sich in unserer Nachbarschaft eine ganze Reihe Marinefährprähme versammelt, die voll mit Soldaten von Usedom und Wollin beladen sind. Sie schließen sich, nachdem wir uns in der Marschformation in Fahrt setzen, uns an. Als meine etwas überraschten Rückfragen ergeben, daß sie mit uns nach Flensburg wollen, ordne ich immer zwei MFP zwischen A-Trägern als Sicherung ein und stelle fest, daß nunmehr etwa 3 000 Mann mitfahren! Durch meinen WdL-Winkspruch zur JAGD und zum Seeko hatten andere unseren Auslauftermin mitsamt Ziel mitbekommen und darin eine gute Gelegenheit gesehen, in die Heimat zu gelangen. Auch die 5. A-Flottille hat sich in Fahrt gesetzt und läuft – dank ihrer etwas höheren Geschwindigkeit – voraus. Offensichtlich sind ihre Kompasse aber nicht so gut wie unsere MKF-Anlagen, denn die Flottille kommt immer wieder vom Weg ab. Ansonsten verläuft die Fahrt ruhig und ohne besondere Vorkommnisse – und erstmalig nicht mehr verdunkelt und mit gesetzten Positionslaternen! Wie geplant und vom Flottillen-Obersteuermann berechnet stehen wir in der ersten Morgendämmerung vor dem Grønsund und passieren ohne Schwierigkeiten das Fahrwasser, wobei wir – wie auch später noch einige Male – besonders Obacht auf den größeren Tiefgang (um drei Meter) des Tankers PEENE geben und für entsprechende Wassertiefen sorgen müssen. Als wir wenig später an Backbord Stubbeköping passieren, blitzt dort im kleinen Hafen ein Morse-Scheinwerfer auf, stellt sich die 14. R-Flottille, Chef Kaleu Nordt, vor und »fragt uns des Weges«. Zugleich mit der Antwort lasse ich mich von einem unserer FLB-Boote zu ihm übersetzen, während unser Verband langsam weiterläuft. Bei Nordt haben sich inzwischen auf seinem Führerboot auch einige, mir aus der Zeit im Kanal meist bekannte Kommandanten eingefunden.

Nachdem Nordt sich genau unseren Marschbefehl hat erklären lassen, schlage ich ihm mit unseren am Vortag diskutierten Argumenten vor, sich uns doch anzuschließen, solange noch Zeit und Gelegenheit dafür sei. Als alter eingefleischter Reichsmarine-Soldat hat er aber Bedenken, weil er keinen entsprechenden Befehl für seine Flottille habe. Darauf weise ich ihn auf die bei uns mitlaufenden MFP hin, die auch ohne direkten Befehl sich uns angeschlossen haben.

So sehr Nordt von seinen Kommandanten bestürmt wird und auch

---

*Nach der Reparatur von Bombennahtreffern noch kurz vor dem Ende der Werftliegezeit bei den Ottensener Eisenwerken war dies Boot unter Leutnant zur See d.R. Niehoff um den 20. April durch den Nord-Ostsee-Kanal nach Kiel zur Restausrüstung, zum Kompensieren und Munitionieren ausgelaufen und hatte sich von dort bei der Flottille klar zum Weitermarsch nach Swinemünde gemeldet. Mit der Störung der Nachrichtenverbindungen in Norddeutschland durch das Vorrücken der Gegner riss dann aber die Verbindung ab. Wie es später hiess, sei AF 101 aufgrund der militärischen Lage im Elbe-Weser-Dreieck zur Sicherung der Übersetzbewegungen von Heeresverbänden über die Unterelbe durch den Kanal zurück nach Brunsbüttel beordert und dort nach der Kapitulation von den Briten beschlagnahmt worden.

zugibt, mit unseren Argumenten übereinzustimmen, kann er sich nicht durchringen, da er beim eigenmächtigen Handeln unangenehme Konsequenzen gerade in dieser Zeit für seine Besatzungen befürchtet. So bleibt mir nichts anderes übrig, als mich mit guten Wünschen von diesen alten Kampfgefährten und Mitstreitern aus der Zunft der »Kanalarbeiter« zu verabschieden.
Am 10. Mai müssen sie ihre Waffen abgeben und einzelbootsweise vor dem Hafen ankern, verlegen dann am 10. Juni nach Kopenhagen und nach Ergänzung der Räumgeräte weiter nach Frederikshavn zur Aufnahme von Minenräum-Arbeiten im Kattegat und Skagerrak.
Während ich meiner Flottille nacheile, stelle ich fest, daß sich auch noch einige andere Einzelfahrer unserem Verband angeschlossen haben, darunter auch ein Schwimmkran. Ob es derselbe ist, den wir schon am Vortag bei Møn beobachtet haben, der es sich inzwischen aber anders überlegt und zu diesem direkten Rückweg entschlossen hat? Ob er aber auch weiß, daß er mit seiner doch erheblichen Höhe möglicherweise bald Probleme beim Unterfahren der großen wie langen Storstrøm-Brücke bekommen kann?
Gegen Mittag kreuzen wir nördlich der Insel Omø den Großen Belt und gehen dann südlich von Nyborg längs der Westseite der Insel Langeland auf Kurs Südsüdwest Richtung Rudköbing. Ich vermeide nach genauem Studium der Seehandbücher ganz bewußt den Weg dicht vorbei an der größeren Stadt Svendborg, um eventuellen Problemen mit den nun aus dem Untergrund aufgetauchten »Widerstandskämpfern« – die ersten hatte ich schon bei dem Kurzbesuch in Stubbeköbing am Rand des Hafens gesehen – aus dem Wege zu gehen. Wenig später geht ein Funkspruch ein, der das Niederholen der Kriegsflagge für 16.00 Uhr befiehlt. Unsere erste Reaktion ist: »Dann müssen wir nun doch noch versenken!«
Das aber wird schon wenig später ausdrücklich durch einen neuen Funkspruch vom OKM untersagt, um Repressalien der Siegermächte zu vermeiden und die noch laufenden Ost-Abtransporte nicht zu gefährden. Auch bei uns setzt sich an Bord nach einigen Diskussionen die Einsicht durch, daß es entgegen den bisher anerzogenen traditionellen Ehrbegriffen in dieser Situation nicht ratsam und zu vertreten ist, durch Versenken unserer Boote rund 3 000 Landser zu gefährden.

»Hol nieder Flagge!«

Entsprechend weise ich auch die anderen Boote an, daß das Niederholen der Flagge in Form einer regulären Flaggenparade vor in »Anzug Blau« angetretener Besatzung zu erfolgen habe. Und von den an Bord seit Kaseburg eingeschifften PK-Leuten lasse ich dann das ziemlich an die Nieren gehende »Hol nieder Flagge!« fotografieren.
Wenig später fliegt eine SPITFIRE den Verband an und umkreist ihn einige Male in etwa 500 Meter Höhe, als ob sie kontrollieren wolle, daß die Flaggen auch tatsächlich niedergeholt sind.
Ungemütlich und kritisch wird es gut eine Stunde später, als sich in Rudköbing am nahe neben dem Fahrwasser verlaufenden Hafen und Ufer wohl fast die gesamte Bevölkerung versammelt hat, darunter zahlreiche »Widerstandskämpfer«, zum Teil mit roten Armbinden und umgehängten Flinten bzw. Gewehren, die uns mit den Fäusten drohen und anschreien. Darauf lasse ich auf allen unseren Booten die Besatzungen – noch im Blauzeug – auf Gefechtsstationen, also alle Bedienungen neben ihren Geschützen – antreten. Diese deutliche Demonstration bleibt nicht ohne Wirkung, auch meine Sorge bleibt, daß einer von den Dänen den Finger am Abzug krümmen könnte, was möglicherweise zu einer Schießerei geführt hätte. Ich habe allerdings vorher angeordnet, daß, wenn das Feuer erwidert werden müßte, dann nur mit den Vierlingen und deutlich über die Dänen hinweg geschossen wird.
Dieser Kelch geht aber an uns und dem gesamten Verband glücklicherweise vorüber, und wir müssen uns jetzt ganz dem engen wie flachen, nur mit Pricken abgesteckten Fahrwasser widmen.
Als wir beim Dunkelwerden an diesem 7. Mai 1945 nördlich der Insel Aero im Kleinen Belt stehen, sind wir uns auf der Brücke schnell einig, daß nun im »Frieden«, wo nicht mehr geschossen wird und uns keine Jabos mehr ihren »Segen von oben« geben, auch nicht mehr die anstrengendere Nachtfahrerei nötig ist. Statt dessen lasse ich gegen 22.30 Uhr ankern, nachdem wir vorher im letzten Tageslicht noch im Norden beobachten können, wie die in Svendborg zuletzt stationierten Schnellboot-Schul-Einheiten auch mit ihren Mutterschiffen den Hafen mit Kurs West zur Flensburger Förde verlassen. Sollte jetzt noch der Befehl zum Stop aller Schiffsbewegungen eingehen, könnte uns niemand hier daran hindern, über den Kleinen Belt in die nahe Geltinger Bucht auf die deutsche Seite zu laufen und die Boote dort notfalls wie einen MFP auf Strand zu setzen!
Statt eines Anhaltebefehls geht in der Nacht ein Funkspruch ein, der uns vom – offenbar schon überfüllten – Flensburg nach Eckernförde umdirigiert. Dazu gehen wir am nächsten Morgen in aller Ruhe um 7.00 Uhr ankerauf und laufen auf dem Zwangsweg vorbei an der Insel Alsen nach Süden. Den gleichen Weg haben auch viele andere aus Dänemark »heim ins Reich« strebende Einheiten und Verbände gewählt, die zum Teil unter lautem Getöse ihre Munition in die Luft verballern oder

Auf dem minenfreien Zwangsweg laufen wir an der Insel Alsen entlang nach Süden und nehmen Kurs auf die Eckernförder Bucht.
Foto. Verfasser

zusammen mit anderen nun überflüssigen Gegenständen ins Wasser werfen! Als wir Schleimünde passieren, werden wir dort von einem dicht hinter der Einfahrt liegenden, hoch aufragenden Fahrgastschiff mit dem Scheinwerfer angerufen. Wir erkennen es als die BARBARA, die »Stabs-Arche« des BdSich, neben der wir noch vor vier Wochen in Kiel-Friedrichsort gelegen haben.
Gegen 14.00 Uhr laufen wir in die Eckernförder Bucht ein, wo uns bald ein Blinkspruch begrüßt: »Einlaufen und Festmachen verboten! Auf der Förde ankern«. Das paßt nun aber gar nicht in unsere Planung, erst recht nicht im Hinblick auf die 3 000 Landser, die nun schon den vierten Tag sich dichtgedrängt und unter ausgesprochen unschönen Bedingungen auf den Fährprähmen aufhalten. Ich befehle daher meinen Booten, auf der Förde zu warten und vorerst nicht zu ankern und auch nicht die Geheimsachen zu vernichten, wozu bisher auch »von oben« ein noch kein Befehl eingegangen ist.
Die MFP entlasse ich zum Absetzen der Landser am Südufer der Förde weit vor der Stadt, was auch prompt besorgt wird. Dabei lese ich aber auch den Winkspruch des vorletzten AF an seinen Hintermann mit: »Fahre bitte über meine Geheimsachenkiste. Sie säuft nicht ab.«
Meine sofortige Rückfrage über das schnelle UK-Gerät ergibt, daß aus dem WdL-Winkspruch von unserer Nummer Drei »Geheimsachen versenken« aufgenommen und ebenso dann weitergegeben worden ist! Reparieren läßt sich diese Panne nun natürlich nicht mehr, sie hat auch keine Folgen, aber sie ärgert mich.
Da ich keine anderen Schiffe, weder auf der Förde noch im Hafen der Torpedo-Versuchsanstalt, entdecken kann, laufe ich langsam deren Pier zur Erkundung der Lage an. Vielleicht gibt es ja hier Möglichkeiten, bleiben zu können. Falls jemand rückfragt, einigen wir uns auf eine unbedingt notwendige Frischwasser-Ergänzung des Bootes. Dazu werden die Schläuche an Oberdeck bereitgelegt. Während AF 102 an der Pier festmacht, sehe ich auf dem freien Gelände bis zum nächsten Gebäude zwei Marine-Offiziere auf uns zukommen, einer davon mit vier Kolbenringen (Ärmelstreifen), der andere mit wenigeren, offenbar der Adjutant. In »voller Kriegsbemalung« gehe ich ihm entgegen und melde mich als »Chef der 8. Artillerieträger-Flottille auf dem Marsch von Swinemünde nach der Räumung in Kopenhagen vom Admiral westliche Ostsee nach Eckernförde befohlen«. Ersteren habe ich inzwischen als Kapitän zur See Rolf Gumprich, meinen Kommandeur 1938 bei der Rekruten-Ausbildung bei der 7. Schiffsstamm-Abteilung auf dem Dänholm bei Stralsund, erkannt.
Er wird dicht gefolgt von einem britischen Jeep, besetzt mit vier Soldaten, davon einer hinter einem vor den Rücksitzen aufmontierten Maschinengewehr.
Gumprich ist sichtlich nervös und fährt mich wie einen Rekruten an: »Was fällt Ihnen ein, hier festzumachen? Haben Sie nicht über die Signalstelle meinen Befehl erhalten, nicht einzulaufen«? Ich weise noch einmal auf den Befehl von Konteradmiral Schubert hin und setze – verärgert über diese Behandlung einer Front-Einheit hier in der hintersten Etappe – hinzu, daß Herr Kapitän beruhigt sein könne, denn wir würden diesen ungastlichen Ort so schnell wie möglich wieder verlassen, dürften aber vorher wohl noch die notwendige Frischwasser-Ergänzung des Führerbootes durchführen und beenden. Er brummelt darauf noch etwas, und ich kehre an Bord zurück. An die Boote gebe ich durch »Weitermarsch nach Kappeln«. Dort treffen wir nach einem erneuten Austausch mit der BARBARA gegen

Abend ein und finden ein dichtes Gedrängel nicht nur von Marine-Fahrzeugen, sondern auch von kleineren Handelsschiffen voller Flüchtlinge vor. An der Pier herrscht auch deswegen große Aufregung, weil sich kurz vorher sich auf einem MFP nach dem Festmachen ein Schuß aus seiner 7,5-cm-Kanone gelöst hat und zahlreiche Opfer unter den Flüchtlingen auf dem nächstgelegenen Schiff verursacht hat. So verwundert es mich auch nicht sonderlich, daß uns auch hier vom Hafenkapitän das Festmachen verboten wird.
Noch einmal will ich mich aber damit nicht abfinden, und während wir noch nach »irgendeinem freien Plätzchen« Ausschau halten, wird die Brücke über die Schlei vor uns für ein auslaufendes Schiff geöffnet. Wir nutzen sofort diese Chance und entdecken hinter der Brücke an der Pier auf der Stadt-Seite Boote der 5. A-Flottille in zwei Päckchen und gehen bei diesen kurzentschlossen und ohne weitere Anweisung längsseits. Vor diesen liegen zahlreiche Minensuchboote vom »Typ 40« der 25. Minensuchflottille.
Im Hinblick auf die wirklich chaotischen Zustände und die auf der Pier mit allen möglichen Sprachen hin- und herwogenden Menschenmassen lasse ich auf unseren Innenbooten »Große Wache« mit zwei Posten, einem Bootsmaat der Wache und einem Läufer, aufziehen. Beim Streifzug längs der Pier am nächsten Tag zusammen mit einigen Kommandanten stelle ich fest, daß der Chef der 25. Minensuch-Flottille neben uns Kapitänleutnant von Haxthausen ist, vorher Chef der 2. A-Flottille, Seit' an Seit' mit uns in Boulogne. Außerdem sehen wir eines der schönen holländischen Fluß-Fahrgastschiffe der KÖNIGIN-Klasse, auf dem jetzt der Admiral westliche Ostsee mit seinem Stab residiert.
Schon an diesem Abend beklagen sich die Kommandanten in unserer Runde über die wenig schönen disziplinaren Verhältnisse nicht nur auf den umliegenden Fahrzeugen, sondern insbesondere auf Booten gleich neben uns, auf denen sich Frauen offenbar für fest aufhalten, während doch alle Zivilpersonen laut Anweisung des Hafenkapitäns ausgeschifft und in Lagern untergebracht werden sollen.
So entsteht der Plan, am nächsten Morgen die beiden FLB-Boote die Schlei aufwärts Richtung Schleswig – eins auf jeder Uferseite – zu schicken, um uns einen geeigneten, vor allem besseren Liegeplatz zu suchen.
Die FLB-Boote kehren am frühen Nachmittag des 9. Mai mit einer Erfolgsmeldung zurück. Hinter Arnis haben sie am Ostufer der Schlei noch vor der Eisenbahnbrücke der Strecke Eckernförde–Süderbrarup–Flensburg einen geeigneten Liegeplatz gefunden. Ein fester Anleger beim Örtchen Sieseby, an dem allerdings noch ein kleiner Tanker liegt, der im Mast das Zeichen gesetzt hat, das auf »gefährliche Ladung« (Benzin?) schließen läßt. Bei der »Lage« am nächsten Vormittag melde ich dem AwO diese Entdeckung und meinen Plan, mit der Flottille dorthin zu verlegen. Dabei bitte ich um die Genehmigung, den Tanker zum Räumen seines Liegeplatzes auffordern zu dürfen, da er mit seiner Ladung die nur gut 100 Meter entfernte Ortschaft Sieseby gefährde. Auch wegen der mit unserem Abzug verbundenen Auflockerung im überfüllten Hafen von Kappeln – noch immer treffen dort Schiffe mit Flüchtlingen und Soldaten ein –, wird mein Vorschlag gebilligt.
Gleich nach der »Lage« verlassen wir Kappeln schleiwärts Richtung Schleswig. »Unser« Tanker PEENE hat sich übrigens schon in Eckernförde selbständig gemacht und ist nicht mehr mit nach Kappeln gekommen. Vor Sieseby bringt mich ein FLB-Boot zu dem Tanker, und ich mache seinem Kapitän klar, daß er wegen seiner gefährlichen Ladung nicht so dicht beim Ort liegen dürfe und auf Anweisung des AwO und des örtlichen Seekommandanten auf der Schlei ankern müsse, was dann auch erfolgt.

Im stillen Winkel der Schlei

Dann legt sich unser Verband mit den fünf A-Trägern, dem MAL, dem Werkstattschiff und den beiden FLB-Booten in zwei Päckchen auf jeder Seite des Anlegers und an seinem Kopf davor. Als Wache werden nur noch ein Maat und ein Posten an der Pier benötigt. Alle scheinen zufrieden, denn hier können wir in Ruhe die weitere Entwicklung abwarten. Für die notwendigen Verbindungen zum Beispiel zur Proviant-Versorgung aus Schleswig sorgen die FLB ebenso wie für etwa notwendigen Verkehr nach Kappeln. Beide Städte sind in gut 15 Minuten zu erreichen.*

*Jeden Vormittag versammelt der Admiral westliche Ostsee auf seiner »Stabsarche« alle Chefs und Einheitsführer in und um Kappeln zu einer Lagebesprechung. Dabei werden aktuelle Fragen und Probleme besprochen und möglichst gleich geregelt, aber auch nützliche Hinweise vieler Art gegeben. Ich nehme diese Gelegenheit gerne wahr, da die dort zusammengekommenen Stabsoffiziere – größtenteils frühere kaiserliche Marineoffiziere, jetzt überwiegend Reservisten – schon einmal 1918 eine Niederlage miterlebt hatten. Diese war darüberhinaus mit einer von der Marine ausgehenden Revolution verbunden. Ich sehe daher für mich eine gute Gelegenheit, von diesen Erfahrungen und ihren Lehren zu profitieren und in diesen ja wahrlich nicht einfachen Tagen

Für die Flottille zu nutzen. Dabei geht es bald auch um wichtige personelle Fragen, wie die Zukunft und Behandlung unserer Besatzungen sowie ihre Entlassung und die dafür vorhandenen Möglichkeiten.

Nach der am 9. Mai 1945, 0.00 Uhr, in Kraft getretenen Gesamtkapitulation der Deutschen Wehrmacht ist am gleichen Tag der letzte Bericht des Oberkommandos der Wehrmacht (OKW) herausgegeben und über den Rundfunk ausgestrahlt worden:
»In Ostpreußen verteidigten die deutschen Divisionen am Dienstag (8. Mai) noch bis zum Äußersten die Weichselmündung und den westlichen Teil der Frischen Nehrung. Vor allem zeichnete sich die 7. Infanteriedivision aus. Für seine vorbildliche Haltung wurde der Kommandeur, General von Gauchen, mit dem Eichenlaub mit Schwertern und Brillanten zum Ritterkreuz des Eisernen Kreuzes ausgezeichnet.
Das Gros unserer Heeresgruppe in Kurland, die unter dem Kommando von Generaloberst Günther monatelang stark überlegenen sowjetischen Panzer- und Infanterieformationen Widerstand geleistet hat und in sechs großen Schlachten standhielt, hat sich unsterblichen Ruhm erworben. Sie hat jede vorzeitige Kapitulation abgelehnt. In tadelloser Ordnung haben die Flugzeugbesatzungen Verwundete und Familienväter weiter nach Westen weggeschafft. Die Offiziere und Stäbe sind bei ihren Truppen geblieben. Um Mitternacht wurden entsprechend den von uns angenommenen Bedingungen die Feindseligkeiten und jede Bewegung eingestellt. Die Verteidiger von Breslau, die zwei Monate lang allen sowjetischen Angriffen trotzten, sind nach heroischem Widerstand im letzten Augenblick der feindlichen Übermacht erlegen.
Auch an der Süd- und Ostfront haben alle Stäbe der Hauptverbände bis nach Dresden Befehl erhalten, das Feuer einzustellen. Der Aufstand der Tschechen in fast ganz Böhmen und Mähren konnte die Durchführung der Kapitulationsbedingungen und unsere Verbindungen in diesem Raum behindern. Das OKW hat bis jetzt keinen Bericht über die Heeresgruppen Löhr, Rendulic und Schörner erhalten.
Weitab vom Vaterland haben die Verteidiger der Atlantik-Stützpunkte, die Truppen in Norwegen und die Garnisonen der Inseln in der Ägäis in Gehorsam und Disziplin die Ehre des deutschen Soldaten gewahrt.
Seit Mitternacht schweigen nun an allen Fronten die Waffen. Auf Befehl des Großadmirals hat die Wehrmacht den aussichtslosen Kampf eingestellt. Damit ist das fast sechsjährige Ringen zu Ende. Es hat uns große Siege, aber auch schwere Niederlagen gebracht. Die Deutsche Wehrmacht ist am Ende einer gewaltigen Übermacht ehrenvoll unterlegen.
Der deutsche Soldat hat getreu seinem Eid im höchsten Einsatz für sein Volk für immer Unvergeßliches geleistet. Die Heimat hat ihn bis zuletzt mit allen Kräften unter schwersten Opfern unterstützt. Die einmalige Leistung von Front und Heimat wird in einem späteren gerechten Urteil der Geschichte ihre endgültige Würdigung finden.
Den Leistungen und Opfern der deutschen Soldaten zu Lande, zu Wasser und in der Luft wird auch der Gegner die Achtung nicht versagen. Jeder Soldat kann deshalb die Waffe aufrecht und stolz aus der Hand legen und in den schwersten Stunden unserer Geschichte tapfer und zuversichtlich an die Arbeit gehen für das ewige Leben unseres Volkes.
Die Wehrmacht gedenkt in dieser Stunde ihrer vor dem Feind gebliebenen Kameraden. Die Toten verpflichten zu bedingungsloser Treue, zu Gehorsam und Disziplin gegenüber dem aus zahllosen Wunden blutenden Vaterland.«
Der Ankündigung dieser Gesamtkapitulation vom 7. Mai in zwölf Ausfertigungen an die Führungsspitzen der Wehrmacht hatte Dönitz für die Heeresgruppe Kurland und für das Armee-Oberkommando Ostpreußen hinzugesetzt: »Alle bis zum 9. Mai, 1.00 Uhr, gegebenen Möglichkeiten zum Abtransport über See sind unter äußerster Anspannung aller Kräfte auszunutzen. Die Schiffe müssen bis zu diesem Zeitpunkt ausgelaufen sein.«
Und über die Einstellung der Feindseligkeiten gibt das Oberkommando der Wehrmacht im Auftrag von Großadmiral Dönitz allgemein bekannt:
»Am 9. Mai 1945, 0.00 Uhr, sind auf allen Kriegsschauplätzen von allen Wehrmachtsteilen und von allen bewaffneten Organisationen oder Einzelpersonen die Feindseligkeiten gegen alle bisherigen Gegner einzustellen. Jede Zerstörung oder Beschädigung von Waffen und Munition, Flugzeugen, Ausrüstung, Gerät jeder Art sowie jede Beschädigung oder Versenkung von Schiffen widerspricht den vom OKW angenommenen und unterzeichneten Bedingungen und ist im Gesamtinteresse des deutschen Volkes mit allen Mitteln zu verhindern. Diese Bekanntmachung gilt für jedermann als Befehl, der auf dem militärischen Dienstweg einen solchen nicht erhalten sollte. Vom 9. Mai 1945, 0.00 Uhr, ab ist ferner auf sämtlichen Funklinien aller Wehrmachtsteile nur mehr offen zu funken.«
Diese Funksprüche sind bewegend, sie beschäftigen uns lebhaft. Und doch schlägt plötzlich um uns herum etwas durch, was wir gar nicht mehr kennen: Frieden!
Schon unser Anlegen in Sieseby hatte viele dort Wohnende und Neugierige angelockt. Daraus entwickeln sich unerwartet rasch zahlreiche Kontakte mit der Bevölkerung. Bald kommen die Leute zu uns an Bord, sprechen mit den Besatzungen und engagieren viele zur Hilfe in der Landwirtschaft

und Betrieben. Der FloIng schickt seine Techniker zu Reparaturen defekter Landmaschinen und anderer Geräte sowie Installationen. Wenig später fahren dann auch die Trecker vor den Booten auf, wenn kompliziertere Arbeiten mit Hilfe der reichhaltigen Maschinen-Ausstattung des Werkstattschiffes nötig sind.
Inzwischen werden sogar leere Munitions-Bereitschaftsspinde gerne mitgenommen und zu Kaninchenställen umfunktioniert. Auch unser Doktor ist bald lebhaft gefragt und richtet jeden Vormittag eine Revierstunde auf dem Arzt-Boot ein. Die wartenden Kinder nutzen die Vierlings-Lafetten, deren 2-cm-Rohre ausgebaut sind, als Freiluft-Karusells! Und da die Entlohnung unserer »Lords« in Naturalien erfolgt, bedeutet das eine willkommene Bereicherung unserer Verpflegung, zum Beispiel mit Milch und Butter.
In der zweiten Mai-Hälfte setzen die ersten Entlassungen ein, vorerst für bestimmte, zum Wiederaufbau besonders gebrauchte Berufe, verbunden auch mit Angabe der Regionen, in die entlassen werden darf.
Das führt auch dazu, daß mich bei einer Lage beim AwO Haxthausen anspricht und fragt, ob ich zu ihm als Kommandant eines Minensuchbootes kommen wolle, da die bisherigen Reservisten entlassen werden wollen, die Flottille aber zum Räumen der in den letzten Jahren in der Nord- und Ostsee geworfenen Minen herangezogen werden dürfte, und dazu in diesen »Jobs« erfahrene Fachleute benötigt würden. Generell sage ich ihm zu, da ich noch keine Verbindung mit meinen Eltern in Berlin und daher auch keine bestimmte Zukunftsperspektive habe. Der Termin zum Wechsel dürfte allerdings vom Stand der Entwicklung bei meiner Flottille abhängen, womit Haxthausen auch einverstanden ist.
Schon einen Tag nach unserer Verlegung auf die Schlei treffe ich bei der Lagebesprechung Kapitänleutnant Hans-Joachim Merks, Chef der 2. R-Flottille, der auch noch aus der Ostsee bzw. von Hela nach Kappeln gekommen ist. Auch »Jochen« ist ein guter alter Bekannter und Freund von mir, waren wir doch schon 1940 beide zusammen Kommandanten in der 3. R-Flottille. Am nächsten Tag verlegt er mit seinen Booten zu uns nach Sieseby.
Die Abgabe unserer Munition und Handfeuerwaffen wird von deutschem Personal vorgenommen. Dabei werden den Kommandanten und Flottillenchefs zur »Aufrechterhaltung der Disziplin«, auf die die Briten ohnehin immer wieder besonderen Wert legen, auf ausdrücklichen Befehl der Engländer ihre Pistolen vorerst noch belassen. Ich erhalte darüber hinaus einen Spezialausweis der im dortigen Raum stationierten »Kings own Husars«, der mir nach der allgemeinen Sperrstunde für die Bevölkerung nach 22.00 Uhr (»curfew«) den Aufenthalt auf der Straße zu »dienstlichen Obliegenheiten« erlaubt.
So leben wir praktisch echt »wie auf dem Lande« und können in aller Ruhe die weitere Entwicklung abwarten, über die uns allgemein der Rundfunk laufend informiert. Dazu kommt die spezielle Unterrichtung auf den Lagebesprechungen in Kappeln, die aber mit der Zeit auch weniger Stoff haben und daher nach und nach auf nur alle zwei und später auf noch mehrere Tage gestreckt werden. Auf unseren Booten läuft mit den schrumpfenden Besatzungen ein loser Bordbetrieb u. a. mit den notwendigsten Konservierungsarbeiten und Instandhaltung der benötigten Geräte weiter. Disziplinäre Zwischenfälle treten nicht auf. Es herrschen weiter die auf Sicherungsfahrzeugen und kleineren Einheiten übliche »Zucht und Ordnung«, einschließlich Wache vor den Booten.
Am ersten Sonnabend im Juni, dem 2., am frühen Vormittag, meldet mir der Bootsmann der Wache den Admiral Ruge, der über unsere Boote zum Chef der 2. R-Flottille an Bord gegangen sei. Ich melde mich sofort bei ihm und erfahre, daß er aus Meierwick bei Glücksburg herübergekommen sei, um Kapitänleutnant Merks vor seiner Flottille die Auszeichnung mit dem Ritterkreuz mitzuteilen. »Mangels Masse« unter den provisorischen Bedingungen in Mürwik könne er ihm aber leider diesen Halsorden nicht wie bisher üblich auch verleihen und umhängen! Ich biete meine Aushilfe mit einem von mir im letzten Herbst in Berlin dazugekauften Ritterkreuz an. So kann »Papa« Ruge doch noch eine zünftige Verleihung vor den an Land angetretenen Besatzungen vornehmen.
Seine Fahrt nach Sieseby hat Ruge aber auch mit einem persönlichen Anlaß verbunden, denn in der kleinen Dorfkirche wird anschließend seine erst am 10. Mai geborene Enkelin getauft.
Nach der kurzen kirchlichen Feier schlägt mir Ruge einen Spaziergang um den Kirchhof vor. Dabei erkundigt er sich zuerst nach unseren letzten Einsätzen und berichtet mir dann in überraschender Offenheit von den seinerzeit etwas merkwürdig gebliebenen Umständen um den überraschenden Tod von Feldmarschall Rommel 1944. Ruge gehörte seit November 1943 zum Stab seiner Heeresgruppe B in Frankreich als Marine-Sachverständiger, woraus sich bald auch eine echte persönliche Freundschaft dank offenbar »gleicher Wellenlänge« entwickelte. Ruge glaubte aus seinen vielen vertraulichen Gesprächen mit Rommel Kontakte zu Männern des 20. Juli herausgehört zu haben, deren Motive er zwar teilte, nicht aber ihre Vorgehensweise, da er auf eine politische Lösung setzte. Tragischerweise setzte ihn eine Verwundung bei einem Tieffliegerangriff am 17. Juni während der Fahrt zur Front aber »außer Gefecht«, so daß er in ein Lazarett zurückverlegt werden mußte, um dann ab Anfang August zur restlichen Genesung zu Hause in Herrlingen bei Ulm zu sein.

Mitte Oktober 1944 zitierte man ihn ins Oberkommando der Wehrmacht nach Berlin, um ihm belastende Aussagen hinsichtlich seiner Mitwissenschaft beim 20. Juli vorzulegen. Hitler zwang ihn zum Freitod.

Zwischen Krieg und Frieden

Als allerseits willkommene Abwechslung in unserem ruhigen Auflieger-Dasein wird dank der schon erfreulich warmen Witterung ein mögliches Wassersportfest geplant. Dafür wird ein Sonntag, der 3. Juni, gewählt, da an diesem Feiertag alle unsere »Landarbeiter« frei haben und an Bord sind. Dieser Umstand der allerdings inzwischen geschrumpften Flottillen-Personalstärke soll dann auch gleich zu einer anschließenden Abschiedsmusterung genutzt werden. Zu dieser unserer »Schlei-Olympiade« – Berlin 1936 hatte diese Art Sportveranstaltung erst richtig in Deutschland bekanntgemacht und war unserer Generation noch in bester Erinnerung – werden die A-Träger am Tag vorher so verholt, daß sie mit ihren rund 50 Meter langen Rümpfen ein großes viereckiges Schwimm-Stadion bilden, in dem dann am Sonntag vormittag verschiedene Wettbewerbe im Einzel- und Staffelschwimmen, Turmspringen von der Signalgasten-Nock auf einem Ruderhaus, Wasserball-Spiele – auch Boote gegen Boote – sowie Clownerien stattfinden.
Alles begleitet von einer gekonnten Moderation durch die weiter bei uns eingeschifften, von ihrer Rundfunk-Tätigkeit her sprachgewandten PK-Männer aus Gotenhafen über eine fachkundig von unseren Funkern – der »Intelligenz der Flotte« – über alle Boote verlegten Lautsprecheranlage, die die Zuschauer ringsum auf den Booten einschließlich der Dorfbevölkerung zu wahren Anfeuerungsstürmen und Beifall hinrissen! So sind zumindest diese Stunden über die aktuellen Sorgen und Tagesprobleme schnell vergessen und einer allgemeinen Heiterkeit und gelungener Unterhaltung gewichen. Dadurch fällt es auch leichter, nach einer zünftigen Siegerehrung mit provisorisch gebastelten Medaillen und Preisen die anschließende, naturgemäß doch mit etwas Wehmut belastete Abschiedsmusterung mit den vor den Booten noch einmal in Blauzeug angetretenen Besatzungen über die Runden zu bringen. Der Situation entsprechend – und ohnehin nicht für lange Reden taugend – beschränke ich mich auf den Dank an die »Lords« für ihre in der Flottille in allen Lagen und unter häufig sehr schweren sowie harten Bedingungen gezeigte Einsatzbereitschaft und -freudigkeit und dadurch möglichen Leistungen, auf die alle trotz der jüngsten Entwicklungen auch in Zukunft stolz sein können. Da für die meisten von uns die Zukunft noch recht gewiß ist – und für unser Vaterland erst recht – kann ich nur Gutes hoffen und wünschen. Mit dem letztmaligen Abschreiten der Front ist diese kurze Zeremonie beendet.
Es ist ein Abschied, das spüren wir alle.
Die nach erlernten Berufen gestaffelten Entlassungen reißen uns immer weiter auseinander. Und ich weiß, daß auch für mich die Stunde geschlagen hat, wenn auch in anderer Form.
Mich entläßt der Krieg noch nicht gänzlich. Ich werde das Minensuchboot M 328 als Kommandant übernehmen, denn es gilt, das drückendste Erbe des Seekrieges aus der Welt zu schaffen und das Teufelszeug beiseitezuräumen, das in Gestalt von rund 400 000 Seeminen aller Art die Schiffahrtswege und Fischereifangplätze gefährdet.
Pathos ist nicht angesagt, Sentimentalitäten helfen nicht weiter, wenn jetzt eine auf Tod und Leben fest zusammengewachsene »Familie« der Blauen Zunft auseinandergerissen wird.
Die Tage der 8. Artillerieträger-Flottille sind gezählt. Die Männer werden ebenso wie ihre Boote in alle Winde verweht.
Und bald wissen wir es genau: Noch im Juli 1945 werden unsere A-Träger, zum Teil von ihren angestammten Kommandanten und von den Restbesatzungen nach Kiel überführt und dort der Royal Navy als Kriegsbeute übergeben, wo AF 104, 107 und AF 109 noch einige Zeit mit freiwilligen Besatzungen für den neugeschaffenen Deutschen Minensuch-Verband (GMSA) in Fahrt bleiben. Im Mai 1947 werden diese drei Boote dem Office of Military Government of the United States (OMGUS) zugeteilt, der militärischen Verwaltungsstelle für die deutschen Beuteschiffe der USA.
Von diesen wird später – am 1. Juli 1948 – der A-Träger AF 104 an die vom ehemaligen Kapitänleutnant Helmut Bastian – zuletzt Divisionsführer bei den Kleinkampfverbänden – gegründete Bremer Reederei Bastian als deren erstes Schiff verchartert. Dazu wird das Boot wie auch die beiden anderen und AF 101 »entmilitarisiert« und zu einem Fracht-Prahm umgebaut.
1951 und 1953 wechselt AF 104 die Besitzer und wird Ende April 1954 vom letzten – R. Priet in Holtenfehn – gekauft.
AF 107 geht Anfang 1948 an das Wasser- und Schiffahrtsamt Minden und wird Mitte 1950 an die Briten zurückgegeben. Ein ähnliches Schicksal hat auch AF 109, das Anfang 1948 zur Wasser- und Schifffahrtsdirektion Duisburg kommt und Ende Mai 1950 zurückgegeben wird.

Das bei der Kapitulation in Brunsbüttel von den Briten besetzte AF 101 wird von der amerikanischen Besatzungsmacht im Februar 1948 an die Gewerkschaftsunion Naphta und Anfang 1950 an das Kalksandsteinwerk Tislau in Hamburg verchartert, welches das Boot im August 1954 erwirbt und ab 1955 als SCHLEPPKAHN C beschäftigt.
AF 100 und AF 102 werden den Sowjets als Kriegsbeute zugeteilt und im Februar 1946 als BAD 13 bzw. BAD 14 von der Baltischen Rotbannerflotte in Dienst gestellt. Bei der Überführung in die UdSSR Anfang März 1946 geht AF 100 jedoch am 5. März 1946 bei Travemünde nach Strandung verloren. Auch der MAL 38 wird 1946 als Kriegsbeute in die UdSSR überführt.
Über das noch in den letzten Kriegstagen südlich Wolgast verlorengegangene AF 106 erfuhr ich nach der Wende von Offizieren der früheren Volksmarine, daß von dem Boot nach seiner Bergung in den fünfziger Jahren der Rumpf bzw. Teile von ihm noch längere Zeit bei der in Wolgast auf Anordnung der Sowjets neu aufgebauten Peene-Werft als Ponton für Neubauten während ihrer abschließenden Ausrüstungsphase gedient habe. Diese Werft entwickelte sich bekanntlich später in der DDR zum Hauptlieferanten ihrer Kriegsschiffe und schließlich mit einem U-Jäger-Typ sogar auch für die UdSSR.
Eine Zukunft hat begonnen, die noch viele Fragen stellen wird – fast ebenso viele wie die eben erst erlebte und durchlittene Vergangenheit.

ANHANG

Die Artillerieträger-Flottillen der Marine

Nach den Unterlagen des Standardwerks Erich Gröner »Die deutschen Kriegsschiffe 1815-1945« waren ab November 1942 insgesamt 142 Artillerieträger praktisch an allen Fronten im Einsatz. Von ihnen gingen nicht weniger als 74 Boote verloren, jeder zweite Artillerieträger also. Diese hohen Verluste lassen erkennen, daß die A-Träger häufig und in zunehmendem Maße an Brennpunkten des Geschehens als »Feuerwehr« gebraucht wurden – sei es zur Sicherung von Geleiten oder zur artilleristischen Verstärkung anderer Sicherungseinheiten, aber auch bei Minenwurf- und Minensuchaufgaben sowie bei den ab 1943 immer häufiger anfallenden Absetzbewegungen sowie beim artilleristischen Eingreifen in Landkämpfe und zum Feuerschutz von Brückenköpfen.
Nach dem ständigen Schrumpfen unserer eigentlichen Seestreitkräfte – mit Ausnahme von U- und Schnellbooten – wurden die A-Träger dank ihrer starken Bewaffnung trotz einiger technischer Unzulänglichkeiten mit der Zeit zur eigentlichen artilleristischen Feuerkraft (heute »power-projection« genannt) der Kriegsmarine im Küstenvorfeld, in dem größere Einheiten – schon Minensuch-, Vorposten- und Torpedoboote – sich wegen der Luftherrschaft der Gegner kaum noch und nur unter Verlusten aufhalten konnten. Auch wenn die A-Träger in der »Grauen Dampfer-Compagnie« wegen ihrer Schiffsform und Schwerfälligkeit manchmal vorschnell belächelt wurden und nicht zu Unrecht den Spitznamen »Plattbugkreuzer« zu hören bekamen, haben ihre Besatzungen ihm stets und bis zuletzt mit unerschütterlicher Einsatz- und auch Opferbereitschaft alle Ehre gemacht!

1. Artillerieträger-Flottille

Die 1. A-Träger-Flottille wird Anfang 1943 in Wesermünde – heute Bremerhaven – aufgestellt. Ihr Chef bleibt bis Kriegsende Korvettenkapitän d.R. Carl Dettmar. Ab Mai erhält diese Einheit ihre ersten Boote und ist dann mit den Booten AF 41 bis AF 50 – in Unterstellung bei der 1. SiDi in den Niederlanden von Rotterdam aus im Einsatz zwischen Vlissingen und Borkum. Im Frühjahr 1944 kommen noch die Boote AF 58, 59 und AF 60 zur Flottille, worauf eine Halbflottille unter Kapitänleutnant Laubenthal gebildet wird, von der AF 58 Anfang Juni in Boulogne nach Bombentreffer sinkt. Ebenfalls nach Bombentreffer kentert Ende August in Ijmuiden AF 41, kann aber repariert werden. Im September sind die Boote AF 43, 44, 45, 48, 59 sowie die inzwischen hinzugekommenen Neubauten vom Typ DORA AF 87, 88, 89, 90, 91 und AF 92 an der Rückführung der 15. Armee über die Schelde beteiligt, wobei AF 88 und AF 92 durch Luftangriffe beschädigt werden. Am 18. September wird AF 89 in der Scheldemündung durch Bombentreffer versenkt. Ebenfalls schwer beschädigt kann AF 87 noch nach Dordrecht geschleppt werden, geht aber durch Bomben verloren. Zu weiteren Totalverlusten werden AF 44, 47, 48 und AF 92. Anfang Oktober verlegt der Flottillenstab seine Verwaltung nach Franeker bei Harlingen in Friesland, und je eine Bootsgruppe wird in Rotterdam/Amsterdam sowie weiter nördlich am Ijsselmeer stationiert. Anfang 1945 bringt eine Gruppe Reste der SS-Division »Hitlerjugend« aus Brückenköpfen im Harderwijk nach Amsterdam.
Nach Kriegsende wird die Flottille in Den Helder zusammengezogen und im Juni nach Wilhelmshaven zur Übergabe der Boote an die Briten verlegt. Nach der taktischen Gliederung des Admirals in den Niederlanden verfügte sie am 1. März 1945 noch über die Boote AF 42, 48, 61, 88, 90, 91, 93, 94 und AF 95.

2. Artillerieträger-Flottille

Ebenso wie schon vorher bei den Landungsflottillen wird auch bei den A-Trägern die 2. A-Flottille vor der 1. A-Flottille aufgestellt, nämlich nach personeller Vorbereitung für die geplanten 25 Boote ab Herbst 1942 durch den AdS. Tatsächlich können im Januar 1943 nach und nach die ersten zehn Boote für die in Brügge und dann in Coudekerque bei Dünkirchen stationierte 2. Artillerieträger-Flottille mit Kapitänleutnant Josef Bauer als Chef in Dienst gestellt werden. Gruppen der Flottille werden auch in Kanalhäfen weiter westlich stationiert, da die Einsätze sich bald auf den Raum Zeebrügge–Cherbourg mit Unterstellung bei der 2. Sicherungs-Division im Bereich des BSW (Befehlshaber Sicherung West) erstrecken. Später verlegt der Flottillenstab nach Boulogne ins Chateau Ruppenger. Bei einem Gefecht im Kanal fällt am 5. April 1943 der Flottillenchef. Sein Nachfolger wird Oberleutnant zur See, ab 1. Juli Kapitänleutnant Elmershaus von Haxthausen. Im Herbst 1943 gehören zur 2. A-Flottille die »Kanal-Flundern« – wie sie im Marine-Jargon genannt werden – AF 1 bis AF 15. Sie stehen ständig im Geleit- und Vorpostendienst mit zunehmenden Luft- und Schnellbootangriffen. Dabei treten die ersten Verluste auf, weitere nach dem schweren Bombenangriff am 16. Juni 1944 auf Boulogne. Von der bei Invasionsbeginn in Häfen in der Seine-Bucht überraschten und dezimierten 6. A-Flottille werden AF 61, 63, 69 und AF 70 der 2. A-Flottille zugeteilt.
Insgesamt gehen bei Gefechten mit alliierten Seestreitkräften sowie durch Luftangriffe folgende Boote – auch im Hafen – verloren: AF 1, 3, 4, 8, 11, 12, 13, 15 und AF 70. Als Ersatz kommen von der 1. A-Flottille AF 57, 57 und

AF 59, außerdem die Typ-DORA-Neubauten AF 93, 94, 95, 96 und AF 112.
Durch Umbau haben nach einem Geheimschreiben der Flottille vom 21. November 1944 die AF 1, 3, 6, 7, 8, 11, 12, 13, 14 und AF 15 einen Spitzbug erhalten. AF 11 konnte in Boulogne gehoben und instandgesetzt werden.
Nach dem Rückzug aus dem Kanal Ende August 1944 wird die Flottille mit AF 7, 10, 14, 59, 60, 61, 63, 93, 94, 95 sowie MAL 25 und MAL 26 vorübergehend der 1. SiDi in den Niederlanden zum Schutz der Rückführung der 15. Armee über die Schelde unterstellt. Neuer Flottillenchef wird Kapitänleutnant Friedrich Schad, vorher Chef der 6. A-Flottille. Ende 1944 verlegt die Flottille nach Wilhelmshaven, wird Anfang 1945 aber vorübergehend nach Ijmuiden und Rotterdam zurückbeordert mit Unterstellung wieder bei der 1. SiDi und mit dem Flottillenstab in Haarlem.
Zuletzt wird die 2. Artillerieträger-Flottille am 1. April 1945 mit den Booten AF 7, 10, 14, 43, 45, 59, 60, 63, 87 und AF 112 in Cuxhaven stationiert mit Unterstellung bei der dortigen 5. SiDi beim Admiral Deutsche Bucht.
Nach der Kapitulation kehren die Boote nach Wilhelmshaven zurück und werden den Briten übergeben.

3. Artillerieträger-Flottille

Die Anfänge der 3. Artillerieträger-Flottille reichen zurück zur »MAL-Flottille Asowsches Meer«, die ab Februar 1943 in Konstanza von Kapitänleutnant Dr. Curt Richter mit Marine-Artillerie-Leichtern (MAL) für den Einsatz im Asow-Meer aufgestellt wird. Gebaut von Krupp Stahlbau in Rheinhausen werden ihre MAL zerlegt in zehn Sektionen von maximal 18 Tonnen Gewicht auf je 13 Eisenbahnwagen nach Varna transportiert und dort mittels Bolzenkupplungen wieder zusammengesetzt. Dabei handelt es sich um acht Einheiten des Typs I mit 34,2 Metern Länge, 7,7 Metern Breite, 1,8/2.2 Metern Seitenhöhe sowie 0,6/09 Metern Tiefgang und 140 Tonnen Verdrängung. Bei der Auftragsvergabe firmierten sie noch als »Artillerie-Motor-Leichter«, was Ende März 1943 in Marine-Artillerie-Leichter geändert wurde. Ihr Antrieb erfolgt durch Deutz-Viertakter mit zusammen 260 PSe für gut acht Knoten Geschwindigkeit. Die Bewaffnung besteht aus zwei U-Boot-Kanonen 8,8-cm-L-35 sowie zwei bis vier 2-cm-Flak, die Besatzung aus 20 bis 27 Mann. Aufgrund ihrer besonderen Konstruktion sind die Marine-Artillerie-Leichter nicht sehr seetüchtig, höchstens bei Seegang bis Stärke 3 einsetzbar.
Äußerst primitiv ist die Unterbringung der Besatzung in den sehr niedrigen neun Rumpfsektionen, die in drei Reihen nebeneinander liegen.
Im Mai 1943 verlegen MAL 1 bis MAL 4 und MAL 8 bis MAL 11 über Kertsch zum Stützpunkt Mariupol in der Südukraine, am Asowschen Meer gelegen. Von dort aus führen die Boote in erster Linie Beschießungen feindlicher Stellungen am gegenüberliegenden Ostufer dieses Nebenmeeres durch. Dabei versenken sie mehrere sowjetische Bewacher. Drei weitere der 3. A-Flottille zugedachte Marine-Artillerie-Leichter (MAL 5, 6 und MAL 12) werden jedoch in die Ägäis geschickt, wo sie dringend benötigt werden und nach harten Einsätzen alle im Herbst 1944 verlorengehen.
Die von Mariupol aus eingesetzten Boote stehen nach der Räumung dieses Platzes von Kertsch aus im Vorpostendienst nördlich und südlich der Front auf der Halbinsel Taman vor dem Kuban-Brückenkopf. Sie führen auch weitere Hafenbeschießungen am Ostufer durch. Ihr Stützpunkt ist Genitschewsk in der Südukraine. Zu den Kommandanten – zuerst von MAL 8, dann von MAL 4 – gehört der in diesem Buch genannte Leutnant zur See und nachherige Oberleutnant Penner, der bis Kriegsende im Einsatz bleibt und weitere A-Träger führt, ab 1944 solche vom MFP-Typ.
Durch Fehlinterpretationen eines Funkbefehls versenken sich in Genitschewsk im Oktober 1943 die vier Boote MAL 1, 3, 9 und MAL 10 selbst, obwohl sie noch vor Räumung des Kuban-Brückenkopfes das Asowsche Meer durch die Straße von Kertsch hätten verlassen können. Ihre Besatzungen gehen in den Erdkampf.
MAL 2 und MAL 4 laufen nach Westen ab und werden der 5. Landungsflottille zugeteilt, MAL 8 geht durch Strandung verloren. Die 3. A-Flottille wird aufgelöst.
Seit Juni 1943 hat sie bei 18 Unternehmen sechs Kanonenboote, fünf Bewacher und einen Panzerzug (!) vernichtet und zehnmal Häfen beschossen. Letzter Flottillenchef war Kapitänleutnant Heinrich Wassmuth.
Im Februar 1944 beginnt mit Überlebenden sowie mit MAL 2 und MAL 4 in Konstanza die Neu-Aufstellung der 3. A-Flottille unter Oberleutnant zur See d.R. Alfred Raschke. Dazu kommen sechs in Linz zu den A-Trägern AF 51, 52, 53, 54, 55 und AF 56 umgebaute MFP der 21. Landungsflottille aus der Ostsee, die über die Elbe, Autobahn und Donau ins Schwarze Meer gebracht worden sind. Leutnant Penner wird zunächst Kommandant von AF 55. Er wird im Juli 1944 nach Linz zur Indienststellung des Neubaus AT 912 geschickt, der wie AT 913, AT 914 bis AT 917 ebenfalls für die 3. A-Flottille bestimmt ist. Aufgrund der politischen und militärischen Veränderungen auf dem Balkan im Spätsommer 1944 erreichen jedoch diese sechs Boote das Schwarze Meer nicht mehr. Über ihre Einsätze wird an anderer Stelle, unter der Überschrift »Artillerieträger sogar auf der Donau« berichtet.
Die in Konstanza stationierten Boote der neuaufgestellten 3. Artillerieträger-Flottille sind nach Transport- und Sicherungsaufgaben im westlichen Schwarzen Meer ab Mai 1944 an der Räumung der Krim, an der Abholung abgeschnittener Heereseinheiten, beteiligt und holen auch die letzten Soldaten vom Kap Chersones vor Sewastopol mit ab.
Beim Frontwechsel Rumäniens am 23./24. August 1944 ist die seit Mai unter Führung von Kapitänleutnant Herbert Kuppig stehende Flottille weiter in Konstanza stationiert.

Nach Verlust von MAL 2 durch Strandung verlegen die sechs noch vorhandenen Artillerieträger sowie MAL 4 nach Varna in Bulgarien, wo sie sich zusammen mit dem Gros der übriggebliebenen deutschen Marinefahrzeuge am 26. August selbstversenken müssen. Die Besatzungen schlagen sich unter zum Teil schweren Verlusten auf dem Landweg durch die Partisanengebiete nach Deutschland durch. Allerdings geraten Teile in bulgarische Internierung und kommen durch Auslieferung später in sowjetische Gefangenschaft.
Anfang 1945 läuft in Swinemünde bzw. Stralsund bei der 21. L-Flottille eine weitere Neuaufstellung der 3. A-Flottille mit Korvettenkapitän d.R. Dr. Eckart Schröder als Chef an. Bei ihr werden die Schweren und Leichten Artillerieträger (SAT und LAT) der L-Flottillen in der Ostsee zusammengefaßt. Auch werden ihr das Artillerieschulboot DRACHE von der 2. U-Boot-Lehr-Division (ULD) sowie nur ein A-Träger, AF 21, zugeteilt. In Unterstellung bei der 9. Sicherungsdivision in Libau werden ab Ende Januar von Pillau und Gotenhafen aus laufend Einsätze vor Kurland und Pommern gefahren, zum Teil auch bis Königsberg zur Abholung von Flüchtlingen. Den März über steht in der Danziger Bucht der Beschuß sowjetischer Stellungen zur Entlastung des Heeres im Vordergrund. Bei ständigen Luftangriffen werden dabei auch Flugzeuge abgeschossen. Dazu kommen wieder Flüchtlings- und Verwundetentransporte nach Hela-Reede und ab April dort auch der Flakschutz, wo ständig 50 bis 60 Feindflugzeuge während der Beladung der nach Westen bestimmten Frachter abgewehrt werden müssen. Außerdem deckt die Flottille die Räumung von Pillau vom 18. bis 25. April.
Dabei wird am 18. April SAT ROBERT MÜLLER vor Pillau durch Bomben und U-Boot-Torpedo versenkt. Dasselbe widerfährt auch dem, als SAT eingesetzten, vormaligen Artillerieschulboot DRACHE am selben Tag. Es fällt Fliegerbomben zum Opfer. Und noch am 1. Mai gehen der LAT PRINSES BEATRIX und der SAT WESTFLANDERN bei Bornholm durch Luftangriffe verloren. Am 10. Mai 1945 treffen, von Hela und Kurland kommend, nach Gefechten mit Schlachtfliegern und S-Booten die letzten Einheiten der 3. A-Flottille vor Kiel ein und kommen unter britische Aufsicht.

4. Artillerieträger-Flottille

Beeinflußt durch die Entwicklung an der Ostfront läuft im November 1943 in Amsterdam die personelle Aufstellung der 4. Artillerieträger-Flottille unter Korvettenkapitän Heinrich Wassmuth als Chef an. Schon vorher sind für sie 24 MAL für den Einsatz auf dem Peipus-See, südlich der Narwa-Bucht am Finnischen Meerbusen, angefordert worden. Der See liegt in der Frontlinie, mit einem von den Sowjets besetzten Ostufer.
Ende 1943 verlegen die ersten Vorkommandos nach Riga und in die am See gelegene Stadt Dorpat. Statt der vorgesehenen 24 treffen bis Mai 1944 aber nur zwölf MAL (MAL 13 bis MAL 24) vom verbesserten Typ Ia im Bahntransport zur Montage in Dorpat ein. Bei im wesentlichen gleichen Hauptabmessungen wie beim ersten Typ besitzen diese Boote einen gepanzerten und verbesserten Steuerstand. Auch die Bewaffnung ist um eine 3,7-cm-Kanone verstärkt, auch sind vier RAG vorgesehen.
Dazu kommen 42 kleine Verkehrsboote, vier Polizei-Kreuzer, drei Streifenboote sowie andere kleinere Fahrzeuge, aber auch acht KM- und vier KS-Boote. Bei den letzteren handelte es sich um 16 Meter lange Minenleger-Schnellboote aus Mahagoniholz mit Benzinmotoren für etwa 32 Knoten, die freilich nur bis Windstärke 4 und Seegang 2 bis 3 einzusetzen sind. Bewaffnet sind sie mit zwei 15-mm-Maschinenkanonen, fahren mit sechs bis acht Mann Besatzung und können in vier Schächten vier Torpedominen mitführen.
Die 4. A-Flottille steht zuletzt unter Führung von Korvettenkapitän Paul Kahle.
Bis August 1944 gehen die MAL 13, 14, 15 und MAL 17 verloren.
Nachdem der Roten Armee am 16. August eine Landung am Westufer des Peipussees geglückt ist, werden auch MAL 16, 19, 20, 21, 22 sowie MAL 23 selbstversenkt oder gesprengt. Es beginnt der Abtransport der kleinen Einheiten der Flottille. Ende August werden die KM- und KS-Boote abgezogen, und wenig später muß auch Dorpat aufgegeben werden. Seit diesen Kämpfen wird der Flottillenchef im Landkampfeinsatz vermißt.
Im Norden des Sees sind nur noch MAL 18 und MAL 24 einsatzbereit. Sie fallen am 30. August Fliegerbomben zum Opfer.
Mit der vorübergehenden Führung der praktisch nicht mehr existierenden Flottille wird Korvettenkapitän Georg Pinkepank beauftragt, dem im September 1944 noch für einen Monat Oberleutnant zur See Schwarz in dieser Dienststellung folgt. Nach Verschuß der letzten Munition müssen auch die beiden letzten noch vorhandenen MAL am 30. August selbstversenkt werden. Die Flottille wird am 23. September 1944 aufgelöst.

5. Artillerieträger-Flottille

Wegen der beim Oberkommando der Wehrmacht (OKW) befürchteten Landung der Westalliierten auch in Nordjütland, aber auch zur Sicherung der wichtigen Nachschubgeleite nach Norwegen wird Anfang 1944 in Esbjerg bzw. Lemwick am Westausgang des Limfjords in Nord-Jütland die 5. Artillerieträger-Flottille mit Korvettenkapitän d.R. Wolfgang Howaldt als Chef und den zum Typ C gehörenden A-Trägern AF 73 bis AF 82 aufgestellt. Anfangs der 5. Sicherungs-Division in Cuxhaven unterstellt führt sie ab Ende Februar Einsätze zur Küsten- und Geleitsicherung in der Deutschen Bucht durch. Dabei kentert

Mitte Dezember 1944 der Artillerieträger AF 82 nach einer Kollision im Sturm westlich von Tyboroen.
Zeitweise werden die A-Träger auch der 12. Vorpostenflottille im niederländischen Raum zugeteilt. Dabei sinkt AF 80 am 20. Januar 1944 nach Bombentreffer in Rostock. Das Boot kann jedoch wieder instandgesetzt werden.
In der Zwischenzeit wird die Flottille der neu aufgestellten 8. Sicherungs-Division in Århus zugeteilt. Das ändert sich jedoch im Januar 1945 durch die Verlegung der Flottille mit noch sieben einsatzklaren Booten nach Swinemünde. Es handelt sich um AF 73, 74, 75, 77, 79, 80 und AF 81. Diese Einheiten der 5. A-Flottille werden jetzt unter Kapitänleutnant Fritz Laubenthal als Chef, der 10. Sicherungs-Division unterstellt. Es werden Vorfeldüberwachung und Geleitsicherungen im Seegebiet zwischen der Danziger Bucht und Dänemark gefahren.
Die veränderte Frontlage führt Ende Februar 1945 zur Verlagerung der Einsätze auf das Stettiner Haff, vor allem zum Schutz der Inseln Wollin und Usedom sowie der Verbindungen. Dazu wird die ab März von Kaleu Dietrich Cordes geführte 5. A-Flottille dem Seekommandanten Pommern, Kapitän zur See Johannes Rieve, unterstellt. Haupteinsatzgebiet werden die Dievenow und der Raum um Wollin mit der artilleristischen Unterstützung der Verteidigung von Cammin und der Insel Gristow weiter östlich.
Diese schwierigen Einsätze sind bereits in dem eindrucksvollen Bericht unter dem Titel »Panzernahkampf an der Dievenow« von Oberleutnant Penner, derzeit Kommandant von AF 77, geschildert worden.
Auch decken Boote der 5. A-Flottille Anfang März vom Stettiner Haff aus die Räumung der Brückenköpfe Stepenitz an der Odermündung sowie von Hagen gegenüber von Wollin am Südeingang der Dievenow und dann auch die Räumung von Cammin, immer im Feuerwechsel vor allem mit Sowjetpanzern. Eine Gruppe bricht auch noch zur Mündung der Dievenow durch und schießt dabei drei Panzer ab. Andere Boote sichern mehrere Nächte vor Kolberg die Ablandungen durch MFP und nehmen auf der Rückfahrt nach Swinemünde Verwundete und Flüchtlinge mit.
Der März 1945 steht dann weiter für die Flottille ganz im Zeichen ständiger artilleristischer Unterstützung und Entlastung des Heeres längs der Dievenow. Dann wird auch noch der Abtransport einiger Schwimmdocks aus Stettin nach Swinemünde auf der Oder gesichert, bis Anfang April die neu hinzugeführte 8. A-Flottille diese Aufgabe übernimmt. Dadurch werden die Boote der 5. A-Flottille wieder frei für die Deckung des Heeres beim Endkampf um den letzten Brückenkopf Berg Dievenow und bei den Absetzbewegungen Ende April auf der Insel Wollin bis zur Räumung Swinemündes in der Nacht vom 4. zum 5. Mai.
AF 75 und AF 77 werden Ende April beim Vordringen der Sowjets nach Vorpommern mit der Sicherung von Wolgast und Usedom beauftragt und dabei der dort auch eingesetzten 8. A-Flottille unterstellt. Dabei wird noch am 2. Mai bei Lubmin am Greifswalder Bodden ein weiterer T-34-Panzer abgeschossen. Nach der Räumung Swinemündes gelangt die Flottille über Kopenhagen nach Kappeln, von wo bis Juli 1945 noch Transporte unter britischer Aufsicht durchgeführt werden.
Schon Anfang März hat sich AF 81 – statt nach Stralsund in die Werft zu gehen – eigenmächtig abgesetzt, bis Kriegsende zwischen den dänischen Inseln versteckt, um dann unbehelligt um Jütland herum nach Wyk auf Föhr zu laufen, wo das Boot gegenüber den Briten kapituliert. Dieser einmalige Fall von »Beiseitetreten« eines Artillerieträgers, der nur durch eine Reihe angewandter Tricks und Festsetzung des Funkpersonals gelang, wird nach dem Krieg vom Kommandanten, dessen Bruder im Zusammenhang mit dem 20. Juli 1944 hingerichtet wurde, mit Furcht vor Sippenhaft begründet.

6. Artillerieträger-Flottille

Die 6. Artillerieträger-Flottille wird ab Februar 1944 in Rotterdam mit Kapitänleutnant Friedrich Schad als Chef und den zu den Typen A bis C3 gehörenden AF 61 bis AF 72 für den Einsatz zur Abwehr der im Kanal erwarteten Invasion aufgestellt, mit Unterstellung bei der 2. Sicherheits-Division bei Boulogne. Nach Restarbeiten auf Werften in Antwerpen verlegt sie Mitte April via Ostende und Boulogne in die Seine-Bucht mit Isigny als Sitz des Flottillenstabes, wo auch AF 61, 64, 69 und AF 70 unter Oberleutnant zur See Joswig stationiert werden. AF 65, 66, 68 und AF 71 unter Oberleutnant zur See Otto Karl erhalten St. Vaast am Westufer der Seine-Bucht und die 3. Gruppe mit AF 62, 63,67 und AF 72 Port-en-Bessin als Stützpunkte zugewiesen – tideabhängige Häfen, die nur bei Hochwasser das Ein- und Auslaufen ermöglichen. AF 64, schon wenig später nach Minentreffer in den kleinen Hafen Isigny eingebracht, ist nicht mehr einsatzklar. Dort in Isigny besichtigt Generalfeldmarschall Rommel am 1. Juni 1944 die eigens dafür zusammengezogene Flottille.
Bei Beginn der Invasion wird AF 64 gleich am 6. Juni frühmorgens versenkt. In Port-en-Bessin sind die vier A-Träger aus Gezeitengründen nicht auslauffähig, ihre Waffen aber einsatzbereit. Der gerade eintreffende Flo-Chef kann noch den Einsatz der Besatzungen im Landkampf verhindern. Diese wehren mit ihren Geschützen eine Feindlandung östlich des Ortes zunächst ab und beteiligen sich dann an den Erdkämpfen mit dem Gegner. Dabei wird Kapitänleutnant Schad schwer verwundet.
Einen Tag vorher ist die Gruppe Joswig zur Geleitsicherung nach Osten ausgelaufen.
Die Gruppe Karl wird am 7. Juni morgens nach Cherbourg beordert und dort der 46. Minensuchflottille unterstellt, später dem Festungskommandanten. Die Boote verminen ebenso wie die Gruppe Karl u.a. das Vorfeld von Cher-

bourg und haben mehrere Gefechte mit Motorkanonen- und -schnellbooten sowie Jabos zu bestehen.
Die Gruppe Karl verlegt vor dem Fall von Cherbourg am 24./25. Juni u. a. mit der 46. Minensuchflottille von Cherbourg auf die Kanalinsel Alderney, wobei AF 66 durch Schnellboots-Torpedo verlorengeht. Bis Ende Juni folgen Einsätze im dortigen Seeraum bis zur Verlegung am 4. Juli 1944 nach St. Malo in Unterstellung bei der 2. Vorpostenflottille. Neben Geleiten zu den Kanalinseln werden artilleristische Einsätze gegen Landstellungen für den Festungskommandanten St. Malo durchgeführt. Anfang August verlegt die Gruppe zurück zu den Kanalinseln, nach St. Hélier auf Jersey, und im gleichen Monat wird die 6. A-Flottille aufgelöst.
Bei einem erfolgreichen Landungsunternehmen gegen den Hafen Granville in der Nacht vom 8. zum 9. März 1945 kämpft die Gruppe Karl, jetzt der 46. Minensuch-Flottille unter Kapitänleutnant Armin Zimmermann (dem späteren Generalinspekteur der Bundeswehr) zugeteilt. Sie kämpfen das Wachtboot PC 564 der U.S. Navy nieder und machen 15 Gefangene. Für alle Einsätze wird Oberleutnant Karl am 21. März mit dem Ritterkreuz ausgezeichnet. Nach Niederholen der Kriegsflagge und Unbrauchbarmachen der Waffen am 8. Mai 1945 werden die Boote zwei Tage später in St. Hélier der Royal Navy übergeben und das Gros der Besatzungen in britische Gefangenenlager abtransportiert.
Die nach der Invasion nach Osten gelangten Boote der Gruppe Joswig werden kurzfristig der 38. Minensuch-Flottille in Le Havre und dann der 2. A-Flottille in Boulogne zugeteilt. Dort geht AF 70 am 2. September bei der Räumung durch S-Boot-Torpedo in der Kanalenge verloren. AF 69 ist schon vorher am 14. Juni dem Luftangriff auf Le Havre zum Opfer gefallen. Die Boote AF 60, 61 und AF 63 gelangen mit der 2. A-Flottille nach Wilhelmshaven.

7. Artillerieträger-Flottille

Die 7. Artillerieträger-Flottille wird Anfang Juni 1944 aufgrund eines Führerbefehls zu verstärkter Unterstützung der Finnen nach Beginn der sowjetischen Großoffensive in Karelien und entspechender Weisungen des ObdM und vom MOK Ost mit den in Kotka liegenden A-Trägern der 24. L-Flottille im Rahmen der Sicherungs-Division unter vorläufiger Führung durch Oberleutnant zur See Dietrich Cordes aufgestellt und dann durch aus Norwegen zugeführte A-Träger von Hafenschutz-Flottillen verstärkt. Es handelt sich um 19 Boote vom Typ A bis C, nämlich AF 2, 5, 9, 18, 19, 21, 23, 26, 29, 30–35, 37, 38, 46, 49 und AF 50.
Von Anfang an stehen sie in Gefechten mit sowjetischen Kanonenbooten und werden ständig auch aus der Luft angegriffen, wobei AF 32 am 21. Juni in der Narwa-Bucht verlorengeht. Anschließend werden finnische Ablandungen von Inseln gedeckt. AF 5, 30, 31 und AF 49 beteiligen sich an der fehlgeschlagenen finnischen Landung auf Narwi. Anfang Juli werden vier AF-Boote der finnischen Marine in der Viborg-Bucht unterstellt und greifen in die Landkämpfe an der karelischen Küste ein. Im August 1944 übernimmt Korvettenkapitän d.R. Dr. Theodor Sonnemann die Führung der Flottille. Am 28. August wird AF 35 durch Flugzeuge versenkt. Nach dem Waffenstillstand der Finnen am 4. September 1944 mit den Sowjets, demzufolge die deutschen Truppen Finnland bis zum 15. September zu verlassen haben, werden die A-Träger zur Sicherung dieser Räumungstransporte aus Südfinnland nach Reval verlegt. AF 21, 34 und AF 38 sind an der mißglückten Landung auf der finnisch besetzten Insel Hochland (Unternehmen »Tanne-Ost«) beteiligt. Dabei wird AF 34 beschädigt, der Flottillenchef entgeht nur knapp der Gefangennahme. Ab Ende September 1944 werden die A-Träger in Gruppen den Seekommandanten Lettland und Baltische Inseln für Einsätze im Riga-Busen unterstellt, vor allem für Küstenbeschießungen sowie zur Sicherung von Nachschubgeleiten, aber auch für Einschiffungen auf den Baltischen Inseln.
Anfang Oktober 1944 liegt das Gros der Flottille in Windau und sichert dann die Öselhalbinsel Sworbe gegen Feindlandungen sowie den Nachschub nach Ösel. In den folgenden Tagen operieren ihre Boote zum Teil auch mit SAT vor Sworbe und beschießen Landziele. Diese Einsätze werden in der letzten Oktober-Dekade durch stürmisches Wetter stark beeinträchtigt.
Im November sichern AF 21 und AF 31 von Schwarzort aus Räumungs- und Nachschubtransporte im Kurischen Haff. Am 16. November geht AF 22 zwischen Libau und Polangen durch Beschuß von Land verloren. Auch AF 26 wird nach schweren Beschädigungen durch Luftangriffe auf Windau zum Totalverlust. Beim Seegefecht einer AF-Gruppe mit sowjetischen Kanonen- und Wachtbooten in der Irbenstraße – der Flottillenchef befindet sich dabei an Bord – wird AF 5 nach vorherigem Fliegerangriff in Brand geschossen, kann aber eingeschleppt werden. Dagegen geht AF 18 nach Bombenschäden vor Montu am 19. November verloren.
Ab Dezember wird die 7. A-Flottille neben der Küstenvorfeld-Sicherung am Kurland-Brückenkopf verstärkt zum Schutz der Verbindungen über See mit der Heimat eingesetzt, die vor allem durch von Polangen operierende sowjetische S-Boote, aber auch von Torpedo-, Schlacht- und Bombenflugzeugen bedroht werden.
Die Flottille umfaßt jetzt die Gruppe A unter Oberleutnant zur See Keller mit AF 33, 19 und AF 26, die Gruppe B unter Leutnant zur See Schoenfeldt mit AF 38, 34 und AF 21, die Gruppe C unter Oberleutnant zur See Brüning mit AF 46, 49, 37 und AF 30, die Gruppe D unter Oberleutnant zur See Schaecke mit AF 50, 2, 31 und AF 23, die Gruppe E unter Oberleutnant zur See Lindenberg mit

AF 5, 9 und AF 29 sowie dem Werkstattprahm A 11 Pmot. Mitte Dezember werden AF 21 und AF 31 der 3. A-Flottille in Königsberg zugeteilt, und am 20. Dezember fällt AF 38 in Libau durch Bombentreffer aus und muß zur Reparatur zu einer Werft nach Deutschland. Zur Jahreswende stehen der 9. SiDi noch acht und zehn A-Träger der 3. und 7. Flottille im Raum Ost- und Westpreußen einschließlich Werftüberholer zur Verfügung. Von der 7. sind Boote in zwei Gruppen in Kurland zurückgeblieben und zumindest zeitweilig der 2. Vorpostenflottille zugeteilt. Der Flottillenstab befindet sich in Adlershorst zwischen Zoppot und Gotenhafen.
Bis etwa Mitte März fahren die Libau-Boote ständig Einsätze zur Bekämpfung der von Polangen aus operierenden Sowjet-Torpedokutter. Dazu kommt der Beschuß feindlicher Stellungen bei der Putziger Nehrung unter laufenden Angriffen sowjetischer IL-2-Schlachtflieger. Als die Sowjets bei Zoppot zur Küste durchstoßen, werden der Flo-Stab und drei AF-Gruppen nach Hela verlegt.
AF 38 soll Ende April 1945 nach Abschluß seiner in Deutschland vorgenommenen Reparatur zum Einsatz im Raum Swinemünde/Stettiner Haff laufen, kommt aber von der in Bremerhaven liegenden Werft nur noch bis Brunsbüttel, wo am 8. Mai die Flagge wegen der Gesamtkapitulation niedergeholt wird. An Bord ist der neue Flottillenchef, Oberleutnant zur See August Eggers, der sein Kommando jedoch nicht mehr antreten kann.
AF 34 läuft bei der Kapitulation von Libau mit dem zweiten der sechs Geleite nach Kiel zur Strander Bucht (Ankunft dort 10. Mai). Die anderen Boote der 7. A-Flottille verlassen am 8. Mai 1945 mit anderen Geleiten und Flüchtlingen sowie Truppen an Bord Kurland und Hela mit Kurs auf Dänemark und Häfen zwischen Flensburg und Eckernförde und holen am 10. Mai ihre Flaggen ein. Vorher haben sie noch am 9. Mai bei Bornholm trotz Waffenruhe Notwehrgefechte mit sowjetischen Flugzeugen und S-Booten bestehen müssen.

8. Artillerieträger-Flottille

Das Schicksal der als letzte Anfang April 1944 in Rotterdam aufgestellten und mit 15 Neubauten vom Typ D ausgestatteten 8. Artillerieträger-Flottille unter Führung des Oberleutnants zur See Gerd-Dietrich Schneider ist in diesem von ihm verfaßten Buch ausführlich dargestellt worden, so daß sich eine Wiederholung erübrigt.
Zu den vorstehenden Chroniken der einzelnen Artillerieträger-Flottillen muß darauf hingewiesen werden, daß sie entsprechend den noch vorhandenen Unterlagen vom Umfang her sehr unterschiedlich ausfallen, was keinesfalls eine Schmälerung ihrer tatsächlichen Einsätze bedeuten soll. Die Angaben beruhen im wesentlichen auf den Recherchen und Veröffentlichungen von Randolf Kugler »Das Landungswesen in Deutschland von 1900 bis heute« sowie auf der Schiffs- und Verbleib-Liste von Gröner.

Artillerieträger in Norwegen und im Mittelmeer

Außer den in »reinen« Artillerieträger-Flottillen zusammengefaßten A-Trägern gibt es aber auch eine große Anzahl solcher Boote, die anderen Einheiten zugeteilt sind und dort »ihren Mann stehen«, einzeln oder auch in Gruppen. Das steht freilich der Forderung Hitlers vom 19. November 1942 entgegen, daß als erste eine Norwegen-Flottille mit zu A-Trägern umgebauten MFP erhalten soll, um ihm Raum Nordnorwegen zur Abwehr von Landungen der Alliierten bereitzustehen. Die Forderung wird mit dem Hinweis auf die Polarnacht im Winter begründet, die den Einsatz der Luftwaffe weitgehend verhindere. Aber erst ab Dezember 1942 werden die ersten A-Träger nach Norwegen geschickt. Der ObdM, Großadmiral Raeder, hat sich mit seinem Einwand durchgesetzt, daß wegen der Feindlage im Westen die ersten acht A-Träger unbedingt im Kanalgebiet benötigt würden. Das führte zur Aufstellung der 2. A-Flottille.
Von der Bildung einer reinen A-Träger-Norwegen-Flottille wird später aber abgegangen. Bis Herbst 1943 sind für diesen Raum die AF 2, 5, 9, 32, 24, 33, 34, 16, 17, 18, 20, 39, 19, 22, 40, 21, 23, 26, 30, 36, 31, 37 und AF 38 – in dieser zeitlichen Reihenfolge – umgebaut und fertiggestellt worden. Sie werden Vorposten-Flottillen (VP), und zwar der 44., 59., 63., 64., 65., 66. und 68. sowie Hafenschutz-Flottillen in Bergen, Drontheim, Hammerfest, Narvik, Sandnessjoen und Stavanger zugeteilt und zu Sicherungs- sowie Transportaufgaben eingesetzt. Einige dienen auch an den Liegeplätzen größerer Kriegsschiffe in den Fjorde zum Beispiel beim Schlachtschiff TIRPITZ als schwimmende Flak-Batterie.
Der größte Teil dieser A-Träger wird dann aber im Winter 1943/44 wegen der verschärften Lage in die östliche Ostsee in den Finnbusen zur 24. Landungs-Flottille abgegeben, um dort im Juni die 7. A-Träger-Flottille – wie berichtet – zu bilden. Von den in Norwegen verbliebenen A-Trägern sind nur die Boote AF 6, 16, 17, 20, 24, 25, 27, 28, 39, 40 und AF 57 »aktenkundig«.
Als Anfang September 1944 Finnland das Bündnis mit dem Deutschen Reich aufkündigt, kommen neue Aufgaben auch auf die A-Träger zu. Bei der Rückführung der Heeres-Einheiten vom finnischen Boden nach Nordnorwegen, vielfach unter starkem Druck von Offensiven der Sowjets, spielen sie eine wichtige Rolle zuerst beim Abtransport der großen Vorräte aus Nordfinnland und dann auch der Truppen und deren Geräts, gibt doch es in diesem Raum an der nördlichsten Ecke von Europa nur eine Straße und keine Eisenbahn! Dazu kommt die artilleristische Unterstützung dieser Absetz- und Übersetz-Bewegungen über verschiedene Fjorde durch Beschuß und Niederhalten des Gegners, der zudem auch äußerst aktiv und materiell deutlich überlegen die deutschen Operationen aus der Luft zu stören versucht und daneben zahlreiche

überholende Landungen durchführt, die zum Teil schließlich mit Hilfe von A-Trägern abgewiesen werden können. Dabei werden am 28. September AF 25 bei Vadsö und am 21. Oktober AF 6 bei Kirkenes durch Bomben versenkt. AF 27 geht auf der Fahrt nach Tromsö in schwerer See durch Strandung verloren. Und auch AF 57 fällt im Dezember einem Luftangriff zum Opfer. Vor der Fischer-Halbinsel sind die A-Träger häufig gut liegendem Beschuß sowjetischer Küstenbatterien ausgesetzt und haben außerdem auch mit den gegnerischen Panzerkuttern fertigzuwerden. An diesen Einsätzen sind neben MFP – Ende 1943 gab es im Bereich des Admirals Polarküste immerhin 73 MFP bei der 22. und 23. L-Flottille sowie einige weitere bei VP- und Hafenschutz-Flottillen – auch immer, vor allem bei den Absetz-Bewegungen, Pionier-Sturm-, Landungs- und Schärenboote unermüdlich beteiligt. Und auch nach der Kapitulation werden auf britische Anordnung die Transporte unter der norwegischen Küste vor allem mit MFP fortgesetzt.
Offenbar hat man aber auch in Italien einige A-Träger vom Typ Dora noch Ende 1944 auf der Monfalcone-Werft für die 10. L-Flottille gebaut. Sie werden im März 1945 den Italienern übergeben werden: AF 1003 bis AF 1005 sowie AF 1046 und AF 1047. Außerdem sind im Mittelmeer elf A-Träger der Typen A und C bei der 2. und 4. L-Flottille im Einsatz, darunter möglicherweise drei mit Spitzbug: KF 597, KF 613 und KF 620 der 4. L-Flottille.
In der Liste werden an Umbauten zu A-Trägern 30 Einheiten der Typen A bis C1 und von 39 der Typen A bis C2 zum Typ C3 aufgeführt. Und an Neubauten vom Typ D sind es weitere 32, ohne die in Italien und auf der Donau. Weitere neun sind im Notprogramm vorgesehen, werden aber nicht mehr gebaut. Geplant sind auch noch Dora-Varianten zum Einsatz im Schwarzen Meer und Balkanraum als Kanonenboote sowie eine mit verstärkter Flak-Bewaffnung.

Artillerieträger sogar auf der Donau

1944/45 kommt es noch in einer ganz anderen Ecke des europäischen Kriegsschauplatzes zum Einsatz von A-Trägern: Auf der Donau.
Im Mai 1944 werden von der Schiffswerft Linz AG als erste Einheiten des verbesserten, vor allem mit zwei 10,5-cm-Geschützen – statt vorher zweimal 8,8-cm – bestückten Typs D3, die hier mit AT (Artillerieträger statt sonst AF= Artillerie-Fährprahm) bezeichneten Boote AT 912 bis A 917 fertiggestellt.
Auch sie waren bereits Monate vorher Thema in einer Lagebesprechung im Führer-Hauptquartier, bei der Hitler im Dezember 1943 den Bau von Donau-Monitoren gefordert hatte, die aber auch im Schwarzen Meer eingesetzt werden könnten. Das OKM hielt das aber wegen fehlender Werftkapazitäten nicht für möglich und schlug den Umbau von vier Donau-Zugschiffen (große, starke Schlepper) vor, die aber noch ausgesucht werden müßten.
Einen Monat später erneuert Hitler seine Forderung, worauf der ObdM vorschlägt, die für die 3. A-Flottille im Schwarzen Meer vorgesehenen sechs A-Träger-Neubauten aus Linz »mit Panzerung der lebenswichtigen Teile« und auf 10,5-cm verstärkter Bewaffnung zu verwenden.
Diese AT 912 bis AT 917 werden dann auch der im April 1944 mit Sitz in Belgrad aufgestellten Dienststelle Inspekteur Minenräum-Dienst Donau (IMRD) unter Kapitän zur See d.R. Anselm Lautenschlager zugeteilt, der direkt dem Marine-Gruppenkommando Süd in Sofia unterstellt ist.
Nach Indienststellung im Mai 1944 treten AT 912 bis AT 914 zur Minenräum-Gruppe Untere Donau unter Kapitänleutnant d.R. Walther Brouwer in Russe/Bulgarien und AT 916 und AT 917 zur Sicherungsgruppe Banat der Donauflottille (Doflo) in Pancevo bei Belgrad an.
Oberleutnant Penner ist jetzt Kommandant von AT 912. Auch über seine folgenden Einsätze liegt ein sehr ausführlicher und anschaulicher Bericht vor:
Nach dem Frontwechsel der Rumänen am 24. August 1944 decken die vier Boote der 1. Gruppe das Übersetzen deutscher Soldaten mit drei MFP von der rumänischen zur bulgarischen Seite der Donau bei Giurgiu. Die beiden anderen AT werden auch sofort in die Landkämpfe einbezogen und sichern Munitionstransporte für die »Kampfgruppe Eisernes Tor« bei Orsova. Bei Kämpfen mit rumänischen Monitoren bei Turnu Magurele wird AT 913 schwer beschädigt und muß am 28. August selbstversenkt werden. Die anderen drei A-Träger gelangen im Verband der Minenräumgruppe Untere Donau nach Prahovo, um am 30. August wieder zurück –, d. h. der »Kampfgruppe Zieb« entgegenzulaufen, wobei sie erneut die rumänischen Sperrstellungen bei Calafat passieren und sich am 31. August vor Vidin in die besagte Kampfgruppe einreihen.
Mit dieser zusammengewürfelten »Kampfgruppe Zieb« ist ein Unternehmen verknüpft, das in der Marinegeschichte ohne Parallele ist – von Seekriegsgeschichte kann man in diesem Fall ohnehin kaum sprechen, da sich alles auf einem Binnengewässer, auf der Donau, abspielt: Die Kampfgruppe steht – auch das ist ungewöhnlich – unter Führung eines Ingenieuroffiziers.
Konteradmiral (Ing.) Paul Zieb (Jahrgang 1898) war seit Anfang 1943 Chef des Oberwerftstabes Schwarzes Meer, zuletzt (1944) mit Sitz in Galatz, oberhalb der Wurzel des Donau-Mündungsdeltas.
Nach dem Frontwechsel der Rumänen tritt Zieb am 25. August 1944 mit einem Verband von 14 Fahrzeugen, unter denen sich auch einige in der Werft liegende Marinefährprähme befinden und auf die zum Teil noch wertvolles Gut verladen wird, die Fahrt donauaufwärts, die sogenannte Bergfahrt, an, um die Schiffe in deutschbesetztes Gebiet zu bringen.
Auch die beiden zu U-Jägern umfunktionierten »Kriegstransporter« KT 23 und KT 38 (jetzt UJ 106 und UJ 110), mit fast 1 000 Tonnen Wasserverdrängung und mehr als

drei Metern Tiefgang ohnehin nur bedingt flußgängig, haben leider Dampfantrieb und sogar Kohlenfeuerung. Sie sind für eine Fahrt stromaufwärts denkbar ungeeignet.
Schon einen Tag später kommt es bei Piua Petri (Stromkilometer 244, gezählt von der Mündung des mittleren (Sulina-)Arms der Donau ins Schwarze Meer), zur ersten Feindberührung mit rumänischer Artillerie, die aber bei Feuererwiderung rasch verstummt.
Etwas später stößt der Verband auf die 7. Landungsflottille unter Korvettenkapitän d.R. Bernhard Stelter mit zwölf Marinefährprähmen. Trotz Protestes des Flo-Chefs unterstellt sich der Nicht-Seeoffizier Zieb die Flottille, der dazu die Admiralsflagge setzen läßt!
Bis zum Eintreffen vor Cernavoda mit der großen Eisenbahn-Hochbrücke über die Donau wächst die »Kampfgruppe Zieb« auf 116 Einheiten, unter denen sich auch Zivilfahrzeuge befinden. Nunmehr hat die »Mahalla« eine Ausdehnung von mehr als zwölf Kilometern Länge!
Nach einem heftigen Gefecht mit gegnerischen Sperr-Batterien, das elf Fahrzeuge mit 480 Mann Besatzung kostet, werden die Cernavoda-Sperren durchbrochen. Am 27. August mußte eine weitere Sperre bei Oltenita (km 430), zum Teil mit Landeinsatz von eingeschifften Heeressoldaten und Sturmbooten niedergekämpft werden. Durch Entgegenkommen der Bulgaren können am 29. August bei Svistov (km 554) Proviant, Trinkwasser und Bunkerkohle ergänzt und ein Teil der Frauen und Kinder an Lazarettzüge abgegeben werden.
Auch auf der Weiterfahrt gibt es einige Gefechte bis Vidin (km 790), wo am 31. August AT 912, 914 und AT 915 zum Geleitzug stoßen, nachdem Admiral Zieb sie per Funkspruch aus Prahovo (km 861) zur artilleristischen Unterstützung angefordert hat. Noch am gleichen Abend setzt Zieb die Bergfahrt fort und kann nach einem ebenso schweren wie langen Feuerwechsel die Durchfahrt bei Calafat (km 795) erzwingen, was allerdings mindestens 20 Fahrzeuge, darunter sechs MFP, kostet. Danach sind am 1. September bei Prahovo auf engstem Raum immerhin noch 172 Fahrzeuge versammelt, darunter neben den drei A-Trägern 19 MFP sowie 13 Fähren, 15 Landungs- und 24 schwere Sturmboote des Landungs-Pionier-Bataillons 214, die sich nun einige Tage lang auf den Durchbruch durch das »Eiserne Tor« vorbereiten und zu einer Kampfgruppe unter Korvettenkapitän Stelter zusammengefaßt werden.
Da in Turnu Severin (km 931) kurz unterhalb des »Eisernen Tores« bereits sowjetische Angriffsspitzen eingetroffen sind, sollen diese durch Einheiten des Heeres gebunden werden, was auch auf dem Südufer gegen jugoslawische Partisanen geschieht. Außerdem wird von oberhalb der Donau die Kampfgruppe »Eisernes Tor« der Donauflottille zur artilleristischen Unterstützung in Marsch gesetzt. Ein großes Manko ist aber das Fehlen von Schleppern und Lotsen für das schwierige Fahrwasser und die starke Gegenströmung in den »Katarakten«. Nachdem schon die Operationen des Heeres an Land nicht den gewünschten Erfolg haben, kommt am 6. September auch der Vorstoß der Kampfgruppe Stelter als Vorhut für den Geleitzug auf der Donau vor Milutinovac (km 900) zum Stehen, ja sogar zur Rückkehr nach Prahovo. Auch ein weiterer Vorstoß der Kampfgruppe Stelter muß nach Verschuß der Munition und unter Personalverlusten bei Milutinovac abgebrochen und AT 912 am 7. September selbstversenkt werden. Das gleiche geschieht am Tage darauf mit AT 915 bei Brza Palanka (km 884).
Die Besatzungen bilden sogenannte »Alarmkompanien« mit den Kommandanten als Chefs. Sie sind mit leichten Fla-Waffen ihrer Boote ausgestattet und in die Verteidigung von Prahovo einbezogen. Später schlagen sie sich mit einem Jägerregiment durch das Tito-Partisanengebiet nach Belgrad durch und erreichen von dort aus in der zweiten Oktoberhälfte Deutschland.
Auch Kapitän zur See Lautenschlager, der aus Belgrad zur unteren Donau eingeflogene Chef IMRD (Inspekeur Minenräumdienst Donau), muß vor Ort erkennen, daß der Durchbruch durch die Kataraktenstrecke nicht mehr zu schaffen ist. So werden am 20. September als letzte Einheiten der »Kampfgruppe Zieb« in Brza Palanka AT 914 und ein Schlepper mit Wasserbomben gesprengt. Die Besatzungen reiht man in Infanterie-Einheiten ein. Doch vorher können noch viele Verwundete sowie abermals Frauen und Kinder mit den letzten Eisenbahnzügen abgefahren werden.
Die ausgestiegenen Schiffsbesatzungen aber gelangen erst nach sechswöchigem kampf- und verlustreichem Fußmarsch wieder auf deutschbesetztes Gebiet.
Damit stehen nur noch die beiden Artillerieträger AT 916 und AT 917 der Kampfgruppe Banat weiter oberhalb auf der Donau im Einsatz.
Sie sichern ab Anfang Oktober zwei größere Räumungsgeleite aus dem Raum Belgrad bzw. Semlin (km 1773) und stehen dabei in ständigen Gefechten nicht nur mit dem Feind am Ostufer, sondern auch mit Partisanen am Westufer. In dieser Zeit fordert IMRD vom OKM die Zuweisung der ursprünglich auch für die 3. A-Flottille im Schwarzen Meer bestimmten Marine-Artillerie-Leichter, von denen MAL 27, 29 sowie MAL 30 sich in Wien zur Montage und Fertigstellung befinden und MAL 28 in Korneuburg bereits ausgerüstet wird.
Von diesen wird MAL 27 am 7. Oktober bei einem Bombenangriff auf Wien versenkt. MAL 29 wird beschädigt, kann aber mit Teilen von MAL 27 wieder fahrbereit gemacht werden. Die Boote gehören zum Typ Ia wie die MAL bei der 4. A-Flottille. MAL 30 kommt durch Probleme mit der Antriebsanlage nicht mehr zum Einsatz.
Für die beiden A-Träger AT 916 und AT 917 wandert im September 1944 das Einsatzgebiet mit der vom Vordringen der Sowjets nun auch in Ungarn bestimmten Frontlinie weiter gen Norden nach Neusatz (km 1255), Vukovar (km 1332) und Mohacs (km 1447). Dabei sind sie auch

an der Sicherung von Marinefährprähmen beim Werfen von Minen sowie an Räumungsgeleiten beteiligt. Sie werden mit Einheiten der ungarischen Stromwache zu einer Kampfgruppe der Donauflottille zusammengefaßt.
Am 25. Oktober kommt es beim Durchbruch eines Räumungsgeleites bei Baja (km 1479) zu schweren Feuergefechten mit starken sowjetischen Kräften auf dem Ostufer, die erhebliche Personalverluste mit sich bringen. Am 31. Oktober liegt der Verband auch mit AT 916 und AT 917 in Budapest (km 1647) und wird in der Folge dem Armee-Oberkommando 6 zur artilleristischen Unterstützung des Heeres südlich der ungarischen Hauptstadt unterstellt.
Als Ende November eine Sowjet-Offensive aus Brückenköpfen westlich der Donau die deutsch-ungarischen Verteidigungs-Stellungen bis zum Plattensee zurückdrängt, wird Budapest auch vom Westen bedroht, so daß die Donauflottille den Abzug der letzten Schiffe von dort stromaufwärts zu sichern hat. Dabei setzen die beiden A-Träger die artilleristische Unterstützung des Heeres weiter fort. Am 28. Dezember 1944 können MAL 28, 29 und MAL 30 in Wien (km 1929) bei der GHH-Werft Friedenau in Dienst gestellt werden. Der außerdem geplante Umbau von drei MFP zu A-Trägern ist aber nicht mehr möglich.
Anfang 1945 ist eine Umorganisation der Donau-Flottille abgeschlossen. Zur 1. (Kampf-)Flottille gehören neben den beiden A-Trägern auch MAL 28 bis MAL 30. Am 6. Januar verlegt sie zu Werften in Korneuburg (km 1947) und Linz (km 2032) zur Überholung, zumal auch Eisgang inzwischen die Operationen einschränken. Und die beiden MAL 28 und MAL 30 sollen auf der Werft-Friedenau bis Anfang März noch zu »Monitoren« u. a. mit Brücken- und Seiten-Panzerung umgebaut werden. Anfang Februar wird MAL 29 in Wien bei einem Bombenangriff schwer beschädigt.
Die 1. Donauflottille führt jetzt täglich Kampfeinsätze im Raum Komorn (km 1768), jeweils auf Anforderung des Heeres, durch. Dazu kommt die Sicherung von Transporten. Ab 23. März 1945 muß die Flottille in Etappen, entsprechend der Lage an der Front, weiter zurückverlegen und passiert dabei am 2. April Preßburg (Bratislava, km 1868), dessen Räumung sie dann auch mit absichert. Im April 1945 befinden sich die beiden A-Träger schon im Raum Wien, später im Raum Krems (km 2912) bei der Bekämpfung von Landzielen und der Sicherung von Übergängen eigener Heeresverbände. Dabei werden am 6. bzw. 7. Mai die beiden A-Träger bei Gefechten mit vom Westen vorstoßenden US-Panzern bei Wallsee (km 2091) versenkt und nach der Kapitulation die MAL 28, 29 und MAL 30 etwa am 9. Mai 1945 in Linz der 3. US Army übergeben.
Da ich aus meiner Zeit als Kommandant von R 35 die Donau mit ihren hohen Anforderungen an die Schiffsführung durch die beachtliche Strömung und das nicht nur flache, sondern oft auch sehr enge Fahrwasser bei der Überführung des Bootes von Ingolstadt zum Schwarzen Meer im Frühsommer 1942 aus eigener Anschauung kennengelernt habe, kann ich mit meinen später 1944/45 auch gewonnenen A-Träger-Erfahrungen ermessen, welche hohen Anforderungen an deren Kommandanten und Besatzungen auf der Donau gestellt wurden. Für sie erschwerend kamen dort noch die Schwerfälligkeit der Boote, ihre schlechten Manövriereigenschaften und ihre schwache Maschinenanlage hinzu. Nicht zu vergessen sei aber auch die Anspannung durch die ständigen Gefechte mit Batterien an Land, zum Teil von beiden Seiten her oder von oben aus den Bergen sowie Angriffe von Schlacht- und Bombenflugzeugen und Partisanen. Aus dieser Kenntnis heraus muß ich daher den Kommandanten und Besatzungen aller A-Träger auf der Donau meine höchste Bewunderung und Anerkennung für ihre Leistungen und Opfer noch in den letzten Monaten des Krieges aussprechen, nachdem ich Einzelheiten über die damaligen Ereignisse erfahren habe. Darüber hinaus verdienen sie es auch, bald einmal ausführlicher als hier möglich der Nachwelt, vor allem durch wertende Historiker, erhalten zu werden!
Es wurde eingangs erwähnt, daß die Artillerieträger mehr und mehr an den Brennpunkten des Geschehens als »Feuerwehr« eingesetzt wurden und den Mangel an größeren Geschützkalibern und an fehlender eigener Luftunterstützung wettmachen mußten. Ihre starke Bewaffnung wurde für manchen abgeschnittenen Heeressoldaten, aber auch für manchen akut bedrohten, zu schwach gesicherten Geleitzug zur letzten Hoffnung.
Nur Realisten, in erster Linie also fronterfahrene Kriegsteilnehmer wissen, daß die Verleihung von Ritterkreuzen nichts anderes als die Bestätigung und Anerkennung besonderer Kampfleistungen der jeweiligen Flottillen oder der Gruppe zum Ausdruck brachte. Deshalb sind sie sehr wohl ein Spiegelbild der besonderen »Feuerwehr-Einsätze« jener aus den MFP-»Schlickrutschern« heraus entwickelten Artillerieträger. Das Ritterkreuz wurde an folgende »Plattbugfahrer« verliehen:

Am 3. September 1943
an Fregattenkapitän d.R. Gustav Freiherr von Liebenstein
(Jahrgang 1891), Chef der 2. Landungs-Division;

am 9. Juli 1944
an Kapitänleutnant Elmershaus von Haxthausen
(Jg. 1915), Chef der 2. Artillerieträger-Flottille;

am 3. Oktober 1944
an Oberleutnant zur See Gerd-Dietrich Schneider
(Jg. 1921), Chef der 8. Artillerieträger-Flottille;

am 28. Dezember 1944
an Fregattenkapitän Erich Brauneis,
(Jg. 1894), Chef der 24. Landungsflottille und

am 21. März 1945
an Oberleutnant zur See d.R. Otto Karl
(Jg. 1910), Kommandant AF 65,
Gruppenführer in der 6. Artillerieträger-Flottille.

Nachwort und Dankadresse

Es ging mir zunächst ebenso: Als ich 1943 im Asowschen und im Schwarzen Meer erstmals mit Artillerieträgern in Berührung kam, hatte ich noch nie etwas von dieser Kriegsschiffgattung gehört. Nachdem ich dann selbst Flottillenchef einer solchen Einheiten geworden war, überraschte mich das Unwissen selbst höherer Führungsstellen wie der Seekriegsleitung (Skl.) über diese mittlerweile an sämtlichen Seekriegsfronten im Einsatz befindlichen Fahrzeuge. Und erst recht wurde mir nach dem Krieg der geringe Bekanntheitsgrad der stark bewaffneten »Plattbugkreuzer« bewußt.
Irgend etwas paßte nicht zusammen: 146 Artillerieträger mit je 60 bis 80 Mann Besatzung bildeten an vielen Abschnitten der 18.000 Kilometer langen Seefronten das Rückgrat der Seeverteidigung. Sie waren eine Art »Feuerwehr« im Kampfgeschehen, was sich schon durch die hohe Verlustquote ergibt: 74 Artillerieträger gingen verloren – mehr als die Hälfte!
Ranghohe Persönlichkeiten haben mich bedrängt, die Diskrepanz zwischen der Bedeutung des schwimmenden Waffensystems und der Unwissenheit darüber zu beenden. Den Anfang machte mein beim Historical Team der U.S. Navy in Bremerhaven arbeitender vormaliger Befehlshaber, Vizeadmiral Friedrich Ruge, 1941–1943 Befehlshaber der Sicherung West (BSW) und nachher erster Inspekteur der Marine in der Bundeswehr, zuletzt Professor der Historischen Fakultät an der Universität Tübingen.
Ruge hatte ich für seine Studien unter der Vorgabe »Seekrieg gegen die Sowjets« meine Augenzeugenberichte über die Einsätze der 3. Räumbootflottille 1942–1944 im Schwarzen Meer übergeben, die Jahre später zu meinem Buch »Vom Kanal zum Kaukasus« führten. Ruge sowie andere Historiker und Fachautoren regten an, eine ähnliche Arbeit über die Einsätze meiner 8. Artillerieträger-Flottille zu erstellen, die gleichermaßen dem Geschehen an der Invasionsfront wie bei den Endkämpfen in der Ostsse gerecht würde.
Zunehmend bedrängte mich auch der Inhaber des Wissenschaftlichen Instituts für Schiffahrts- und Marinegeschichte, Herr Peter Tamm in Hamburg, der sicherlich engagierteste maritime Publizist unseres Landes. Dieselbe kategorisch nachbohrende Forderung erhob mein Lektor Hans Georg Prager, der bereits das vorstehend erwähnte Buch über die 3. Räumbootflottille druckfertig gestaltet hatte. Ich verdanke ihm zahlreiche Anregungen und Erweiterungen. Das in diesem Buch Mitgeteilte läßt sich nicht herauslösen aus dem Gesamtzusammenhang des Geschehens. Es wird erst vor den zeitgeschichtlichen Hintergründen als Aussage eines Zeitzeugen und Mithandelnden sinnvoll.
Was man selbst miterlebt hatte, war nur die eine Seite der Medaille. Wo aber konnten breites Hintergrundwissen über den Werdegang des Waffensystems »A-Träger« erworben und die eigenen Aussagen kompetent untermauert werden? Meine wertvollste Quelle wurde die Forschungstätigkeit des Oberstleutnants a. D. Randolf Kugler, dessen Standardwerk »Das Landungswesen in Deutschland seit 1900« ihn in Deutschland zum besten Kenner der Materie machte. Die Recherchen dieses Dokumentaristen fanden im umfassenden Archiv R. Kugler ihren Niederschlag, jetzt übrigens vereinigt mit dem »Wissenschaftlichen Institut für Schifffahrts- und Marinegeschichte« von Peter Tamm, Hamburg. Herrn Kugler gebührt ganz besonderer Dank, weil ohne sein umfassendes Wissen und die von ihm ausgelösten Korrespondenzen mit einschlägigen Fachleuten dieses Buch ebenso wenig denkbar gewesen wäre wie seine umfangreiche Illustration .
Autor und Verlag danken auch Herrn Dr. Gerhard Hümmelchen, Geschäftsführer des Arbeitskreises für Wehrforschung sowie dem Bundesarchiv/Militärarchiv in Freiburg und dem Archiv sowie der Bibliothek des Deutschen Schifffahrtsmuseums Bremerhaven. In Freiburg erhielt ich Zugang zu den aufschlußreichen Kriegstagebüchern unserer direkten Befehlshaber, in Bremerhaven auch zur englischen Fachliteratur und damit zum Geschehen auf der Seite unserer damaligen Gegner. Dankenswerterweise stellte mir Frau Hella Hübsch, Tochter des inzwischen verstorbenen Fregattenkapitäns Karl Palmgren, seinerzeit Chef der 38. Minensuchflottille, Unterlagen über unsere gemeinsame Räumung von Le Havre zur Verfügung. Dankbar möchte ich als Mithelfer beim Zustandekommen dieses Buches auch Herrn Dipl.-Ing. Wolfgang Müller in Stralsund erwähnen, der als vorzüglicher Kenner unseres letzten Einsatzraumes Vorpommern und guter Archivar gilt. Seine vorzügliche Kartografie bereichert auch dieses Buch.
Eine wesentliche Hilfe wurden die Aussagen früherer Artillerieträger-Kommandanten, die eine Klärung vieler Fragen und Details möglich machten oder sogar Schlüsselerlebnisse besonderer Art beisteuerten. Der seit 1943 besonders mit den A-Trägern verbunden gewesene, spätere Fregattenkapitän Werner Penner ermöglichte in hohem Maße – aus eigenem Erleben – Informationen über andere A-Flottillen und Kriegsschauplätze, die damaligen Leutnante zur See Rudolf Gerecke und Alfred Zeitler über unsere eigene Flottille. Mein Dank gilt auch dem Regierungsrat und Nationalratsabgeordneten a.D. Direktor Paul Posch in Klagenfurt, der damals als Signalgast auf AF 100 gefahren ist.
Von Herrn Alfred Kremer, Wiesbaden, vormals 2. A-Flottille, erhielt ich Fotos nicht nur von AF 1 mit der damals noch vorhandenen »Pagode«, sondern auch von einem

A-Träger mit Spitzbug nach dem Umbau. Herr Theo Sixt stellte seine Skizzen von der Entwicklung der Marinefährprähme und der beiden Kategorien der Artillerieträger vom Typ D kameradschaftlich zur Verfügung. Gedankt sei auch dem Lektorat des Verlages Bernard & Graefe für die freundlich erteilte Nachdruckgenehmigung der Typentafel auf Seite 34. Dank gebührt ebenso allen anderen namentlich genannten Fotografen und nicht zuletzt Herrn Herbert Hild in Lauf an der Pegnitz, der mich durch Anfragen in dem von ihm herausgegebenen Rundschreiben der »Traditionsgemeinschaften der L-Flottillen« einschließlich Nachrichten-Beilage »Der Schlickrutscher« unterstützte. Es wäre der Sache dienlich, wenn dieses Buch nicht nur etwa notwendige Richtigstellungen, sondern auch zusätzliche Angaben mit weiteren Einzelheiten, Daten, Fotos, Karten, Plänen oder KTB-Auszüge zur Folge hätten, damit die nur kurze Geschichte unserer »Plattbugkreuzer« möglichst genau vervollständigt werden kann, aber auch ihrer Vorfahren, der Marine-Fährprähme (MFP).

Bremerhaven, im März 1998
Gerd-Dietrich Schneider

Literaturverzeichnis

Cajus Bekker
»Radar – Duell im Dunkel«,
Oldenburg/Hamburg 1958

»Augen durch Nacht und Nebel. Die Radar Story«,
Oldenburg/Hamburg, 1980

Heiko Bergmann
»Die Eisenbahnhubbrücke Karnin bei Usedom«,
Schwerin 1985

Fritz Brustat-Naval
»Unternehmen Rettung«,
Herford 1983

Helmut Günther Dahms
»Der Zweite Weltkrieg«,
Tübingen 1980

Karl Dönitz
»10 Jahre und 20 Tage«,
Bonn 1958

Manfred Dörr
»Die Ritterkreuzträger der
Überwasserstreitkräfte der Kriegsmarine«, 2 Bde.,
Osnabrück 1986

Siegfried Duske
»Von der Seine-Bucht zur Danziger Bucht«,
Der Weg der 14. R-Flottille, 1993

Harald Fock
»Schnellboote«, 3 Bde.,
Herford 1983/84

Erich Gröner
»Die deutschen Kriegsschiffe 1815–1945«,
München 1983

Wolfgang Harnack
»Zerstörer unter deutscher Flagge 1934/45«,
Herford 1978

Dr. Gerhard Hümmelchen
»Die deutschen Schnellboote im Zweiten Weltkrieg«,
Hamburg 1996

David Jefferson
»Costal Forces at War«,
Sparkford 1996

Dr. Alex Klätte
»Die Kampfhandlungen in Vorpommern
und Mecklenburg im April/Mai 1945«

Randolf Kugler
»Das Landungswesen in Deutschland seit 1900«,
Berlin 1989

Bernd Kuhlmann
»Eisenbahnen auf Usedom«,
Düsseldorf 1995

Helmut Laßnig
»Drei Brücken auf die Insel Usedom«,
in »Panorama Maritim« 26,
Rostock

Gerhard Frhr. von Ledebur
»Die Seemine«,
München 1977

Helmut Lindenblatt
»Pommern 1945«,
Leer 1984

Walter Lohmann/H.H. Hildebrandt
»Die deutsche Kriegsmarine 1939/45«,
Bad Nauheim 1956

Walter Lüdde-Neurath
»Regierung Dönitz –
Die letzten Tage des Dritten Reiches«,
Göttingen 1950

Jürg Meister
»Der Seekrieg in den osteuropäischen Gewässern
1941–1945«, München 1958

Jacques Mordal
»Das deutsche ›Dünkirchen‹ an der Schelde«,
Marine-Rundschau 1964, Heft 3, Stuttgart

Wolfgang Müller/Reinhard Kramer
»Gesunken und Verschollen:
Menschen- und Schiffsschicksale Ostsee 1945«,
Hamburg 1994

Wolfgang Müller
»Schiffsschicksale Ostsee 1945«,
Hamburg 1996

Bernd Oesterle
»Die Marine- und Artilleriefährprähme
der faschistischen deutschen Kriegsmarine«,
Marine-Kalender der DDR 1985

Klaus D. Patzwall
»Die Auszeichnungen der
deutschen Kriegsmarine 1939–1945«,
Bonn 1987

Wolfgang Paul
»Der Endkampf in Deutschland 1945«,
München 1976

Hans Georg Prager
»Panzerschiff DEUTSCHLAND/
Schwerer Kreuzer LÜTZOW«,
Herford 1981

Friedrich Ruge
»Der Seekrieg 1939–1945«, Stuttgart 1954
»Rommel und die Invasion«, München 1959
»Im Küstenvorfeld«, München 1974
»In vier Marinen«, München 1979

Cornelius Ryan
»Der längste Tag – Normandie 6. Juni 1944«,
Klagenfurt 1959

Paul Schmalenbach
»Die Geschichte der deutschen Schiffsartillerie«,
Herford 1993

Peter Scott
»The Battle of Narrow Seas«,
London

Dietrich Strobel/Günther Damm
»Schiffbau zwischen Elbe und Oder 1945–1992«,
Berlin 1984

V. E. Tarrant
»The last Year of the Kriegsmarine,
May 1944–May 1945«,
London 1994

»Weyers Taschenbuch der Kriegsflotten«,
1953 und 1954/55, München

Ronald Wheatley
»Operation Seelöwe – Deutsche Pläne für die Invasion
Englands 1939–1942«,
Oxford/Minden 1958

Hans Jürgen Witthöft
»Lexikon der deutschen Marinegeschichte«, 2 Bde.,
Herford 1977

Franz-Rudolf Zilm
»Die Festung und Garnison Stettin«,
Leer 1988

»Kriegstagebuch der Seekriegsleitung 1939–1945«
für den Zeitraum Juli 1944 bis Mai 1945,
Hamburg 1997

»Naval Weapons of World War Two«,
London 1985

Wofgang Harnack/Dietrich Sonntag

Kreuzer NÜRNBERG

und sein Schicksal als sowjetischer Kreuzer ADMIRAL MAKAROW von 1946 bis 1959

ca. 168 Seiten, 23 x 29 cm, ca. 140 s/w-Abb., Skizzen und Zeichnungen, geb., mit Schutzumschlag, ISBN 3-8132-0545-2

Hervorragendes Zeitdokument mit bisher unbekanntem Bildmaterial. Einzigartig sind die Angaben über Maschinenanlagen und Bewaffnung, alle Bau- und Schiffsdaten sowie die kompletten Personaldaten.

Guntram Schulze-Wegener

Kriegsmarine-Rüstung 1942 - 1945

272 Seiten, 16 x 24 cm, geb., mit farbigem Bezug ISBN 3-8132-0533-9

Welche Über- und Unterwasserkräfte wurden in welcher Anzahl mit den vorhandenen Mitteln gebaut und welche Wege sind vom Oberkommando der Kriegsmarine und von den zuständigen Rüstungsgremien beschritten worden, um den Seekrieg auf ein solides Fundament stellen zu können? Das ist die Kernfrage dieser Darstellung.

Harald Fock

Flottenchronik

Die an den beiden Weltkriegen beteiligten aktiven Kriegsschiffe und ihr Verbleib

330 Seiten, 16 x 24 cm, Broschur ISBN 3-7822-0632-0

Unentbehrliches Nachschlagewerk für jeden, der sich intensiv mit den Kriegsschiffen der beiden Weltkriege beschäftigt. Das Werk umfaßt die Kriegs- und Nachkriegsschicksale aller Kriegsschiffe für den Zeitraum 1914 bis 1980.

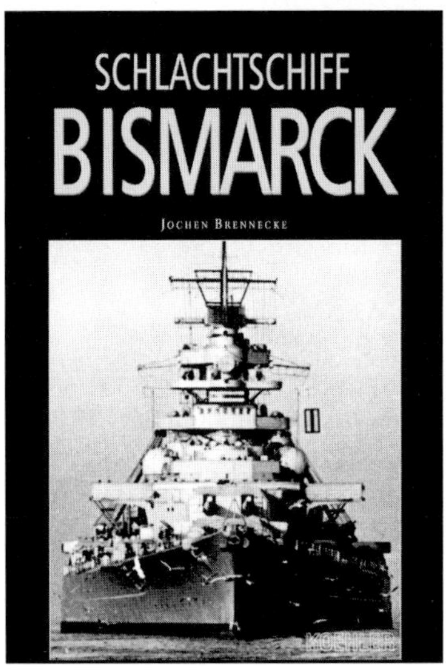

Jochen Brennecke

Schlachtschiff Bismarck

Bilder und Dokumente

620 Seiten, 21 x 27 cm, geb., mit Schutzumschlag ISBN 3-7822-0368-2

Das dramatische Schicksal des legendären Schlachtschiffes BISMARCK. Die authentische und detailgetreue Darstellung macht das Werk zu einer wahren Fundgrube.

KOEHLER/MITTLER

HAMBURG BERLIN BONN

VORSTOSS SOWJETISCHER UND BRITISCHER TRUPPEN IM KÜSTENBERE[...] DER SÜDWESTLICHEN OSTSEE

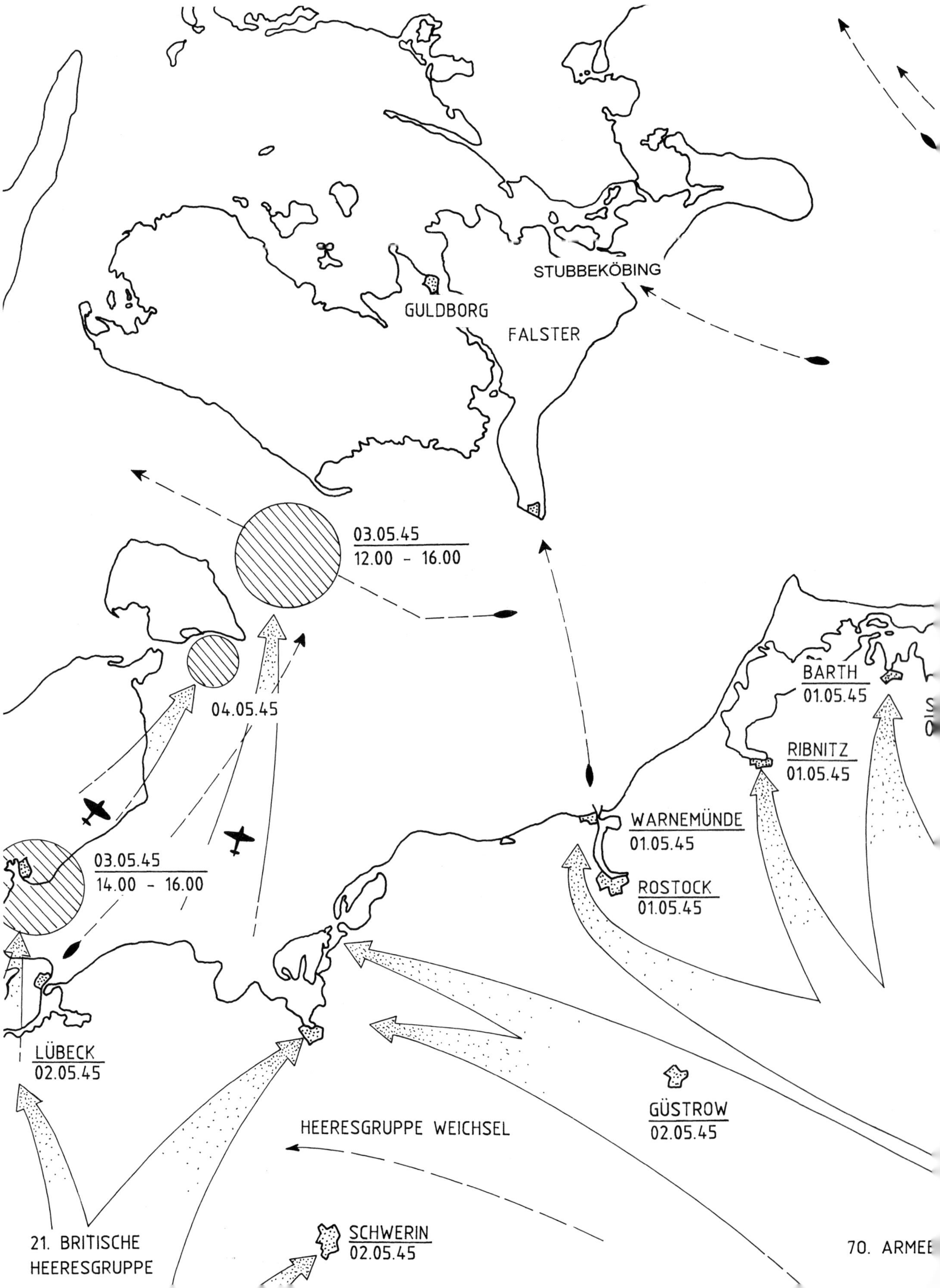